设计文库

谨以本书深情怀念中国现代家具的先驱
曾坚先生（1925—2011）

现代家具设计流变

方　海
薛忆思 —— 著

Evolution of Mordern Furniture Design

广西师范大学出版社
·桂林·

图书在版编目(CIP)数据

现代家具设计流变 / 方海，薛忆思著 . —桂林：广西师范大学出版社，
2022.3

ISBN 978-7-5598-4626-6

Ⅰ．①现… Ⅱ．①方… ②薛… Ⅲ．①家具-设计-工艺美术史-世界-现代 Ⅳ.
① TS664.01-091

中国版本图书馆 CIP 数据核字 (2022) 第 013074 号

现代家具设计流变
XIANDAI JIAJU SHEJI LIUBIAN

策划编辑：高　巍
责任编辑：冯晓旭
助理编辑：马竹音
装帧设计：六　元

广西师范大学出版社出版发行

（广西桂林市五里店路 9 号　　邮政编码：541004）
（网址：http://www.bbtpress.com）

出版人：黄轩庄

全国新华书店经销

销售热线：021-65200318　021-31260822-898

凸版艺彩（东莞）印刷有限公司印刷

（东莞市望牛墩镇朱平沙科技三路　邮政编码：523000）

开本：787mm×1092mm　　1/16

印张：25.5　　　　　　字数：650 千字

2022 年 3 月第 1 版　　2022 年 3 月第 1 次印刷

定价：168.00 元

推荐序一^①

曾　坚 ▶

　　"如此丰富多彩的世界现代家具设计的舞台上，竟然没有中国人的一席之地！"方海的《20世纪西方家具设计流变》（以下简称《流变》）一开始就写了这一句话。这是作者的感叹，也是千万中国家具工作者的心声。这句话，最终成了他写这本书的动力。

　　我们的祖先创造了伟大的中华文化，其中包括灿烂的家具文化。明代、清代的经典家具已成为世界家具文化的瑰宝，直至今天还闪烁着光辉，但是这个荣誉属于我们的祖先。历史的进程是一场接力赛。我们这一代人，从祖先手中接过接力棒，可是我们拿什么传给后人？这是我们每一个家具工作者正在面对又必须回答的问题。如果接力赛到我们手中就此中断，我们将羞于见炎黄，汗颜对子孙。

　　方海是自费去芬兰留学并攻读家具学博士研究生的，他为撰写博士论文《西方现代家具设计中的"中国主义"》，在北欧各国阅读和搜集了大量有关西方现代家具历史与成就以及国外对中国古代家具研究的资料，为了期望21世纪中国家具能再度辉煌，从而在世界家具舞台上占有一席之地，方海编写了这本书，以介绍家具工业发达国家的家具发展历史及其经验，作为我们的借鉴。

　　我们信手都可以从图书馆、书店等看到介绍国外家具的书籍、杂志。这无疑是一种好的现象，但是可惜大部分都只是介绍外形，至于功能、材料、特点等则很少有文字说明，让人知其然而不知其所以然。虽有少数书籍或文章也介绍某个设计师或某件家具的设计意图，但只是凤毛麟角，让人只知其局部而不知其全貌。我虽读书不多，却敢说还没一本可与《流变》相比的，可以说这是一本填补了空白的书。其可贵之处还在于，作者不是根据已有外国资料翻译拼凑编撰成书的，而是根据中国的情况，以作者自己的观点分析这些历史资料，并以当时、当地家具大师的观点为线索，有分析、有比较、有借鉴地介绍了西方现代家具设计的发展史。

　　在写本文时，正值我国加入世界贸易组织已成定局之时。随着"入世"，我国2005年工业产品的平均关税将降至9.44%，中国自产的家具与其他工业产品一样，将会受到冲击。如不研究对策，不改进产品的设计，不提高加工的质量，有些工厂甚至会面临灭顶之灾，这不是危言耸听，

---

① 本文原为方海所著《20世纪西方家具设计流变》中的序一。

而是参与国际市场竞争必然要面临的残酷现实。所以读《流变》，识差距，也许可以对我们调整策略提供十分有用的信息。结合我国的现实读《流变》，我以为应从三个根本性的问题出发，来吸取国外的经验。

一、设计

五十多年来，我们的家具工业发展很快，这完全可以从数量、产值、质量、装备等方面的统计数字中得到证实。但是有了规模成就的同时，竟拿不出一件称得上国内经典的家具产品，也评不出一位国内认可的家具设计大师。其根本原因是大多数家具厂的领导不重视设计，他们认为设计可有可无，没有设计的产品，照样卖得出去。20世纪六七十年代，家具是凭票购买的"稀有产品"。一个产品的设计可用二十年，所以一般的工厂根本没有设计人员。改革开放以后，对品种的需求多了，就用抄古、抄洋、抄别人的方法来"设计"。发展到今天，有的工厂还出国去买样品，回来后"克隆"仿做。他们花钱买进口样品、进口机器设备、进口原材料，却不思花钱培养自己的设计人员，开创自己的产品设计。但《流变》给了我一个十分深刻的印象，它告诉我：设计是一个行业的龙头，家具业也是如此。某个国家之所以成为家具工业发达的国家，主要是因为拥有出色的家具设计大师以及精湛的家具设计产品。抓住设计这一环节，一个工厂也好，一个国家也好，就有了自己的实力地位。

二、创新

有些工厂虽也注重培养设计力量，开创自己的设计，但设计仍是陈旧的，经不起市场的考验。原因是设计没有创新意识。有两种妨碍设计创新的阻力：一是囿于传统。认为有明清家具的优良传统，不必创新，或者必须在传统基础上进行创新。前者是否定创新，后者是在传统框框中创新，实际是受到传统思想束缚，难以创新。二是抄袭。有一些家具厂往往以抄袭代替设计，也否定了设计要创新。抄袭是抄不出中国自己的经典家具的，更抄不出国际水平来。世界家具发展的历史，是一部记录创新的历史。从《流变》看，一旦出现创新的家具，很快就会替代旧的而存在、流传，家具的发展史也就往前推进了一步。这种新陈代谢的机制，推动着家具有生命力地持续发展。因而一个创新的设计必须具备突破现有的和创作未来的条件。《流变》中布劳耶尔的钢管家具、阿尔托的弯曲木家具，堪称创新的典型。

三、设计人

《流变》中所列举的从大师到著名的设计代表人物，各个都是既会做家具设计，又善于以精湛的手艺去制作它们；既会做科学研究，又善于去捕捉信息，及时了解世界家具的最新成就。例如，丹麦的汉斯·威格纳和芬兰的约里奥·库卡波罗等都是这方面的全才。但在我国，对设计人员的培养和使用则存在着缺陷。一些家具专业毕业的学生，虽能设计，但不懂结构和操作，设计往往脱离实际。由操作工人提升为设计师的，虽会实际操作，但设计比较陈旧。这两种设计人员，科研能力极差，大多不懂外语，没有阅读国外家具资料的能力。这也是我们不能在世界家具舞台上争到一席之地的原因之一。

21世纪，我们能不能在世界家具舞台上争得一席之地？我认为，只要更新观念，真正重视设计，努力感受设计，并抓住当前的大好机遇，进一步提高开放的质量与水平，加快构建新的人才源、知识源和技术源，积极参与国际竞争，就一定能够实现中国家具的再度辉煌。

推荐序二^①

杨文嘉 ▶

　　这是一本介绍西方现代家具设计史的书，写了整整一个世纪，包括几百位设计大师成长、成名的故事，可以让你按顺序走过百年，完整无遗地饱览他们的惊世之作。

　　方海师从芬兰赫尔辛基艺术设计大学的约里奥·库卡波罗、约里奥·威勒海蒙等国际著名设计大师，是该校历史上第一位攻读博士学位的华人学者。通过走访欧洲各地的图书馆、博物馆，他查阅并研究了大量有关世界家具发展史的资料，而且亲眼目睹、触摸并试坐过众多名师设计的经典座椅，最后，竟有了惊人的发现。他因此将博士论文的题目定为《西方现代家具设计的"中国风"》[（或称"中国主义"（Chinesism）]，这是中外学者从未系统涉猎过的领域。在西方强势文化的学术环境里，敢于提出这样的观点，确实令人敬佩。1997—1998 年，他还将论文的前言部分，提供给由我主编的《室内设计与装修》杂志发表。那篇前言在写成后不久，就在当地引起了轰动，并折服了所有阅读过它的人。特别是他亲手绘制的那张"图解现代椅子的形成与发展"对照图表，按系列和发展年代纵横对照地绘出了各具代表的椅子。而列于左侧的"鼻祖椅"，除一张古埃及木椅外，全部是中国唐、宋、元及明朝的椅子。顺后的，则是西方 20 世纪各个时期设计的现代椅。前后对照，明白无误，令人信服。

　　为撰写那篇巨著般的论文，在系统阅读了大量国内无法见到或鲜见的图书资料后，他深感国内尚无完整介绍西方现代家具发展的专著，实为一大缺憾。尽管学业正处在最后冲刺的阶段，出于想为中国设计界做一点贡献的强烈责任感，他尽力挤出时间，终于写成近 50 万字的《20世纪西方家具设计流变》。

　　许多设计师都知道，家具中的椅子是最具典型意义的设计载体。现代家具设计思想的孕育成形，往往先从椅子开始。如谈及现代家具设计时，都会提起那张由里特维德于 1917 年设计并制作的"红蓝椅"。

　　在国内，现在也能见到一些介绍西方现代家具设计史的书，但多断续而不连贯，背景材料也不够翔实，更难有直接进入西方现代设计文化圈的经历和体会。因此，这本书的出版，想必会在国内设计界引起不小

---

① 本文原为方海所著《20 世纪西方家具设计流变》中的序二。

的轰动。对于设计、教育与研究，对于新一代中国现代设计师的成长，也将产生深远的影响。

威勒海蒙曾说："设计是一个国家最重要的脸面。"愿有更多的读者，能有机会读到这本书，并记住威勒海蒙教授的这番话。

我是很喜欢现代设计的，因为我能从中感知其尊重科学、尊重人、处处精益求精，并十分关注时代进步的众多信息，当然也包括从十分简洁的现代美中，感受到愉悦和激动。书中对众多精彩绝伦的名椅都一一做了背景描述，记叙了一个个激动人心的故事。我还曾试坐过库卡波罗的"卡路赛利418椅"（被誉为最舒适的椅子），那感觉真正是一种享受。

现代设计冷酷吗？也许开始时是的，但总会出现"矫枉过正"的问题，如把"装饰"骂得一无是处。但现代主义的简洁不等于冷酷。从2000年米兰国际家具展传来的消息，"极简主义"流行正当时。有人评论说，现代主义又在回潮，并且以崭新的面貌登场，我想这是必然的。今天，相对人类拥有的材料、能源、信息三大资源而言，相对资源的可持续利用而言，"简洁"之美，自然会被更多的人倍加推崇。设计的含量，实际是信息的含量。在新的设计中，一定注入了新的信息，包括社会进步、人类平等和生活质量提高等信息，而不是崇拜神权、拜金主义等。所以，"简洁"又是相对信息之提升和材料、能源之节省而言的。

库卡波罗大师对方海说："巨大成就的背后，其实只是平淡的日常故事。你只需要按照那个时代的节拍向前进，每天去想、去做，最后竟自然而然地产生出一批又一批在后世看来不可思议的作品。"这是一段很具哲理的话，但又需要有足够的知识水平和思维能力作铺垫。

希望有更多年轻的设计师，在读完这本书后能有所感悟，并能幸运地发现一片灿烂的星空。

推荐序三

孟建民 ▶

古往今来，世界各民族的建筑和家具的发展都是密不可分的。从19世纪末至今，方兴未艾的现代主义设计运动中，在建筑师的推动与引领下，建筑与家具更是同步发展的。英国的麦金托什、比利时的凡·德·维尔德、美国的赖特、德国的格罗皮乌斯、法国的柯布西耶，以及包豪斯大师布劳耶尔等多位现代建筑大师，同样是现代家具设计大师。随着科技的突飞猛进，现代建筑与家具的发展早已进入专业分工越来越细的时代，但二者的关系从来没有疏远。当代建筑大师依然在不断地为现代家具的发展添砖加瓦，如盖里的生态家具系列、福斯特的高技派办公桌、哈迪德的流线型沙发、安藤忠雄的胶合板休闲椅等，都在不同的历史时期启发和丰富着现代家具的发展可能。

遗憾的是，中国现代家具的发展与中国现代建筑的发展一样，在相当长的时期内落后于发达国家，经过多年发展，我们在各方面都已有足够的"量"，却缺少建立在原创思维和核心高科技竞争力基础上的"质"。毋庸置疑，当代中国呼唤充满创意的、符合生态社会发展的家具设计，由此急需一大批以原创思维和科技知识为先导理念的设计师，而创意思维的开拓和设计理念的培养都在相当大的程度上依赖于相关领域优秀学术专著和教材的问世。

《现代家具设计流变》《现代家具设计原理》《现代家具设计方法十五讲》《现代家具与材料研究》四部书[1]是充满原创思维和最新科技与材料信息的现代家具设计理论著作，旨在强化和提高我国目前各高校设计学，尤其是家具设计教育方面的教学。该著作由方海教授主持撰写，带领其在广东工业大学指导的博士生团队一同完成。方海教授早年跟随东南大学郭湖生教授攻读建筑学，后于阿尔托大学获设计学博士学位，善于以跨界思维及跨学科文化模式介入学术研究，主持和参与了建筑、室内和家具设计项目数十个，并即将出版《新中国主义设计科学》一书，其多年的研究与实践经历为本套著作提供了丰富的信息来源与学术支撑。

相信方海教授及其博士生团队创作的这一系列著作，能为现代家具的年轻设计者、相关专业高校学生带来理论研究方面的思考与感悟，并在一定程度上推动现代家具设计和设计教育，以及产学研一体化发展。

---

[1] 截至本书出版之日，《现代家具设计原理》《现代家具设计方法十五讲》《现代家具与材料研究》三部著作尚在制作中。

推荐序四

胡景初 ▶

欣闻广西师范大学出版社近日将出版方海教授及其科研团队著述的《现代家具设计原理》丛书，在深感其适逢其时之际，也感慨万千。作为毕生从事中国现代家具设计教育和推动创作实践的"中国家具人"，我以刻骨铭心的关注与热爱经历了中国现代家具从 1949 年以前草创时的粗陋到信息闭塞时的贫乏，从改革开放时的觉醒到走向世界时的奋发，我庆幸自己在中国现代家具发展至今的全过程中始终在场，始终以设计师和教育工作者的身份参与其中，由此得以看到中国现代家具从中国走向世界，从模仿抄袭步入自主创新的全过程。当今的中国已成为全球最大的家具制造国和家具出口国，其成就离不开广大家具企业的砥砺奋斗，更离不开中国当代设计师和家具教育工作者的精诚奉献。这其中，有一批又一批负笈远洋的中国建筑师、设计师和艺术家，以及相关领域的学者为中国现代家具设计与制造的崛起做出了无可替代的贡献，方海教授是其中最卓越的代表之一。

方海教授早年毕业于东南大学建筑学院，后以建筑师的身份去北欧留学，一边攻读博士学位，一边遍访欧洲建筑、设计，尤其是家具方面的名师。当他在 21 世纪之初以优异的成就获得北欧名校阿尔托大学的设计学博士学位之时，他也将以芬兰当代设计大师库卡波罗为代表的一批欧美设计大师引介到中国，从而极大地推动了中国家具设计和设计教育的健康发展。方海教授学贯中西，从建筑的视野审视家具，从设计科学尤其是人体工程学的角度理解家具设计，其博士论文《现代家具设计中的中国主义》不仅是中国家具研究领域的一个里程碑，而且对当代家具的设计产生了广泛而深远的影响。该博士论文分别以英文版和中文版在欧洲和中国出版，书中提出的几点结论受到中外学者的长期关注和认同，最重要的有如下三点：其一是人类家具史主要由欧洲家具系统和中国家具系统组成；其二是中国古代座椅曾对欧洲中世纪以后的坐具的普及性发展起到关键性作用；其三是中国古代家具的设计智慧是 20 世纪现代家具设计的最重要创作灵感之一，并由此提出"中国主义"的概念。实际上，方海教授在其后的职业生涯中是以建筑师、家具设计师、学者和教育工作者的综合身份出现的，并在每个方面都取得了令人瞩目的成就，尤其是他倡导并持续实践的新中国主义设计品牌，将生态设计理念和中华民族传统设计基因注入设计创作，其作品已成为中国当代家具设计的一个亮点。方海教授的学术成就早已获得国际、国内多方面的嘉奖，如芬兰建筑学会颁发的"文化成就奖"、芬兰阿尔托大学颁发的"杰出校友奖"，芬兰总统颁发的"芬兰狮子骑士团骑士勋章"、联合国绿色设计组织颁发的"国际绿色设计特殊贡献奖"以及"中国十佳设计教育工作者""光华龙腾设计奖"和"广东省改革开放杰出人物"等荣誉称号。方海教授常年任教于国内多所大学，如北京大学、同济大学、江南大学、广东工业大学，以及我本人长期任教的中南林业科技大学，从而使我们有机会长期交流与合作。

在 20 世纪 90 年代后期，在已故的中国室内建筑学会前主席曾坚先生家中，我与方海教授初识并一见如故，随即见证其早期专著《20 世纪西方现代家具设计流变》的出版，这是国内系统介绍西方现代家具的最早的著述之一，以第一手资料为改革开放初期的中国家具界打开了一扇全方位了解现代家具的窗户。在我随后主持的国家级科研项目中，我有幸邀请方海教授和顺德职业技术学院的彭亮教授共同著述《世界现代家具设计史》，由此得以进行更为广泛而深入的交流。再以后，我们又多次担任深圳、香港、广州、东莞、北京、上海等地家具博览会和设计竞赛的评委，得以共同见证中国现代家具的发展壮大。与此同时，方海教授从来没有停止过其作为家具设计师的脚步，他 20 多年来以其得天独厚的专业背景与芬兰大师库卡波罗和中国著名工匠印洪强合作，也与南京林业大学和杭州大庄竹材集团密切交流，以生态材料的研发介入家具设计的全过程，将设计科学的原理注入对中国传统设计智慧的诠释中，不断丰富和发展着其独创的"新中国主义设计品牌"的现代中国家具系列，与国内诸多新中式设计品牌一道，共同打造着中国当代原创家具的舞台。在《20 世纪西方现代家具设计流变》的开篇中，方海教授即感叹"在如此丰富多彩的现代家具设计舞台上，竟没有中国人的一席之地"，而今 20 余年后，在即将出版的《现代家具设计流变》中，包括方海教授在内的一批中国当代家具设计师终于可以与当代欧、美、日各国优秀设计师同台献计了。

然而，我们必须清晰地看到，尽管中国家具在过去 30 年间取得了长足的进步，然而，这种进步主要是指产业的规模和产品的数量，其中又多以材料的浪费和生态环境的破坏为代价。在设计创意、材料革新和设计科学的研发方面，我们的家具产业与欧、美、日发达国家依然有很大差距，这就是我深感方海教授主持撰写《现代家具设计原理》丛书适逢其时的原因。这套丛书共有四本，从当代家具设计的各个不同层面以全新的文献和图像材料对现代家具设计进行全方位论述。方海与胡茜雯所著《现代家具设计原理》一书从家具史、家具与材料、家具创意与方法、家具专利与施工图绘制等方面全方位展示现代家具设计的精彩景观，以全新的视野介入当代中国高校家具设计专业的教学与科研。该书不仅资料全面而扎实，而且其配图亦时尚而多样化，其中包括我本人退休以后用中国水墨画笔法绘制的一批古今中外的家具图式，以另一种方式表达了中西方家具文化的交融与互动。而作者团队的各位青年学者绘制的时尚插图更是与书中大量顶级设计大师的原创绘图相得益彰，从而使该书不仅赏心悦目，而且富于启迪。方海与薛忆思所著《现代家具设计流变》则是方海教授早期著作《20世纪西方现代家具设计流变》的全新增订版本。该书有两大亮点，其一是两位作者在20年前第一版的内容基础上，结合最新资料对全书进行了全面修订和增补；其二是该书的内容全面而翔实的附录部分，几乎涵盖了正文中无法介绍但又在20世纪家具发展中贡献突出的世界各地的重要设计师，附录与正文一道，实际构成了目前国内最完整的一部现代家具简史。方海与林秋丽所著的《现代家具与材料研究》堪称迄今为止国内相关领域研究中最专业也最全面的学术著作。两位作者首先在最大限度占有研究素材的前提下全面追溯古今中外家具的发展与材料应用的关系，并用定量分析模式展示不同材料在近现代不同发展时期的具体比例和权重；其次，两位作者从严谨的设计科学的角度系统研究木材、胶合板、金属、合成材料以及竹藤与现代家具的交融发展史；第三，两位作者收集了大量诞生于全球各地的最具影响力的家具实例，并以系统的文字和精细的分析图加以解说。材料研究是现代家具设计的根本，但恰恰是中国当代家具设计教育和创作方面的短板，这部著作毫无疑问会让中国当代设计师和家具教育工作者们眼前一亮，并促使其以更踏实的态度对待材料及其科学研究，从而使其设计建立在真正坚实的基础之上。方海与安舜所著的《现代家具设计方法十五讲》据我所知是一部论述角度全新的家具设计方法论方面的力作。它以方海教授多年提倡的现代设计4E原则（即生态设计原则、人体工程学原则、设计经济原则、设计美学原则）为出发点，系统讲述现代设计的灵感源泉、设计理念的方法模式和创意构思的表达手法。该书的主体是两位作者按设计方法的分类组合，选取在20世纪最有影响力的15组设计大师，详细分析他们的设计方法及相关创意理念，以此为我国当代家具设计师带来系统的创意思想启迪和设计手法引导。

作为见证了至今为止中国现当代家具发展全过程的第一代"中国家具人"，我怀着欣喜的心情欢呼方海教授及其科研团队所创作的这套《现代家具设计原理》丛书的问世，并相信他们不仅会对我国当代设计教学起到非常积极的作用，而且会给阵容庞大的一线设计师带来更时尚也更全面的信息冲击和灵感启迪。方海教授是我国第一位获欧洲名校设计学博士学位的建筑师，他二十多年来频繁地往返于中国与欧、美、日，拥有极全面也异常丰富的第一手资料，他和他的广东工业大学科研团队的设计专业背景又保证了其论著能时刻从设计师的视角关注和论述问题，尤其能够针对我国当代家具设计发展的瓶颈问题，如创意与模仿的矛盾、对材料研究的漠视和误区、对设计科学的理性思考的不足等方面提供大量翔实的论述性案例。我在此深情祝贺方海教授及其团队成员，同时希望更多的设计师、建筑师、艺术家和专业教师能早日看到这套精彩的现代家具专著。

自序

方 海 ▶

　　2001 年，在时任中国室内建筑学会曾坚会长的建议和安排下，中国建筑工业出版社出版了笔者的拙著《20 世纪西方家具设计流变》（以下简称《流变》），此即今天的《现代家具设计流变》的最初版本。当年出版的《流变》来自笔者在芬兰阿尔托大学读博期间选修的设计史课程的读书笔记，曾坚先生看到后立即建议出版，并告知：国内家具设计正在起步，家具设计资料非常贫乏。实际上，《流变》是国内第一本全面、系统地介绍西方现代家具发展的专著，对国内处于起步阶段的家具业和高校的家具设计教学曾经起到一定的推动作用。与此同时，在以曾坚先生为代表的一批专家型领导的支持和倡导下，以胡景初教授、许柏鸣教授和彭亮教授为代表的中国当代家具设计及其高等教育体系的开拓者们开始在国内各高校发展出庞大而日趋完整的家具学科系统，并以此助力中国现代家具业的长足进步。

　　二十多年后的今天，中国家具企业的规模体量已达全球之冠，家具出口也多年位列全球之首，然而，在貌似繁荣而庞大的体量背后，却是面临多方面发展瓶颈的企业危机，薄利多销与环境污染的矛盾。材料研发与产品健康的矛盾，粗制滥造与过度豪华的矛盾，它们都强力地阻碍着中国家具业的可持续发展。此外，中国家具业也同国内大多数产业一样，还面临着一个根深蒂固的顽症，即创意的贫乏与设计抄袭的通病。而要想培养设计创意的才能，首先就要全面了解全球范围内设计先哲的创意经验，尤其是现当代各国设计大师的创意实践；其次，我们要关注世界各地优秀设计产品与科技发展和材料研发的关系；再次，我们还要注重研究不同国家的设计师及其设计产品与各自民族的文化传统的关系，从而能时常回溯中华民族的伟大设计传统，并努力发展出具有中国文化自信内涵的当代中国家具。为了实现上述目标，我们实际上需要更多、更新、更多样化的《流变》类专著，以期对分布在全球各地的经典设计产品和时尚设计新锐都有全面而及时的关注和了解，由此催生如今这部《现代家具设计流变》。

　　缘自当年读书笔记的《流变》的写作，因囿于文献、实践经验、实物参观诸方面的制约，其内容基本类似于"纸上谈兵"，仅满足于为国内设计界提供现代家具设计的基本信息而已。二十多年后的《现代家具设计流变》则由两个部分组成，其一是全部重写的正文部分，其二是扩展介绍更多现当代设计师的附录部分，其内容无论在数量和质量方面都与初版不可同日而语。因为作者在过去的二十多年间以各种方式收集了更为全面而翔实的文献和实例资料。在这二十多年间，笔者不仅先后拜访了《流变》中还健在的大部分设计师，而且利用各种机遇多次参观了欧洲各国、美国、日本等地经常举办的各种家具博览会，尤其是米兰、科隆、哥本哈根、斯德哥尔摩和赫尔辛基的各类家具展更是让笔者亲见并仔细观摩研究了《流变》中介绍的几乎所有的经典家具实例。与此同时，笔者一方面在芬兰设计大师库卡波罗的指导与合作下持续展开"新中国主义"品牌的设计实践，另一方面利用在深圳、广州、东莞、乐从、北京、上海、济南、哈尔滨、杭州、成都等地担任家具博览会和家具设计竞赛的评委的机会，得以对中国当代家具设计的发展有了更多了解，从而可以自豪地在《现代家具设计流变》的正文中列入"中国当代设计师"的章节，由此呼应笔者在 2001 年版《流变》开篇"在如此丰富多彩的现代家具设计的舞台上，竟然没有中国人的一席之地"的感叹。中国家具确实在进步，但世界各地的家具也同样在不停发展，因此，及时而全面地了解全球范围内设计流变对中国设计师而言愈来愈重要，《现代家具设计流变》以尽可能翔实的第一手资料和观察体会为读者提供当代家具设计的最新图景。

　　《现代家具设计流变》是笔者与合著作者薛忆思小姐的共同作品。2020 年，突如其来的全球性新冠肺炎疫情将笔者长期封闭在芬兰，却也让笔者正好充分利用自己在赫尔辛基工作室和阿尔托大学留存的文献资料和其他图像资料，得以将《现代家具设计流变》的正文全部重写并扩充，初稿完成后即由薛忆思加工为定稿。与此同时，相对于 2001 年版《流变》中苍白无力的插图，笔者决心在《现代家具设计流变》中以全新的面目完成图示展现。笔者最终决定将其二十多年来以不同方式拍摄搜集的成千上万幅家具图片，请薛忆思以电脑手绘技术在笔者搜集的图片基础上绘制出风格高度统一同时又清新细致的家具插图。与此同时，笔者愈来愈强烈地感觉到 2001 年版《流变》正文中介绍的主流设计师固然重要，但依然有一大批"非主流"设计师以其独特的创意理念和设计作品为现当代家具做出贡献，于是笔者在正文写作之余亦关注世界各地各类设计师相关文献的搜集，而后由薛忆思汇总编译，并最终完成《现代家具设计流变》中新增的附录部分的定稿。四十多年的改革开放早已让中国告别了文化封闭的时代，不同行业专业知识的更新与交流对中国当代设计师而言是非常重要的课程。《现代家具设计流变》期待以全新的信息为中国建筑师、中国设计师、中国设计教育系统和中国家具业带来更多的启发和灵感。

目录

第一章

世界家具的系统与风格

Chapter One

World furniture system and style

人类大约在 60 万年之前起源于古老的非洲大陆，在随后的几十万年，人类的祖先以现代人无法想象的方式走出非洲，辗转来到欧洲、亚洲、美洲和大洋洲。漫长的岁月，遥远的距离，使人类的祖先开始在不同地区发展出不同的文明，其中最著名、最重要的就是举世闻名的四大文明：古埃及、古巴比伦、古印度和中国文明。

　　任何一个文明，其发展成熟的标志包括三个方面，即语言、文字和以衣食住行为主体内容的物质文明成就，而家具就是其中一个非常重要的组成部分。世界各地文明的发展并不均衡。有些文明在五千多年前就创造出了丰富多彩的物质文化，另一些地区却直到近现代依然处于刀耕火种的状态。各地的家具发展也呈现出各不相同的面貌，例如，有些地区发展出了完整的家具系统，而有些地区则形成了独特的家具风格，还有一些偏远的地区则依然保持着一种原生态的家具式样。

　　那么，我们如何评判一个国家或地区的家具发展是否达到新系统水平呢？笔者认为有四个基本标准。其一是家具设计的原型贡献；其二是包括生活中所需的各种家具类型的完善的家具体系；其三是在世界文化交流中所引起的积极作用；其四是对世界家具尤其是现当代家具发展的总体贡献。我们知道世界家具的大家庭中有两大家具系统，即欧洲家具系统和中国家具系统，除此之外则是多种特色鲜明的家具风格，如以靠垫为特色的伊斯兰教家具风格，以雕刻为特色的印度家具风格，以原木为特色的非洲家具风格，以及以粗犷实用为特色的游牧家具风格等。这些家具系统和风格都对现代家具的发展做出了相应的贡献，但现代家具的迅猛发展从根本上还是归因于欧洲家具系统和中国家具系统的基础贡献，尤其是这两大家具系统的长期交融与相互启发对现代家具的发展极为重要。

考古发掘的成果表明，四大文明古国中最古老的是古巴比伦，而后依次是古埃及、古印度和中国。坐落在两河流域（幼发拉底河和底格里斯河）的古西亚诸国（如苏美尔、亚述和巴比伦诸王国）也曾创造出家具风格，这一点在出土的浮雕、饰板和发掘的古城遗址中清晰可见。从这些图像资料（图1-1～图1-3）中，我们甚至可以想象，古巴比伦家具的成就几乎可以与稍晚发展出来的古埃及家具相比较。遗憾的是，因为地理状况和社会习俗等原因，古西亚诸国的家具实物并没有流传到今天。古埃及不仅同古西亚诸国一样在绘画和雕塑中展示了多种家具，而且借助气候、地理条件和独特的墓葬制度为后世留下了宝贵的家具实物，其中最引人注目的就是古埃及图坦卡蒙法老墓出土的一大批古埃及家具。值得注意的是，出土的古埃及家具实物与古埃及绘画和雕塑中所绘的家具高度一致，由此可以推断古西亚诸国家具的实际状态。这种对古西亚诸国家具的形式推断可以在欧洲以后的古罗马时代家具中得以相当程度的证实与呼应，因为古罗马家具被公认为受到古希腊、古埃及和古巴比伦多方面文化的影响。

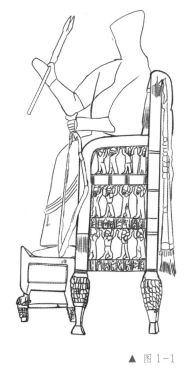

▲ 图 1-1

图 1-1 古巴比伦的带脚凳的靠背椅
图 1-2 古巴比伦的凳子
图 1-3 古巴比伦的凳子

▲ 图 1-2

▲ 图 1-3

古埃及家具是非常早熟的，其成熟的程度，即使用今天的眼光来看也是令人惊叹的。在那个久远的时代，古埃及的家具固然以木结构为主体，却拥有多种辅助材料用于装饰和功能拓展。当我们在伦敦的大英博物馆、巴黎的罗浮宫博物馆、纽约的大都会博物馆、圣彼得堡的冬宫博物馆、马德里的普拉达博物馆、都灵的埃及博物馆以及柏林的历史博物馆中看到这些3500～4500年以前的古老而完整的家具时，就能很快理解古埃及家具的早熟与丰富。古埃及皇室的御用家具，当然带有更多的装饰性和仪式感，多用金银、宝石、象牙、乌木等贵重材料进行镶嵌，并广泛使用贴金箔工艺，而各种雕塑及彩绘更是遍及家具及用品通体（图1-4）。然而，埃及民间日常使用的各阶层家具则更加注重功能性，其有节制的装饰以彩绘和雕刻的装饰图案为主，其主题多为古埃及宗教、神话元素和本土动植物图案。作为世界上最早熟的家具系统，古埃及家具已有椅、凳、床、柜、箱、枕、架等家具品种，其中最令人印象深刻的是椅凳类作品（图1-5、图1-6）。各种式样的皇家宝座本身已成为华贵的艺术品，民间座椅中的后倾式靠背设计则体现了最早期的人体工程学设计理念。最让人难忘的是古埃及的各种折叠凳，它们便于使用，其设计构思的基本原理被沿用至今，影响了全世界，尤其是中国。

▲ 图1-4

▲ 图1-5

▲ 图1-6

图1-4 古埃及皇室的御用家具
图1-5 古埃及的椅子
图1-6 古埃及的凳子

古埃及家具是欧洲家具系统的第一源头，紧随其后的第二源头则是古希腊家具，遗憾的是古希腊地处地中海，其湿润的海洋性气候令家具实物很难保存，但从古希腊雕刻和绘画作品中，我们能看到大量古希腊家具图样（图1-7～图1-9）。它们除大量吸收古埃及家具成就外，也发展出几种独特的古希腊座椅，尤其是克里斯莫斯椅和休闲躺椅。欧洲家具系统的第三源头是古罗马家具，同样因为时代久远和气候原因，能够留存至今的古罗马家具也为数不多，并多为青铜或大理石家具。但从古罗马绘画和雕塑中，尤其是从古城庞贝和赫库兰尼姆（Pompei-Herculaneum)的考古发掘中，中古罗马家具和家居生活场景得以大量呈现，使我们能够看到欧洲家具系统的基本构架。

▲ 图1-8

▲ 图1-7

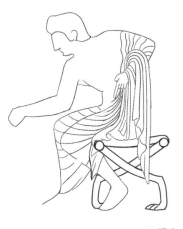

▲ 图1-9

图1-7 古希腊的靠背椅
图1-8 古希腊带脚凳的靠背椅
图1-9 古希腊的凳子

欧洲家具系统就这样定型了。它在很大程度上是古埃及、古希腊和古罗马建筑文化的缩影。古埃及、古希腊、古罗马建筑都是石头的史诗，欧洲家具系统则以木构框架作为主体。而古埃及、古希腊、古罗马建筑中的雕塑和浮雕艺术则成为欧洲家具系统永恒的标签。从古罗马到中世纪，从中世纪到文艺复兴，从文艺复兴到巴洛克和洛可可再到古典主义复兴，欧洲家具系统两千年的发展历程始终伴随着建筑装饰主题，变幻无穷地映射在各种家具门类构件上。此外，古埃及、古希腊和古罗马家具中的享乐主义元素促成欧洲家具系统中对舒适度的追求，由此发展出以沙发为代表的各种软包系列家具。传统意义上的欧洲家具系统发展到英国工业革命时期开始遇到挑战，由此形成现代家具的启蒙时刻，其挑战的两大焦点就是欧洲家具系统发展到了有无以复加的雕刻装饰和软包面饰。现代主义设计的先驱认为，欧洲传统家具中对装饰和舒适度的追求都过头了，同时也过时了，因此需要一种全新的设计革命。而任何一种设计革命都需要不同的设计文化的思想碰撞，从而激发出创意的火花。于是，一代又一代的设计先驱们先后发现或重新发现了古老而富含设计智慧的中国家具，由此促成了现代家具系统的诞生。

从发展轨迹来看，中国家具系统与欧洲家具系统完全不同。欧洲家具系统源自非常早熟的古巴比伦、古埃及、古希腊以及古罗马家具系统。因其功能设计过早完善，自古罗马之后的欧洲各国以及曾受欧洲殖民统治的美国、加拿大、澳大利亚、新西兰和中南美洲诸国，其家具几乎都围绕着装饰主题、手法的更迭和时尚的推演而发展。而中国家具系统的发展历史虽不如欧洲家具系统那般久远，却是最典型的功能演化的结果。这种功能演化，一方面始终受到中华民族在不同时代发展出的不同艺术门类的启迪和推动，另一方面也是与中国古代建筑交互影响的结果。由于种种原因，中国很早就发展出了与西方石头建筑迥然不同的木构建筑体系。这种木构建筑的框架式榫卯结构直接导致中国古代家具中作为主流的框架结构的诞生和发展。同样是木构框架家具系统，源自石构建筑的欧洲家具系统和源自木构建筑的中国家具系统却发展出完全不同的风格。前者厚实凝重并充满装饰元素，后者则轻巧空灵并充满现代雕塑意味。它们之间不同的艺术风貌和功能取向，为后来现代家具设计领域中西方差异性创意理念的碰撞与融合奠定了基础。中国家具从一开始就是明确的功能主义产物，随着中国人生活方式的改变而发展，其中最重大的一次功能革命就是唐宋之际中国家具系统由席地而坐向高座模式的转化。

让我们看一下中国座椅的发展轨迹，从中体会功能主义和创意理念是如何紧密伴随中国家具发展的每一个环节的。

在古埃及家具中，我们看到其座椅的典型构造元素是坐面、腿足、靠背和扶手。因时代久远，我们很难确知古埃及家具是如何发展起来的。但当我们研究中国古代座椅，却能够清晰地观察到其每一个构造元素是如何在功能需求的引导下，发展成最终影响全球的座椅系统的。在魏晋南北朝之前，中国人基本上是席地而坐的，人们的坐具就是席子，只有一个坐面的构造元素。到隋唐时代，随着北方游牧民族的融入、佛教的弘扬，以及中国与中亚和西方的广泛交流，以鼓墩和折叠凳为主体的高座式家具开始走进中国人的生活，这个过程也伴随着中国本土框架坐凳的发展。于是，中国人

的坐具又加上腿足这一构造元素，中国人终于告别席地而坐的时代。宋代是中国古代家具发展的黄金时代，当时的民族大融合带来了设计理念的解放，由此引发了中国座椅设计的井喷式发展。首先，靠背椅的出现让中国人在坐具上加上了靠背这一构造元素。随后，不同种类的扶手椅层出不穷，自然又加上了扶手这一构造元素，而这些都是追随功能需求的结果。中国家具的功能主义内涵在中国座椅的发展中表现得淋漓尽致，并由此使中国家具非常吸引西方人士的目光。直到现代主义到来，中国家具终于成为众多西方设计大师创意灵感的源泉（图1-10～图1-12）。

▲ 图1-10

图1-10 中国的交椅
图1-11 中国的凳子
图1-12 中国的扶手椅

▲ 图1-11

▲ 图1-12

那么，西方现代主义设计大师又从中国古代家具中获得了哪些设计灵感呢？笔者在早期著述《现代家具设计中的中国主义》中指出，中国古代家具的诸多实例中所蕴含的设计智慧和表现手法至少在如下五个方面为西方设计师带来了启迪。其一是中国家具的构造，尤其是发展极为成熟的框架结构和变幻无穷的榫卯系统。它受到了美国设计大师格林兄弟（Greene Brothers）的格外关注，以至于他们专门将中国榫卯结构中的出头榫发展为其建筑室内和家具设计中的个性标签。其二是中国座椅设计中优雅顺畅的流线造型，尤其是对座椅靠背的扶手部位的艺术处理。它吸引着丹麦设计大师芬·居尔（Finn Juhl, 1912—1989）的目光，引导他将自己的家具作品全部转化成为一种置于日常生活环境中的雕塑艺术品。其三是中国家具设计中对材料的尊重和纹理展示，尤其是充分利用材料纹理走向和色彩呈现的设计表现手法。它吸引着另一位丹麦设计大师汉斯·威格纳（Hans Wegner, 1914—2007）在自己的现代家具设计中，在注重功能的同时又全方位开发材料自身的美学潜力，尤其是威格纳对不同种类木材断面的运用，使他成为当代最重要的木构家具大师。

其四是中国座椅设计中对背板的曲面处理。它基于人体工程学的功能主义思考，却能引发诸多现代设计大师对如何开发材料性能的创新思维，这其中就包括芬兰建筑与设计大师阿尔瓦·阿尔托（Alvar Aalto, 1898—1976），他的设计始终关注人的使用和使用中的舒适感。座椅背板的曲面设计需求引导他全力发明胶合板，从而可以随意设计出更加符合人体工程学原理的座椅。其五是中国古代竹藤家具中的弯曲构建原理。这种设计中的曲线处理很早就引起了奥地利近代家具大师迈克尔·托奈特（Michael Thonet, 1796—1871）的注意，从而启发他开发出了自己的弯曲木家具，而后的包豪斯设计大师马塞尔·布劳耶尔（Marcel Breuer, 1902—1981）和密斯·凡·德·罗（Mies Van der Rohe, 1886—1969）所开创的弯曲钢管家具也都延续着弯曲构件的相同原理。

神秘而独特的伊斯兰世界以其精美绝伦的建筑、瓷器、金银器、细密画、织品和书法艺术著称于世，但我们很少说"伊斯兰家具"这样的词。伊斯兰文化起源于游牧民族，并因此深深刻上了游牧家具文化的烙印。尽管伊斯兰文化拥有强大的同化能力，能够迅速将其征服范围内的欧亚非地区的各不相同的建筑与设计遗产转化为伊斯兰风格，但它只能转化其本民族固有的生活习俗所需要的文化遗产，而家具就总体而言并不在其中。无论在富丽堂皇的阿尔罕布拉宫，还是在世界各地的伊斯兰文化主题博物馆中，我们都很难看到伊斯兰家具。当然，在幅员辽阔的伊斯兰世界，有一部分群体保持着其原始文化的生活习俗，如中国的穆斯林大都沿用中国固有的家具习俗，但在伊斯兰世界的核心地带，如中东和北

非，伊斯兰风格的家具基本上都局限于各种软囊靠垫。从大量的细密画的描绘中，我们能看到伊斯兰民众大多是席地而坐或席地而卧的。这里最重要的家具是地毯和软囊靠垫，其中当然也有帝王或尊者使用的宝座和箱柜宝盒，它们大多通体做雕饰或镶嵌处理。

同样是保持着席地而坐的家居文化，日本和韩国却与伊斯兰世界不同。当伊斯兰世界以地毯和软囊靠垫营造出席地而卧的休闲氛围时，日本人和韩国人大多盘腿或跪坐于榻榻米上，而座椅等其他家具则沿用中国家具系统。我们知道，日本和韩国文化的发展与中国文化有着千丝万缕的联系。日本和韩国全盘吸收和引进中国文化是在隋唐时代。当时的中国正经历从席地而坐向高坐模式的转化，但这种转化到宋代彻底完成时，日本已结束全盘引进中国文化，并开始进入闭关锁国的状态。因此，日本的家居文化，实际上保持着更多的中国隋唐风韵，而隋唐之后的中国则发展出了完善的高座模式家具系统，建立起完全与欧洲家具系统势均力敌的中国家具系统。随着东方的崛起和

东西方文化交流的渐渐展开，西方世界出现了大量关于东方家具的书籍和文献，其中关于日本和韩国的主要是箱柜，而关于中国的则是与欧洲家具系统各门类完全对应的各种家具类型。

非洲家具系统应该是欧洲和中国这两种主流家具系统之外最受人关注的家具系统，带有非常强烈的异域色彩和强烈的创意冲动。非洲家具实际上是一种生活化的雕塑艺术品。对非洲本地民众而言，它们是普通的日用家居产品，对欧美及世界各地的收藏者而言，它们则是独具特色的工艺珍品。非洲大陆是人类的发源地，至今存在着数千个说着不同语言的非洲民族。他们往往因地制宜地发展出各不相同的家居文化和相应的家具风格，但与世界上其他民族和地区相比较，整个非洲大陆的家具又形成了一种基本统一的设计风格。其主要特色是用原木随形制成坐具，或用原木雕成椅凳形式，用原木加上简洁的榫卯结构，组合成复杂一些的宝座和其他家具类型。装饰与象征是非洲家具最突出的形象特色，装饰的手法主要是雕刻和镶嵌（图1-13～图1-15）。

▲ 图1-13

▲ 图1-14

▲ 图1-15

图1-13 非洲家具
图1-14 非洲家具
图1-15 非洲家具

非洲家具伴随着非洲雕刻走向世界，最早引起世界注目是在法国立体派绘画创立的时代。当时的毕加索、乔治·勃拉克（Georges Braque）、莫里斯·德·弗拉芒克（Maurice de Vlaminck）和阿梅代奥·莫迪里阿尼（Amedeo Modigliani）等年轻艺术家突然发现非洲雕刻中蕴含着独特的创意灵感，于是争相收藏，继而引发艺术发展史上的重要革命。而后的非洲家具开始不断走进欧洲各国，并引起很多设计大师的关注，如芬兰设计大师伊玛里·塔佩瓦拉（Ilmari Tapiovaara，1914—1999）在二战之后去非洲援建期间曾设计出著名的"刚果椅"。

我们不会忘记世界四大文明古国中排名第三的古印度，这是佛教的故乡。当佛教传到中国和日本并迅速发扬光大时，它在故乡印度反而式微了。中国家具在从席地而坐转向高座模式的过程中，佛教带来的鼓墩、莲花座和其他坐具都在其中起了促进作用，并最终促成了中国家具的根本性转化。印度文化中的建筑和以雕刻为主导的各种工艺都很发达，但其中并未包括家具。印度家具在印度人的日常生活中始终处于从属地位。佛教和印度教的鼓墩和矮榻时常出现在相关图像资料中。在伊斯兰教传入印度后，部分印度人的生活又追随着伊斯兰的家居风俗，以软囊靠垫为主要特色，到英国殖民地时代则又开始出现文化混搭式的家具式样。此外，印度文化中席地而坐的传统也是印度家具没有得到充分发展的重要原因。

古代世界曾经有两个建造金字塔的民族，一个是众所周知的古埃及人，另一个则是很多人都不熟悉的美洲玛雅人。前者曾创造出人类历史上最早、最成熟的家具体系，而后者则是一个几乎不使用家具的民族。实际上，辽阔的美洲大地在被西班牙人用强大武力征服并殖民之前，曾经存在拥有上千年历史并高度社会化但也非常封闭化的几个文明，如奥尔梅克、玛雅、印加和阿兹特克，但这些文明中的家具内容基本是缺失的。从考古发掘的图像中也只能看到一些矮榻和类似宝座的家具，尽管这些南美洲古代帝国拥有着非常辉煌的建筑、陶器以及高度发达的金银器工艺。被西班牙、葡萄牙、荷兰、英国、法国、德国诸国殖民之后的美洲大陆则开始引进欧洲各国的家具风格，从而使美洲家具变成欧洲家具系统的附属部分。

除澳大利亚和新西兰之外，大洋洲主要由三大群岛区域组成，即波利尼西亚、美拉尼西亚和密克罗尼西亚。按照家具的严格定义，大洋洲的原住民应该是世界上唯一没有发展和使用家具的民族。在欧洲各国的探险队发现大洋洲各岛国之前，他们基本上都是各自封闭、发展极其缓慢的民族，大多数人还处于刀耕火种的阶段。他们基本上赤身裸体，并因此发展出丰富的文身艺术。他们以渔猎为生，因此发展出独木舟和划桨木船。除此之外，他们的建筑、室内及家具用品都是以最简陋的方式组成的，其中部分用品亦以雕刻的方式发展成独特的艺术品，如纺织品、编篮、面具和武器等。

第二章
现代家具设计的先驱

Chapter Two
Pioneers of Modern Furniture Design

如果站在全球家具发展史的视角，将设计理念的启发作为思考的出发点，那么现代家具设计的历史性三大先驱是中国的明代圈椅、英国的"温莎椅"和美国的萨克椅。

明代圈椅产生于 10 世纪的中国宋代，成熟于 16 世纪的中国明代后期，直到今天依然在中国各地制作。"温莎椅"则产生于 17 世纪的英国温莎，并于 18 世纪开始在英国和美国广为流行。萨克椅产生于 19 世纪初的美国，最初仅在自己的教区内部使用，随后于 20 世纪初开始引起世人关注，并被介绍到世界各地。上述三种古代家具模式都对现代家具设计产生过巨大影响，它们是当之无愧的现代家具设计的先驱。此外，还有更直接的设计先驱，即堪称现代家具设计开路先锋的奥地利家具巨匠迈克尔·托奈特。他早在 1837 年就开始尝试实木热压工艺，并于 1842 年获得了相关工艺的专利，随后于 1849 年建立起自己家族的家具制造厂，并于 1856 年获得了工业化生产弯曲木家具的专利。托奈特家具的最大特点是物美价廉，适合大批量生产，同时还便于组合和运输，但最重要的还是它所内含的现代设计元素，除了英国的"温莎椅"和中国的明代圈椅，很难有其他椅子能超过托奈特椅子的生产年限。勒·柯布西耶（Le Corbusier，1887—1965）在 20 世纪 20 年代初为其建筑选择家具时，亦以托奈特的产品为主体。在当时，托奈特的家具是少有的几种充满现代主义精神内涵的设计产品（图 2-1）。

如果说托奈特的弯曲木家具（图 2-2）是现代家具设计的第一股推动力，那么集中于 19 世纪末和 20 世纪初的欧美三大艺术创意运动则是第二股或者根本性的推动力。它们分别是以英国和美国为基地的工艺美术运动，以法国、德国、比利时、芬兰、西班牙为基地的新艺术运动，以奥地利、捷克、德国为基地的新装饰运动。这些艺术创新运动所汇成的时代创意洪流最终促成包豪斯的诞生，而在包豪斯之前，这些运动的创意大师已经以各自不同的手法设计出功能主义意识强烈的家具作品，其中有几位大师的后期家具杰作已堪称现代家具设计的经典之作，如英国的查尔斯·麦金托什（Charles Mackintosh，1868—1928）、芬兰的伊利尔·沙里宁[Eliel Saarinen，1873—1950，又称老沙里宁，以区别于他的儿子，美国建筑与设计大师艾洛·沙里宁（Eero Saarinen，1910—1961，又称小沙里宁）]和美国的弗兰克·劳埃德·赖特（Frank Lloyd Wright，1867—1959），他们的许多家具作品至今仍在适量生产中。从这一批先驱设计师来看，他们均属于不同的风格流派，但都拥有共同的本质特点。他们摒弃传统中落后于时代的东西，在设计中追求真实，以功能为出发点，并全力提供设计创新的解决方案。

▲ 图 2-1   ▲ 图 2-2

图 2-1 托奈特设计的 No.14 弯曲木椅
图 2-2 托奈特设计的弯曲木椅

第一节
英国的现代设计开拓者

英国人最早开始进行现代意义上的家具设计，除了上述"温莎椅"和萨克椅的先驱引领作用之外，还有以下四个方面的原因。其一是地理的原因。英国与欧洲大陆被海峡隔离开来的现实使英国数世纪以来受欧洲大陆以法国、意大利为核心的皇家文化传统的影响较少，尤其是家具设计方面烦琐的雕饰传统影响较少。其二是文化的原因。英国自16世纪后期以来作为西方列强的首领，在与东方尤其是中国的文化交流中以不同方式不断吸收中国家具设计方面的内容，包括其中最重要的功能主义设计思想。其三是生产方式的原因。英国是第一次现代工业革命的发源地，大机器生产模式对整个社会的影响自然扩展到家具企业，因此对家具设计的影响是必然的。其四是社会学层面的原因，英国是欧洲最早的以中产阶级为社会主流的国家。自18世纪中叶开始，作为中产阶级新鲜血液的建筑师和家具设计师已有能力左右社会时尚，而其设计风格越来越趋向功能主义方向，如著名的托马斯·齐彭代尔（Thomas Chippendale, 1718—1779）。其影响深远的家具元素中共列有三种流行风格，即中国风格、法国风格和哥特式风格。它们对当时和后世都有极大影响，其中蕴含着强烈的功能主义萌芽。

著名设计史学家尼古拉斯·佩夫斯纳（Nikolaus Pevsner）在其名著《现代设计的先驱者：从威廉·莫里斯到格罗皮乌斯》中将英国工艺美术运动的旗手威廉·莫里斯（William Morris, 1834—1896）列为现代设计最早的开拓者。莫里斯早年在建筑事务所工作期间就开始设计家具，随后学习绘画，并逐步专注于墙纸和书籍装帧设计，但又不断回归家具设计当中（图2-3、图2-4），其中最重要的就是为自己的住宅"红屋"设计了全套家具。

该建筑由当时英国著名建筑师菲利普·韦伯（Philip Webb, 1831—1915）主创设计，配置了莫里斯的充满功能主义并兼具工艺美学特色的家具，立刻成为英国建筑史上的名作。莫里斯崇尚手工艺，对工业革命初期产品的粗俗简陋深感忧虑，从而寻找生活美学的新方向，并最终致力于工艺美术运动。他反对工业化产品的简陋，希望用手工制品取代粗俗的工业化产品，同时也希望他所提倡的充满人性温度的手工艺制品能够被广大民众享用。然而矛盾的是，手工制品总是相对昂贵，因而广大民众只能更多地使用工业化产品。尽管这种矛盾在莫里斯生前很难解决，但随后的社会发展促使工业化产品更注重美观和温馨，而手工制品则周期性地得以复兴。

爱德华·哥德温（Edward Godwin，1833—1886）是英国最早的以简洁风格设计家具的建筑师。哥德温生于布里斯特，并于1854年建立了自己的设计事务所。他先以建筑设计为主业，但在1862年的伦敦国际工业与艺术博览会之后将更多的精力转向了室内与家具设计。此后，他与许多设计公司合作，承接室内和家具设计兼及公共建筑及私宅设计。如1884年，他为著名文学家奥斯卡·王尔德完成了伦敦寓所的室内装修。哥德温的家具设计最初受欧洲历史风格影响，如在古埃及、古希腊家具基础上进行了简化设计，但随后则更多地受到东方设计思想的影响，

▲ 图 2-3

图 2-3 莫里斯设计的扶手椅
图 2-4 莫里斯设计的扶手椅（背面）

▲ 图 2-4

尤其是日本和中国的设计手法，从而创作出了一批形式高雅、造型简洁，且有明确现代意味的家具作品（图2-5、图2-6）。

查尔斯·沃赛（Charles Voysey，1857—1941）生于约克郡，曾受到几位当时著名的建筑师的专业训练，直至1882年成立自己的建筑设计事务所。自1888年起，他在工艺美术运动的影响下开始设计家具、纺织品、墙纸及金属制品，同时也成为英国居住建筑复兴运动中最具影响力的建筑师之一。同麦金托什一样，沃赛很早便开始强调建筑、室内、家具的一体化设计。其家具设计在传统的基础上探讨不同寻常的比例关系和空间感受，使作品不仅个性突出，而且具有一种惊人的视觉冲击力（图2-7）。例如，他的著名的在背板上挖空的"心"形图案的椅子设计（图2-8）。沃赛因此成为英国后期工艺美术运动的主要代表人物。

▲ 图2-5

图2-5 哥德温设计的椅子
图2-6 哥德温设计的椅子

▲ 图2-6

在 19 世纪和 20 世纪之间的英国乃至整个欧洲影响最大的建筑师中当数格拉斯哥学派的核心人物麦金托什。这位罕见的艺术天才在绘画、建筑和设计等诸多领域都有卓越建树，与大约同时期美国的赖特非常相似，他们分别引领着英国和美国的最新设计潮流。麦金托什生于格拉斯哥，早年受过完善的绘画和建筑设计方面的专业训练，利用"汤姆森旅行奖学金"去意大利、法国和比利时旅行考察，回英国后与妻子等人成立著名的"四人组"设计事务所，并于 1897 年赢得格拉斯哥艺术学校新校舍的设计竞赛，随后创造出这件建筑杰作，使之成为建筑史上的里程碑。麦金托什更大的成就表现在家具设计方面，他创造出了一种高度个性化且充满象征意味的形式语言，体现了他对英国本地艺术传统、中国家具传统和日本设计理念的天才般的结合，并表现在他的大量的椅子设计中。

▲ 图 2-7

图 2-7 沃塞于 1909 年设计的扶手椅
图 2-8 沃塞设计的扶手椅

▲ 图 2-8

麦金托什的家具作品的现代感与他前卫的建筑和室内设计达成浑然一体的融合，而其椅子独特的高靠背设计不仅是家具构件的升华，而且是奠定和划分室内空间的另类屏风。其设计中对规整的几何形体的大量运用反映出他对日本建筑和艺术形式的极大兴趣。麦金托什几乎所有的家具都是为他设计的建筑室内空间创作的，因为当时英国的家具市场上根本找不到能够匹配其前卫建筑空间的家具，而这些家具随后则成为现代家具史上的经典（图2-9、图2-10）。

▲ 图 2-9

▲ 图 2-10

图 2-9 麦金托什设计的扶手椅

图 2-10 麦金托什于 1897—1904 年设计的三种靠背椅

第二节
维也纳学派的贡献

奥地利首都维也纳很久以来都是欧洲最重要的艺术与设计之都之一。19世纪末，维也纳更是形成一股强劲的现代设计之风。"维也纳学派"和"维也纳分离派"都是这种思潮的组织表现。它们在欧洲的影响极大，并在世纪之交产生了一大批设计师，以其既能统一于功能主义的创新意味而又各具特色的成就影响着后世许多设计师，而这个学派的核心引导者就是奥托·瓦格纳（Otto Wagner，1841—1918）。

生于维也纳的瓦格纳年轻时曾分别就读于维也纳工程技术学院和柏林工学院，最后在维也纳美术学院毕业并留校任教。1894年，他被母校任命为教授，并在随后不久出任校长，从而迅速而有效地形成了一个理念超前的设计流派。其主要成员自然都是他的学生，如约瑟夫·霍夫曼（Josef Hoffmann，1870—1956）、库尔曼·穆塞尔（Koloman Moser，1868—1918）、阿道夫·路斯（Adolf Loos，1870—1933）和约瑟夫·奥尔布里奇（Joseph Olbrich，1867—1908）等人。这批大师级的学生后来都各自在现代建筑和设计发展中做出过杰出的贡献。1895年，瓦格纳旗帜鲜明地宣称要抛弃当时欧洲正流行的"新艺术风格"，并出版了《现代建筑》一书，明确反对装饰意味依然浓重并时常回归历史主题的"新艺术风格"，在当时的欧洲影响巨大。瓦格纳拥有当时欧洲最大的设计事务所，兼及建筑、室内、家具和工业设计方面的内容。同麦金托什一样，瓦格纳的家具设计都是为其建筑和室内空间专门创作的。其中最重要的就是奥地利邮政银行营业大厅的方凳和扶手椅（图2-11）。这两

▲ 图2-11

图2-11 瓦格纳于1902年设计的Die Zeit扶手椅

件作品以其超前的现代感被载入设计史。作品的构思与托奈特的家具有明显的内在关联，而椅子的金色饰件则不仅做装饰使用，更重要的是起到保护作用（图 2-12、图 2-13）。

在瓦格纳的学生当中，家具设计成就最大的是霍夫曼。霍夫曼早年在慕尼黑学习建筑设计，随后于 1895 年游历意大利，开启了当时艺术类学生通常向往的"朝圣之行"。霍夫曼回到维也纳后便进入瓦格纳设计事务所工作，直至 1899 年。这一年，他被任命为维也纳美术学院的建筑设计教授，直到 1941 年退休。1897 年，霍夫曼加入著名的在设计思想上非常前卫的"维也纳分离派"，并于次年参加"维也纳分离派"的第一次展览，为其设计了主要展厅。霍夫曼不仅创作勤奋，而且热心参与艺术与设计方面的展览和学术活动，是"维也纳分离派"的主将。他于 1905 年退出"维也纳分离派"后，又与著名画家古斯塔夫·克里穆

▲ 图 2-12

▲ 图 2-13

图 2-12 瓦格纳设计的扶手椅
图 2-13 瓦格纳设计的扶手椅

特（Gustav Klimt）一道成立
"艺术沙龙"，影响巨大。霍
夫曼参加了许多展览活动，如
1914年在科隆举办的"德意志
制造联盟展览"、1925年巴黎
艺术设计展览会及1930年在斯
德哥尔摩举办的世界博览会。
霍夫曼的设计思想深受老师瓦
格纳的影响，但在设计手法上
也受到了麦金托什的启发，热
衷于几何构图和纤秀而富于弹
性的细节处理。霍夫曼的家具
作品很多，在其早期的作品
中可以看到瓦格纳设计手法的
影响，尤其是金属包饰构件的
运用，但在其后期作品中则显
示出越来越强的个性，尤其擅
长结合传统进行创新设计（图
2-14～图2-16）。

▲ 图 2-15

▲ 图 2-16

▲ 图 2-14

图 2-14 霍夫曼于 1904 年设计的扶手椅
图 2-15 霍夫曼于 1905 年设计的扶手椅
图 2-16 霍夫曼于 1905 年设计的办公椅

穆塞尔生于维也纳，于1888年考入维也纳美术学院学习绘画，随后又时常去工艺美术学院听课，这使他"学会了多方面的知识，展现了艺术与设计多方面的才华"，是瓦格纳的学生中最有个性的一位，因此成为"维也纳分离派"的主要创始人之一。他多才多艺，在绘画、建筑、工业产品设计，尤其是家具方面显露出了惊人的才华。从1899年开始，穆塞尔与霍夫曼一道任教于维也纳美术学院。次年，穆塞尔的家具设计作品分别参加了1900年的"维也纳分离派"展览及同年的巴黎博览会。与此同时，他与霍夫曼一样热衷于艺术团体活动。除"维也纳分离派"之外，他在1903年又与霍夫曼等人一道成立了著名的奥地利制造联盟，在建筑、家具及绘画领域都大放光彩。然而，从1908年起，他的兴趣开始集中在绘画上，直到去世。穆塞尔的大量家具设计都是霍夫曼建筑和室内设计项目的组成部分。其最显著的特征就是对立方体造型的突出运用和对色彩的节制性使用。它们是典型的"维也纳分离派"风格，并预示着现代设计运动中几何抽象形式应用热潮的来临（图2-17）。

维也纳学派中对现代设计运动影响最大的是路斯。这种影响主要表现在建筑设计上，但路斯也同时热衷于家具设计，并有不少精彩作品。在瓦格纳的学生中，路斯显得更为独立，其设计思想时常比老师和同时代的同学都更加激进。路斯早年在德累斯顿技术大学学习工程学，于1893—1896年去美国游历和学习，回到维也纳后加入瓦格纳设计阵营，并立刻成为这一设计阵营中思想最激进的人。在广泛的设计实践中，他对自己的设计理论进行了彻底的思考，并从1897年起开始大量写文章，对建筑和设计诸

▲ 图2-17

图2-17 穆塞尔于1902年设计的扶手椅

方面的问题做了广泛而尖锐的论述。路斯于1908年发表的著名论文《装饰与罪恶》是现代建筑运动中最重要的理论文献之一，在这篇论文中，他将对装饰的过分使用与社会的衰败联系在一起，从而在建筑界、设计界引起轩然大波，影响非常大。但路斯与此同时也勤于设计实践，他于1912年建立建筑设计学校，集中宣示自己的设计观点，1920年到1922年间则担任维也纳城建局总建筑师，使他对现代设计的影响更加显著，从而在理论和实践两方面同时令自己的设计观点得以传播。在路斯的家具设计中，最著名的作品是建立在"托奈特椅"基础上的。尽管被很多人误解，但实际上路斯非常重视传统，但仅指传统中最精华的设计智慧，因此与他的建筑理论并不矛盾。路斯坚信从优秀的传统中吸取精华，进而做出符合时尚的演化，比完全凭空创造更加可靠。同时，他认为设计中即使有装饰，也应源自结构，除此之外的装饰都是一种浪费（图2-18、图2-19）。路斯的观点受到北欧设计学派的赞美，尤其对丹麦建筑师凯尔·柯林特（Kaare Klint，1888—1954）启发很大，后者以同样的指导思想成立了丹麦设计学派。

▲ 图 2-18

▲ 图 2-19

图 2-18 路斯设计的椅子
图 2-19 路斯设计的椅子

第三节
空前绝后的设计怪杰高迪

安东尼奥·高迪（Antonio Gaudi, 1852—1926）这样一位旷世设计奇才出自西班牙并不令人意外，因为西班牙自古就是一个盛产艺术天才和设计怪杰的国度，这种传统至少有上千年的历史，尤以近现代为甚。从埃尔·格雷科（El Greco）到迭戈·委拉斯凯兹（Diego Velazquez），从弗朗西斯科·德·戈雅（Francisco de Goya）到毕加索，从胡安·米罗（Joan Miró）到萨尔瓦多·达利（Salvador Dali），各个惊世骇俗，影响深远，为世界艺术史乃至人类历史所罕见，而高迪则是这个伟大传统当中代表建筑与设计领域的顶尖大师。

作为巴塞罗那一个著名的铁匠的儿子，高迪终其一生都对铁制构件情有独钟，并将其大量应用于自己的建筑、室内和家具作品中。高迪最伟大之处，也是与众人完全不同之处，在于他能够在任何时候对任何流行的设计思潮持有独特并自成一体的做法。无论面对工艺美术运动还是新艺术运动，高迪的作品都是完全与众不同的。高迪不仅是西班牙建筑史中最伟大的人物，也是现代设计运动中最关键的创意大师之一，其影响力一直都在与日俱增。二战之后，高迪很快被尊崇为后现代建筑师和设计师的首席导师，而在今天这样一个全球化、信息化，同时又要彰显个性和时尚的时代，高迪的设计价值再次引起人们的热情关注（图2-20）。

▲ 图 2-20

图 2-20 高迪设计的扶手椅

高迪是一位全身心投入设计事业的天才，这使他能够在并不太长的生命旅程中完成大量精心设计的建筑与家具作品。其中，绝大多数作品都在巴塞罗那市区，成为该市最宝贵的文化遗产之一，这也使巴塞罗那成为现代建筑不可或缺的朝圣之地。例如，他的后期作品圣家族大教堂始建于1883年，直到1926年高迪因车祸去世时，该作品也只完成入口建筑部分，而仅此入口也已让世人叹为观止。近百年来，几代建筑师前赴后继，努力紧跟高迪独特思维的步伐，以期完成高迪的伟大遗作，至今仍在时断时续地建造。其整个建筑始终是西班牙一个世纪以来最引人注目的景点。同麦金托什一样，高迪所有的建筑作品都是由他本人亲自设计并主持施工的，同时保持从建筑到室内再到家具的设计是完善统一的整体。因此，高迪所有的家具设计作品都是为其建筑项目定制的，自然成为该建筑室内空间的有机组成部分。在家具的构件设计手法上，高迪对当时欧洲流行的"新艺术运动"的诠释要比所有同时代的欧洲其他各国建筑师都更为大胆和抽象。但更重要的一点是，高迪在家具设计中对使用功能和人体工程学的精心考虑，我们可以认为高迪是现代人体工程学发展的奠基人之一。高迪的家具都别具一格，具有生动的雕塑效果，从而使他的每一件家具都能成为非常难得的艺术珍品。虽然他的家具不是现代设计的主流，却具有无法替代的永恒价值（图2-21）。

▲ 图2-21

图2-21 高迪设计的扶手椅

第四节
两位比利时设计大师：
霍塔、维尔德

19世纪与20世纪之交，欧洲开始形成多中心局面。在欧洲大陆，巴黎已不能保持其唯一的文化中心的地位。许多欧洲城市开始在诸多方面比巴黎更吸引人，而比利时的首都布鲁塞尔就是其中之一。在现代设计发展运动中，布鲁塞尔在世纪之交这一时间段里比巴黎更重要，这种局面完全由两位德高望重的比利时设计大师决定。这两位大师就是维克多·霍塔（Victor Horta，1861—1947）和亨利·凡·德·维尔德（Henny Van Der Velde，1863—1957）。

霍塔生于比利时根特市，先在根特建筑学院学习建筑设计，后考入布鲁塞尔的皇家艺术学

▲ 图 2-22

图 2-22 霍塔设计的柜子
图 2-23 霍塔设计的椅子

院。霍塔很早就对当时学院派推崇的装饰浓重的新古典主义产生了反感，他一方面拒绝负担沉重的"历史主义"，另一方面则在自然界有机构成元素的启发下发展出自己全新的独特设计风格，成为比利时"新艺术运动"的领袖人物，并于1912年被任命为皇家艺术学院教授，曾担任一段时间院长。这使他的设计风格不仅影响本国，而且扩展至整个欧洲，如著名的法国"新艺术运动"领袖赫克托·吉玛德（Hector Guimard，1867—1942）在设计上就受到霍塔极大的启发。霍塔同麦金托什、高迪这些大师一样，既设计建筑物本身，也设计建筑内外的用品。他在19世纪90年代设计的许多住宅都成为从建筑到室内，再到家具、灯具、地毯及彩绘玻璃的完整艺术创作。霍塔从中发展出一套成熟有效的新艺术设计风格，以自然曲线为主体构成元素，摒弃古典装饰传统，最后创造出风行一时的"霍塔流线"，形成另一种"古典风格"，这在霍塔的家具设计中表现得尤为明显（图2-22、图2-23）。霍塔影响之大，以致在后来的现代建筑设计发展中成了阻力，这主要表现在由他担任首席评委的国际联盟总部设计竞赛方案的评定上，他的关键一

▲ 图 2-23

票使柯布西耶的优秀方案落选。然而,霍塔创造的设计风格在冲破历史束缚方面功不可没,而其作品本身也都是精美的艺术品。

凡·德·维尔德同霍塔一样,也是一位多才多艺且影响深远的设计大师,但其活动范围更广,在家具设计上影响也更大。他出生于比利时名城安特卫普,先在故乡的艺术学院学习绘画,三年后去巴黎学习,直到1885年毕业。当他看到当时社会从建筑到家具的种种事物的真正形式都被掩盖时,立刻决定放弃绘画转向设计,并于1894年发表其著名的《艺术宣言》,强烈呼吁现代艺术的综合发展。维尔德的一生不仅设计作品成果累累,而且为推动现代设计的发展不遗余力,足迹几乎遍及当时欧洲在设计思想上最前卫的国家。1907年,他成为德意志制造联盟的主要创建者之一,1917年移居瑞士,1920年移居荷兰,1926—1936年则担任根特大学建筑系的教授,到1947年又回到瑞士定居,直到去世。维尔德是现代设计风格的主要发起者之一,更是向传统设计观念进行挑战的伟大旗手。他在德国创办的国立工艺美术学院是国立包豪斯的前身,也正是他向政府推荐沃尔特·格罗皮乌斯(Walter Gropius1883—1969)担任包豪斯首任校长。维尔德的家具设计在"新艺术运动"的大前提下力求抛弃无功能的装饰,提倡简洁、流畅的设计手法,为紧随其后的那批设计大师提供了极有价值的借鉴。他像中国古代的孔子一样,以周游列国的方式宣扬他的现代设计观念,并最终获得举世公认。其主要的"战场"先是他的祖国比利时,接着是法国,其间穿插了瑞士、荷兰、英国,并在德国取得了开创性的国际成果。家具设计是维尔德设计作品中最重要的品类,当他第一次在法国巴黎向一位著名的艺术经纪人展示自己的家具设计时,遭到了断然拒绝,但一年后在德国,维尔德的家具作品却受到了从普通公众到专业人士的一致欢迎。维尔德对自己的设计思想充满信心,并有足够的精力去为自己的信念奔走推广(图2-24~图2-26)。

▲ 图2-24

▲ 图2-25

图2-24 维尔德设计的椅子
图2-25 维尔德设计的椅子
图2-26 维尔德设计的桌子

▲ 图2-26

第五节
德国的现代设计先驱

德国是现代设计最重要且最直接的发源地之一，这不仅仅是因为包豪斯，还因为包豪斯之前的几位设计大师举足轻重的开创性工作。这其中最重要的是出生于同一年的彼得·贝伦斯（Peter Behrens，1868—1940）和理查德·雷曼施米特（Richard Riemerschmid，1868—1957），而前者更以培养过三位现代建筑与设计运动的经典大师——沃尔特·格罗皮乌斯（1883—1969）、密斯·凡·德罗和柯布西耶——而成为德国设计史上影响最大的人物之一。

彼得·贝伦斯也是一位罕见的设计全才，在建筑、家具、平面设计、纺织品设计、玻璃设计和工业设计诸多方面均有划时代的建树。他曾在汉堡和慕尼黑学习、工作，也曾去意大利"朝圣"，再回到慕尼黑与雷曼施米特一道加入新近成立的设计协会"联合车间"。1898年，他设计了自己的第一件家具，并参与其工业化制作过程，于次年在当地展出。在往后的四年间，他移居达姆施塔特，成为当地"艺术家画廊"最活跃的成员之一，并设计了他的第一幢建筑，即他自家的住宅。此后贝伦斯在不断的设计、教学中逐渐发展出与现代工业化生产密切结合的成熟的设计思想。

1907年，贝伦斯被任命为当时德国一家大企业的专业工业设计师，从此贝伦斯的一切设计活动都与工业化生产密切相关，并于迅速转向建筑设计的同时兼及家具、灯具等多方面产品（图2-27～图2-29）。他以混凝土、钢和玻璃为材料设计的厂房是现代建筑的第一个里程碑，对后

▲ 图 2-27

图 2-27 贝伦斯于 1900—1901 年设计的扶手椅
图 2-28 贝伦斯设计的扶手椅
图 2-29 贝伦斯于 1902 年设计的 Wertheim 餐椅

▲ 图 2-28

▲ 图 2-29

世影响巨大，其功能主义理念和工业化协作方式设计系统对格罗皮乌斯、密斯和柯布西耶等人启发很大。贝伦斯是德意志制造联盟的主要创办人之一，后又长期担任柏林艺术学院建筑系主任，再次培养了大批设计人才。

理查德·雷曼施米特是贝伦斯的多年好友和合作伙伴。两人曾多次共同参与各类学术和展览活动。与贝伦斯不同的是，雷曼施米特主要是一位家具设计师和设计教育家，一生中有许多时间用于教学，同时结合自己的现代设计思想传播功能主义设计原则。例如，他于 1902—1905 年任教于纽伦堡艺术学校，1912—1924 年担任慕尼黑工艺美术学校的校长，1926—1931 年又担任科隆工业设计学校的校长，是德国现代设计教育的最重要实践者和推动者之一。1897 年，雷曼施米特参加了慕尼黑的设计展览，一年以后开始为慕尼黑的先锋派设计协会"联合车间"设计家具。1904 年，他参加了美国圣路易斯博览会，并展出他为纽伦堡艺术学校的校长设计的居室室内。他与贝伦斯都对工业化产品情有独钟，其第一件

家具作品全部由机器制作并在德累斯顿生产，随即在当地的"德意志制造联盟"的展览会上展出，广受好评，这很快奠定了他在德国现代家具设计领域的领先地位。他的家具结构简洁、构思精巧，同时非常注重实用功能和用户体验，例如，在 1898 年他为音乐演奏家设计的座椅中对扶手的精美处理，让使用者可以坐在椅子上灵活自如地演奏。此外，雷曼施米

特非常重视民间设计遗产，其很多作品受到英国工艺美术运动的影响，做到了民间传统式样与现代功能要求的合理结合。虽然以工业化生产为主流创作方向，但雷曼施米特依然重视对传统自然材料的大胆使用，这种做法与当时流行的贵族趣味的软包坐垫可谓针锋相对，极大程度地推动着现代设计理念的普及（图 2-30、图 2-31）。

▲ 图 2-31

▲ 图 2-30

图 2-30 雷曼施米特于 1899 年设计的一件轻便椅
图 2-31 雷曼施米特于 1904—1906 年设计的一种藤椅

第六节
北欧现代设计学派的鼻祖：伊利尔·沙里宁

北欧设计学派在现代设计运动的每一个阶段都独树一帜，尤其是二战以后，更成为现代设计中举足轻重的流派，在建筑和设计的许多领域都担当着主角，引导现代设计走向生态、健康、温馨、舒适的境界。北欧设计学派在每个发展阶段都大师林立，但堪称鼻祖者且获得公认的只有伊利尔·沙里宁一人，这不仅是因为他本人在城市规划、建筑设计、室内设计、家具设计、工业设计等领域的综合成就，而且因为他同时培养了一大批顶尖建筑与设计大师。这种培养不仅发生在他的祖国芬兰和北欧，更结硕果于大洋彼岸的美国。老沙里宁移居美国后创办的匡溪艺术设计学院成为美国现代大师的摇篮，培养出了小沙里宁、查尔斯·伊姆斯（Charles Eames，1907—1978）、哈里·伯托埃（Harry Bertoia，1915—1978）等一批划时代的设计天才。由此，老沙里宁又被称为美国现代设计之父。

伊利尔·沙里宁是一位天才艺术家，曾分别在赫尔辛基艺术学院和赫尔辛基理工大学学习艺术和建筑设计，而后迅速成为芬兰建筑领域的核心人物。其设计理念受到格拉斯哥学派和维也纳分离派的双重影响。他在芬兰时期的每一件建筑作品几乎都是杰作，其中赫尔辛基中央火车站和民族博物馆更是欧洲现代建筑史上的里程碑。这些百年以上的建筑经典至今依然是芬兰各地的重要地标和非常受大众喜爱的公共场所，尽善尽美地发挥着自己的功能。老沙里宁还是19世纪末20世纪初芬兰民族浪漫主义运动的领导人之一，以其广泛的国际活动为芬兰的民族振兴做出了杰出贡献。他于1912年加入德意志制造联盟，从此重视建筑及产品设计的工业化理念。

1922 年，他参加了美国芝加哥塔国际建筑竞赛并获得第二名，随后携妻子洛雅·沙里宁（Loja Saarinen）移居美国，担任密歇根大学建筑系的客座教授，次年遇到美国新闻界巨贾乔治·波琪（George C.Booth）。波琪邀请他制订一个匡溪艺术设计学院的发展计划。两年后，老沙里宁一家移居布隆菲尔德·西尔斯（Bloomfield Hills），并于 1932 年正式成立匡溪艺术设计学院。老沙里宁担任该学院的第一任校长并规划了整个校园，设计并建造了校园内的主体建筑。此外，老沙里宁为他的大部分建筑都设计了家具、灯具等产品，在产品设计中实现了功能装饰与人情味的完美结合，由此开启北欧设计学派重视环境、关注生活情调和提倡设计以人为本的先河（图 2-32～图 2-34）。

▲ 图 2-32

▲ 图 2-33

▲ 图 2-34

图 2-32 伊利尔·沙里宁设计的扶手椅
图 2-33 伊利尔·沙里宁设计的扶手椅
图 2-34 伊利尔·沙里宁设计的扶手椅

第七节
美国的现代家具设计先驱

美国建国初期，在文化艺术、社会风尚的传播流行方向上都会比欧洲晚一个节拍，却也能随后紧跟，并时常创造出科技和文化方面的惊人成绩。到了19世纪末，随着时代的发展和科技的进步，尤其是各种信息交流方式的发展更新，使得欧洲出现的几乎所有艺术思潮和设计动向都能在同一时期传到美国。两个大陆从此在文化上得以同步发展。在现代建筑和设计运动中，美国也同样涌现出了一批卓有成就的先驱人物，美国工艺美术运动的代表人物斯蒂克莱兄弟、格林兄弟，以及建筑大师赖特等人都是美国最重要的现代家具设计先驱大师。

斯蒂克莱兄弟[Stickley Brothers——古斯塔夫·斯蒂克莱（Gustav Stickley，1858—1942）和阿尔伯特·斯蒂克莱（Albert Stickley，1862—1928）]是德国移民。他们的父亲是当地有名的石匠，从而使斯蒂克莱兄弟从小对手工技艺情有独钟。他们投身家具行业之后，很快接触到了英国工艺美术运动，对手工艺共同的追求使斯蒂克莱兄弟立刻成为美国工艺美术运动的旗手。他们充分利用美国取之不尽的自然资源，大力提倡手工艺家具，同时创办《手艺人》杂志以定期宣传工艺类复兴的设计理念，从而使他们的家具产品一度遍及全美，并远销欧洲大陆。斯蒂克莱兄弟的设计厚实简洁，并追求形式语言的纯净，甚至有很大程度上的原始意味，但绝不会有与功能无关的装饰，这些都对美国和欧洲的功能主义理念的发展有积极影响（图2-35）。

▲ 图2-35

图2-35 斯蒂克莱兄弟设计的椅子

哈维·艾利斯（Harvey Ellis, 1852—1904）也是美国工艺美术运动的一位代表人物。他的家具设计受到英国工艺美术运动的影响更深，具体手法尤其受到麦金托什的影响，这从其设计的集中式花饰拼嵌图案便能清楚地看出来（图2-36）。不过，美国工艺美术运动中最重要的代表人物是格林兄弟，而赖特是美国最重要的现代家具设计先驱，事实上，赖特本人作为20世纪最有影响力的现代建筑设计大师之一，其大胆而粗犷的家具设计也使他接近第一代家具设计大师的行列。

格林兄弟 [查尔斯·格林（Charles Greene, 1868—1957）和亨利·格林（Henry Greene, 1870—1954）] 是美国工艺美术运动的另一对代表人物，也是后来在美国影响很大的加利福尼亚设计学派的开创者。格林兄弟最初都在华盛顿大学和手工艺学校学习以木工为主的各种手工技艺，随后两人都进入麻省理工学院建筑系学习。当他们在1893年建立自己的设计事务所时，正好赶上芝加哥世界博览会，其中的日本馆和中国馆给他们留下了极深的印象，这种影响几乎立刻

▲ 图 2-36

图 2-36 哈维·艾利斯设计的椅子

体现在他们以后的建筑和家具设计中。他们仔细观察和研究日本的建筑和中国的家具，对东方设计的简洁明快和精良工艺心驰神往，并决心将这些精彩的设计传统转化至自己的设计中去。格林兄弟的主要建筑作品都是富豪住宅，业主都是喜爱工艺传统的有识之士，从而使格林兄弟能够随心所欲地将自己的设计理念在建筑室内和家具设计中充分表达出来。同当时许多设计先驱一样，格林兄弟同样强调整个项目的内外一体化设计，室内外与家具摆放处处体现统一而完整的设计思想。他们的家具设计的灵感和蓝本基本上都是中国明清家具。其实，随着东西方几百年贸易的往来，已有相当数量的中国明清家具被收藏在欧美人家和某些机构中。在格林兄弟设计的布拉克住宅（Blacker House）中，就有业主布拉克先生收藏的中国明式家具。这些都毫无疑问成为格林兄弟的创作原型。但他们从来不会粗俗地简化或抄袭，而是对以中国明清家具为代表的东方设计传统进行一种有创意、有感觉并极为耐看的"诠释"，并最终表现在一种几乎令后人无法超越的制作工艺上。格林兄弟对中国传统家具中的诸多细节处理都非常着迷，其中最著名的就是对"关门钉"的近乎狂热的运用，从而使得格林兄弟设计的建筑及家具中的"关门钉"成为他们的设计标签（图2-37、图2-38）。

弗兰克·劳埃德·赖特是第一代建筑大师中最年长也是最长寿的一位，因此身兼设计先驱和经典建筑大师双重身份。他最初是结构工程师，当他在路易

图 2-37 格林兄弟设计的扶手椅
图 2-38 格林兄弟设计的桌子

▲ 图 2-38

斯·沙利文（Louis Sullivan）的建筑事务所工作时，对建筑和设计的理解就远比其他人更为大胆和新颖，很快开创了自己的设计事务所。他是勤奋而多产的建筑师，到1900年时，他已经设计了50栋私人住宅，并兼及室内设计以及其中一部分家具设计。1897年，他参与创办芝加哥工艺美术协会，积极推动美国工艺美术运动的开展，但他很快便突破了工艺美术运动的范畴，从而使他的建筑和家具设计很快成为美国最前卫设计的代表。他早年同格林兄弟一样对工艺操作寄托很大希望，但工业化的突飞猛进使他很快开始强调对机器的应用，因此他后期的家具作品，尤其是他为自己的建筑设计学院"塔里艾森"设计的全套家具都是适合工业化批量生产的。赖特热爱家具设计，因此非常执着地坚持为自己的建筑和室内作品配置所有相应的家具。与麦金托什相同的是，他在设计中也彻底强调建筑、室内、家具、灯具、地毯等全局设计的统一，并力求亲自设计室内外所有的细节。然而两人似乎又不尽相同，麦金托什的一切设计似乎都是从内到外地展开，或者说室内是家具的延伸，建筑又是室内的延伸，而赖特则正好相反地运用这个过程，一切都以建筑设计为中心，室内、家具都是为某一处特别的建筑设计，尤其偏重于从形式上与建筑的室内外协调。两位大师都很爱使用的高靠背椅突出地说明了这一点。赖特的家具因为都是为其特定的建筑设计的，因此非常强调家具形式与建筑的协调，同时也强调家具能够成为室内空间的积极元素。赖特的家具是对欧洲多年流行的"新古典主义"和"历史主义"设计思潮的最强烈的反叛。其"宣言式"的超前意识使赖特成为现代家具设计运动中当之无愧的先驱导师（图2-39～图2-41）。

▲ 图 2-40

▲ 图 2-41

▲ 图 2-39

图 2-39 赖特设计的椅子
图 2-40 赖特设计的椅子
图 2-41 赖特设计的扶手椅

第三章
包豪斯与经典设计大师

Chapter Three
Bauhaus and Classic Design Masters

在现代建筑和现代设计领域，包豪斯开天辟地。以格罗皮乌斯为核心的当时欧洲最优秀的一批艺术家、建筑师和设计师风云际会。他们会聚于包豪斯，共创前所未有的设计教育大事。从 1919 年到 1933 年这 14 年中诞生了瓦西里·康定斯基（Wassily Kandinsky）、保罗·克利（Paul Klee）、莱昂内尔·查尔斯·费宁格（Lyonel Charles Feininger）、莫霍利－纳吉（Moholy-Nagy）、约瑟夫·阿尔伯斯（Josef Albers）、乔治·勃拉克（Georges Braque）、亚历山大·卡尔德（Alexander Calder）、皮尔特·蒙德里安（Piet Mondrian）、凡·杜斯伯格（Van Doesburg）、亚历山大·罗德琴科（Alexander Rodchenko）、艾尔·李西斯基（EI Lissitzky）等这批最前卫的欧洲艺术家，以及格罗皮乌斯、密斯、汉斯·迈耶（Hans Meyer）、布劳耶尔、吉瑞特·托马斯·里特维德（Gerrit Thomas Rietveld）、阿尔托、柯布西耶、奥德（J.P.Oud）等这批最超前的建筑师和建筑史学者。他们都曾长期或短期加入过包豪斯的教学、科研或展览。在这样的情形下，一大批家具设计的经典大师横空出世。这种现象一般是由三种因素形成的：其一是整个社会的变化和进步；其二是先驱大师的开拓与铺垫；其三是这批经典大师本人的刻苦努力。

这批现代家具设计的经典大师首先都是建筑师，这是历史的必然，也是设计发展的结果。他们创造出的建筑、室内、家具及所有工业设计产品都是为现代生活服务的，因此被称为现代设计，又叫"国际式"。其内涵是"简洁、功能、合理"，并随着现代生活的迅速发展，增加了人体工程学和生态设计的考虑。但无论如何，"国际式"从一开始就受到了大批评论家的责难——冷漠、单调、缺乏人情味等。这其实是一种正常的社会现象，任何新生事物都会招致批评甚至谩骂。现代人的生活早已离不开电和电器，但当法拉第发现电磁感应现象，并当众做实验展示其发展潜力时，招来更多的是刻薄和讽刺：这玩意儿有什么用呢？法拉第的回答简洁有力："那么请问先生，一个新生的婴儿有什么用呢？"新的创造往往伴随着各种质疑、抱怨和责难，但新生事物最终会引导社会的发展。"国际式"现代设计就是20世纪的新事物、新创造，更何况在随后的发展中亦能够不断地自我完善。事实上，伴随着每一次工业革命，社会都会迎来新的设计、新的生活方式与工作模式。

　　第一次世界大战之后，整个欧洲的社会风气和生活模式都发生了根本性的变化。大家庭越来越少，演变后的普通小家庭再也不需要那么多仆人，或者根本不需要仆人。另外，传统家居室内和家具的材料，尤其是木料，此时愈加受到限制。这样的社会物质状况自然而然使以前欧洲那些庞大、厚重、布满雕刻的家具显得非常不合时宜。人们对日用家具开始有了新的要求，不管公共空间还是普通家庭，人们所期待的家具都应该是体量适宜、易于移动，并且最好是多功能的。于是，这批思想超前并对社会需求非常敏感的经典大师出现了，他们以自己的设计思想和设计手法，结合新时代所提供的工业技术手段，创造新的设计美学，为新问题提出新颖、合理的解决办法。他们的设计大都充满划时代的创意，对同时代和后世的设计师有着决定性的启发，于是他们也被称为20世纪的经典设计大师。

从现代家具发展的视野来看，20世纪的经典设计大师共有五位，他们的成就都是多方面的。首先，他们都是20世纪最杰出的建筑大师。其次，他们都在绘画、雕塑等艺术领域有创造性的建树。再次，他们中有些人也是20世纪建筑与设计方面的经典理论家。大到城市与区域规划，小到工业设计的每一个细微环节，都是他们关注的焦点。在这五位经典设计大师中，荷兰建筑师里特维德堪称现代家具的开路先锋，他的设计更多体现在设计理念和手法探讨方面。美籍匈牙利建筑师布劳耶尔、德国建筑师密斯和法籍瑞士建筑师柯布西耶的家具设计则随时都考虑工业化生产和最新材料的运用。芬兰建筑师阿尔托则以其设计中的人情味改变了人们对现代设计的古板和冷漠的印象。这批经典大师的所有工作都不是孤立的，他们借助于包豪斯和其他各种展览频繁交流，相互影响，共同创造着现代家具设计的辉煌。从现代家具设计师的角度看，这五位经典大师都属于第一代现代家具设计大师，而同属于第一代现代家具设计大师的还有一批创意新颖的设计师和建筑师，其中最重要的代表人物有如下八位：法籍爱尔兰设计师艾琳·格瑞（Eileen Gray，1878—1976）、德国建筑师格罗皮乌斯、法国建筑师皮尔瑞·查里奥（Pierre Chareau，1883—1950）、俄罗斯建筑师弗拉基米宁·塔特林（Vladimir Tatlin，1885—1953）、丹麦建筑师凯尔·柯林特、荷兰建筑师马特·斯坦（Mart Stam，1899—1986）、法国建筑师夏洛特·帕瑞安德（Charlotte Perriand，1903—1999）和意大利建筑师吉奥·庞蒂（Gio Ponti，1891—1979），他们来自欧洲各国，并用他们精美的创意家具改变了人们的生活。

第一节
里特维德

在现代设计运动中，吉瑞特·托马斯·里特维德（1888—1964）是奉献了最多的"革命性"设计构思的经典大师。他出生于荷兰名城乌得勒支最著名的木匠世家，因此从7岁起就受到了非常专业的木工训练，并于1911年创办了自己的木工作坊，同时上夜校学习建筑设计。里特维德虽然不是科班出身，却时刻关注最新的艺术动态，因此，他能够在1917年设计并制作出现代家具史的第一件革命性的现代家具"红蓝椅"（图3-1），并加入荷兰著名的风格派（De Stijl）艺术运动。风格派艺术运动是几乎与德国包豪斯齐名的现代艺术设计运动，其核心人物是多才多艺的设计师和理论家凡杜斯伯格、著名现代派画家皮尔特·蒙德里安和里特维德，其中还包括许多当时非常前卫并在设计思想上崇尚创新的建筑师、设计师、艺术家和理论家。而里特维德极富轰动性的"红蓝椅"系列家具设计首先在风格派的专业艺术杂志上刊登出来，随即引起同仁和社会的广泛关注。随后这批作品于1923年又在德国包豪斯展览中亮相，对许多同时代设计师，包括另外几位大师都产生了不同程度的影响。

▲ 图3-1

图3-1 里特维德于1917年设计的"红蓝椅"

里特维德与艺术大师杜斯伯格和蒙德里安等人相互交流，其成就很快受到了全社会的热切关注，他们与包豪斯师生的密切交流更积极促成了多位设计大师的许多革命性设计的诞生（图3-2）。此外，20世纪20年代的里特维德并未局限于家具设计，他在1924年设计完成的施罗德住宅（Schroder House）也是现代建筑史上的重要里程碑，其设计思想和手法都与"红蓝椅"如出一辙，同时也贯彻着杜斯伯格的设计理论和蒙德里安的艺术理念。仅此两项，就足以奠定里特维德在现代设计中的大师地位。

里特维德始终关注设计与工业化生产的结合，以及适于现代社会生活的新材料的开发运用，如钢管。而包豪斯大师布劳耶尔则是第一位使用弯曲钢管设计家具的人。实际上，里特维德几乎在同一时期也多次尝试使用钢管这种充满生命力的新型家具材料。事实上，

当时里特维德与包豪斯交流密切，相互影响是必然的，只是布劳耶尔的"瓦西里椅"更为优雅，在设计上更为纯净，并因此立刻名扬全球。里特维德则用弯曲钢管和工业化薄板完成了一系列大胆新颖的设计，并于1927年将他的首批钢管家具投入生产线，由阿姆斯特丹的麦兹公司（Mets&Co.）负责生产。

令人称奇的是，这位自学成才的经典大师在其每个阶段的设计中都有超凡脱俗的"表演"。1919年，他设计的工作

台仅以横竖构件组成，是对"风格派"艺术大师蒙德里安的呼应和致敬。1923年，他为柏林博览会荷兰馆设计的"柏林椅"（图3-3）则可以说是对历史上所有椅子设计的反叛：它是由横竖相向、大小不同的八块木板不对称地拼合成的一件独特的椅子。里特维德下一个令世人震惊的设计是1932年的"Z形椅"（图3-4），这是现代家居空间组织上的又一次革命，椅子最直接的功能是扫除落座者双腿活动范围内的任何障碍。在这件惊世之作的设计理念上，一般都认为是对杜斯伯格于

▲ 图3-2

图3-2 里特维德设计的椅子

1924年发表的一种理论的呼吁，即在艺术构图的竖直和水平的元素之间引入斜线来解决横竖构图元素间的冲突。不论理论上如何解释，"Z形椅"在家具设计中的革命性是不言而喻的。实际上，这种设计中的"斜线"因素早已出现在他早年的"红蓝椅"中，而椅子设计中明确的斜线元素早几年也曾出现在霍夫曼1908年设计的一把休闲椅中。

笔者曾在关于椅子的论文中试探性地研究这种"斜线"元素如何在椅子设计中发展起来，并发现早在中国宋代的椅子设计中就开始出现了这种设计元素。在以后的发展中，这种以斜靠背为关键要素的中国躺椅、休闲椅以及春宫椅成为中国家具中非常重要的一个类别。无论如何，"Z形椅"开发了现代家具设计的一个方向或一个类别，后代很多设计师不断在其设计理念的基础上进行新的诠释。

在现代家具设计师中，几乎没有任何一位设计师能够像里特维德那样经手如此多种的家具设计，并创造出如此众多的划时代作品，而这些作品又能对同时代和后世众多设计师产生深远而持久的影响。里特维德固然是一位设计导师，其设计更多的是为同代和后世指明发展方向。然而，他的许多旷世名作，如"红蓝椅"和"Z形椅"并非像很多设计评论家所认定的那样"并不舒适"和"并非为日常使用而设计"，而是非常符合人体工程学的基本原理，实际使用起来也很舒适，这一点人们只能亲身体验之后才能感受得到。依靠家具的结构而非面料的包饰来取得舒适度是里特维德对现代家具设计的又一重大贡献。

▲ 图 3-3

▲ 图 3-4

图 3-3 里特维德设计的"柏林椅"
图 3-4 里特维德设计的"Z形椅"

第二节
布劳耶尔

马塞尔·布劳耶尔的一生硕果累累。作为建筑大师，他的成就仅次于现代建筑大师格罗皮乌斯、密斯、赖特、柯布西耶和阿尔托；作为建筑学教授，他培养出了以贝聿铭为代表的一代美国建筑大师；作为设计大师，他也当之无愧地能够列入五位经典大师的行列，而且他是五位经典大师中最年轻的一位。作为包豪斯的第一届学生，他的老师是格罗皮乌斯、康定斯基和克利，以及客座教师杜斯伯格、蒙德里安、柯布西耶和里特维德等人。因此毫不奇怪，他年仅23岁就设计出了后来几乎家喻户晓的"瓦西里椅"（图3-5），该椅因创造性地使用弯曲钢管这种新材料而名垂史册。然而对布劳耶尔而言，材料的新与旧并非是他设计中的重要力量，只要恰当理解并合理使用大自然和人工合成的材料，就会体现出材料真正的内在价值。

布劳耶尔生于匈牙利，父亲是一位医生。他从小喜欢绘画及雕刻，18岁时获得一笔奖学金去维也纳艺术学院学习。然而，设计思想非常激进的布劳耶尔在维也纳只待了五个星期，因为他发现自己的艺术才华更应投入实用艺术设计中去，于是他进入建筑事务所实习，却发现自己对许多基本工具都不熟悉，于是认识到从头学起的重要性。他最终来到德国，进入刚成立的包豪斯学校。在包豪斯期间，他分别结识了格罗皮乌斯、密斯、柯布西耶等设计大师，在建筑设计方面受他们的影响很大，但布劳耶尔在家具设计方面的天赋令所有同仁敬佩。毕业后，布劳耶尔留校任教，成为包豪斯教师，并负责家具设计专业。布劳耶尔在包豪斯读书的四年间，是现代艺术运动早期最活跃的时期之一，这使布劳耶尔有机会接触到各种先锋派艺术观念，

▲ 图 3-5

图 3-5 布劳耶尔设计的"瓦西里椅"

其中最有影响的就是表现主义、"风格派"和构成主义。格罗皮乌斯聘请的包豪斯教师中就有许多这些艺术流派的代表人物。例如，基础课教授约翰尼斯·伊顿（Johannes Itten）是表现主义的一位主要代表人物；而著名画家保罗·克利和瓦西里·康定斯基更是影响极大的抽象派表现主义画家；杜斯伯格的风格派及构成主义也时常进入校园，以及后来取代伊顿任教基础课的莫霍利 - 纳吉所代表的新构成主义思潮。上述这些人都对布劳耶尔有相当大的影响。然而，布劳耶尔勤于思考，又善于动手操作各种材料，积极消化来自不同渠道的设计信息。早在"瓦西里椅"之前即已用实木等传统材料探讨现代家具设计的多种途径。例如，当他看到里特维德在包豪斯展出的新款家具时，立刻考虑如何能够进一步发展以求更完善的功能：如有弹性的框架、曲线型的坐面及靠背，以及选择合适的面料等（图3-6、图3-7）。

▲ 图 3-6

▲ 图 3-7

图 3-6 布劳耶尔的木质板条椅
图 3-7 布劳耶尔设计的胶合板边桌

1926 年，包豪斯由魏玛市迁至德绍市。校长格罗皮乌斯负责设计新校舍和教师新住宅时，邀请布劳耶尔负责设计德绍包豪斯的全部新家具。于是，布劳耶尔用钢管设计了包括"瓦西里椅"在内的全套家具，它们充分体现了他在包豪斯受到的影响：其方块和形式来自立体派，交叉的平面构图来自风格派，暴露在外的构架来自构成主义。最终成就了"瓦西里椅"的世纪神话，它几乎被全世界的厂家复制过，也影响着成千上万的后世设计师，甚至也影响着他的老师密斯和柯布西耶。

与"瓦西里椅"同时设计出的"拉西奥茶几"也是一件重要杰作，它可能是历史上最简洁的一件家具，这件家具的多功能性对后世的设计影响很大，它证明了布劳耶尔的信念，即只有通过简洁的手法，家具才能更完善地具备多功能性，以适应现代生活的多方面活动。受布劳耶尔"瓦西里椅"和"拉西奥茶几"等钢管家具的启发，荷兰建筑师马特·斯坦设计出第一件悬挑椅，稍晚数月，密斯也设计出了另一款悬挑椅，而布劳耶尔也在 1928 年设计出了自己的悬挑钢管椅（图 3-8），并用古老的藤编坐面使之更加舒适，随后又巧妙地加入扶手，使之功能更加多样。有趣的是，布劳耶尔、密斯、斯坦这三位设计师所设计的类似的悬挑椅在欧洲市场都很受欢迎。

图 3-8 布劳耶尔设计的悬挑钢管椅

▲ 图 3-8

布劳耶尔设计的"瓦西里椅"大获成功以后，他继续探索着弯曲钢管的进一步开发利用，并在 1929 年设计出第一件充分利用悬臂弹性原理的悬挑休闲椅（图 3-9）。两年前密斯的悬挑椅是有一定弹性的，但现在这件休闲椅无论坐面还是扶手都有完全的弹性，这是对家具舒适度的进一步提升。同时，作为第一位使用钢管的家具设计师，布劳耶尔也最早认识到了金属材料对人体的冰冷触感，因此从一开始就充分考虑用软木、皮革、藤编或帆布与钢管结合，从而使其设计趋于人性化，如"瓦西里椅"中用帆布或皮革，这里则用编藤和软木，这样人体就不会与冰冷的钢管直接接触。

纳粹关闭包豪斯学校之后，布劳耶尔开始流亡英国和美国，最后在哈佛大学任教。在英国，他尝试使用铝合金，并参加巴黎主办的铝合金家具国际竞赛。他的办公桌、多功能椅和休闲椅都获得了金奖，并被投入工业化生产。后来战事临近，金属短缺，布劳耶尔开始尝试胶合板，很快在英国完成一系列胶合板躺椅、扶手椅和多功能折叠椅等。当布劳耶尔去美国开始专注于建筑设计及教学时，后代一大批设计师立刻继承他在家具设计方面的各种开拓，从而走向设计革命的时代。

▲ 图 3-9

图 3-9 布劳耶尔于 1929 年设计的悬挑休闲椅

尽管密斯·凡·德·罗常被看作一位建筑大师，但他早年充满创新意识和设计活力的家具设计也足够使他成为现代家具设计的经典大师。同他的建筑一样，密斯的家具也是几何与抽象、材料与细节的极致体现。其家具设计中精美的比例、反复推敲的细节工艺、纯净与完整的材料，以及干脆利落的设计观念，都突出地体现了现代设计的哲学理念。

现代家具设计的五位经典大师，除布劳耶尔和阿尔托之外，其余三位都是手工艺学徒出身，而后自学成才。里特维德是木匠，密斯是石匠，柯布西耶则是钟表匠。手工艺的素养让他们的设计都非常注重材料和工艺。因此，家庭背景使密斯很早就娴熟地掌握了工具的使用，并养成了对材料的尊重，最初是对石料，而后则是对钢和玻璃这两种现代建筑材料。密斯最早曾受两年贸易学校的教育，15岁时被父亲认为有绘图才能而交给几位当地建筑师接受训练。随后密斯前往柏林，进入当时一位著名家具设计师布鲁诺·保罗（Bruno Paul，1874—1968）的事务所学习，并于1907年通过满师考试。考试过后，密斯就接到第一项住宅设计任务。幸运的是，业主不仅事先送密斯去意大利考察古典建筑，而且完全实现了密斯的第一件设计作品，而此时密斯刚满21岁。此后的五年是密斯设计生涯中最关键的时期，这段时间他先在当时最领先时代的建筑先驱彼得·贝伦斯事务所工作了三年，其间曾与另两位大师格罗皮乌斯和柯布西耶共事，后又去荷兰海牙学习荷兰的设计先驱汉德瑞克·彼图斯·伯拉吉（Hendrik Petrus Berlage，1856—1934）的设计思想和手法。这期间他也了解了美国建筑师赖特的先进建筑设计理念，所有这些都是形成密斯设计哲学的基础来源。第一次世界大战之后，来自俄国的构成主义的空间而非实体的理念，以及来自荷兰"风格派"的对简化构图形式的理念都给密斯留下了极其深刻的印象，并将其融入自己后来的设计。

密斯的家具设计始于1927年由他担任主持建筑师的斯图加特现代住宅博览会，其间他首次展出"先生椅"（图3-10）。这件悬挑椅用钢管制成，受到了布劳耶尔和马特·斯坦的设计的启发，都以弧形表现出对材料弹性的优雅利用。后来密斯又用同样的构图手法直截了当地加上扶手，使其显得天衣无缝，更加高雅。1931年，密斯继续发展"先生椅"，使之衍生为一系列躺椅，同样大获成功。这些高贵的设计造价也是昂贵的，但社会的需求始终不断，其变种系列亦在后来的生产中不断出现（图3-11）。

1929年，密斯为巴塞罗那博览会的德国馆设计了著名的"巴塞罗那椅"（图3-12），成为现代家具设计的经典之作，被多家博物馆收藏。这是为西班牙国王和王后准备的座椅，密斯在此用不锈钢构架形成弧形交叉来取代广泛使用的钢管，座椅华贵而优美，引起世人广泛关注。只是座椅的构件都很昂贵，并且是用手工磨制而成的。与"巴塞罗那椅子"同时设计的还有名为"奥特曼"的凳子，亦以完全统一的构思完成。

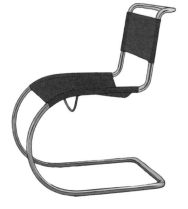

▲ 图 3-10

▲ 图 3-11

▲ 图 3-12

图 3-10 密斯设计的"先生椅"
图 3-11 密斯设计的"魏森霍夫椅"
图 3-12 密斯设计的"巴塞罗那椅"

"巴塞罗那椅"连同德国馆吸引了前去参观的人的注意，很多客户联系密斯请他设计时尚家具，其中包括捷克企业家图根哈特夫妇。于是密斯不仅设计了图根哈特别墅，而且设计了著名的"图根哈特系列家具"。其中最有名的是"图根哈特椅"（图 3-13），其构思沿用"先生椅"的悬挑模式，但主体材料则沿用"巴塞罗那椅"上所用的不锈钢条，形成富于弹性的优雅造型。第二件称为"布尔诺椅"（图 3-14），以主人所在的城市命名。这是为餐厅设计的餐椅，最初曾考虑直接使用加扶手的"先生椅"，但因其大弧形扶手前伸太多，用作餐椅显然很不方便，于是密斯重新设计了一件悬挑椅。事实证明这件作品非常适于用作餐椅。这件悬挑椅的结构不同于"先生椅"，构架材料采用钢条而非钢管，这一点与前面第一件"图根哈特椅"相同。椅子的主体构架连同扶手形成一个框式，而坐面与靠背所组成的另一个框式与主体构架结合，从而形成一种简洁优雅的形式。第三件方形矮桌结构极为简单，十字交叉的主体构架支撑着玻璃面，突出体现了密斯设计哲学的一个内在统一的方面，即细部的简洁。这种简洁并非一蹴而就，而是苦思冥想的结果。如这件看似轻而易举制成的矮桌，实际上密斯曾画数十种不同构思的草图，尝试过多种方式：如圆桌面、弯曲腿、三条腿或五条腿形式、斜腿式样以及托泥腿形式。

同在 1930 年，密斯为他的助手美国建筑师菲利普·约翰逊（Philip Johnson）设计了一张床榻，这也是密斯第一次在

▲ 图 3-13

图 3-13 密斯设计的"图根哈特椅"

同一件家具设计中同时使用钢和木材。它在形式上简练到极致，几乎是对历史上存在过的所有床的一次彻底简化。它在工艺上又精益求精，以此与当时依然非常流行的厚重烦琐，带各种装饰软包的古典和新古典床榻完全决裂，再次回到最简单的设计理念，以工艺上的完美彰显其高贵气质。也是在1930年，密斯继格罗皮乌斯、汉斯·迈耶之后成为包豪斯的第三任也是最后一任校长。一年多以后，学校被迫由德绍迁到柏林。随着不断增加的政治压力，密斯于1933年4月关闭包豪斯，之后仍在柏林待了三年多，直到1938年才最终下决心去美国出任伊利诺伊理工学院建筑系主任。教学并不妨碍密斯从事大量的建筑设计，这段时间他也构思了许多新型家具，比如1946年他设计出一种由整体塑料模压而成的椅子，观念极为前卫。只可惜当时的材料及技术都刚起步，造价非常昂贵，建筑设计任务又极繁忙，因此只好作罢，直到20世纪60年代，这种类型的椅子才由丹麦设计师维纳·潘东（Verner Panton，1926—1998）最终成功制作出来。

▲ 图 3-14

图 3-14 密斯设计的"布尔诺椅"

第四节
柯布西耶

勒·柯布西耶是 20 世纪最出名的建筑师，也是文艺复兴式的文化巨匠，是毕生充满活力、永无止境进行创造的建筑大师、艺术大师和设计大师。他是 20 世纪最多才多艺的天才建筑师、规划师、家具设计师、现代派画家、雕塑家、挂毯设计师等。同时他又是一位多产的作家和设计理论家，出版了 50 多部专著及无数文章。他的建筑设计从一开始就极为前卫，在市场上很难找到与其室内空间相匹配的家具。有一段时间，他选用托奈特的弯曲木家具，但当他的建筑设计被更加超前的理念所主导时，柯布西耶决定自己设计家具，于是同自己建筑事务所内的建筑师皮埃尔·让纳雷（Pierre Jeanneret， 也是柯布西耶的堂弟）和室内设计师夏洛特·帕瑞安德一道设计出了一系列划时代的经典现代家具。

柯布西耶本名是查尔斯 - 艾都阿德·让纳雷（Charles-Edouard Jeanneret）。他自幼聪颖好学，格外受父母器重并得到父母着意培养。当他在当地的工艺美术学校上学时，当时的老师查尔斯·拉波拉特尼（Charles L'Eplattenier）便鼓励他学建筑，于是柯布西耶开始了长年的建筑考察。1907 年，他考察了奥地利的维也纳，在维也纳见到约瑟夫·霍夫曼，并参观了阿道夫·路斯的建筑作品。这两位建筑师在建筑、家具方面都对他有很大影响。从 1908 至 1910 这两年间，他在巴黎考察，并在法国建筑师奥古斯特·佩雷特（Auguste Perret）的事务所工作，而后又去德国学习工业设计，在最著名的贝伦斯事务所学习了半年，其间结识了同在贝伦斯事务所工作的格罗皮乌斯和密斯。1911 年以后，柯布西耶又开始旅行考察，先去巴尔干半岛及希腊，后又回到家乡，同以前的老师拉波拉特尼一同教学，同时进行建筑设计。他的第一件作品是为老师拉波拉特尼设计的住宅。1915 年他又去拜访法国建筑师托尼·加尼尔（Tony Garnier），其对混凝土的运用对柯布西耶后来的设计产生了极大的影响。1916 年，经过 10 年的旅行、考察、思考之后，他决定离开家乡去巴黎开创自己的设计和艺术事业。

对巴黎，柯布西耶是有备而来的，所以一切都显得坚定而自信。他是一个精力充沛的人，每天的时间表都排得紧紧的，上午绘画，下午做建筑设计和家具设计，晚上写作，"柯布西耶"最初只是他写作的笔名。他对当时流行的各种艺术风格、设计理论都广为接触，并深入思考，绝不盲从，最诚心地吸收它们的精华。例如，他对荷兰"风格派"、表现主义、构成主义、超现实主义等并不完全接受，因为他发现这些风格流派并不适用于社会。随后他与法国艺术家奥赞方一道创立"纯粹主义"绘画，从中厘清自己对空间的系统感受。他也并不同意贝伦斯对设计的纯实用态度，因为他觉得缺乏艺术的感觉，但他非常赞赏贝伦斯的功能主义和工业化生产。

他欣赏赖特的开放平面，也喜欢路斯和霍夫曼的国际风格。他决心吸收佩雷特在建筑中大胆使用现代材料的方法，并赞叹加尼尔有远见的构造技术。此外，他汲取各地古代建筑文化，尤其是希腊神庙中纯净的形式、几何构图及完善的比例让他受益匪浅。这些因素后来都应用在了他自己的建筑设计和家具设计中。

柯布西耶的才华在建筑上得到了淋漓尽致的发挥，在家具设计方面数量不多，但每一件都有非常独到的创意思想，对当代和后世设计师影响极大。他最主要的一套家具首次用于1928—1929年柯布西耶

设计的巴黎切齐别墅（Villa Church）中，并在巴黎的秋季沙龙上公开展出。柯布西耶非常希望他设计的家具能为普通老百姓服务，但实际上，在很长一段时间内，这些家具都只能为少数上流社会阶层所享用。"柯布西耶躺椅"（Chaise Longue）是柯布西耶设计的家具中最引人注目的一件（图3-15）。这是他为家居室内设计的最休闲、最放松的一件家具，有极大的可调节性，人在上面可形成从垂腿坐到躺卧的各种姿态。它由上下两部分构架组成，若去除支承结构，上部躺椅构架又可作摇椅使用。

▲ 图3-15

图3-15 柯布西耶、让纳雷和帕瑞安德于1928年合作设计的躺椅

关于这件划时代设计的创作灵感，许多研究者费尽心机试图从西方家具传统中寻找答案，最后唯一能发现有些联系的是托奈特的摇椅。其实，中国传统家具中许多躺椅样式也给柯布西耶提供了某种程度上的灵感，如中国流落海外的许多竹躺椅和许多春宫图中的躺椅形象，这些在法国巴黎都不难看到。这件家具有如一件雕塑作品，放在任何空间都能立刻成为主角。该家具上下公开的结构也与其绘画上"纯粹主义"观念相一致。它的上部构架使用包豪斯学派广泛应用的

弯曲钢管，但下半部分则使用廉价的生铁支架，给人非常强烈的工业化生产印象。躺椅最初选用的兽皮（马皮）则出于设计师的一种个人偏好，实际上他对每样材料的选择都很精心。因为他提倡的现代设计理念是室内不应堆砌，而应精练简洁，选取最少的必需日用家具，但这些东西都应精彩。

被柯布西耶称为"豪华舒适"（Grand Comfort）的沙发椅（图 3-16、图 3-17）设计则突出体现了他努力追求家居设计以人为本的倾向。这件沙发椅实际上是柯布西耶对法国历史悠久的古典沙发所进行的现代诠释，即以新理念、新材料和新结构来设计新时代的

▲ 图 3-16

图 3-16 柯布西耶、让纳雷和帕瑞安德于 1928 年合作设计的名为"豪华舒适"的沙发椅
图 3-17 柯布西耶设计的 LC2 沙发椅

▲ 图 3-17

沙发椅。简化与暴露结构最直接表现了现代设计的做法，几块便于替换的立方体皮垫依次嵌入钢管框架，干净利落又易于清洁，使用起来极为方便，但形象上又不失高贵。在设计手法上，霍夫曼于1910年设计的"库马斯椅"（Kubus）对他影响最大。这种沙发椅最初就有两种尺度，大者低一些，主要用于休闲空间，小者则高一些，可用于较正式的场合。

对于上面两件家具，柯布西耶很快意识到它们的使用局限：体量偏大，重量偏重，因此并不适用于普通办公和家居室内。于是，他决定设计一款轻便的休闲椅，即"巴斯库兰椅"（图3-18）。它在视觉上和使用中都很轻便，与前两件家具不同的是，这件休闲椅的支承部分和主体部分是融为一体的，立体构架亦用钢管，但柯布西耶并没有像布劳耶尔和密斯那样去弯曲它们，而是用焊接的方式形成主体，从而使这件家具更符合柯布西耶喜爱并大力提倡的机器美学。然而，机器美学并非柯布西耶唯一的灵感来源。这件轻便的休闲椅也受到了两件设计作品的影响，

即19世纪的一种"殖民地椅"和布劳耶尔的"瓦西里椅"。

为切齐别墅设计的这组家具中还有一张桌子。这张桌子比上述所有设计都更纯粹、更简化。金属支架支撑一块桌面从而形成全部结构，同其他设计一样，这张桌子也同样受到了机器美学的影响。这段时期最令柯布西耶着迷的是飞机，而该设计中椭圆断面钢管的应用显然是出自飞机的机器美学。包括这张桌子在内的所有家具，至今仍在许多地方生产着。其强劲的设计上的生命力不言而喻。柯布西耶这批优秀的家具设计都产生于其设计生涯的早期，实际上，这些家具设计中的许多观念都深深影响着柯布西耶以后的建筑设计（图3-19）。

▲ 图 3-18

▲ 图 3-19

图3-18 柯布西耶、让纳雷和帕瑞安德于1928年合作设计的"巴斯库兰椅"
图3-19 柯布西耶设计的B302转椅

在现代设计的发展过程中，尽管新材料和新造型使现代设计在欧美蓬勃发展，但它从一开始就存在根本性的弱点，使很多人难以满意——钢材的冰冷、纯净和造型的单调为现代设计的进一步发展设下了内在障碍。因此，对完善性的调整和丰富势在必行。在这种情形下，北欧学派走上前台，他们并不完全排斥钢管，但更多地使用木材。在构造形式的创作中，他们也并不过分强调机器美学，有时甚至将手工艺摆在非常重要的位置。由老沙里宁开创的北欧学派，阵容强大，影响持久。在老沙里宁去美国之后，北欧学派的领袖人物依然是芬兰建筑大师及阿尔瓦·阿尔托，他是举世公认的 20 世纪最多产的建筑大师、家具大师和工业设计大师，他发明的热压弯曲胶合板彻底改变了现代人的家居生活。尽管他的设计影响了世界的每个地区，但其设计本身都与他的祖国芬兰密切相关。芬兰作为真正独立的国家比阿尔托本人还年轻 20 岁，这个年轻而充满朝气的国家为自己的设计师提供了必要的创作自由，其自然资源又为阿尔托的设计提供了灵感和操作可能。此外，芬兰的社会传统和严酷的气候环境使阿尔托对设计与人、设计与自然的关系极为敏感和关注，由此令他对现代设计运动做出了巨大的贡献，为现代主义注入了人性化的内涵。

阿尔托生于一个叫库塔尼（Kuortane）的芬兰小镇，父亲是测量员，外祖父是森林学教授。他们为少年阿尔托营造了一个其他设计大师所不曾享有的成长环境，即与自然的亲近，而这也催生了他为公众服务的理想。1903 年，阿尔托全家移居芬兰中部城市于韦斯屈莱（Jyväskylä），他也在这里完成了中小学教育，而后于 1916 年考入赫尔辛基理工学院，但独立战争使阿尔托直到 1918 年才正式入学。阿尔托的专业学习与芬兰共和国同步，在校期间他学业超群，并于 1921 年毕业。经过一年多的军队服役，阿尔托于 1923 年在于韦斯屈莱开办了他的第一个设计事务所。1924 年，他与阿诺·玛赛奥（Aino Marsio）结婚时，两人采用在当时看来非常大胆而又新鲜的方式去度蜜月，即乘飞机去意大利。这次航空旅行使阿尔托立即对飞机着迷，同时也为他提供了许多创作灵感，因为他能从飞机上看到的芬兰国土平面形式。从意大利回来后，这对建筑师夫妇开始了建筑、家具、工业设计多方面的合作。阿尔托是一位非常早熟而又幸运的设计天才，他年轻的祖国认识到了他的独特才能，并以充分的信任不断委以重任。阿尔托刚过 30 岁不久，就通过设计竞赛赢得了四项重要的建筑工程。从一开始，他的设计就表现出了与其他几位经典设计大师的区别：场地与阳光的关系，对光学和声学的研究与应用，以及对建筑材料的精心而恰当的选择。

年轻的阿尔托很快就跻身于国际名师行列。1933 年，《建筑导报》（Architecture Review，当时世界上最重要的建筑杂志）在伦敦举办阿尔托作品展，同年他移居赫尔辛基，不断承接重要的建筑工程，逐渐成为芬兰领导新潮流的建筑师。随后，他又以参加国际竞赛的方式分别赢得了 1937 年巴黎博览会及 1939 年纽约博览会芬兰馆的设计权，并使之成为建筑史上的经典之作。1939 年，阿尔托第二次去纽约时见到了当时名声如日中天的美国建筑大师赖特，一生孤傲的赖特毫无保留地赞叹和推崇阿尔托，阿尔托几乎成为欧洲建筑师的一个孤例。阿尔托不久就被聘为著名的麻省理工学院建筑系教授，对当时美国的建筑设计影响很大。1949 年，他的妻子阿诺去世，阿尔托辞去美国的教职，回芬兰专注于设计。三年后，阿尔托与另一位建筑师丽莎·玛琪纳米（Elissa Makiniemi）结婚，从此开始了另一阶段成果同样丰富的设计旅程。在几位最重要的建筑大师、设计大师中，只有阿尔托始终能够挥洒自如地处理设计和人事中的一切问题，他确实准确抓住了他那个时代的设计命脉。

阿尔托很早就关注家具设计了。面对包豪斯大师们的巨大成功，阿尔托在欣赏之余又立刻发现了他们的问题，即家具材料与使用者的感受之间的关系。身为北欧人，阿尔托在这方面自然比欧洲其他国家的同仁更敏感。阿尔托很早就收到了包豪斯大师莫霍利－纳吉带给他的布劳耶尔的"瓦西里椅"。它虽然给阿尔托带来了设计理念上的巨大震撼，但很快阿尔托发现钢管并非最好的家具选材。至少在北欧一带，还有比钢管更好且更合适的选材。然而，实木显然达不到钢管的强度，托奈特的弯曲木的使用范围又很受限制，如何面对和解决这一问题呢？

从 1928 年到 1930 年将近三年时间里，阿尔托专注于热压弯曲胶合板的发明。在芬兰本地木板企业的全力配合下，他终于成功发明出强度极大的热压弯曲承压胶合板，并用这种新材料设计出后世无法超越的"帕米奥椅"（图 3-20）。它是为阿尔托的建筑成名作"帕米奥疗养院"专门设计的，而现在早已走进千家万户。这件简洁、轻便又充满雕塑感的休闲椅全部用胶合板制成，并在充分考虑功能、方便使用的前提下创造出了非常优美的结构造型。其最明显的特征——圆弧形转折并非出于装饰的考虑，而完全是出于结构和使用功能的需要，靠背上部的三条开口也非装饰，而是为使用者提供人体工程学所需要的通气口。帕米奥疗养院的建筑风格基本属于 20 世纪 20 年代严肃的"国际式"，但是室内的家具都已展现出北欧学派对过于冷漠的"国际式"的修正，开始让人们有"国际式"也可以产生温暖的感觉（图 3-21）。

▲ 图 3-20

▲ 图 3-21

图 3-20 阿尔托于 1930—1931 年设计的"帕米奥椅"
图 3-21 阿尔托设计的"帕米奥边桌"

维堡图书馆是阿尔托1927年赢得的设计竞赛，是一个重要的设计工程，但由于种种因素，工程的实施一直拖到1933年才开始。自1930年起，阿尔托便开始为维堡图书馆设计一种叠落式圆凳，其最惊人的特点就是后来被称为"阿尔托凳腿"的坐面板与承足的连接。这种以胶合板的板条在端部弯曲后，再用螺钉固定于坐面板上的结合方式干净利落。这类连接原本是一个古老的难题，却被阿尔托如此轻而易举地解决了。为此，他在获得胶合板发明专利之后，又获得了这种面板与承足连接的发明专利。这张圆凳只有四个极为简单的构件，而扩出坐面的腿足使之能够叠落，而叠落所形成的三重螺旋轨迹本身又构成了一件有趣的雕塑艺术品（图3-22）。这件作品作为设计的母体可以变化无穷，其尺度、比例均可依具体场合的使用需要进行调整，同时亦可加上或高或低的靠背形成普通椅、酒吧椅或儿童凳等（图3-23），而这种靠背与腿足也同样以螺钉直接结合，构造体系完整统一。其巨大的商业成功来自其简单便捷、物美价廉的结点设计。

阿尔托家具设计中的一个重要特征是他乐于挑战，总是试图解决不寻常的实际设计问题，这方面最著名的例子是他于1936年为现代家庭日常生活设计的一种室内手推车。这种手推车系列的第一种是于1933年为帕米奥疗养院设计的，最初的设计是两个使用层，供护

▲ 图 3-22

▲ 图 3-23

图 3-22 阿尔托于 1932—1933 年设计的靠背椅
图 3-23 阿尔托于 1932—1933 年设计的胶合板叠落三足凳

士每天调换护理用品时使用。同当时的"帕米奥椅"一样，"帕米奥手推车"的主体构造亦采用层压胶合板。整个设计再次体现阿尔托家居设计典型的简明、醒目的特点，加上不同色彩的配置，视觉效果极为强烈。1936 年，阿尔托针对普通家庭的使用需要重新设计了这种手推车，在改为单层的同时加上一个吊篮作为使用层的补偿，有效地增添了家庭式的温暖气氛。随后几年，阿尔托又对这种家用手推车做了许多材料、色彩上的更换，这个引人入胜的设计十分协调地被应用于阿尔托的许多建筑作品中（图3-24）。

阿尔托家具的另一个杰出贡献是用层压胶合板设计出优雅而牢固的悬挑椅，彻底打破钢管对悬挑椅的垄断状况。自马特·斯坦于 1926 年设计第一件悬挑椅以来，钢材一直被认为是唯一能用于这种结构的材料，然而到了 1929 年，阿尔托经反复实验，开始确信层压板亦有足够的强度用于悬挑椅。经常出国活动的阿尔托对其他设计师试制悬挑椅的情况非常了解，但他决心另开新路，并于 1933 年获得成功，制成全木制悬挑椅，并首次用在帕米奥疗养院。伴随着普普通通的悬挑椅的成功，阿尔托发现他发

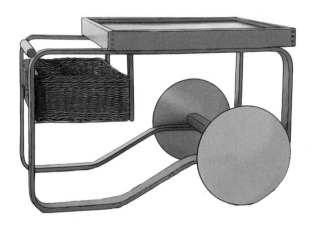

▲ 图 3-24

图 3-24 阿尔托针对普通家庭重新设计的"帕米奥手推车"

明的胶合板材在抗弯性能方面具有极大潜力，通过反复试验不同厚度的胶合板，阿尔托又设计出 1936 年的躺椅和 1946 年的以帆布条编织作为坐面靠背的悬挑椅，并将悬挑家具设计的可能性发挥到极致。而后，阿尔托又用不同色彩、不同材料给各种设计以多姿多彩的面貌。阿尔托非常重视家具设计的连续性，他认为一种设计不可能一次就很成熟，它们总有可改进之处，至少可以变换成多种不同的面貌以调社会众口（图 3-25）。

阿尔托 1954 年设计的"扇足凳"（图 3-26）是他另一件令人叹为观止的艺术杰作，它依然来自充满技术细节的胶合板试验。它将技术与艺术完美地融为一体，以微妙而精巧的技术有机地创造出一种非常漂亮的扇形足，并直接与坐面相连。这种扇形足在很大程度上宣告了结构的可能性和木料的自然美。无论阿尔托本人还是公众都认为这是他对现代家具

结点探索中最美的一个设计成果。这种扇足凳系列可以变为三足、四足、五足、六足等，加上材料、面料的变换，真正组成了一个家具大家族。这种扇形元素也同样被阿尔托用于他的许多建筑设计中，如赫尔辛基理工大学新区的主体建筑群、芬兰文化会堂（1958）、德国沃斯伯格文化中心（1958—1962）以及德国不来梅公寓楼（1963）等。

▲ 图 3-25

▲ 图 3-26

图 3-25 阿尔托的悬臂椅
图 3-26 阿尔托设计的"扇足凳"

第六节
几位贡献卓著的第一代
现代家具设计大师

前面介绍的五位家具设计大师是 20 世纪现代家具设计历程中开天辟地的人物，他们对现代设计文化和当代社会生活都产生了极大的影响。但人类生活的多样性和地域文化的复杂性使整个社会对设计师的要求也是多方面的。同时代的许多杰出设计师都以他们各自独特的方式为现代家具设计的丰富和发展做出了不可忽视的贡献。其中，更有几位以自身超越时代的设计理念和设计教育体系为社会培养出了一代又一代不断引领设计革命的新型设计大师。

艾琳·格瑞作为 20 世纪的一位先驱建筑师，对现代家具设计的贡献非常突出。出生于爱尔兰的格瑞自幼学习绘画，她个性强烈，并对任何新生事物都抱有好奇心。格瑞随全家移居巴黎后，立刻迷上了漆艺，并迅速成为当时欧洲第一代漆艺大师之一。与此同时，她开始结交包括柯布西耶在内的巴黎艺术界和设计界的前卫人士，最后成为优秀的建筑师和家具设计大师。第一次世界大战期间，格瑞主要在伦敦度过，并于 1918 年回到巴黎。从 1919 年开始，格瑞的设计领域扩展到室内，并于 1922 年开办了自己的展示厅，同年又与荷兰"风格派"艺术设计团体时有接触。1923 年，格瑞的建筑和家具作品很快受到包豪斯校长格罗皮乌斯和荷兰先锋派建筑师奥德的关注和推崇，由此引起世界的关注。此后，格瑞又将她的设计领域扩展到建筑设计，很快成了一名优秀的女建筑师，并于 1937 年在柯布西耶主办的巴黎建筑展览会上展出了她的建筑设计和家具设计作品，引起轰动。尤其她的几件高雅而独特的家具作品自此成为现代家具设计史中的里程碑式的作品。同当时大多数现代设计大师一样，格瑞的许多家具都是为他人的现代建筑空间专门设计的，但格瑞的家具高雅而独具一格，几乎完全摒弃了历史因素，而传播着"达达现代设计"理念和时尚观念的强烈信号，因为她坚信工业化大机器时代的设计应该有全新的面貌。例如，她在 20 世纪 20 年代设计的两件优雅独特的折叠椅与所有的历史先例都毫无关系，完全是独立思考的创新之作（图 3-27～图 3-29）。

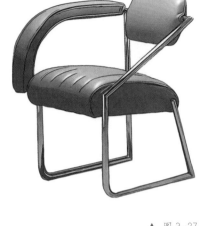

▲ 图 3-28

▲ 图 3-29

图 3-27 格瑞于 1926 年设计的 Non-Conformist 扶手椅
图 3-28 格瑞于 1925—1926 年设计的 Transat 折叠扶手椅
图 3-29 格瑞设计的茶几

沃尔特·格罗皮乌斯是整个20世纪现代设计运动中最重要的领跑者，他是第一代经典现代建筑四大师（或五大师）之一，也是20世纪影响最大的建筑与设计教育家，同时对家具设计也深有研究。格罗皮乌斯生于柏林，少年时代分别就读于慕尼黑和柏林的理工学院建筑学专业。从1908年至1910年，他进入当时最有名的贝伦斯设计事务所工作。除建筑设计外，他也完成了许多重要的室内设计。1910年，他加入德意志制造联盟，同年与阿道夫·迈耶合作成立设计事务所，完成了法古斯工厂的厂房等第一批现代建筑。1919年，格罗皮乌斯被任命为魏玛工艺设计学校的校长。他很快着手将其与另一所美术学校合并，成立了后来对现代社会影响最大的设计学校——包豪斯学校，并担任校长直至1928年初辞职。此间，格罗皮乌斯以自己罕见的全面才华和过人的行政管理才能，以及自己的亲和力，将一批世界一流的艺术家、建筑师和设计师会聚于包豪斯，创造出一整套引领世界百年的现代设计教育体系，其学生遍布世界各地，并因此引领和推动了全世界范围的现代设计运动。由于种种因素，格罗皮乌斯于1934年先去英国，后又于1937年应邀去美国出任哈佛大学建筑系教授，同时继续他的建筑设计活动。格罗皮乌斯不仅培养出了一代家具大师布劳耶尔，而且在包豪斯建校早期亲自教授家具设计教程。他自己完成的家具作品都集中在包豪斯时代，包括他为校长办公室设计的休闲沙发椅。他的家具如同他的建筑作品一样拥有全新的观念，设计手法亦大胆地表现出构成主义理念的渊源，而多种材料的运用也反映出格罗皮乌斯极力提倡的"协同设计"的观念（图3-30、图3-31）。

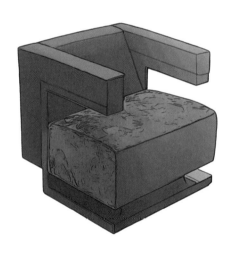

▲ 图3-30

图3-30 格罗皮乌斯于1923年为包豪斯校长办公室设计的休闲沙发椅
图3-31 格罗皮乌斯设计的扶手椅

▲ 图3-31

皮尔瑞·查里奥是法国早期现代建筑和设计运动中最有影响力的人物之一，是以室内家具为主要领域的前卫建筑师。他生于法国的波尔多（Bordeaux），大学毕业后先在巴黎的一家英国设计公司工作，1914 年开始成为独立设计师，并为相关建筑设计专用家具。1918 年，查里奥成立自己的设计事务所，其设计领域涉及建筑、室内、家具、灯具及工业设计等多方面内容。其广泛的、充满现代气息的设计很快为他赢来了国际性的声誉。他参加了 1924 年的法国应用设计展及 1925 年的巴黎国际博览会，并于 1925 年开设了自己的设计作品展示厅。1929 年他成为"国际现代艺术协会"和"国际建筑师协会"的创始人之一。1940 年，他移居美国并在纽约开办了自己的事务所。他在 20 世纪 20 年代后期设计的巴黎玻璃住宅兼工作室不仅是现代建筑史上的一座里程碑，其中的家具设计也体现了他最核心的设计理念。查里奥的家具一方面充分展示了"国际式"现代主义风格，另一方面则深刻蕴含法国设计传统。从他的许多现代沙发设计中可以明显看出，对贵重材料的运用显示贵族豪华气息，以适应法国尤其是巴黎的皇家传统的氛围。与此同时，查里奥非常关注工业化生产与新材料的使用，并以此创造出构思新颖、形象前卫的新型家具（图3-32、图 3-33）。

▲ 图 3-33

▲ 图 3-32

图 3-32 查里奥于 1927 年设计的靠背椅
图 3-33 查里奥设计的靠背椅

弗拉基米尔·塔特林是俄国构成主义运动的核心人物，在20世纪20年代以一件构思奇妙的"塔特林椅"（图3-34）为现代家具设计平添异彩。塔特林早年在莫斯科学习绘画、雕塑和建筑，于1911年结识先锋派抽象主义大师卡齐米尔·马列维奇（Kazimir Malevich）和当年名声日著的毕加索，同时与俄国未来主义和构成主义艺术团体的著名艺术家亚历山大·罗德琴科及李西斯基过从甚密。随着俄国十月革命的胜利，塔特林的第三国际式纪念塔横空出世。尽管他只做出了小比例模型，但其设计观念及构成手法对现代主义建筑设计、绘画和雕塑都产生了深远影响。其1927年面世的"塔特林椅"实际上派生于第三国际式纪念塔的基本构思，其最初的模型是用弯曲木料及帆布制成的，是一个想法非常巧妙的设计，对于后世家具设计师有极大的启发和感召意义。

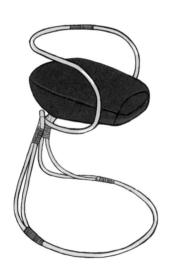

▲ 图3-34

图3-34 塔特林设计的"塔特林椅"

凯尔·柯林特是丹麦设计学派的创始人。他最初学习绘画，但由于父亲是一位执业建筑师，于是他很快开始在父亲的设计事务所中学习、工作，之后又在不同的建筑师事务所工作，在此过程中形成了自己对建筑、室内、家具的系统理解。1917年，柯林特建立了自己的设计事务所，主要进行家具设计，并与包括汉森公司（Fritz Hansen）在内的几家家具制作公司合作。1924年，他受命组建了哥本哈根皇家艺术学院的家具设计系，是整个欧洲第一位由政府任命的室内与家具设计专业教授，长期出任教授及系主任一职，从此开始他一生中最重要的时期。在他身边开始聚集大批丹麦设计精英，并很快形成阵容强大的丹麦设计学派。柯林特赞同阿尔托对"国际式"冷漠面孔的人性化改良，但与阿尔托由材料发明影响设计的创新理念不同的是，他决心全力挖掘传统。不论古今和国内外，他将世界各地的家具设计传统都收为己用，由此设计出一大批极其现代又充满人情味的"传统家具"（图3-35、图3-36）。其原型设计分别来自英国市民家具、中国明清家具、美国乡村家具和丹麦传

统家具等。此外，柯林特直接
培养了一大批丹麦学派的大师
级人物，其中包括奥利·瓦希
尔（Ole Wanscher, 1903—
1985）、穆根斯·库奇（Mogens
Koch, 1898—1993）、布吉·穆
根　森（Borge Mogensen,
1914—1972）和汉斯·威格纳。
可以说，柯林特的丹麦学派是
与包豪斯学派分庭抗礼的，但
事实是两个设计学派都非常成
功，都被 20 世纪的现代社会
所接受。

▲ 图 3-35

▲ 图 3-36

图 3-35 柯林特于 1933 年设计的 Safari 拆装式椅
图 3-36 柯林特设计的躺椅

马特·斯坦是荷兰著名的建筑师，他同塔特林一样，也是以一件非常杰出的现代家具设计奠定了他在家具史上不可动摇的地位的。这就是1926年面世的历史上的第一件悬挑椅。其开创之功随即为密斯、布劳耶尔、阿尔托、布鲁诺·马松（Bruno Mathsson, 1907—1988）等大师所继续，最后结成硕果，成为现代家具大家庭中分量很重的一个组成部分。斯坦最初也学习绘画，而后开始在建筑事务所中边学边干。与荷兰风格派的几位大师一样，他时常去包豪斯展览交流，由此得知布劳耶尔最早使用钢管创作"瓦西里椅"。出于建筑师的职业敏感，他想到了钢管在具有强度之外还有极大的抗弯性能，由此尝试悬挑椅的设计，并立刻大获成功（图3-37）。他与布劳耶尔的设计互动很像毕加索与勃拉克在开创立体派绘画时的灵感互动一样，最后双方都收获了丰硕的果实。斯坦写了大量关于建筑与设计方面的文章，并参与创建国际现代建筑协会。他还是一位著名的建筑学教授，在许多大学任教多年，直到1966年退休并移居瑞士。

▲ 图3-37

图3-37 斯坦于1926年设计的第一件悬挑椅

夏洛特·帕瑞安德这位杰出的法国建筑师是现代家具史上最重要的人物之一，但她的地位和作用在相当大程度上都被柯布西耶掩盖了，原因可能是她后半生的工作以室内设计为主，同时也承担了大量国际设计交流及推介工作。生于巴黎的帕瑞安德在巴黎完成学业后便拜访了当时名声卓著的柯布西耶，希望能进入其事务所工作。她最终如愿以偿，从此与柯布西耶和皮埃尔·让纳雷一道合作设计了一大批室内及家具项目。在柯布西耶的设计事务所中，帕瑞安德是室内与家具设计的主创建筑师，因此负责柯布西耶家具设计中的全部细节深化和施工图设计。帕瑞安德随后又与法国建筑大师简·普鲁威（Jean Prouve, 1901—1984）合作设计并生产铝合金材质的建筑与家具，而后她受聘于日本商业部担任设计顾问，对日本民间设计情有独钟，也完成了很多家具和室内设计项目。回巴黎后，她又投身于室内设计和家具设计当中（图3-38、图3-39），其间最重要的建造项目是自1959—1970年的日内瓦联合国总部各个会议厅的装修设计，集中展示了帕瑞安德的设计才华：她将前卫的创意理念、传统的设计智慧和女性化的温馨细节完美地结合在一起。

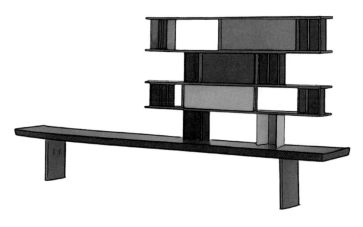

▲ 图3-38

图3-38 帕瑞安德设计的书架
图3-39 帕瑞安德于1953年设计的"Synthese des Arts椅"

▲ 图3-39

意大利著名学者和建筑师吉奥·庞蒂是现代设计运动中一位无法替代的人物。这位对 20 世纪的建筑设计和艺术影响极为广泛而深入的文艺复兴式的全才，固然因为创办畅销全球的设计月刊 Domus 而名扬四海，但他自己多产的一生和前卫的设计项目也为他赢得了持久的声誉。在长达半个多世纪的时间里，庞蒂都是意大利最重要且最活跃的设计组织首脑，对意大利战后设计的迅速振兴和崛起做出了举足轻重的贡献。庞蒂最初是在米兰技术学院学习建筑，于 1921 年毕业，但有趣的是，他从建筑系毕业后的

最开始几年是作为一名陶瓷设计师工作的，当然也同时进行建筑设计。1928 年，他创办的 Domus 杂志是即时而全面地介绍世界各地建筑、室内、家具、工业设计、艺术、创意设计、教育诸方面最新成果的学术月刊，后来成为全球公认的设计界第一杂志。20 世纪，几乎所有的建筑师、设计师、艺术家都与这份杂志有着千丝万缕的联系，其中很多人更是通过这本杂志为世界所瞩目。从 1925 年直到去世，庞蒂始终担任国际最著名的米兰国际双年展的组织首脑。从 1936 年到 1961 年他在米兰设计学院任教，同

时进行了涉及建筑、室内、家具、工艺品、绘画等诸多方面的项目（图 3-40）。他最著名的一件家具就是被誉为全世界最轻的"超轻椅"（Superleggera）（图 3-41），这件家具源自意大利乡间设计，经过庞蒂的提炼成为现代经典，它有时也被称为"完美的椅子"。除设计外，庞蒂的活动也是多方面的。例如，他一生中也为以 Domus 为主的多本杂志写过数篇文章。

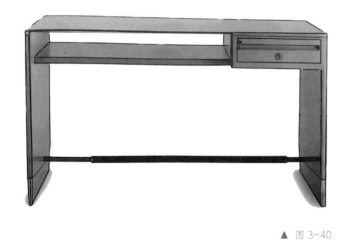

▲ 图 3-40

图 3-40 庞蒂设计的桌子
图 3-41 庞蒂于 1951—1957 年设计的"超轻椅"，意为最轻便的椅子

▲ 图 3-41

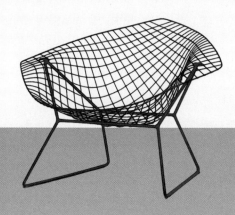

第四章
设计革命的时代

Chapter Four
The Era of Design Revolution

设计革命的时代也是大师辈出的时代。从时间上看，它从二战结束一直到 20 世纪 80 年代初。从空间上看，它遍及全球各国。从设计史的角度看，它是第二代和第三代家具设计大师尽情施展才华的舞台。以查尔斯·伊姆斯、小沙里宁、阿诺·雅各布森（Arne Jacobsen，1902—1971）为代表的第二代家具设计大师承担着战后重建的重任，开始担任职业家具设计师的角色。以潘东、艾洛·阿尼奥（Eero Aarnio，1932—）、约里奥·库卡波罗（Yrjo Kukkapuro，1933—）为代表的第三代家具设计大师则与 20 世纪 60 年代的科技腾飞共舞，得以最大限度地实现梦想。设计革命的时代由后现代设计思潮拉上帷幕，大师之后再无大师，从此全球开始进入时尚化、个性化的网络信息时代。

　　二战之后的经典家具大师无一例外都将主要精力放在战后各国急需的城市规划和建筑设计方面。在这种情形下，伴随着整个社会的快速运转，第二代家具设计大师应运而生。他们当中有些人，如小沙里宁和雅各布森作为罕见的设计天才同时在建筑和家具设计两方面都取得了里程碑式的成就，但大多数人开始以室内设计和家具设计为主业，从而开创职业室内建筑师和设计师等新兴行业。第三代家具设计大师则绝大多数都是以室内家具和工业设计为主业，他们除了常规的设计工作之外，也更多地参与材料研究、生产组织以及市场营销，但在更深层的意义上，这些设计大师的工作已成为现代科技和现代设计观念与社会消费者之间的桥梁。

　　对第一代家具设计大师及经典设计大师而言，由于他们的最具开创性和革命性的设计都出现在他们职业生涯的早期，因此他们的设计作品在很大程度上都是超越日常使用功能之上的“宣言式”产物。其打破旧世界的热情，其充满艺术化的特征，其强调机器美学的观念，使他们很难充分、全面、合理地考虑生产过程的复杂性及产品造价与市场效应等问题。这就使得许多名垂青史的家具杰作在实际生产和使用时存在着不同程度的问题，尤其表现在构造是否轻便简洁，人体工程学考虑是否完善以及社会购买力等方面，而密斯的作品就是这方面典型的例子。二战期间以及在战后重建家园的岁月中，严酷的现实条件迫使许多设计师积极关注家具设计和生产过程中的每个具体环节。现代设计不再是一种文化奢侈品，而是在现实生活中力求使健康和舒适成为常态的一个实实在在的组成部分。

百花齐放、万家争鸣的 20 世纪六七十年代是第三代家具设计大师大显身手的舞台。20 世纪上半叶的所有风格和流派在这个时期都被发挥到极致。此后，当新兴的大师要以自身的天才为新时代献上自己对现代设计的诠释时，科技的力量开始彰显强大的活力。各种新技术、新材料和新工艺都不约而同地加入这个创造力勃发的黄金时代。在这样一个人类登月成功、卫星环球服务的时代，设计师眼中几乎没有不可能的事。事实上，第三代家具大师所取得的成就直到今天都无法被超越。时势造英雄，在这样万事俱备的设计舞台上，每一位大师都仿佛找到了各自自由的活动空间，创造出各具特色的设计奇观。

20 世纪初的经典大师在打破欧洲数千年沉重设计传统的同时，也为后代设计师建立了新的框架和新的传统，而时代的进步需要对这种新型框架做出突破。被誉为"第二代家具设计大师旗手"的小沙里宁就是突破这一框架，为人们打开设计新世界大门的第一人。他的单柱支承的设计给传统的数点支承模式提供了最具革命性的新思维。小沙里宁的设计革命适应了那个时代的精神，即放松自由的生活方式、休闲舒适的工作模式，以及战后一代设计师充满反叛性的开放心理。以小沙里宁为代表的第二代家具设计大师，用他们的开拓性设计告诫新时代的设计师必须要重新思考家具的定义、功能及其表现手法。

现代科技的进步，尤其是材料科学及相关构造技术的层出不穷，成为新时代设计师实现创新的物质基础，而 20 世纪六七十年代为这种创新理念提供了最大的可能性。除实木、胶合板，以及钢和铝等金属构件之外，第二代和第三代家具设计大师几乎尝试了他们能想到、能找到的所有材料，包括水和空气，但其中最令人难忘的就是今天已经无处不见的塑料。塑料的廉价和无穷的可塑性使它在设计上几乎无所不能，由此圆了许多前代大师的未竟之梦。从 20 世纪 40 年代密斯产生用单件元素的材料制作一件椅子的想法，到 20

世纪 50 年代小沙里宁设计出单足可旋转的"郁金香椅"，其间很多设计师都尝试过同样的构思，但直到 20 世纪 60 年代初才被潘东最终用塑料完全实现。从 20 世纪 40 年代小沙里宁开始设计第一件以舒适度为最高目标的"子宫椅"，到 20 世纪 50 年代伊姆斯的休闲椅和威格纳的休闲椅，其间更有大批优秀设计师试图创造出自己眼中最舒适的椅子，但直到 20 世纪 60 年代初期库卡波罗才最终用玻璃钢塑料制造出了"卡路赛利椅"这件被特伦斯·考伦爵士称为 20 世纪最舒适的家具作品。库卡波罗的另一件玻璃钢休闲椅在 1970 年《纽约时报》主持的"全球最舒适座椅"评选中名列榜首，至此才实现几代设计师梦想中的"最舒适的椅子"。然而，最辉煌的事业总难以持久，20 世纪 70 年代中期，全球石油危机结束了塑料设计的黄金十年，以各种胶合板为主体的其他材料或重返、或出现在现代设计的舞台上，但从此以后就很难再有任何材料能够主导一时潮流，正如再也不会有任何大师和设计学派能有足够的号召力影响全球的设计。人们开始进入兼收并蓄的时代，同时接受各种思维，而使用不同风格的家具被认为非常正常，布劳耶尔的包豪斯家具与孟菲斯（Memphis）的后现代家具时常并列于各种场合。飞速发展的信息社会在给人们带来方便的生活和日益恶化的环境的同时，也告诉人们包容各种不同思想并力图与环境和谐相处的道理。

在这个轰轰烈烈的设计革命的时代，北欧学派、美国战后学派和意大利学派成为当之无愧的主角。北欧四国各具文化特色，大师辈出，他们以各自独特的探索，对现代生活和家居设计进行了以人为本的诠释。他们彻底突破了以往以木材为主体的家具设计体系，在塑料与其他新材料的应用方面大放异彩。美国由于在二战中几乎没有受到破坏，资源的优势加上欧洲最优秀的人才的会聚，一批20世纪最具开拓能力的设计师完成了这个时代最具革命性并极大影响社会生活的设计创新。战后，异军突起的意大利学派则如雨后春笋般涌现出一大批新锐设计大师。他们无止境的艺术想象力，对材料和技术的精益求精的探索，对任何前所未有的造型语言的包容，使他们能够始终站在现代设计艺术的最前沿。

这种最古老的国度与最新潮的艺术的梦幻般的结合，对许多历史悠久、传统丰富的文明古国是一种巨大的刺激和启发。它似乎告诉人们，传统与现代不仅不矛盾，而且始终相互依存，只是方式不同罢了。此外，法国、英国、日本也都有一批堪称一时之选的设计师，在这个设计革命的时代发出自己的声音，调和着现代家具设计舞台这块色彩斑斓的调色板。

第一节
阵容强大的丹麦学派

凯尔·柯林特开创的丹麦设计学派在进入20世纪30年代之后，开始呈现出全方位的发展。柯林特所倡导的在传统基础上进行创新的设计方法被许多优秀的丹麦设计师继承和发展，这其中既有他的助手和嫡传弟子，如库奇和穆根森，也有受其间接影响后又发展出鲜明特色的新一代大师，如居尔和最能代表丹麦现代家具特色的威格纳。与此同时，一位罕见的设计全才在丹麦崛起，这就是雅各布森。他是丹麦现代建筑家具和工业设计诸领域的集大成者。雅各布森的创作精神鼓励着几位丹麦第三代家具设计大师，如潘东、保罗·雅荷尔摩（Poul Kjaerholm, 1929—1980）和娜娜·蒂赛尔（Nanna Ditzel, 1923—2005）等人，他们都与柯林特学派脱离甚远，却塑造着丹麦设计的另一种精神。潘东的设计惊世骇俗，对色彩和新型材料的使用前无古人。雅荷尔摩则更多受到密斯和柯布西耶的影响，但其结果都是丹麦学派的风貌，并成为"完美主义"的典范。蒂赛尔的设计高贵而又充满艺术情调，她的设计领域很广，在建筑、室内、家具、首饰、纺织品和平面设计诸方面都有超凡脱俗的表现。这批丹麦设计大师有一个共同特点，就是他们对国际的影响远远大于他们对丹麦的影响。

1. 雅各布森

阿诺·雅各布森一直被认为是丹麦20世纪最重要的建筑大师，只是在近年，吉恩·伍重（Jorn Utzon, 1918—2008）被列为与他同等重要的丹麦建筑大师。雅各布森也是与威格纳并列的20世纪丹麦最著名的家具设计大师，考虑到伍重和威格纳都活到九十以上高龄，雅各布森似乎拥有更加丰富的精彩人生。雅各布森生前一直主持着丹麦最大的建筑事务所，这个事务所在相当大程度上与柯林特的学校一样，都是丹麦优秀建筑师和设计师的摇篮，包括潘东和威格纳在内的许多著名设计师都曾在雅各布森的事务所工作过。雅各布森早期的家具设计还能看出柯林特设计理念的痕迹，但从20世纪50年代开始，他走向了彻底创新的设计方向。

生于哥本哈根的雅各布森

年轻时做过泥瓦匠，后考入丹麦皇家艺术学院建筑系，并于1927年毕业。学生时代的雅各布森就已锋芒初露，在1925年巴黎国际设计博览会上，他设计的一把椅子获得银牌。从1927年至1929年，雅各布森在保罗霍尔松建筑事务所工作，随后成立了自己的设计事务所。其早期作品深受柯布西耶、冈纳·阿斯普隆（Gunnar Asplund，瑞典著名建筑师）和密斯等人的影响。同时，他是最早将现代设计观念引进丹麦的建筑师，早在1929年，他设计的"未来的家"就已非常前卫。屋顶平台上甚至考虑了直升机的降落。此后，雅各布森承接了大量建筑设计工程，他日益成熟的设计观念因此得以全面发展。这批作品成为战后北欧设计风格的典型代表，为他赢得了国际声誉。

雅各布森的成名家具与层压胶合板密切相关。战前他曾用过这种时兴材料，但随后，美国的伊姆斯夫妇开始尝试以双曲线层压胶合板制作椅子并获得了很大成功。雅各布森设法买到一件伊姆斯的最新双曲板椅，以确保在自己的研制中完全不与其重复。结果雅各布森于1951年设计的三足"蚁椅"（图4-1）从一开始就大获成功。为了设计这款他心中的"最新颖座椅"，他认真学习阿尔托的胶合板基本技艺，同时密切关注大洋彼岸的伊姆斯和小沙里宁的双曲线承压胶合板试验，最终献出"蚁椅"。它是丹麦第一件完全用工业化方式批量制作的家具，也是第一件彻底反丹麦传统设计习俗的作品。它只有两部分，简洁到极致，构造极为经济，同时又拥有最前卫的形象，以至于制造商汉森公司不相信它可以批量生产，但结果其销量极为惊人。这使雅各布森有兴趣又做了四足"蚁椅"（图4-2），获得了更大成就，其轻便、可叠落、多色彩选择的特性使之成为20世纪现代家具中销量最大的产品。

▲ 图 4-1

▲ 图 4-2

图 4-1 雅各布森设计的三足"蚁椅"
图 4-2 雅各布森于 1951—1952 年设计的四足"蚁椅"

20 世纪 50 年代后期，雅各布森承接了北欧航空公司设于哥本哈根市中心的皇家宾馆项目。他为之设计了建筑和室内空间，以及家具、灯具、地毯等所有日用品。全套设计中最不寻常的是两件休闲椅，即后来在全世界流传甚广的"蛋椅"（图4-3）和"天鹅椅"（图4-4）。这两件座椅完全是雕塑艺术作品，它们之所以不寻常不仅是因为其激动人心的曲线构成，还因为它们并非使用大家习以为常的面料覆盖。雅各布森用的是一种新发明的合成材料，它可以制成固态海绵泡沫并可以延展，从而变成设计师需要的形式。这两款休闲椅同前述"蚁椅"一样很快风靡世界各地，成为雅各布森的设计标志，同时也是丹麦现代设计国际化的最新标志。

▲ 图 4-3

▲ 图 4-4

图 4-3 雅各布森设计的"蛋椅"
图 4-4 雅各布森设计的"天鹅椅"

此后，在20世纪60年代初期，雅各布森设计了他最满意的一件建筑杰作，即英国牛津的圣卡萨里那学院建筑，并为这座建筑设计了另一系列的椅子。与以往几件作品不同的是，这组"牛津椅"使用单曲线层压板，坐面与靠背板为整板，其高靠垫的椅子令人想起麦金托什和赖特椅子设计中常用的以家具构件作为室内分隔的方法。雅各布森的成熟作品都是非常现代的，但他又极重传统，而其家具设计在早期也经过借助传统进行创新的阶段，最典型的例子就是他于1935年为一家餐厅设计的"中国椅"，后来又被用于圣史提芬银行的室内。雅各布森的家具设计具有一种神奇的力量，从表面看上去它们都过于"现代"，在许多专业人士甚至他的一些助手看来它们有时甚至是超现实的幻想作品。然而，比设计理论和评论更重要的是事实：雅各布森的家具尽管看上去很"艺术"、很"昂贵"，但它们的商业销售都非常成功，因此，将看似"超现实"的构思落地，是雅各布森获得成功最大的秘诀。

2. 居尔

芬·居尔是丹麦学派中另一位风格独特的人物。他用手工艺与现代艺术手法巧妙结合的方式创造出一种经典而耐看的家具，与美国先驱大师格林兄弟的家具作品异曲同工。居尔是科班建筑师出身，生于丹麦首都哥本哈根，后考入皇家艺术学院建筑系，师从凯·费斯科尔（Kay Fisker）教授。1934年，自学校毕业后，居尔先是作为一名建筑师在威廉·劳瑞森（Vilhelm Lauritzen）设计事务所工作了十年，在此期间，除做了许多建筑设计外，还与著名家具制作者尼尔斯·沃代尔（Niels Vodder）合作设计制作了一大批家具作品。其椅子设计中雕塑般的构件、造型材料的精心选择和搭配组合都明显区别于柯林特在传统基础上再创造的设计模式，从而形成丹麦家具设计向有机形式靠拢的新型设计理念。居尔的设计创作受到原始艺术和抽象有机的现代雕塑的强烈影响，在他大多数作品中都多少可以看出亨利·摩尔雕塑的影子。与雅各布森不同的是，居尔所有作品的风格都非常统一，件件精雕细琢，表现出极强的个性。

居尔于1945年成立了自己的工作室，并更专注于设计家具。他以雕塑式的造型手法，以实木为主体构架材料，并配合皮革的应用设计了大量的桌、椅、沙发等休闲类家具（图4-5～图4-8），并通过不断参加国内国际博览会，迅速赢得了国际声誉，成为二战以后丹麦学派的最杰出代表之一。从1954年到1957年的米兰国际博览会上，他获得了六枚金牌，而在哥本哈根木工行业协会组织的丹麦现代家具设计年展上，居尔的作品获得了14次大奖，成为丹麦木制家具设计最重要的旗手之一。与此同时，居尔在设计制作家具的过程中发展了许多精巧的构造方式，从独特的角度唤起了人们对材料的潜在认识，因此他的家具又被称为"优雅的艺术创造"。

从1945年起，居尔就开始担任丹麦技术学院室内设计系的学术带头人。多年在这一关键位置上的工作，使他对丹麦设计的发展方向起着很大程度的主导作用。

▲ 图 4-5

▲ 图 4-6

▲ 图 4-7

▲ 图 4-8

图 4-5 居尔设计的休闲椅
图 4-6 居尔设计的休闲椅
图 4-7 居尔设计的休闲椅
图 4-8 居尔设计的桌子

3. 威格纳

木匠出身的汉斯·威格纳长期以来被认为是丹麦设计学派的最正宗代表，这是因为以威格纳为代表的那批家具设计师明确代表着一种新型的丹麦设计师。在他们之前，大多数丹麦家具设计师都首先是建筑师，设计家具只是他们的爱好和副业。威格纳这一代设计师则开始以家具设计作为毕生的唯一职业，他们以家具设计为主。然而，多数人都像威格纳一样具有很专业的木工基础，都与几位技艺高超的木工有固定的长期合作。这种方式成为丹麦学派的一种独有的模式，源自丹麦历史悠久的木工传统。

威格纳生于丹麦一个叫岑讷（Tondern）的小城，父亲是一位技艺高超的鞋匠，据威格纳自己回忆："他使用工具时几乎完全不用眼睛看。"这也可能是后来威格纳对手工技艺极为重视的原因。20世纪20年代后期，威格纳开始接受木工训练，并很快满师成为一名出色的木匠。1936年，年仅22岁的威格纳前往哥本哈根并进入当地的工艺美术学校学习设计。二战期间，威格纳进入雅各布森建筑事务所工作，主要负责室内和家具设计，同时，他遇到了他的妻子英加·海波（Inga Heibo）并于1940年底结婚。同年他还遇到了他一生中第二个重要的人物：约翰尼斯·汉森（Johannes Hansen）。汉森是丹麦当时最负盛名的木工之一，也是建于1926年的丹麦木工行业协会的创办人之一。1946年，威格纳结识了与他同龄的丹麦另一位青年设计师布吉·穆根森，两人开始合作设计家具，并在一年一度的丹麦木工行业协会展览会上出尽风头，尤其是威格纳，每年必能获奖，最终成为这个展览会历史上获奖最多的设计师（图4-9）。

▲ 图4-9

图4-9 威格纳于1952年设计的"侍从椅"

威格纳不是柯林特的嫡传弟子，却最完美地诠释了柯林特的设计理念。威格纳的诠释始于1944年对中国椅子的改良，当时雅各布森要求他用最少的材料做成具有弯曲木效果的扶手椅。威格纳构思了许多方案都不能令人满意，直到他去设计博物馆看到中国圈椅的小模型时才茅塞顿开，于是以中国圈椅为蓝本设计了四种各具特色的"中国椅"，其中的第一种（图4-10）和第四种大获好评并长期生产。在以后的数十年中，威格纳的"中国椅"设计一发不可收拾，其中最著名的是1949年设计的被称为设计史上最漂亮的椅子的"经典椅"（The Chair）（图4-11）。他将中国圈椅简化到最基本的构件，而每一个构件都被推敲到增一分嫌多、减一分嫌少的完美境界。"中国椅"之后，威格纳的下一个蓝本是英国"温莎椅"。欧洲大多数设计师都设计过自己的"温莎椅"，但威格纳对"温莎椅"的诠释技高一筹，好评如潮，也获奖无数，其中最重要的就是"孔雀椅"（图4-12），他将"温莎椅"的内在美感潜能挖掘到极致，以至于它刚刚亮相就立刻成为公众注目与评价的焦点，并随即在国际市场获得成功。

▲ 图 4-11

▲ 图 4-10

▲ 图 4-12

图 4-10 威格纳设计的中国椅 1 号
图 4-11 威格纳设计的"经典椅"
图 4-12 威格纳设计的"孔雀椅"

威格纳对设计精益求精，并不在意产量。丹麦是个资源有限的国家，对每种材料的最合理使用是每位杰出的设计师非常关心的问题。威格纳的作品行销世界各地，有人认为，无论威格纳是不是当时最有才华的家具设计师，可以肯定的是，他的作品是被抄袭仿制最多的。威格纳作品的另一特色是在构思上屡有创新，如将靠垫设计成衣架形式的"夹克椅"别具一格，而折叠椅不仅造型极为优美，而且折叠后可方便地排在墙上。威格纳也不断尝试使用各种材料，如钢管等，并设计出一批风格独特的钢管家具（图4-13），尽管这批家具远不如他的"中国椅"或"温莎椅"那样声名显赫。

在任何时候，威格纳都亲自研究每一个细节，这表现在他的草图都习惯用足尺来画，而他的另一项独一无二的设计方法是将一把椅子所需要的所有设计图画在一张图中。威格纳尤其强调一件家具的全方位设计，认为"一件家具永远都不会有背面"。他是这样教别人买家具的："你最好先将一件家具翻过来看看，如果底部看起来能令人满意，那么其余的部分应该也是没问题的。"

图 4-13 威格纳设计的"公牛椅"

▲ 图 4-13

4. 穆根森

布吉·穆根森是柯林特设计背景中最嫡系的传人之一。他曾同威格纳长期合作，但同样的设计理念并没有让他们的设计雷同，而是和而不同，各有千秋。穆根森的设计朴实而典雅，加上精湛的工艺，使他的作品尤其受到中产阶级和年轻人的喜爱。

穆根森 1938 年至 1941 年在丹麦皇家美术学院学习，直接师从柯林特，成为柯林特设计哲学最重要的传人之一。毕业后他曾在好几位建筑师的设计事务所中工作过，1945 年到 1947 年作为柯林特的助手参与母校的教学，同时开始与汉斯·威格纳的友谊及合作。在一年一度的木工行业协会展览中，穆根森也是时常获奖的明星设计师。1942 年到 1950 年，穆根森担任丹麦合作协会家具设计部的部长，在丹麦家具走向世界的过程中起过非常重要的作用。1950 年，穆根森在哥本哈根开办了自己的设计事务所，同时为国内外许多公司设计家具，其朴实而典雅的设计风格和精湛的工艺受到了国内外市场持久的欢迎（图 4-14、图 4-15）。

▲ 图 4-14

▲ 图 4-15

图 4-14 穆根森设计的椅子
图 4-15 穆根森设计的椅子

"越简单越好"是穆根森设计理念的概括。他的家具都是为普通市民家用设计的，尤其适合青年人的趣味。尽管在现代艺术领域有很高的品位，但穆根森的家具设计都取材于最普通的民间家具，如英国的"温莎椅"、美国的"萨克椅"和西班牙的民间家具。这些几百年来发展成熟的民间家具，经穆根森再度提炼，总能再放异彩，深受广大民众喜爱。穆根森还多年担任过丹麦建筑研究院的设计顾问，主持室内系统与家具模塑化设计的研究，是北欧和整个欧洲在这个领域的开拓者之一。他研制的贴墙组合框系统可同时适用于卧室、客厅和书房，在市场上经久不衰。在穆根森的设计中只用木料做结构构件，这对他而言不仅有传统因素，更重要的还是出于设计生态学上的考虑（图4-16、图4-17）。

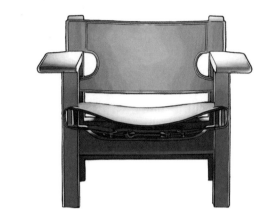

▲ 图 4-16

▲ 图 4-17

图 4-16 穆根森设计的椅子
图 4-17 穆根森设计的椅子

5. 库奇

穆根思·库奇是柯林特的另一位嫡系传人，长期担任柯林特的教学助手，并于1950年接任柯林特的教授职位。库奇的家具设计完全继承了柯林特的理念，以进化论的观点看待历史上所有的设计，而后选择自己钟爱的品种进行彻底而深入的研究，以传统形式为基本出发点，再用现代生活的内涵进行再创造。

库奇于1925年毕业于丹麦皇家美术学院建筑系，随后留校担任柯林特的助手多年。这期间，他于1932年设计的MK折叠椅是他一生中最著名的作品。除家具之外，库奇也配合丹麦教堂建筑改造工程设计了许多金银器、地毯和其他纺织品。库奇的作品逐渐成为丹麦学派中不可或缺的一个部分，他定期参加米兰国际博览会，尤其是1960年参加"丹麦艺术"在美国的巡展，引起了极大轰动。库奇多年的教学工作为丹麦培养了一大批现代家具设计人才，从1950年起接任柯林特的教授职位直到1968年退休，一直是母校最主要的教授之一。同时他也时常外出讲学任教，曾于1956年担任美国麻省理工学院建筑系客座教授，1962年任东京工业设计学院客座教授。

库奇一生对折叠椅的兴趣最大，但他选择的设计蓝本并非大多数人使用的"中国式折叠"，即由使用者坐姿和前后方向进行折叠，而是选用"欧洲式折叠"蓝本，即顺应使用者坐姿的左右方向进行折叠（图4-18、图4-19）。在整个20世纪，库奇是以"欧洲式折叠"为蓝本的最成功的设计师。他对这种折叠方式的研究非常投入，设计出了一系列完善的折叠椅、折叠桌、折叠凳、折叠床等，其中所有的产品都以木料做框架，用帆布和皮革作为坐面和靠背，优雅而又便携，是出行的最佳伴侣，也是很多年轻人非常喜爱的居家配置。库奇的折叠家具系列很快从丹麦走向全世界，尤其在美洲和非洲更受欢迎，也许是因为那些辽阔的大地确实需要方便携带又优雅耐用的折叠家具。库奇的设计生涯揭示了一个简单的道理：选择一个经过精心研究的合适的设计突破口，对设计师而言已经成功了一半。

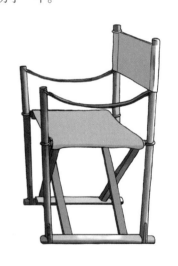

▲ 图4-18

▲ 图4-19

图4-18 库奇设计的折叠椅
图4-19 库奇设计的折叠凳

6. 伍重

吉恩·伍重是20世纪最著名的建筑大师之一，不仅因为他设计了悉尼歌剧院，还因为他后来在丹麦和西班牙等地的建筑杰作，以及家具和灯具等工业设计产品。虽然伍重的家具设计在当年的商业销售上并不成功，但它们为丹麦设计界增添了活力，其中某些作品在半个世纪后的今天又重现在人们面前。

在丹麦，伍重面对着两大家具设计流派，即以柯林特为首的传统派和以雅各布森为首的时尚派，伍重希望自己能独创第三派，可称之为建筑派，即他的家具是专为自己的建筑设计的。伍重最早的家具是1968年为悉尼歌剧院大堂休息厅设计的系统组群沙发，他希望用精心组合的沙发来营造一种随意而温馨的社交氛围。紧接着伍重又为悉尼歌剧院的办公区域设计了一套休闲区组合家具，包括沙发和茶几，在此伍重借用阿尔托的设计理念，用家具腿足的精心构思来统合整个系列。后来伍重又设计过两种雕塑感极强的休闲椅，从构思理念上向毕加索、克利、卡尔德、库尔和赫普沃斯等现代艺术大师致敬，但在材料选择上则依然用时尚的钢管和当时最新开发的定型泡沫塑料等材料（图4-20、图4-21）。

▲ 图 4-20

▲ 图 4-21

图 4-20 伍重设计的沙发
图 4-21 伍重设计的沙发

7. 潘东

维纳·潘东的多才多艺充分地体现在家具设计、室内设计、展览设计、灯具照明设计及纺织品设计等领域，他被誉为20世纪最富于想象力的设计大师之一。丹麦最重要的《家具》杂志曾这样评价潘东的设计："维纳·潘东想要唤醒我们全部的感觉，从近乎幽闭恐怖的体验一直到充满色情的想象。"

潘东于1951年毕业于丹麦皇家艺术学院建筑系，随后的两年在阿诺·雅各布森事务所工作，参加过雅各布森的许多开创性设计项目，包括"蚁椅"。雅各布森对潘东这位助手最大的影响就是超凡的艺术气质和精益求精的工作方法。1955年潘东成立了自己的建筑与设计事务所，他潜在的艺术想象力立刻如井喷一样爆发出来。他首先以一系列实验建筑设计崭露头角，如折叠房屋（1955）、纸板房屋（1957）和塑料房屋（1960）。然而，他更为引人

注目的是其坐具、灯具、纺织品、地毯，以及相关的展览设计。1958年，他应邀为丹麦福奈岛上著名的"好再来酒吧"做扩建及室内设计。潘东再次展露了其惊人的才华，为这个酒吧设计了一个全红色调的室内空间，并第一次展示其著名的"锥形椅"（图4-22、图4-23）。

他从此开始系统探索几何设计的艺术表现，也以此为其整个设计思想打上严格的科学思维的烙印。在1959年的丹麦贸易博览会上，潘东用自己的作品展览做了一次彻底的反传统"宣言"，展览中的整个世界全盘颠倒：屋顶被铺上地毯，

所有的家具及灯具均被倒置。在1960年的科隆国际家具博览会上，潘东继续发展这种反传统设计，同年他又受托进行"阿斯托里亚餐厅"的改建设计。他在此展现的不仅是反传统的布置，还延展至他的另一个特色设计风格，即对鲜明色彩的大胆运用。

潘东一生中最重要的设计就是1960年的"潘东椅"（图4-24），它早已成为现代设计的著名标签之一，成功实现了几代设计大师关于用单个构件制成椅子的梦想，如第一代大师密斯，第二代大师小沙里宁，而潘东本人在1955年就已有用

▲ 图4-22　　　　　　　　　　　▲ 图4-23

图4-22 潘东于1958年设计的锥形椅
图4-23 潘东设计的金属网格锥形椅

▲ 图 4-24

图 4-24 潘东设计的"潘东椅"
图 4-25 潘东设计的"艺术切割家具"系列

胶合板制成单件椅的构思，经过几年的不懈努力，他终于用塑料实现了这一梦想，并于1962年交由美国著名的赫曼米勒公司（Herman Miller）生产这一划时代的家具。在反复试验"潘东椅"的过程中，潘东也展开了对材料和色彩的科学化和系统化研究，最后发明了一套独特的色彩理论，并撰写了专著《潘东色谱》。它不仅被用于"潘东椅"的色彩搭配选择中，而且被用于后来潘东和许多其他欧洲设计师的建筑与设计作品中。潘东本人于1962年离开丹麦，并最终来到瑞士巴塞尔市，这里有米勒公司的生产基地，同时也是著名的"维恰家具博物馆"所在地。在巴塞尔成立他的永久设计事务所之后，潘东与欧美许多著名家具和灯具企业合作，尤其与巴亚公司合作创造出了一系列新意选出的室内、家具和照明设计，并在这个过程中将对色彩的运用几乎发挥到极致。这其中最著名的是与意大利天才设计师居奥·科伦波（Joe Colombo，1930—1971）和法国设计新秀奥利威尔·穆固（Qlivier Mourgue，1939— ）合作为巴亚公司设计的"视觉二号"展览，该展览成为1971年科隆国际家具博览

会上的焦点。尽管离开了祖国丹麦，潘东与丹麦著名的弗里茨·汉森公司（Fritz Hansen）的合作也是有声有色，涉及家具及灯具的诸多方面，但最重要的依旧是坐具的设计生产。在以更强烈而大胆的色彩和新材料充实早期设计的同时，潘东开始发展他极不寻常的"艺术切割家具"，这是潘东晚年最重要的设计：以纯粹的几何体量组合来倡导一种全新的坐具设计理念。他自己以此在家具创新的道路上又迈出了坚实的一步。潘东是丹麦正统学派的"伟大叛逆者"，始终以彻底的革命性态度看待设计，用最先进的技术和最时尚的材料展开他大胆创新有时又充满情调的家具和室内设计项目（图4-25）。

▲ 图 4-25

8. 雅荷尔摩

同小沙里宁一样，保罗·雅荷尔摩也是令人惋惜的英年早逝的设计大师，只活到了51岁。然而在仅20年的设计生活中，雅荷尔摩却设计了数量惊人的桌椅、沙发等家具用品，其中很多件作品都进入设计史并成为20世纪的经典家具，如1961年设计的钢条折叠凳（图4-26）和1965年设计的躺椅（图4-27）。

木匠出身并长期任教于丹麦皇家艺术学院的雅荷尔摩，其背景似乎更接近柯林特的设计哲学：从传统出发，设计以木构为主体的丹麦家具。然而，后来他的巨大成就却与这种背景毫无关联。与他的大部分学校同仁不同，他的设计无一例外都是工业化生产，并全部以钢构架取代丹麦传统的实木构架。这一点与前辈大师雅各布森相似，但两人在设计方法上又截然不同，雅各布森用近乎随机的方式对待设计构思，而雅荷尔摩则严格按预定计划工作，其构思缜密而完善，细致到最后一个螺钉的具体尺度和位置。他设计的准确无误和对结构的忠实，使他成为丹麦设计大师中最典型的"完美主义者"。

雅荷尔摩对材料的不寻常的选用和组合更集中体现了他

▲ 图 4-26

▲ 图 4-27

图 4-26 雅荷尔摩设计的钢条折叠凳
图 4-27 雅荷尔摩设计的躺椅

的唯美主义倾向。他于 1955—1956 年用铝合金、钢丝、皮革和棕藤构筑 PK22 系列躺椅（图 4-28），于 1957 年设计悬挑椅 PK20（图 4-29），其构件及连接方式的每一个细节都经得起最彻底的推敲。上述两件作品实际上都有原型蓝本，分别是柯布西耶的躺椅和密斯的悬挑椅。从这个方面讲，柯林特的设计哲学理念可谓根深蒂固，从而使得雅荷尔摩的设计更具古典意味。他以纯净的设计气质，将功能主义的逻辑理性与北欧式的设计直觉天衣无缝地融合在一起，再通过他对所使用的各种材料和构造技术的准确无误的掌握，创造了一种高雅而纯净的设计美学。

雅荷尔摩于 1958 年获北欧龙宁设计奖（Lunning Prize），并在 1957 年及 1960 年米兰博览会上被两次授予大奖，其杰出的设计成就获得了举世瞩目。除家具外，雅荷尔摩也极擅长展览设计，他以同样的"纯净"手法组织他的展览空间，使所有身在其中的参观者都有一种灵魂被净化的感觉。雅荷尔摩的设计是丹麦现代设计处于全盛时期的最重要体现之一。

▲ 图 4-28

▲ 图 4-29

图 4-28 雅荷尔摩设计的由棕藤制成的 PK22 躺椅
图 4-29 雅荷尔摩设计的由皮革制成的 PK20 悬挑椅

9. 蒂赛尔

在男性占绝对主导地位的丹麦学派，女设计师娜娜·蒂赛尔显得非常突出。她在六十多年的设计生涯中始终能提出充满时尚元素的创意，将大师的气质和女性的敏感随机结合，最终塑造出 20 世纪设计宝库中无法替代的珍品。1944 年，年仅 21 岁的蒂赛尔就与未来成为她丈夫的琼根·蒂赛尔（Jorgen Ditzel）合作，在哥本哈根木工行业协会当年的展览会上展示了一套设计完善的房间，并被当时报刊评价为"在每一方面都表现为现代生活"。在对住宅室内进行全新研究的同时，精力充沛且思维敏捷的蒂赛尔大胆涉足每个设计门类，并首先在首饰设计和纺织品设计上杰作频出，迅速成为丹麦前卫设计的核心人物之一。同维纳·潘东一样，她也对各种新材料、新技术都进行了广泛的尝试，并研究出自己独特的设计成果（图 4-30、图 4-31）。

▲ 图 4-30

▲ 图 4-31

图 4-30 蒂赛尔设计的 Trinidad 系列椅
图 4-31 蒂赛尔设计的扶手椅

蒂赛尔设计的家具是一种艺术创作，在精心选择材料的基础上，通过对色彩和几何构图的精心研究，最终演化为具有前卫艺术品意味的家具。这在强调功能至上的北欧学派中基本上是个异类，然而蒂赛尔的艺术家具依然在市场上获得了成功。蒂赛尔在家具设计中对几种几何要素有天生的趣味：如圆弧、环状构图以及有韵律的色彩排列与重复。蒂赛尔酷爱蝴蝶，她精心观察并收集这种美妙的昆虫，从蝴蝶的飞舞中抓住一种飘浮于空中的天使般的轻松感受，由此创造了她的经典作品——"蝴蝶椅"（图4-32）。它不仅满足了人们对多功能椅的所有功能要求，更让观者和使用者感受到一种强烈的生命律动。这位艺术气质出众的设计师让功能服从于情感，正如她常说的那样："我尝试所有方面的可能性，如技术、材料、形式和功能，但我心中最关心的仍是人的情感因素。"

图 4-32 蒂赛尔设计的"蝴蝶椅"

第二节
创新立国的芬兰学派

芬兰在现代设计运动中的成就有目共睹，令人景仰，也令人疑惑，这个人口只有500多万的国家从独立至今只有百余年，却在20世纪现代建筑与设计运动的每一阶段都出现了一流的大师，因此在每个发展阶段都能被列为主角。更重要的是，芬兰设计的发展又是均衡的，从建筑与环境到室内与家具，从玻璃与陶瓷到服装与纺织品，从展示与平面到摄影与动漫，再到工业设计的每个细微领域，芬兰都大师频出，由此形成风格鲜明的芬兰设计学派，对人类面临的问题不断给出芬兰模式的答案。

芬兰现代设计"圣地"得以形成的原因有以下五个方面。第一，历史的因素。由于地处欧洲边缘，没有沉重的皇家装饰传统的束缚，芬兰人能够轻装上阵创造出真正符合时代标准的设计。第二，教育体制的因素。芬兰自立国之初就极其重视设计教育，以设计与科技立国，从而弥补自然资源不足的天然缺陷。第三，设计竞赛机制的因素。芬兰立国一百多年来一直是欧洲各种设计竞赛最频繁也最公正的国家，从而能有效发现设计天才，而每个时代的设计大师基本上都是通过参加设计竞赛脱颖而出的。第四，自然界灵感的因素。芬兰并没有高山大川，但芬兰设计师依然能从看似平淡无奇的森林、湖泊与冰雪中获取无穷灵感，并能将其灵活自如地用于自己的设计中。第五，大师辈出所引起的良性循环使后一代设计师能够站在"巨人的肩膀上"，再独辟蹊径地创造属于新时代的新理念和新成果。另外值得注意的是，几乎所有芬兰最重要的设计大师都曾在大学里长期或短期任教，而每个人的教学又各有独创性，同时带来最新的设计动向和技术观念，从而形成芬兰设计创意生生不息的局面。

芬兰现代家具传承发展到今天，其精彩的演化轨迹一直令世界瞩目。老沙里宁会聚工艺美术运动、新艺术运动和新装饰运动的精华元素，开创了芬兰民族浪漫主义家具风格，从而使芬兰设计风格引起全球注意。阿尔托发明了弯曲胶合板，开创胶合板家具新篇章，从此使芬兰现代家具领跑全球，同时彻底改变了世界家具的面貌。塔佩瓦拉则博阿尔托、柯布西耶和密斯众家之长，全面尝试新材料、新技术，同时培养出芬兰新一代设计精英，使芬兰家具始终站在时代发展的最前沿。昂蒂·诺米斯耐米（Antti Nurmesniemi，1927—2003）是一位设计全才，其设计的家具既源自传统又充满前瞻性，同时将芬兰家具推向了世界。毕乐卡·斯丹露丝（Pirkko Stenros，1928—）则专注于儿童家具的模数制系统，为芬兰儿童教育和儿童家具产品工业化生产诸方面都做出了杰出贡献。艾斯科·帕扬米斯（Esko Pajamies，1931—1990）继承了芬兰的胶合板工艺传统，将阿尔托的胶合板家具引向大众，尤其是青年普通家庭。库卡波罗从人体工程学入手设计家具，开创了办公家具新纪元，同时大胆使用新型玻璃钢，创造出设计史上最舒适的座椅，成为现代家具的集大成者。阿尼奥作为全球波普设计的旗手，勇于尝试任何新型材料，结合艺术思潮创造出人类太空时代的标志性设计产品，引导芬兰家具设计全面走向多元化、个性化、时尚化和趣味化。

1. 塔佩瓦拉

二战以前是第一代经典大师对设计观念进行彻底革新的时代，二战以后的现代设计不再停留在这种"宣言式"产物上，而是更多地关注实际生活，从而催生出"室内建筑师"这种新职业，伊玛里·塔佩瓦拉就是这种新职业的第一代领袖人物之一。他对设计的态度比所有经典大师都更加实际，他的家具产品的基本出发点是使用质量而非自我表现。塔佩瓦拉于20世纪30年代初考入赫尔辛基工艺美术学院，求学期间他便利用各种获奖机会周游欧洲几个主要文化中心，从而对现代设计的发展有了最直接的认识，尤其在1937年进入柯布西耶事务所工作，更为他成为一代开拓型设计大师奠定了坚实的基础。此前，他亦随同阿尔托参与了许多设计项目，并于1936年在伦敦主持阿尔托家具展览会。此外，包豪斯的设计观念对他也影响至深。这些得天独厚的经历使塔佩瓦拉很早就建立了自己的设计观念：设计为普通人服务，设计产品应具备功能性、经济性和耐久性，以提升人们每天的生活质量，而设计的高质量应通过设计手法和材料、构造的有机结合来实现。

塔佩瓦拉于 1937 年底毕业后不久，便进入芬兰最大的家具企业阿斯科公司（Asko）担任设计监理。这段时间他不仅完成了一批极有创意的家具设计，而且遇到了同在公司任职的安尼卡·赫瓦瑞能（Annikki Hyvariner）。这位优秀的女建筑师，后来成了他的妻子和终生合作伙伴。芬兰介入二战后，塔佩瓦拉离开阿斯科公司走上前线。作为战地军事工程师，除了组织、指导士兵建造各种营地建筑外，他也设计了一批别具特色的家具及日用品。

二战结束后，塔佩瓦拉受托为刚建成的多姆斯学院（Domus Academy）的赫尔辛基校舍设计室内及全部家具，于是在 1944 年诞生了他的第一件成名作——"多姆斯椅"，它由胶合板和实木组成，完全能进入工业化生产，是在阿尔托之后对于如何进一步使用胶合板的成功尝试。这种多功能、可叠落、轻便实惠的胶合板椅立刻大获成功，至今仍在生产中（图4-33、图 4-34）。其巨大的成功不仅在于这件家具本身的设计非常优秀，而且因为塔佩瓦拉本人参与指导从设计、生产、

▲ 图 4-33

图 4-33 塔佩瓦拉设计的多姆斯椅系列 1
图 4-34 塔佩瓦拉设计的多姆斯椅系列 2

▲ 图 4-34

销售到出口的全过程。随后的十几年，是塔佩瓦拉设计生涯最辉煌的时期，他本人也成为芬兰家具设计领域无可争议的头号人物。这段时间，他接到大量的建筑室内及家具设计委托，继多姆斯椅系列后又陆续设计出一大批传世之作，如"娜娜椅"（Nana Chair）、"阿斯拉克椅"（Aslak Chair）和"威海米娜椅"（Wihelmine Chair）等由各种新型材料制作的全新座椅，全面奠定了芬兰家具以创新为本的国际形象（图4-35）。同时他也注重学习国内外家具传统，创造出新型"温莎椅"和"刚果椅"等，都广受好评（图4-36～图4-38）。

▲ 图 4-35

▲ 图 4-36

▲ 图 4-37

▲ 图 4-38

图 4-35 塔佩瓦拉设计的 Lukki 椅
图 4-36 塔佩瓦拉设计的 Prikka 凳
图 4-37 塔佩瓦拉设计的 Prikka 椅
图 4-38 塔佩瓦拉设计的"刚果椅"

2. 诺米斯耐米

在芬兰，昂蒂·诺米斯耐米是一个绕不开的存在。他的作品早已成为芬兰现代设计景观的一个组成部分，从建筑、室内到古迹修复，从地铁、家具到工业产品设计，诺米斯耐米常青树般的设计生涯至今仍时常放出耀眼光芒。他是现代设计的全才，也是全球范围内现代设计的推动者和实践者，是20世纪后半叶芬兰设计的旗手。

诺米斯耐米最早曾在金属加工厂和飞机制造厂工作，于1945年在赫尔辛基看到纽约现代艺术博物馆主办的"美国建设"巡回展览后对现代设计有了最初的了解。1947年，他考入当时的赫尔辛基中央美术

设计学校（后扩展为艺术设计大学），并于1948年成为舞台美术设计师基尔利基·哈尔姆（Kyllikki Halme）的助手，从此以后，诺米斯耐米毕生都对摄影有特殊的钟爱。1950年，诺米斯耐米毕业后去瑞典、丹麦等地旅行，遇到了芬·居尔和汉斯·威格纳等许多风头正盛的设计大师，对现代家具设计有了更深的体会。回到芬兰后，他进入著名建筑师维尔乔·雷威尔（Viljo Revell）事务所工作。1951年，他完成了他的第一件成名作：传统而典型的芬兰马蹄形"桑拿凳"（图4-39），并因参加皇宫宾馆室内设计而一举成名。这是一件带有精妙芬兰民族神韵的现代设计，因此立即成为芬兰现代设计的标签之一。1953年，他与芬兰最

著名的服装设计师沃科·艾斯库琳（Vaokko Eskolim）结婚，并于1956年在赫尔辛基成立了自己的设计事务所，三年后，他便以自己杰出而多产的设计成就获得龙宁设计奖。

诺米斯耐米是以数量多且样样精美的设计而称雄世界的。他在1957年设计的一件茶壶是其早年最成功的作品之一，被公认为代表了当时芬兰工业设计的最新发展方向。他的所有工业设计产品都深受大众欢迎，尤其受设计师、建筑师的珍爱。诺米斯耐米的家具设计个性非常鲜明，同他的所有工业设计及室内设计一样，简洁明确的流线型设计是他所有作品最突出的特征。然而，诺米斯耐米设计的出发点并非传统，而是创新。事实上，整个芬兰现代建筑与家具设计的基调就是不断创新。1960年，在米兰世界博览会上亮相的"米兰椅"（图4-40）是诺米斯耐米的一件构思极为超前、造型简洁大胆、结构充满挑战的家具，引起了世界的关注。1964年，他以同一思路设计了"米兰凳"，并分别以藤编、皮革和帆布作为坐面，获得了巨大成功。此后，诺米斯耐米的设计焦点开

▲ 图 4-39

图 4-39 诺米斯耐米设计的桑拿凳

始转向单曲线流线型休闲椅及躺椅的设计，尤其对躺椅的研究深入而细致，如他于1967年以悬挂的形式展出的单线条躺椅，实际使用时可直接置于地上。这种家具最引人注目之处在于构件上覆以沃科在时装设计中常用的黑白相间的流线图案面料，从而更加强化了这种躺椅的流动感。最后，诺米斯耐米又为这件单构件躺椅加上腿足，使之成为稳定的家具，并以1978年设计的可调节式躺椅（图4-41）结束这一研究。这件流线型躺椅是对柯布西耶躺椅的一种致敬，同样是两个构件，诺米斯耐米的流线型躺椅以一种全方位的可调节方式脱离柯布西耶躺椅的圆弧曲线，造型上亦显得轻便舒展。1980年，同属于"流线系列"的休闲椅问世，最终完善了诺米斯耐米的这一设计构思。

▲ 图4-40

图4-40 诺米斯耐米于1960年设计的"米兰椅"
图4-41 诺米斯耐米于1978年设计的可调节式躺椅

▲ 图4-41

此外，诺米斯耐米在设计上拥有多方面的成就，尤其在室内设计和展览设计方面表现得最为突出。他是芬兰最负盛名的室内建筑师，作品遍及国内外。早在20世纪50年代，他就与妻子沃科一道多次参加国际墙纸设计竞赛并屡屡获奖，而后又多次主持设计国际博览会中的芬兰展厅，结合现代设计潮流和芬兰传统设计中最基本的因素，创造出非常有个性的设计语言，多年来一直享有国际声誉。1984年，他应日本富士公司之邀，设计出一部极其高雅的办公电话。这部电话成了20世纪电话设计中的经典之作，并被命名为"昂蒂电话"。进入20世纪90年代的诺米斯耐米仍是硕果不断，其中最令人惊喜的是为芬兰最大的电力公司IVO设计的高压线传输塔。这种高压线传输塔与以前所有的输电塔均有截然不同的面貌。他以简洁明快的手法将这种纯功能性的输电塔设计成一个纪念碑式的时代雕刻形的构筑物，这本身就是一种富于魅力的革新。他在设计中将技术、材料与自然景观相结合，立刻引起了设计界和企业界的共同关注。

3. 斯丹露丝

毕乐卡·斯丹露丝在现代家具设计史中占有别人无法替代的地位。她是最早从事模数制板式家具设计的专业设计师，也是全球最重要的儿童系列家具的创造者之一。她的设计哲学来自阿尔托，即成功的设计源自对一个有效构思的不断演化。其设计方法就是在几种基本构建的基础上不断派生出适应于不同场合及不同功能的家具，这种方法完美地体现在她的儿童家具和模数制板式家具系列设计中（图4-42、图4-43）。

▲ 图 4-42

图 4-42 斯丹露丝设计的橱柜

斯丹露丝于1951年毕业于赫尔辛基艺术设计大学（现为阿尔托大学设计学院）时，其毕业设计就是模数制儿童家具，从此开始她一生从未间断对儿童家具和模数制板式家具系列的研究与设计。斯丹露丝的儿童家具非常强调对儿童创造力的启发，同时又要适合于儿童的身体与智力两方面的发展，即同一套家具能适用于不同年龄段的儿童。更重要的是，她重视儿童家具设计的美感和趣味性，以期对儿童的综合教育起到积极作用。最后，她的设计注重方便使用和清洁，因为战后芬兰妇女大都参加工作，很难有太多时间顾及家务。斯丹露丝的儿童家具早已成为20世纪家具的经典，对以后的儿童家具设计具有全球性的指导作用。她的模数制板式家具系统的研发，始于床的设计，因为她很早就认识到芬兰人多年来已被席梦思睡坏了腰，因此需要正确的床来获得健康的睡眠。从床开始，斯丹露丝完成了其他功能空间的系列家具设计，其产品全部使用芬兰桦木为原料，表现出明确的生态设计意识。她的所有设计几乎都在持续不断地生产中，展现出她设计的远见、品质和影响力。

▲ 图 4-43

图 4-43 放置斯丹露丝设计的家具的儿童房

4. 帕扬米斯

在阿尔托发明层压胶合板，而且设计出一批划时代的胶合板家具之后，全世界的设计师都看到了这种新型木构材料的魅力和潜力。此外，阿尔托作为设计榜样又引导人们在设计中有更多、更广的追求。在芬兰，艾斯科·帕扬米斯就是继阿尔托之后用胶合板设计出优秀家具的第一人。帕扬米斯早年参与了大量建筑室内和古建筑修复工程，并于1961年成立了自己的设计事务所，之后开始创立成功的家具品牌。

从20世纪60年代初开始，帕扬米斯就开始推出一套胶合板休闲椅，以其轻巧和趣味性深受年轻一代的喜爱。直到1972年，他持续研发的胶合板条休闲系列"Koivutaru椅"（图4-44）获得巨大成功，被誉为阿尔托之后芬兰胶合板家具设计的最大突破。从休闲椅到多功能椅，再到躺椅（图4-45），以及会议桌、餐桌系列，以胶合板为主体的这套芬兰现代家具很快成为芬兰最大的家具企业阿斯科近半个世纪的主打产品。执意追求创新的帕扬米斯在设计中绝不会局限于某一种材料，从一开始他就努力探讨钢管在家具结构中别具一格的应用，并不断与皮革、帆布、织布和定型泡沫塑料等不同材料结合，同时也尝试胶合板的弹性潜力。

他在前辈大师的悬挑椅的基础上继续探索新的、构思奇妙的悬挑椅设计。他的多功能椅、吧椅、躺椅、儿童椅等创新家具系列都以其奇妙的构思和精湛的工艺成为芬兰家具保持创意的标志。无论办公家具还是家用家具，帕扬米斯都是举世公认的大师（图4-46）。

▲ 图 4-44

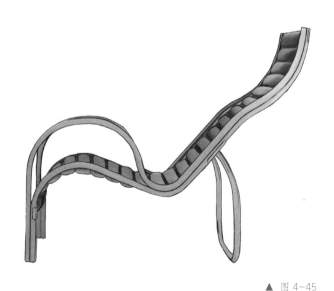

▲ 图 4-45

▲ 图 4-46

图 4-44 帕扬米斯设计的 "Koivutaru 椅"
图 4-45 帕扬米斯设计的躺椅
图 4-46 帕扬米斯设计的休闲椅

5. 阿尼奥

正如潘东在正统的丹麦设计学派中是一个异类一样，艾洛·阿尼奥在以人文功能主义为主旨的芬兰设计学派中也被看作一位伟大的"叛逆者"，阿尼奥的设计不仅使北欧浪漫主义设计走向高潮，更使自己成为全球波普设计的旗手。与此同时，他的设计却从来没有离开过日常生活的本源，在阿尼奥才华横溢、变幻多姿的优秀

产品的背后是他数十年如一日对生活方式、艺术和材料的不懈探索。

阿尼奥与库卡波罗毕业于同一所大学，比库卡波罗早一年毕业，但直到1962年他才开办自己的设计事务所。除家具设计外，他在摄影和平面设计上也有很深的造诣。阿尼奥最初的家具设计取材于传统题材，尤其是源自中国的藤编家具（图4-47），不久，他的设计由于

使用了新材料而发生突变。20世纪60年代初，芬兰最大的家具企业阿斯科公司请阿尼奥设计一种塑料椅，以求改变公司产品多年以木材为主的传统。

1962年夏天，阿尼奥用新闻纸和糨糊做原料，在藤编家具的启发下，设计出一种适于用塑料制作的面貌全新的坐具造型。1963至1965年，阿尼奥用合成材料反复试验他的新设计，终于推出名为"球椅"（图4-48）的看似航空舱的座椅，并在1966年科隆国际家具博览会上一夜成名。"球椅"的故事也成为现代家具史上最激动人心的"一鸣惊人"的案例。

▲ 图4-47

图4-47 阿尼奥设计的藤编蘑菇凳
图4-48 阿尼奥设计的"球椅"

▲ 图4-48

在以创新设计为立国之本的芬兰，阿尼奥坚信全方位的创新是设计师的本分。从这方面看，阿尼奥实际上是芬兰设计学派最优秀的代表之一。这件最终用玻璃钢制作的"球椅"内铺软垫，质感温馨，给人强烈的印象，使用者坐在其中会有一种像太空旅行般的非比寻常的感受。阿尼奥对时代的发展非常敏感，当1961年尤里·加加林（Yuri Gagarin）第一次脱离地球引力实现人类进入太空的壮举时，阿尼奥立刻专门设计了一组"太空椅"（图4-49）送给加加林，以表示自己特殊

的礼敬，而现在他用"球椅"展示人类进入外太空的感受，仿佛预示了人类随后在1969年踏上月球。阿尼奥在此抓住了那个时代最动人心弦的精神，使他的"球椅"成为那个太空时代的经典象征，并进而成为随后兴起的波普设计的最重要标志。人们坐入"球椅"中仿佛进入洞穴，里面类似太空舱一样的圆顶空间为使用者提供了一种与外界最大限度的隔离。当阿尼奥在1966年的科隆国际家具博览会上在"球椅"内壁又放置了一部无线挂式电话时，"太空舱"的感觉就更加强烈了。

"球椅"的巨大成功给了阿尼奥极大的鼓舞，在以后的几年中，他的设计灵感一发而不可收，以同样的玻璃钢和类似的构思创造出一大批形象奇特、功能革新的新型家具，其中最著名的是1968年科隆国际家具博览会上再次大出风头并引起全球广泛关注的"香锭椅"（图4-50）。这是一件充满彻底革命性的坐具，出于对有机造型的长久偏爱，阿尼奥再次创造出将传统椅子设计中坐面、腿架和靠背等要素都融为一体的新型坐具，形象地反映出在20世纪60年代欧洲设计革命的

▲ 图 4-49

图 4-49 阿尼奥设计的"太空椅"
图 4-50 阿尼奥设计的"香锭椅"

▲ 图 4-50

高潮时人们崇尚自由浪漫的生活气息。与此同时，"香锭椅"引入大胆的色彩，使之无论用在室内还是室外，都能立刻成为人们目光的焦点。从某些特定意义上讲，这把椅子能给使用者提供特殊的舒适体验，如一位评论家所言："你坐在上面不用站起来便可以任意调整姿势，而且这种家具永远不会损坏你的地毯。"此后，阿尼奥的"泡沫椅""番茄椅"（图4-51）和"方程式椅"（图4-52）等玻璃钢系列家具都延续了他对波普设计的探索，也不断吸引着全世界的关注，使芬兰家具设计的创意形象在全球范围内深入人心。此外，阿尼奥用其他材料创作的大量办公家具和家用器具也广受赞誉。他的家具设计充分体现出国际流行思潮与设计师气质有机结合而形成的独特风格，而阿尼奥的设计早已超出日常使用的范畴，它们时常被选中用作戏剧、影片中的道具。在20世纪80年代，阿尼奥是第一批为电影设计家具的设计师。

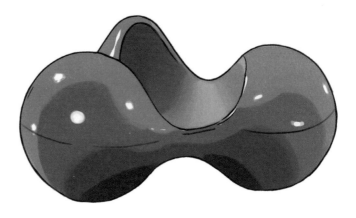

▲ 图 4-51

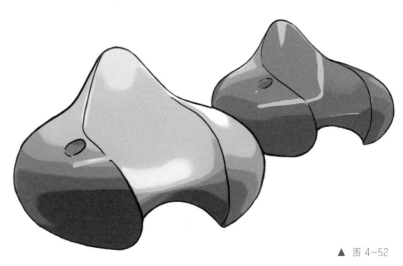

▲ 图 4-52

图 4-51 阿尼奥设计的 "番茄椅"
图 4-52 阿尼奥设计的 "方程式椅"

6. 库卡波罗

千百年来，人们从来没有停止过对"最舒适的座椅"的渴望。到了 20 世纪，这种渴望变得比任何时代都更加迫切。从一代先驱设计大师开始，到经典设计大师，再到第二代和第三代家具设计大师，几乎每一位都曾以不同方式追寻和创造自己心目中的"最适合人体的、最舒适的椅子"，直到 1963 年约里奥·库卡波罗设计出"卡路赛利 418"（图 4-53）这把被公认为"人类历史上最舒适的椅子"，这种渴望的历程才算是告一段落。库卡波罗的设计从人体工程学原理入手，使用当时刚刚问世不久的塑性极强的玻璃钢纤维，并经过反复试验，最终在米兰家具展和科隆国际家具博览会上几乎同时推出，并立刻获得巨大成功，而且很快成为芬兰现代家具设计的标志性产品，被世界各地许多主流博物馆永久收藏，至今依然在生产中。从老沙里宁到阿尔托，芬兰家具从艺术传统转向科学与工业化。从塔佩瓦拉到库卡波罗，芬兰家具又增加了全方位对材料的探索和深度科学方法的内容，从此正式确定芬兰设计学派人文功能主义的内涵。至此，库卡波罗成为芬兰现代家具设计的集大成者，并从 20 世纪 60 年代开始作为芬兰家具的旗手和导师，培养了一代又一代芬兰设计师。

库卡波罗自幼喜爱绘画，并表现出了非凡的天分。他考入赫尔辛基工艺美术学院后，在绘画方面的才能立刻展现了出来。入学第一年，在测绘古家具的课程中，任课教师面对他的测绘图自叹不如，但遗憾

▲ 图 4-53

图 4-53 库卡波罗设计的"卡路赛利 418"

的是，库卡波罗在以后日益繁忙的设计生涯中，对终生喜爱的绘画只能忍痛割爱了。库卡波罗在家具设计方面表现出的早熟也是相当惊人的。在大学时参加的多次设计竞赛中，他不仅囊括了所有一等奖——这使他很早就能依靠得到的奖金周游世界，广泛接触现代设计的前沿动态——而且他的大部分获奖设计都很快投入了生产。在他24岁时，就有近30项设计投入生产，而且市场效果非常好，以至于在大学最后一年进行毕业设计时，负责指导库卡波罗的奥利·波里（Oli Borg）教授一开始就干脆地对他说："你今天就应该毕业，根本没必要做毕业设计了。"对库卡波罗而言，前辈设计师中对他的设计影响最大的是塔佩瓦拉教授。塔佩瓦拉在包豪斯教程基础上加入了自己的许多创新观念，为库卡波罗这一代设计师开设了举足轻重的设计基础原理课。库卡波罗认为塔佩瓦拉的设计原理课是对他以后设计生涯影响最大的三个因素之一，另两个因素分别是传统建筑和家具测绘，以及波里教授对当时刚兴起的人体工程学的介绍。这三个因素的有效结合，终于使库卡波罗发展出一种与所有前代大师都有本质区别的对家具设计的认识，即家具是为人服务的，其设计必须自始至终全面考虑使用者的需求。这并非一种全新的观念，许多前辈设计师都明白这一点，但真正能全身心地从人体工程学入手，并完全从使用者的角度来设计家具的设计师并不多，而库卡波罗是其中最杰出的一位。早在1959年，库卡波罗就开始构思一种"坐上去真正舒适的椅子"，由此开始对"卡路赛利"系列家具的长达五年的探索。有趣的是，他的引起国际轰动的成名作并不属于这个系列，而是1964年初面世的"阿代利亚（Atelijee）椅（沙发）"（图4-54）。当它首次出现在这一年的科隆国际家具博览会上时，就立即大获成功，当时

▲ 图4-54

图4-54 库卡波罗设计的"阿伐利亚椅（沙发）"

就有几个著名家具公司要求制作该椅子。紧接着，这件杰作又被介绍到美国参加各种展览，其中最重要的是纽约现代艺术博物馆举办的现代家具设计展览。正是在这个展览之后，该博物馆决定永久收藏这件作品。受这一殊荣的鼓舞，同时刚发明不久的玻璃纤维塑料已可以在芬兰生产，库卡波罗夜以继日地投入"卡路赛利椅"的设计制作中，终于在 1964 年底完成了这件划时代的设计作品。这件家具在 1964 年圣诞节第二天被放进展示厅之后，立即被 10 分钟后进来的第一位顾客订购。这种热烈场面持续一整天之后，与库卡波罗已合作数年的芬兰著名的海米（Haimi）家具公司决定立即将该设计投入生产。至今，上述两件杰出的作品仍由海米公司的继任者阿旺特（Avarte）公司生产。

库卡波罗的玻璃钢系列家具发展到 20 世纪 70 年代初成为全球最重要、最完整的玻璃钢家具。直到 20 世纪 70 年代中期，全球石油危机终止了人们对合成塑性材料的狂热追捧，库卡波罗决心另辟新路，重新选择主体材料。他设计的家具品类也由家用与休闲家具转为办公家具和公共家具。他很快发展出一种不同于全球大多数设计师的简洁、优雅，并完全以人体工程学为设计基础的现代办公家具风格，使其作品成为欧洲最重要的办公家具。库卡波罗长期担任赫尔辛基艺术设计大学的设计学教授和校长，他的设计理念也因此成为芬兰设计的主流理念。与此同时，他时刻关注世界各地艺术与技术潮流的发展，当后现代艺术设计潮流开始影响全球时，库卡波罗也以一系列"实验家具"相呼应，但明显带有芬兰及北欧人文功能主义的烙印，并广受好评（图 4-55～图 4-57）。

▲ 图 4-55

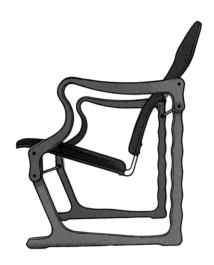

▲ 图 4-56

图 4-55 库卡波罗设计的 Skaala 系列椅
图 4-56 库卡波罗设计的后现代主义实验椅
图 4-57 库卡波罗于 1975 年设计的 Plaano
系列公共椅

▲ 图 4-57

库卡波罗在20世纪70年代至90年代与芬兰平面设计大师塔帕尼·阿尔托玛（Tapani Aartomaa）合作，将家具与图案设计融于一体，设计出多姿多彩的图腾椅系列。库卡波罗对中国古代家具一直非常倾心，他于20世纪末来到中国，在中国多所大学讲学的同时参观了中国各地的博物馆和古代村落，悉心观察和学习中国民间家具的设计智慧，尤其对中国竹制家具情有独钟，并以科学家的精细和洞察力参与中国合成竹材料的研发和应用，至今已完成多项合成竹材料现代家具的设计和生产（图4-58）。

作为一位知名教授，库卡波罗的教学生涯实际上一直持续至今，除了担任过英国三所大学的客座教授，以及时常去瑞典、丹麦、挪威、德国、法国、日本、意大利、西班牙、澳大利亚、美国、中国等国家巡回讲学外，他的主要教学活动是在赫尔辛基艺术设计大学室内与家具系和赫尔辛基理工大学建筑系。1988年，他被芬兰总统授予"艺术教授"这一最高艺术称号。同当今许多设计大师一样，库卡波罗也是多才多艺的。他自己设计的事务所建筑就是一件完美的艺术作品，他的展览设计独具一格，而"梦幻空间"更使他站在现代空间设计的领先地位。此外，在灯具、电话、电冰箱以及平面设计方面，库卡波罗都有不俗的成就。

▲ 图 4-58

图 4-58 库卡波罗设计的图腾椅系列的龙饰椅

第三节
稳健持重的瑞典学派

在北欧四国中，瑞典不仅面积最大（不算丹麦属地格陵兰岛），人口最多，长期以来社会最稳定、经济最发达，而且总体设计水平在全球来讲也非常高。然而，瑞典有两个近邻，即芬兰和丹麦，都是现代建筑和设计中的超级强国，相比之下，瑞典在北欧学派中就显得相对保守和传统。当丹麦和芬兰设计师不断引领北欧和全球的建筑与设计潮流时，瑞典设计师总体而言较稳健而持重。一方面是因为在历史上一度强悍的瑞典王国的皇家设计传统根深蒂固，并很容易自我满足，因此，并不能像芬兰和丹麦设计师那样对设计创意和革新充满冲动。另一方面，瑞典已连续享有数百年的和平，整个社会非常安定，城市与建筑古老而稳定，因此，寻求变革的内在动力无法与芬兰和丹麦相比。然而，瑞典并非没有设计大师，事实上，瑞典在各行各业都拥有非常多的大师级人物，只是他们的成就并不像芬兰和丹麦同行那样富于革命性。此外，瑞典人的性格中有更多低调与沉默的因素，所以人们对瑞典大师的了解并不多。在现代家具设计领域，瑞典没有阿尔托和雅各布森那样的领军人物，

但马松的设计成就也令人肃然起敬，而阿克·艾西尔松（Ake Axelsson, 1932—）的家具在沿用柯林特的设计方法和基础上又注入了时尚生活的元素，体现出瑞典现代家具的经典风格。

1. 马松

布鲁诺·马松的大师之路非同寻常，不可复制，他同里特维德一样出生在一个小城市的木匠世家，他是第五代传人。马松从小就在父亲的家具作坊里当学徒，后来整个一生也都在那里工作，这应该是现代大师中绝无仅有的例子。马松没有受过任何正式教育，但他有极其敏感的学习能力和做任何事情只要有兴趣就一定要做，并且要做到最好的信念。他是20世纪瑞典最重要的家具设计大师和最著名的建筑师之一，但他的建筑设计是完全自学的。因为没有上过学，而且一直在乡下小镇生活，马松不懂外语，但这对于家具设计的掌握影响不大，因为他毕竟在家具世家学习和工作，但要学习建筑和现代设计方面的知识，在自家

工作坊里是无法完成的。马松有最简单的办法：去小镇图书馆借阅书和杂志。除了瑞典刊物外，他无法看懂其他语种的杂志，但他通过读图获取了最基本的知识，并从中发现自己竟然对建筑和家具设计都持有浓厚的兴趣。从各种期刊中，他看到赖特、格罗皮乌斯、密斯、柯布西耶、阿尔托、布劳耶尔等大师的建筑和家具作品。尤其是阿尔托设计的建筑和家具极大地震撼了他，随后他又在 1930 年去斯德哥尔摩看到瑞典建筑大师阿斯普隆主持设计的博览会场馆，终于将通过阅读学到的知识与建筑的现实直接联系起来，从此开启了建筑与家具设计生涯。

马松的家具源自阿尔托的胶合板和第一批胶合板家具，不同类型弯曲胶合板的优良性能让马松非常入迷，于是他很快设计并亲手制作出第一件以编结皮革条为坐面及靠背的弯曲胶合板休闲椅。其坐面与靠背被融合成一条连续的曲线，这是一种虽与阿尔托的胶合板椅神似但实际上并不相同的曲线，可以说是一种前所未有的浪漫造型（图 4-59、图 4-60）。但由于设计太过超前，保守的

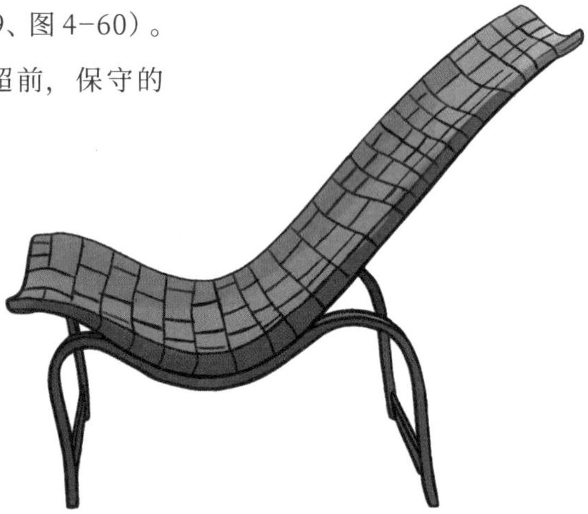

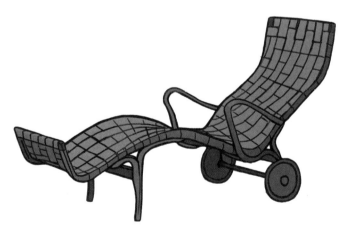

▲ 图 4-59

▲ 图 4-60

图 4-59 马松于 1933—1936 年设计的
36 号休闲椅
图 4-60 马松于 1944 年设计的躺椅

瑞典家具企业没有一家愿意生产这件作品，因此，马松决定在父亲和自己的家具作坊生产，结果大获成功。一方面设计师可以全程准确控制质量，另一方面从作坊直接销售也带来了更大的利益。马松的设计明确宣告了一种有机设计的诞生，虽然早些时候芬兰设计大师阿尔托也推出过一批更为成功和轰动的有机设计，但两人的具体构造手法全然不同，这本身就是一个非常有趣且值得研究的课题。马松的设计最引人注目之处是其简单而优美的结构所形成的一种轻巧感，而材料的选择也构成独特的气质。耐人寻味的是，从马松推出第一件弯曲胶合板椅开始，在以后的半个多世纪里，他都沿着同一个构思演化出多种系列的产品，

如他于20世纪60年代用钢管结构设计的新型"马松椅"（图4-61），同时又与另一位设计师皮特·海因（Piet Hein）一道设计出一件极为优美的介于长方形及椭圆形之间的桌子。它们直到今天仍然充满时代气息。在晚年，这位不愿停歇的设计师开始运用人体工程学设计电脑桌，并成为这方面设计的先驱之一。

马松的椅子造型实际上是随人体形状而来的，这是受到了丹麦设计师柯林特的影响，将家具设计建立在对人体的研究上，这也是他成功的秘诀。二战以后马松更加活跃，其设计品类迅速扩大，在有生之年，马松一直是瑞典最著名的家具设计大师（图4-62）。

▲ 图 4-61

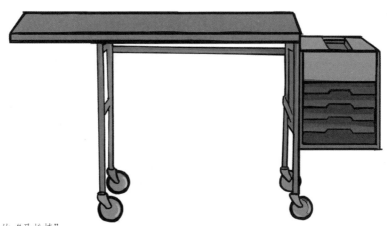

图 4-61 马松于 1966 年设计的"马松椅"
图 4-62 马松设计的桌子

▲ 图 4-62

2. 艾西尔松

阿克·艾西尔松年轻时曾在德国慕尼黑学习木工，两年后回到瑞典并考入皇家艺术设计学院学习室内与家具设计，毕业后曾在三家瑞典著名的建筑师事务所工作。1967年，他成立了自己的建筑与家具设计工作室，但很快他的兴趣就专注在家具设计方面，尤其是在20世纪70年代在母校任教期间，因主讲家具构造，他很快就将全部精力投入了家具设计与制作的事业当中。

艾西尔松的设计方法受到了柯林特设计哲学的极大影响，加上他本人完整学习过家具制作，因此更是对各个时代和各国的家具设计传统抱有浓厚的兴趣。他全面而系统地研究了世界家具史中的经典案例，并亲自绘出每个案例的加工图，然后按照自己对相关节点细节的理解，将它们全部按实际尺度制作出来。在这个手脑并用的过程中，艾西尔松开始对人类家具史中自己感兴趣的家具案例积累起最实际、最具体的理解和体会，并在此基础上开始设计经过自己的理解并满足社会时尚要求的现代家具，如他的埃及座椅系列、希腊座椅系列、罗马座椅系列、中国座椅系列、英国座椅系列以及瑞典乡村座椅系列等。艾西尔松的家具设计探索稳健而踏实，案例看似平实，但每一件都是他的心得体会的体现。艾西尔松的作品很少一鸣惊人，也不追求如何领导设计潮流，而是努力创造出优雅、耐用而又物美价廉的杰作（图4-63～图4-65）。

▲ 图 4-63

▲ 图 4-64

▲ 图 4-65

图 4-63 艾西尔松于 1954 年设计的扶手椅
图 4-64 艾西尔松于 1978 年设计的椅子
图 4-65 艾西尔松于 1993 年设计的椅子

第四节
挪威创新家具大师
奥泊斯威克

彼得·奥泊斯威克（Peter Opsvik, 1939—）是第一位系统学习人体工程学，并完全用人体工程学原理设计家具的现代设计大师。在人类家具的发展史上，人体工程学的萌芽源自古埃及家具，尤其是具有倾斜靠背的古埃及座椅。接下来，人体工程学的系统觉醒和基本运用发生在中国宋代到明代的家具上。中国家具中大量的座椅靠背、坐面和踏脚等构件的细节设计都是对人体工程学原理的应用。还有欧洲文艺复兴到新古典主义这段时期由沙发设计引发的对人体舒适度的关注，形成人体工程学的另一种元素。到了现代主义设计运动的发展时期，模糊意义上的人体工程学才成为绝大多数设计师的自觉，但能真正做到位的设计师并不多，包括一些著名的设计大师的名作实例在内。大部分早期现代家具实例都在大胆、时尚的外观之下隐含着人体工程学方面的缺陷。里特维德的很多设计看似粗犷却深藏有价值的人体工程学原理，布劳耶尔、密斯、柯布西耶的家具虽有明确的人体工程学的思考，但在具体的实施上很难到位。从阿尔托到库卡波罗，芬兰学派的家具大师都对人体

工程学做过系统的探索，并成功用于他们的家具作品中，旨在创造出历史上最舒适的家具。总而言之，设计师对人体工程学的研究从来没有停止过。奥泊斯威克的出现则表明现代设计师对人体工程学的探索和应用已进入一个崭新的阶段。在前辈大师的设计中，人体工程学基本上是作为辅助元素，使设计作品锦上添花。然而，奥泊斯威克一方面将人体工程学置于设计的主导地位，另一方面则在设计发展的过程中分析产品功能的同时，又从人体工程学内容中发现新的线索，将其应用于家具设计的方向。

奥泊斯威克20世纪60年代在挪威奥斯陆和卑尔根的设计学院系统学习人体工程学原理，而后在20世纪70年代去英国和德国学习家具设计和材料工艺，回到挪威后于1972年成立自己的个人设计工作室，以自由设计师的身份开始了对在人体工程学主导下的现代家具的探索，并设计出一系列充满人体工程学元素的创意座椅。其成名作就是1979年推出的"摇动椅凳"（图4-66）。它介于摇椅、座凳和直背椅之间，充分考虑前辈大师都普遍忽视

的座椅设计中对腿足以及腿足与背部关系的设计，让使用者能够通过调节座椅腿足来改变自己不健康的坐姿。而此后，他设计的多种款式的儿童椅也大获成功。他设计的摇摆式躺椅将摇椅和躺椅有机结合在一起，在为人们提供新颖座椅的同时也期待能改变人们长期养成的但自己并不知晓的不良坐姿。与此同时，这种家具也是一种新型办公椅，具体取决于使用者如何调整底盘的角度。奥泊斯威克专门设计的办公椅则从坐面和靠背入手改变了人们对传统办公椅的依赖，并尝试以全新的、更有益于健康的姿势使用办公椅（图4-67）。此外他推出的球形组合休闲椅是对传统休闲家具的一次彻底颠覆，其设计的出发点是让使用者的身体尽可能多地通过与大小软球的接触来放松，同时家具本身的雕塑形象也构成了室内外的独特景观。

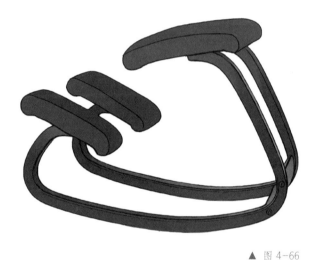

▲ 图 4-66

图 4-66 奥泊斯威克于1979年设计的"摇动椅凳"
图 4-67 奥泊斯威克设计的办公椅

▲ 图 4-67

第五节
举足轻重的战后美国设计学派

美国地处新大陆，数百年来在艺术、设计和建筑领域一直以来吸收着来自欧洲的各种思潮，这在 20 世纪初期的现代设计运动中也不例外。然而，经过近半个世纪对欧洲现代设计的亦步亦趋之后，美国在二战后终于真正站在了现代设计的前沿，以一大批充满独创性的设计大师的丰硕成果，对现代设计运动做出了实质性的贡献。

一般而言，一种全新的设计风尚要在一片陌生的土地上被普遍接受，是需要时间来培植相应的文化氛围的。美国建国初期的设计风尚多由欧洲各国引入，因此沿袭了欧洲传统的设计风格。当 20 世纪初欧洲最新的"国际式"现代设计思潮传入美国时，在民众当中并无热烈反应，而紧随其后的北欧学派设计风尚却很快受到美国民众的喜爱。这可能是因为老沙里宁在 20 世纪 20 年代移居美国时已带去了北欧学派的设计理念，并深受欢迎，但更重要的还是北欧学派富于生活气息的设计手法，更能契合美国民众的生活理念。但"国际式"和北欧学派在美国的影响并非泾渭分明，而是此消彼长，共同发展，毕竟在这片幅员辽阔的土地上，多元化始终是一种必需。随着 20 世纪 30 年代末包豪斯的几乎全部精英——如格罗皮乌斯、布劳耶尔、密斯、莫霍利-纳吉、阿尔伯斯、布劳耶尔等移居美国，现代主义在美国日渐强势，但老沙里宁以匡溪艺术设计学院为基地的北欧学派始终底气十足。与此同时，赖特也非常希望自己的建筑学院能有更大的影响力，于是一种新型的理性主义开始在美国出现，这是一种在功能主义基础上讲述秩序感和简洁性的思潮。正是在这种充满思维活力的大环境中，美国本土的设计大师开始脱颖而出，他们不走极端，而是博采众长，尤其是最大限度地利用美国战后优越的经济环境和蓬勃发展的高科技所带来的新材料和新技术，结合已有的设计手法和技术手段，将当时流行的风格进行再创造。

伊姆斯和小沙里宁无疑是美国战后设计学派的领袖人物，他们在战前和战后对材料的探索为现代家具的构造增添了新成员，即双曲线三维构件。这一类质量轻、经久耐用，又有雕塑意味的形式可以由多种不同材料制作，如各种胶合板、金属、塑料及合成网线材料等。除伊姆斯和小沙里宁之外，最著名的美国设计大师是雕塑家出身的伯托埃和设计经营全才乔治·尼尔森（George Nelson, 1908—1986），他们大胆挑战传统的家具设计理念，尤其在形式上的创新对后世启发很大。更耐人寻味的是，上述四位设计大师中，有三位都是老沙里宁的学生和助手，北欧学派的巨大影响力由此可见。然而令人叹息的是，当欧洲在20世纪六七十年代大师辈出的时候，美国设计领域很难再看到新一代大师的涌现，伊姆斯和小沙里宁的设计始终是美国甚至全球范围内的常青树产品。包豪斯大师到美国后全部专注于建筑设计和教学，因此在美国，新一代设计大师趋于凋零也就不可避免。尽管如此，著名建筑师弗兰克·盖里（Frank Gehry, 1929—）和瓦伦·帕拉特奈尔（Warren Platner, 1919—2006）依然以家具设计为副业，创造出一批别具一格的经典家具。后现代建筑大师罗伯特·文丘里（Robert Venturi, 1925—2018）的建筑作品虽时常遭人诟病，但其家具设计成为他的后现代理论影响力的标签。此外，来自意大利的盖塔诺·派西（Gaetano Pesce, 1939—）则将后现代设计理论发挥到极致，也为功能主义基调下的美国家具设计带来了某种梦幻与浪漫的色彩。

1. 伊姆斯

查尔斯·伊姆斯被誉为20世纪后半叶对全球影响最大的设计大师。他的与众不同表现在他无门无派，绝不把自己局限于任何一种思潮和技术派别中，对自己的大量设计也从来不贴任何标签。他的设计都是从实际出发，重点考虑人的需求。他对研究材料的兴趣极大，并深入研究了各种材料的构造细节。伊姆斯的家具设计范围极广，似乎缺乏风格上的连贯性，伊姆斯只强调单件作品的统一性和实用性，由此产生独特的设计态度，被称之为伊姆斯美学。伊姆斯的每件家具都经久适用，并能用于居住空间、办公室空间和商业空间等多种场合。建筑师出身的伊姆斯极为勤奋，擅长以专家的眼光和手法解决难题，在建筑及室内设计、家具与工业设计、电影、平面设计、摄影、展览设计以及艺术教育等领域都取得了重大成就。

伊姆斯生于圣路易斯，父亲是一位业余艺术家和摄影师，这使伊姆斯很早就接触了摄影艺术，由此开始自学艺术的基本原理。高中时，他以优异的成绩获得一笔奖学金，进入华盛顿大学建筑系学习，然而当时的华盛顿大学仍是古典学院派的天下，而伊姆斯却被当时在美国并不被普遍看好的赖特的设计吸引，所以两年后他离开这所大学，进入一家建筑事务所工作了三年多，直到1929年他攒够了去欧洲旅行的钱。当时，欧洲的现代设计运动方兴未艾，伊姆斯得以看到第一代现代设计大师的许多作品。这种巨大的鼓舞使他回国后便开设了自己的设计事务所。当时是1930年，正是美国经济大萧条时期，建筑设计委托很少，伊姆斯只好扩大业务范围，如旧房改建、灯具设计、地毯设计、彩绘玻璃设计以及陶瓷设计。

伊姆斯的才华引起了老沙里宁的注意。老沙里宁在1936年专门给伊姆斯奖学金，让他来匡溪艺术设计学院学习，由此伊姆斯结识了早已聚集在老沙里宁身边的一批未来美国设计界的巨星，如小沙里宁、诺尔、伯托埃，还有他未来的妻子雷·伊姆斯（Ray Eames，1912—1988）等，从此与小沙里宁和雷开始了终生的合作。1940年，伊姆斯和小沙里宁参加纽约现代艺术博物馆组织的家具设计竞赛，该竞赛的首席评委是阿尔托，结果伊姆斯与小沙里宁的合作方案获得了第一名。获奖的是一件胶合板椅作品，其独创之处不仅在于其复杂的双曲线三维造型构件，更在于一种前无古人的橡胶连接件，用以有效连接胶合板与金属构件（图4-68）。这两个创新对以后的家具设计影响非常大，很快成为全球范围内家具设计普遍采用的手法。

图4-68 伊姆斯设计的胶合板腿式 DCW 椅

▲ 图4-68

从此，伊姆斯在家具设计方面的创意一发不可收拾，在小沙里宁专注于建筑设计之后，他与妻子雷的合作持续终生。1949 年问世的"壳椅"引入刚发明不久的玻璃纤维塑料作为主体材料。伊姆斯在雅各布森之前率先设计出单件坐具与腿足简单结合的模式，对全球家具设计的影响同样巨大，而该材料在色彩上的无限选择又为其增添了无穷活力。这种"壳椅"的原型是伊姆斯在 1948 年纽约现代艺术博物馆主办的"低造价家具设计竞赛"中赢得二等奖的设计，但当时玻璃纤维塑料尚未问世，他的构思是用金属废皮敲制而成的椅子。后来新材料的诞生使他充满新意的设计长出了翅膀。1949 年底，他首先以新材料制成扶手椅，而后又制成了多功能椅（图 4-69）。

伊姆斯的躺椅和脚凳是他的另一件惊世之作（图 4-70），它们完全是为舒适而设计的完美表现，是现代技术与传统休闲方式的结合。其模制的胶合板底板与上部皮革垫的组合方式也非常有创意。后来，设计师在此基础上将面料技术发展得更加完善。伊姆斯躺椅自 1956 年设计到现在，在生产中几乎保留了所有主要构件，证明了其设计的持久生命力。此后，他的铝合金家具系列、软包家具系列和橱柜系列等都在市场上获得了巨大的成功，成为全球范围内家具设计的样板（图 4-71、图 4-72）。

▲ 图 4-69

▲ 图 4-70

图 4-69 伊姆斯于 1949 年设计的壳椅系列——"RAR 多功能椅"
图 4-70 伊姆斯设计的躺椅和脚凳

伊姆斯认为他的成功是社会的产物，也是前辈大师影响的结果，如阿尔托的胶合板家具，布劳耶尔、密斯、柯布西耶等经典大师的创意启发等。除家具设计外，伊姆斯还是美国最重要的住宅建筑师之一，而他对电影和摄影艺术的贡献也早为世人所瞩目。此外，他也是 20 世纪最重要的展览设计师之一。伊姆斯一生都保持着热情、勤奋的工作态度。工作是他最大的爱好，对于一生中诸多的设计发明，他从未申请过专利，因为他从不考虑竞争。然而伊姆斯的巨大设计成果早已赢得举世公认，他被称为 20世纪现代设计的卓越创造者。

▲ 图 4-71

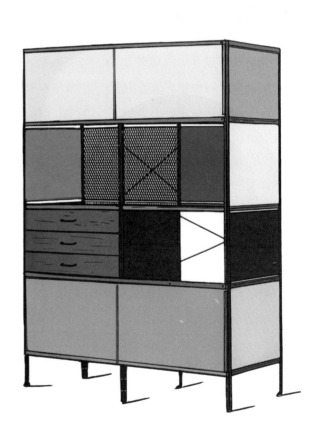

图 4-71 伊姆斯于 1951 年设计的 DKR 系列餐椅
图 4-72 伊姆斯的 ESU 模块化储物家具

▲ 图 4-72

2. 小沙里宁

艾洛·沙里宁又称小沙里宁，是20世纪最重要的建筑大师之一，同时也是最有影响力的家具设计大师之一。在他之前的第一代大师，如密斯、柯布西耶和阿尔托等都将注意力放在设计理念和材料革新方面，而小沙里宁则决心给20世纪的家具一个新的定义：有机雕塑式的设计语言。这种语言随即成为20世纪60年代新生代家具设计的主流语言。生于芬兰设计世家的小沙里宁命中注定要成为20世纪首屈一指的设计大师，父亲老沙里宁自不必说，母亲洛雅也是著名的雕塑家、纺织品设计师和摄影家。家里的客人，除芬兰当时的各界名流之外，还有设计界的国际大师，如格罗皮乌斯、赖特、阿尔托等人。所以，他能成长为美国最著名的建筑师和设计大师，这并不令人感到意外。

老沙里宁强烈的进取心使他赢得了事业上的巨大成功，这种心态也影响了小沙里宁，小沙里宁12岁就曾获得当时瑞典火柴设计国际竞赛的第一名。第二年，老沙里宁获美国芝加哥塔国际竞赛第二名，赢得了巨额奖金，全家由此移居美国。老沙里宁同样在美国建造了充满艺术氛围的住宅，不久又受托创办匡溪艺术设计学院并任院长，由此接到了大型建筑设计项目，即全校40座建筑的规划设计。小沙里宁在此完成了他的第一件家具设计，即造型大胆、充满雕塑感的木椅。也许受母亲影响，小沙里宁自幼便有雕塑天分，这种天分在他快成年时体现得越发明显，他于1929年去巴黎艺术学院学习雕塑，一年后又回到美国加入父亲的设计事业中。但终其一生，无论建筑设计还是家具设计，小沙里宁都表现出热爱雕塑的倾向。

回到美国，小沙里宁在纽约一家建筑事务所工作一个多月后，进入耶鲁大学建筑系学习。优秀的学业使他于1934年毕业时获得两年的旅欧奖学金。第一年，他参观了各国古典建筑及现代设计大师的新作，第二年，在芬兰雅尔艾克龙德(Jarl Eklund)建筑事务所工作。他于1936年回到美国后正式加入父亲的事务所，并在匡溪艺术设计学院任教。如前所述，在此期间，小沙里宁与许多一流的美国设计精英共事，其中最重要的就是伊姆斯。当老沙里宁于1950年去世时，小沙里宁接掌事务所，并引导它向新的方向发展。这种新发展始于两年前的一次美国重要的设计竞赛，即圣路易斯的西部拓展纪念碑。当时父子二人各以完全不同的设计方案参赛，结果小沙里宁获首奖。小沙里宁事务所在1950年以后迅速扩展，成为美国最重要的事务所之一。

令全世界叹息的是，这位 20 世纪的设计超人于 1961 年因一次不成功的脑科手术而过早地结束了他叱咤风云的一生。

小沙里宁的家具设计使他成为 20 世纪最有创意的大师之一。除了对功能的关注之外，小沙里宁对家具的整体视觉美尤其重视，并以一种理想主义的态度全力追求。不论建筑还是家具，小沙里宁都在追求着同一个目标，即功能完善的最优美的雕塑艺术品，同时强调使用者的尺度和舒适性，从而使他的家具在使用时也能传达一种整体的美感。与伊姆斯的合作是小沙里宁在家具设计方面第一阶段的工作，虽然他很快投身到忙碌的建筑设计事业中，但他对创造心目中最理想的家具的梦想却从来没有停止过。1946 年，他创造的"子宫椅"不仅被称为第一件真正的有机设计，而且被公认是那个时代最舒适的椅子，其构思首先源自他对人体舒适感的综合分析，同时关注身心舒适与现代美感之间的完美融合。长期以来，欧美民众对舒适的联想一般都是维多利亚时代那种传统而沉重的用棉垫堆砌而成的躺椅沙发，对人体身心的综合舒适感深有研究的小沙里宁决心为这类传统沙发创造一种现代替代品。同时，他当时的建筑也正在开创一种前所未有的雕塑性有机空间，因此非常需要能与这类新型塑性空间协调配合的家具。"子宫椅"正是这样一件产品，由小沙里宁亲自选定的产品名称也反映了设计师对现代坐具舒适性的发自内心的追求。"子宫椅"很快又发展成完整的系列，沙发和脚凳等都大获成功，成为现代家具的经典系列，至今依然在生产中（图 4-73）。

图 4-73 艾洛·沙里宁设计的带脚凳的"子宫椅"

▲ 图 4-73

小沙里宁认为"子宫椅"对于他的理想而言只是一种过渡，于是于 1957 年终于设计制作出"柱脚椅"系列，圆了他的家具设计视觉整体美的梦，并开创了 20 世纪家具设计的一个崭新领域。其最初构思除了对设计形式整体的有机追求之外，更重要的是为现代建筑的室内减少繁杂的家具腿足，这是小沙里宁毕生都在追求，并获得最重要成就的一种家具形式。这组"柱脚椅"系列实际包括一把扶手椅、一把靠背椅、两个圆凳及一系列桌子。这个系列的椅子由三部分组成：铝合金底座、一次成型的玻璃纤维塑料的上部主体坐面以及带面料的泡沫坐垫（图 4-74）。这个系列的家具设计获得了空前成功，但小沙里宁对于不能用一种材料完成全部构件并不满意，直到去世前不久，他都在努力探求能彻底完成他的完善构思的新材料（图 4-75）。要全面理解小沙里宁这套"柱脚椅"系列家具的成功和对现代家具设计的影响，只要看看遍及全球的成千上万的仿制品或改制品就可以了，然而没有一件能比得上原作。

▲ 图 4-74

▲ 图 4-75

图 4-74 艾洛·沙里宁设计的"柱脚椅"
图 4-75 艾洛·沙里宁设计的带脚凳的"蚱蜢椅"

3. 伯托埃

在整个 20 世纪设计史中，也有艺术家转型为设计师并取得巨大商业成功的例子，哈里·伯托埃是最著名的一个。作为美国 20 世纪最重要的雕塑家之一，伯托埃实际上出生于意大利，15 岁时才随全家移居美国。他对于手工技艺和多种艺术门类都很感兴趣，先后在底特律高等技术学院和工艺美术学院学习，直到 1937 年考入老沙里宁任校长的匡溪艺术设计学院，并在毕业后留校任教。在匡溪艺术设计学院期间，他重新开设了他的金属工作室，同时担任金属工艺系的系主任。这段时间对伯托埃来说是个广收并取的时期，他得以结识伊姆斯和小沙里宁等一批美国设计界的"最强大脑"。在不断激发自己艺术创意的同时，他的兴趣时常被引入与实际功能密切相关的家具、灯具和室内设计等领域，因此在他长期进行金属雕塑和平面设计创作的同时，也时常参与材料的研发和家具项目的部分技术环节，尤其是 1943 年他应邀加入当时伊姆斯夫妇工作的艾文斯产品设计公司（Evans Products Company），参与发展模压胶合板技术，二战之后又加入伊姆斯自己创办的胶合板产品公司，最后与当时美国最大的家具公司诺尔集团建立了长期的合作关系。

二战之后，伯托埃的新工作室仍然以雕塑为主业，但已明确加入设计方面的内容，不断为诺尔集团设计家具，并于 1951 年完成充满创意的"钢丝椅"系列，在市场上立刻获得了巨大成功（图 4-76、图 4-77）。这是典型的由金属雕塑家创作的家具，与其金属雕塑使用了完全相同的材料和技术工艺。这种家具虽然很大程度上需要手工制作，但其强烈的形式感和舒适的结构依然使它获得了

▲ 图 4-76

▲ 图 4-77

图 4-76 伯托埃设计的"钢丝椅"系列 1
图 4-77 伯托埃设计的"钢丝椅"系列 2

大众的喜爱。此后，伯托埃又设计出多种以钢条、钢网为主体材料的家具系列，它们不仅都能在不同程度上满足市场需求，而且为伊姆斯等设计师带来了设计灵感（图4-78、图4-79）。巨大的商业成功带给他足够的设计费，使他得以全身心地投入雕塑创作的生涯中。他最具特色的作品是自由悬挂的金属雕塑，其中有些可随声或随风而产生相应的回应。此外，伯托埃还为许多城市中心做过公共雕塑，其作品多次获得各种知名的奖项，如1954年的纽约建筑学会奖，1973年的美国建筑师协会奖，1975年的美国文学协会奖等。在20世纪现代家具设计领域，伯托埃从一个雕塑家的角度进行了独特的探索并获得成功。作为职业雕塑家，伯托埃的家具设计产品不仅完美地满足了功能上的需求，也同他的纯雕塑作品一样，是对现代空间和形式语言的一种另类的探索。

▲ 图 4-78

图 4-78 伯托埃于 1950—1952 年设计
的 Diamond 椅
图 4-79 伯托埃于 1950—1952 年设计
的 Bird 家具系列之一

▲ 图 4-79

4. 尼尔森

乔治·尼尔森的设计生涯和在美国 20 世纪现代设计中的地位类似意大利的吉奥·庞蒂,两人都是多领域跨界设计的建筑师,都主编设计杂志,并撰写了大量文章,推动了现代设计的发展,且都曾在多所大学任教,并致力于设计企业的专业建设和发展。

尼尔森 1931 年毕业于耶鲁大学建筑系后获罗马奖学金,于 1932—1934 年去意大利考察学习了两年。1935 年,他成为《建筑形式》杂志的副主编,同时又为当时一本主要杂志《铅笔尖》撰写了大量文章,介绍当时著名的建筑师,为现代建筑的发展推波助澜。从 1936 年到 1941 年,尼尔森与好友在纽约成立了合伙人建筑事务所,而后又任教于耶鲁大学建筑系,此间发展出一系列建筑设计和城市规划的新观念,包括最早的绿色设计的概念。从 1941 年到 1944 年,他任教于纽约哥伦比亚大学建筑系,1946 年又担任纽约帕松斯(Parsons)设计学校室内设计系的顾问,同年他受聘接替吉尔伯特·罗德,担任赫曼米勒(Herman Miller)公司的设计部主任,至此才开始全力转向家具设计和家具企业的运作管理。在米勒公司任职期间,他成功邀请了许多一流的家具设计师加盟米勒公司,如查尔斯·伊姆斯、亚历山大·吉拉德(Alexander Girard)等,使米勒公司成为世界上最有影响力的家具制作公司之一。与此同时,尼尔森开始发展自己的设计体系。1947 年,他在纽约成立自己的设计事务所,以设计家具为主,同时也设计灯具、钟表、塑料制品等工业产品,并以米勒公司为主要生产基地。1957 年以后,他开始关注建筑中的环境设计,他是最早研究建筑生态学的建筑师之一。作为著名的设计评论家,尼尔森的设计思想富有远见卓识,影响非常大(图 4-80)。

图 4-80 尼尔森设计的"Home Desk"

▲ 图 4-80

尼尔森在家具设计中最具创意的应该是他对模数制储藏类家具系统和模数制办公家具体系的研究和设计。这两个系统都在全球范围内产生了积极的影响，但他更引人注目的产品是一批创意超前的座椅和沙发，如1955年的"椰壳椅"（图4-81），其灵感来自椰子壳的局部表皮，构思巧妙，形象新颖，但由于"椰子壳"为金属材料，其分量并不轻。1956年推出的"向日葵沙发"（图4-82）则更加震惊设计界和大众。该沙发主体被分解为十几个小圆盘，并以不同颜色的面料强调其效果，大胆的色彩和明确的几何形式都预示着20世纪60年代波普艺术和波普设计的到来。尼尔森对模数的钟爱也扩展到了沙发设计中，其简洁的造型和自由组合的构思多年来一直引导着全球的家具市场，而20世纪60年代尼尔森设计的家用椅、酒吧椅等都曾引起广泛的关注（图4-83）。

▲ 图 4-81

▲ 图 4-82

▲ 图 4-83

图4-81 尼尔森于1955年设计的"椰壳椅"
图4-82 尼尔森于1956年设计的"向日葵沙发"
图4-83 尼尔森设计的"Swaged Leg椅"

5. 帕拉特奈尔

瓦伦·帕拉特奈尔的一生都以建筑设计为主业，其间穿插一些家具设计，但让他青史留名的正是他的家具。帕拉特奈尔1940年毕业于康奈尔大学建筑系，毕业后在不同的建筑事务所工作。1945—1950年在美国著名工业设计大师雷蒙德·洛威（Raymond Loewy）设计事务所工作并由此培养了他对家具设计的兴趣和能力。随后他进入贝聿铭建筑事务所工作，最后进入著名的小沙里宁建筑事务所，在建筑设计和家具设计方面都受到了小沙里宁的巨大影响。1965年，帕拉特奈尔成立了自己的建筑事务所，但也从事家具设计。

帕拉特奈尔最著名的家具设计作品是1966年为诺尔家具公司设计的一套钢丝家具，该系列最成功的是编号1705和1709的椅凳组合。这套奇妙而优雅的休闲家具主体构造全部由电焊钢丝组合而成，但并非工业化生产的产品，而是贵族化的艺术品。其复杂的设计需要1400个彼此分开的焊头，而且需要用几年时间才能完成。如同伯托埃的钢丝一样，帕拉特奈尔的钢丝椅系列也是将基本功能与雕塑手法结合起来的成果，虽然不是批量生产的大众用品，但都是家具设计中的珍品。作为功能主义建筑师，帕拉特奈尔刻意追求一种从结构中产生的独有的装饰效果，而不是古典家具那样的纯装饰。他认为，只有这种理性的思考才能让人们坦然接受它的存在，而且你无法再去改进它（图4-84）。

图 4-84 帕拉特奈尔于1962年设计的休闲椅

▲ 图 4-84

6. 文丘里

罗伯特·文丘里作为后现代建筑的旗手和首席理论家，已成为20世纪最重要的建筑师之一。他早年在普林斯顿大学攻读建筑和艺术专业，毕业后获罗马奖学金去意大利考察学习两年。回到美国后，他先后进入小沙里宁和路易斯·康的建筑事务所工作，随后又成立了自己的建筑事务所，但他有大量时间在宾夕法尼亚大学和耶鲁大学从事教学研究，结果就是写出了两部后现代建筑运动的理论奠基之作，即《建筑的复杂性与矛盾性》和《向拉斯维加斯学习》。文丘里自己的建筑作品力图用解构的历史元素打破现代主义"国际式"的单调，但后期也逐渐转向功能主义的理念，而他的家具设计和其他工业产品设计则更典型地代表了后现代主义设计的基本理念（图4-85）。

文丘里最著名的家具设计作品是1978—1984年与诺尔家具企业合作的"后现代座椅"系列，这套家具的结构基础受到伊姆斯的胶合板座椅的影响，但更加简化。他将伊姆斯家具构件中的双曲线弯曲简化为单曲线弯曲，因为文丘里设计的焦点并非在结构上有所突破，而是在装饰方式和装饰主题上做文章。正如他在建筑上的后现代思想，认为在建筑结构上的创新已到极限，大批建筑师应该从丰富的建筑历史中发现有意义的设计出发点，从而引发建筑中的后现代主义和结构主义等先锋流派。

在家具设计中，文丘里也希望从家具史中挑选出他最感兴趣的历史上最流行的风格进行简化，然后将其融入设计。因此，当他将座椅的基本结构确定并完善后，文丘里再次利用胶合板易于切割、加工的特性，将自己选择的历史家具形式，如埃及式、罗马式、帝国式、齐本德尔式等简化图案刻入座椅背板，然后由机器切割成设计好的历史图案。此后，他在设计坐垫时，同样从历史上的装饰风格中选取相应的图案印入选定的软包织品上，以此完成该系列座椅最终的后现代设计形象。

图 4-85 文丘里设计的椅子

▲ 图 4-85

7. 盖里

弗兰克·盖里是当代最著名的建筑大师之一，早年积极参加后现代建筑和解构主义建筑运动，并在20世纪后期形成了高度个性化和雕塑化的建筑风格。与此同时，他坚持阶段性的家具设计，并获得了相当大的成功。他的家具，一方面造型与他的建筑风格一致，另一方面在设计理念上也更多考虑生态材料和可持续设计的理念。盖里于1962年成立了自己的建筑事务所，1970年开始设计第一批家具，并在以后每隔十年左右就设计一套家具。

生于加拿大多伦多的盖里早年进入南加州大学建筑系学习，1954年毕业后又去哈佛大学设计研究院进修了一年，而后开始作为建筑师和规划师在洛杉矶、亚特兰大、波士顿和巴黎等地做了很多建筑项目，并于1962年在洛杉矶建立了盖里建筑事务所。盖里的第一套家具名为"Easy Edges"（图4-86），全部由层压板制成，包括休闲椅凳和茶几，其构造中不需任何结构元素，完全由材料实体堆砌而成，这种手法以后又出现在盖里的家具作品中。这套以可回收廉价生态材料制作的家具是盖里展示自己

设计理念的一种方式，获得了市场的热烈回应。随后的两年中，盖里幸运地接到或通过竞赛赢得了许多令世界瞩目的重要建筑设计项目，并大都在设计和实施中淋漓尽致地发挥了他的杰出设计才华，尤其是使用大量的工业材料和解构手法，使他成为举足轻重的解构主义建筑大师。这样，经过了近十年的建筑设计后，盖里又要设计家具了。

图 4-86 盖里于 1972 年设计的 "Easy Edges" 家具之一

▲ 图 4-86

20 世纪 80 年代初，盖里重返家具设计舞台，又用热压的废弃木屑板设计了一组名为 "Experiment Edges" 的家具（图 4-87），以构件整体弯曲的方式解决结构支撑问题，但他并不希望它们被工业化生产。正如其名称，"Experiment Edges"（实验边缘）只是作为一种艺术家具来表述盖里的实验观念，同时也为现代家具尤其是后现代家具添砖加瓦，其构思对其他设计师有很大影响。又过了十年，进入 20 世纪 90 年代，盖里专门为诺尔家具公司设计了 "Powerplay" 系列座椅和坐凳（图 4-88）。该设计需要精心检测所用材料的强度。它们完全由弯曲的超薄型胶合板条编织而成，在结构上直接从民间日用编篮上获得设计灵感。这样的编织并不需要任何其他形式的结构支承构件，因为所用胶合板条的编制模式已有足够的构造强度，同时它们还具有一定的弹性，能让使用者感受到一种额外的舒适感。这套作品最终奠定了盖里作为 20 世纪著名家具设计师的地位。

8. 派西

盖塔诺·派西生于意大利，曾在威尼斯大学建筑系和工业设计系学习。在校期间他就已加入欧洲轰轰烈烈的设计革命运动，专注于创意家具和前卫室内设计，逐步成为后现代设计和"表演型设计"的代表人物。20 世纪 80 年代，他移居美国后立刻成为美国时尚设计的领军人物，除参与大量设计实践之外也兼及教学，在整个职业生涯中始终如一地以其高度创新的反传统设计作品来对抗现代

▲ 图 4-87

图 4-87 盖里设计的 "Experiment Edges" 家具之一
图 4-88 盖里设计的 "Powerplay" 家具之一

▲ 图 4-88

设计运动的标准化和统一设计的观念。对派西来说，建筑与家具设计都是应该容纳个性的多功能活动，它应该容许设计师不受限制地自由表达自己的观念。

派西在家具设计上始终保持高昂的创新心态，这从他的成名作中就可以清楚地看出来。这是被命名为 Up 系列的休闲坐具系统（图 4-89），其轰动之处不仅在于该系列家具使用了当时最新研制的具有尿素纤维泡沫而形成了极其自由的塑性造型，而且在于这套家具的生产方式——成品经压缩后真空装入 PVC 包装盒中，消费者买回去打开包装时，它们会猛然膨胀开来，犹如突然闯入使用者的生活当中。派西称这种家具为"转换家具"，而购买椅子的行为也成为一种具有独特趣味的行为艺术。1972 年，在纽约现代艺术博物馆举办的"意大利：新家居景观"的展览会上，派西再次以出人意料的设计引起轰动：他用一组影射现代放射性污染的"考古资料"设计了一组装置，作为充满生态环保意识的"拼装家具"。

1973 年，他正式形成了一种现代设计观念，认为建筑和设计应成为"现实的代表"和"时代的文献"。他对表现形式的探索引导他在以后的许多项目中尝试他的"表演型设计"，其最著名的例子是他于 1972—1973 年设计的"Golgotha Suite 系列"。派西在这个非常惊人又充满吸引力的奇特设计中，用棺材式的桌子和寿衣式的椅子（图 4-90）第一次尝试他的"表演型设计"。这种新观念在他 1975 年为 Cassina 公司设计的"Sit Down 系列"坐具中又一次被成功运用。这个系列中的每一个单体设计都很类似，但因制作过程中使用材料的变化和手工制作部分的微小差异又形成了各自的特点。

▲ 图 4-89

▲ 图 4-90

图 4-89 派西于 1969 年设计的 Up 系列家具之一
图 4-90 派西于 1972 年设计的"Golgotha 椅"

派西到美国之后，开始以更大的热情研究新材料和新技术，这在他的设计中完全体现出来。如 1980 年的"Dalila 椅"就是用一次性压模聚乙尿素纤维泡沫制成的，其柔软的造型是对女性身体的一种暗示。同一年，其"纽约景观"家具系列以家具形象表达城市景观的缩影，成为美国后现代主义设计的代表作之一（图 4-91）。1983 年的"Pratt 椅系列"是他继续研究并测试一次成型热压模方式下的聚乙尿素纤维泡沫的结果。他将以单一合成材料制作一件家具的理念发挥到几乎随心所欲的程度，因为这

种定型泡沫在温度变化中所形成的结构强度足以达到普通家具材料的标准。这集中体现了派西对艺术创意与生产制作过程之间关系的关注程度。1987 年，派西推出的"Felri 椅系列"（图 4-92）是他对新材料的进一步发展和运用，在此他使用用树脂浸泡过的材料作支承，从而产生另一种面貌的"自承式家具构造"。派西的设计思想也同样体现在他的灯具设计中，在他 1987 年的"机场灯"设计中，他用随意着色的尿素纤维作构造材料，从而使这种灯具在制作过程中可以产生无穷尽的变化形态。

20 世纪 90 年代，派西的设计主题在延续以往构思的同时为现代设计增添了更多的幽默感。这段时间，派西创作力仍非常旺盛，频频推出令人惊喜的新设计。他在 1992—1995 年设计制作的"雨伞系列"折叠椅是其中最重要的一个例子。因折叠家具对强度要求极高，所以结构材料仍用金属，其他部分用聚乙尿素纤维制成。"雨伞系列"简洁轻便，深受市场欢迎，这种由拐杖构思入手，形成一种便携椅本身就非常吸引人。此外，1993 年推出的"百老汇系列椅"是派西的最新设计之一，由于使用透明的环氧树脂作为坐面及靠背材料，整个设计给人以极为轻巧的感觉，同时足端的弹簧配置使这种新型椅同时带有沙发和摇椅的功用。

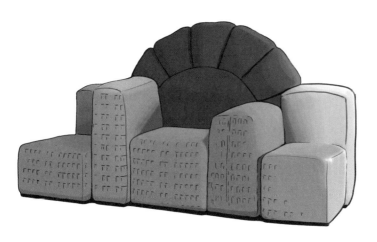

▲ 图 4-91

图 4-91 派西于 1980 年设计的"纽约景观"家具系列

图 4-92 派西于 1987 年设计的"Felri椅系列"家具之一

▲ 图 4-92

第六节
创意无限的意大利学派

意大利现代设计学派崛起于二战之后，到了20世纪60年代欧洲设计革命的时代则进入其锋芒毕露并影响全球的全盛时期，这是由以下六个方面的因素综合影响造成的。第一，意大利作为欧洲最古老的国家之一，拥有极其悠久的设计传统，一旦遇到适当的体制和机遇加以引导，无尽的设计创意就会自然迸发。第二，意大利在二战期间虽为战败国，但在城市建筑方面的损失并不严重，战后未像英、法、德和俄国那样忙于大规模重建家园，给建筑师提供大量机会。因此，大批优秀的意大利建筑师此时将注意力转向了室内装修、家具设计和工业设计领域，由此形成了庞大的设计师队伍。第三，二战前意大利的科技就很发达，二战后科技发展亦很迅猛，尤其在木工、机械、各种新材料研发方面都处于领先地位，从而使得意大利设计师有足够的技术手段和材料选择来实践他们各种"前卫"的设计理念和充满奇思妙想的设计手法。第四，尽管意大利有许多国际化大企业主宰国家经济和主体的命脉，但大量小企业和传统手工作坊始终是意大利工业的特色，于是意大利设计师最初的

创意无限的设计构思大都在成千上万的小企业那里获得了合作机会，从而最有效地实现其设计构想，待想法成熟时再由大企业以工业化方式推向生产线，这样就为意大利设计师提供了几乎无止境的创意展示场所。第五，意大利设计师大都同时从事多种相关职业，并能时常转换设计门类。如很多设计师都是建筑师出身，因此其中大多数人都会在人生的不同阶段有侧重地从事城市规划、建筑设计、环境保护、古建筑改建与重建、室内设计、展览设计、家具设计、工业设计、平面设计、戏剧舞台设计以及影视传媒设计等跨度很大的工作。这种常态化的多行业跨学科的穿插交流对设计师创意思路的开拓和对材料与媒介的了解与掌握都有极大意义。第六，意大利设计师普遍对教学、研究，尤其对学术交流和学术杂志抱有超乎寻常的热情和重视，其结果显而易见。全世界最具影响力的设计类杂志大都来自意大利，无论从专业水准还是从大众接受度的角度来看，意大利的设计类杂志都是全球最成功的。除了前文已介绍的由庞蒂开创并主编多年的 *Domus* 杂志外，影响世界的设计类杂

志还有*ABITARE*(建筑、室内、家具、工业设计)、*Casabella*(建筑、景观、家居、工业设计)、*INTERNI*(建筑、室内、家具、灯具、工业设计)、*Ottagono*(现代设计与设计师)和*Plan*(建筑细部与室内)等。它们之所以能长期称雄世界,最主要的原因固然是意大利设计师整体的设计意识和艰辛的努力,但还有一个独特的原因,那就是意大利设计界对创意想法的超常规的重视,以至于奇妙的设计构思也被看作一种产品,哪怕这种构思最后并不能转化为走向社会的产品。意大利设计界创意无限的局面由此形成。

与庞蒂同时代的卡洛·默里诺(Carlo Mollino, 1905—1973)是现代建筑史和设计史上一位充满谜团的传奇大师,他与庞蒂共同担当意大利设计学派的旗手和先锋,但默里诺

更以其在建筑、家具和工业设计等诸多领域的成就展示着意大利设计的基本精神和原创基因。在默里诺和庞蒂之后,意大利设计革命时代的创意天才如井喷一样涌现,其中最有影响力的就是被称为创意常青树的艾托瑞·索特萨斯(Ettore Sottsass, 1917—2007),他是庞蒂之后意大利学派公认的创意旗手。任何人都无法绕开的卡斯蒂利奥尼三兄弟则是意大利学派的中坚力量。此外,意大利设计舞台上闪耀全球的设计群星还包括居奥·科伦波、马可·扎努索(Marco Zanuso, 1916-2001)、威可·马吉斯崔蒂(Vico Magistretti, 1920—2006)和马里奥·贝利尼(Mario Bellini, 1935—1991)等,他们让全世界看见了意大利这个古老国度无可估量的时尚创意。

1. 默里诺

生于意大利名城都灵的卡洛·默里诺有家学渊源，他的父亲是当地最负盛名的建筑师和工程师，因此默里诺从小就对建筑工程设计充满兴趣，先学工程学，打下了坚实的结构基础，而后又进入瑞吉亚建筑学校主修建筑学，从此张开了充满想象力的翅膀，在建筑、家具、摄影、汽车、服装及建筑史论研究诸领域大放异彩。他设计的著名赛车"奥斯卡1100"获得了1954年勒芒（Le Mans）24小时耐力赛的冠军。

默里诺被认为是意大利20世纪原创能力最强但也最令人迷惑的建筑与设计大师，他的建筑、室内和家具设计不仅能从未来主义和超现实主义艺术中索取词汇，而且也从当代建筑大师那里广收博取，从高迪到门德尔松，从柯布西耶到阿尔托，默里诺不断吸收他们的作品中对他深有启发的创意火花。与此同时，他的无尽创意也来自他广博的个人兴趣，如空气动力学、滑雪、竞技舞台设计、特技飞行以及色情艺术。虽然默里诺设计的建筑因种种原因基本都不复存在了，但他

的许多家具设计都流传了下来，有些至今还在生产中。

默里诺的家具设计非常有个性，尤其表现在他对形式的热心探索上。如1940年，他为庞蒂夫妇设计了多功能椅，由抛光铜构架和皮革包面的坐面和靠背组成，坐面和靠背构建的双分叉造型来自动物分趾蹄的形式，反映出默里诺对仿生形态的浓厚兴趣。此后，他的双分叉造型主题又多次出现在他的室内设计和家具作品中，如1954年为一个餐厅设计的餐椅，其分叉的靠背与后腿是"一木连作"的，构件之间则用铜螺钉相连（图4-93）。随后，他于1962年为都灵建筑学院设计的椅子是在其1954年设计的餐椅的基础上将双分叉靠背进行雕塑化的处理，此靠背是独立构件，与两条后腿直接用螺钉相连（图4-94）。有时，他会用充满细节的处理方式将家具的部分构件塑造成雕塑艺术品，他对工程和手工艺的热爱总会为原本平淡简单的造型平添豪华的色彩。

相对于默里诺以充分放飞的想象力而著称的设计，他的大量沙发设计都是相对传统保

▲ 图4-93

▲ 图4-94

图4-93 默里诺于1954年设计的椅子
图4-94 默里诺为都灵建筑学院设计的椅子

守的，但也尽其所能在造型和材料使用方面大尺度超越设计史上的古典沙发。其充满动感的支承结构和舒展的造型使他的沙发立刻与众不同。如他为都灵的米诺拉住宅（Minola House）设计的沙发就取材于欧洲传统的"翅膀式沙发"，发展成总体造型更为舒展，支承部分也更富于动感。这件沙发制作于1944年，正是二战白热化之时，制作者精湛的手工艺弥补了战时材料的不足和低劣。1951年，默里诺为都灵RAI会堂所做的室内设计工程被认为是他一生中最成功的室内设计

作品，其中的沙发椅功不可没，其活泼、高贵的造型给人们留下了难忘的印象。受阿尔托影响，默里诺很早就开始对胶合板的应用进行探索，但与阿尔托、马松和伊姆斯等人主要致力于探索胶合板的潜在使用功能不同，默里诺的兴趣是努力发掘胶合板在艺术表现上的潜力。无论1951年的多用办公桌（图4-95），还是1952年的扶手椅（图4-96），默里诺都充分利用胶合板的弹性和强度制造出复杂交错却又结构合理的有机雕塑形象。

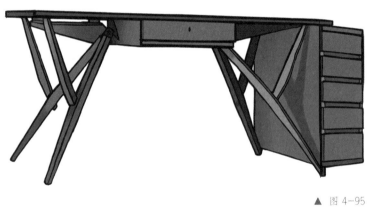

▲ 图 4-95

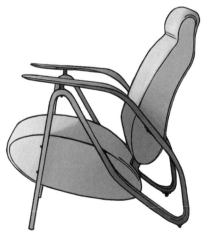

图 4-95 默里诺于 1951 年设计的多用办公桌
图 4-96 默里诺于 1952 年设计的扶手椅

▲ 图 4-96

2. 科伦波

最早在现代家具中使用合成材料的设计师是 20 世纪四五十年代的美国大师伊姆斯和小沙里宁，但进入 20 世纪 60 年代以后，对合成材料的创新性研发和使用则由当年的一批欧洲设计新秀接手。他们对各种不同的合成材料进行广泛深入的研究分析和使用，创造出一大批前所未有的经典作品，这其中最重要的合成材料设计大师有五位，即丹麦的潘东、芬兰的库卡波罗和阿尼奥、法国的奥利威尔·穆固、意大利的居奥·科伦波。如果仅就合成材料的创意产品而论，成就最大的就是英年早逝的科伦波。

科伦波一生都在米兰度过，他先在米兰艺术学院学习绘画，随后考入米兰理工大学攻读建筑学，毕业后立刻加入著名的"原工绘画运动"，并作为抽象派画家和雕塑家活跃了四年。1958 年，科伦波将工作重点转向了建筑、室内和家具设计，并因家族企业的缘故，他对当代最时尚的材料，尤其是合成材料及其构造技术和工业制造方法等有了系统的了解。而在此之前他已广泛参加设计活动，

如参与 1954 年米兰博览会上的一个展览设计，同时完成了三处室外空间环境的设计。他的这些室外休闲场所的设计带有一种神殿般的庄重色彩，预示着在他以后的设计生涯中时常出现的神秘而凝重的设计风格。1959 年，他父亲去世后，将专门制作电力设备的家族企业交由科伦波继续经营。正是在这段时间里他开始了解、熟识并在设计中尝试各种新材料，尤其是各种合成材料，同时也开始掌握最时兴的构造技术和工业制造方法。1962 年，科伦波在米兰正式成立自己的设计事务所，以建筑设计和室内设计为主。科伦波的建筑大多是功能型与具有强烈雕塑感的结构密切结合的产物，如早期的山地旅馆和滑雪场宾馆的设计。1964 年，他为萨迪尼亚（Sardinia）一家宾馆所做的室内设计荣获设计奖，其设计的最重要之处是在天花板上装了一种最新研制的有机玻璃，用于衍射光线。紧接着，他用同样的方法设计了"Acrilia 灯具"。

同样，科伦波的家具设计也是对材料和结构的探索，最早用胶合板作为结构材料，随后又大量使用金属构件，紧接

着进入对合成材料的全方位研发与应用中。无论使用何种材料，科伦波都以舒展流畅的造型完满达成其功能需求，由此不断将意大利现代家具推到世界家具时尚的最前沿。他最早的一件成名作是于1963—1964年研制的4801号椅(图4-97)，以三块层压胶合板相互交叉形成塑性结构。其流动的造型语言在他以后的塑料家具设计中也得到了应用，如他在1965—1967年研制的Universale 4860号椅（图4-98）。这是世界上第一件用ABS塑料模压而成的成人规格的座椅，而以前许多同类设计都是对强度要求小得多的儿童座椅。在这段时间，科伦波的创造力如火山喷发，令人惊叹。除大量家具设计外，他也制作了许多灯具、玻璃器皿、门扶手、烟斗、闹钟及手表等。此外，他还在1969年研制出三用系统（TrisyAem）专业照相机，以及建立在人体工程学基础上的可调节式绘画桌。他在1970年又研制出一套空调系统。

科伦波非常关注现代家用系统产品的研发，并在短短几年中推出了多种体系，如1967—1968年的"附加生活系统家具"（图4-99）、1968—1970年的多功能套装式"管状椅"系统（图4-100）和1969—1970年的"一体化小环境家居系统"设计。这些一反传统面目、充满雕塑色彩的新型家具最大的特点是可以提供多种方式进行组合，以提供弹性极大、适用性极广的休闲功能需求，由此反映出科伦波对现代设计的初衷，即多用途性能。然而，他最具创意的前瞻性设计还是他的"一体化小环境设计"，其主要成果在1969年的米兰世界博览会上被展示出来。这是一种"太空时代"的航空舱式的室内设计，其中结构部件和装饰成分已融为一体。传统意义

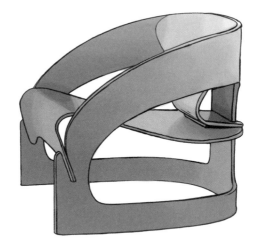

▲ 图 4-97

图 4-97 科伦波设计的 4801 号椅
图 4-98 科伦波设计的 Universale 4860 号椅

▲ 图 4-98

上的"家具"在科伦波手中被替换成明确的功能单位，如"夜舱""中心起居体""厨房盒"等，从而创造出一个充满活力的多功能生活环境。科伦波于1969年为自己设计的住宅继续发展了这种"一体化小环境设计"，并于1971年推出了影响极为深远的"全方位装修体系"。这套体系在1972年纽约现代艺术博物馆举办的"意大利：新家居景观"展览中被称为"全新居住机器"。科伦波构想的居住机器由四个单元组成：厨房、起居室、沐浴室（卫生间）和卧室。所有单元都布置在28平方米的范围内，为日渐严重的都市化居住困境提供了解决方案。

科伦波的设计产品为国内外许多公司制作，著名的如O-Luce公司、Kartell公司、Bieffe公司、阿莱西（Alessi）公司、Flexform公司和Boff公司等，其丰富的设计获得过许多奖项，如1967年和1968年的ADI奖及1970年的意大利Compasso d'Oro金圆规设计奖。遗憾的是，这些惊人成就的创造者只活了四十一年。

▲ 图4-99

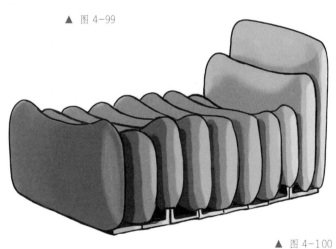

▲ 图4-100

图4-99 科伦波设计的"附加生活系统家具"
图4-100 科伦波于1969年设计的"管状椅"

3. 扎努索

马可·扎努索是意大利战后恢复时期最重要的设计大师之一。他出生在米兰，毕业于米兰理工大学建筑系，而后于1945年成立自己的设计事务所，从事建筑设计和城市规划及改造，后又主要从事家具设计和工业产品设计。除繁忙的设计业务外，他在1946—1947年与欧内斯托·罗杰斯（Ernesto Rogers）共同主编 Domus 杂志；在1947—1949年又继续主编 Casabella 杂志，为推动全球性设计交流和培养设计人才做出了杰出贡献。

扎努索最早的家具设计是受倍耐力（Pirelli）公司之托去探索乳胶泡沫作为一种软包面料的可能性，并于1949年推出第一件用这种泡沫制成的"Antropus椅"。他为此参与了这种新型合成材料研发的全过程，由倍耐力公司另外组建的 Arflex 家具公司制作。扎努索认为科技的发展已能使设计师不但可以革新结构体系和开发造型潜力，而且可以改进软包系统。为此，他专注研究新型沙发的设计，完成了一系列多功能沙发床，如1951年与"Antropus椅"面世的同一体系的"女士椅"（图4-101），

同时在1951年米兰世界博览会上展出的还有"博览会沙发"，扎努索的这批新颖的设计获得了一项大奖和两项金奖。1954年，他又完成了同属一个系列的沙发床系统。1956年，他为 Borletti 公司设计的一种新型缝纫机又荣获意大利 Compasso d'Oro 金圆规设计奖，这种新型缝纫机被誉为充满理性又富于雕塑感的家居产品。

扎努索同时还在进行一系列建筑设计项目，如圣保罗和布宜诺斯艾利斯的加工厂（分别于1955年和1957年设计）、帕维亚的 Necchi 工厂（1961—1962）。这些工业建筑设计充分表现了扎努索对产品式的建筑和装配式结构的极大兴趣。从1958年到1977年，扎努索与里查德·萨帕（Richard Sapper）合作创作了许多优秀的家具和产品设计：其中主要的有1959—1964年为 Gavina 公司设计的名为"Lambda椅"的轻质钢构椅子（图4-102）；1961—1964年为 Kartell 公司设计的代号为4999/5的一次性压模形制的聚丙烯叠落式儿童椅；1964年为 Brion Vega 公司设计的 Doney14 电视和

▲ 图4-101

图4-101 扎努索设计的"女士椅"

1969 年设计的 Blak12 电视；1966 年为西门子公司设计的 Grillo 电话。早在 1956 年，扎努索就成了国际建筑师协会和城市规划协会的会员，同年又参与创建了"工业设计协会"，并于 1966—1969 年担任该协会主席。1956—1960 年，他担任米兰城市参议员，并于 1961 年成为米兰城市规划委员会委员。终其一生，扎努索最主要的成就是通过对新材料和新技术的不断实验设计出时髦而又富于功能性的工业化产品，有效地发掘了现代设计语言的潜力。

▲ 图 4-102

图 4-102 扎努索于 1959—1964 年设计的"Lambda 椅"

4. 索特萨斯

生于奥地利的艾托瑞·索特萨斯幼年随全家移居意大利，后考入都灵理工大学建筑系，毕业后在多家建筑事务所工作过，而后于 1947 年开设了自己的设计事务所，从事建筑设计、室内设计和家具设计，以及品类繁多的工业设计。1956 年，他前往美国，在尼尔森设计事务所工作了一年，这段时光让他受益匪浅，这不仅表现在尼尔森本人的设计思想对他的影响上，还表现在美国当时风起云涌的"反设计思潮"对他的感染，他也因此成为 20 世纪 60 年代"反设计学派"的代表人物之一。回到意大利之后，他逐渐成为意大利新潮设计师的领军人物，在与多家公司合作的同时，于 1981 年成立了后来 20 世纪 80 年代轰动整个设计界的"孟菲斯"设计集团。该设计集团是 20 世纪 80 年代的后现代设计运动中的主角之一，对室内设计、家具设计、装饰艺术等领域影响极大。此外，他的设计活动遍及全球，成为 20 世纪后期最著名的意大利设计师。他很早就被同时代人称为设计界的"文化游牧者"，因为他始终以一种人类学的态度对待设计，从不同民族之间的文化差异和风土民俗中寻找创作灵感，也从其个人不寻常的经历中获得一些启示。他是 20 世纪 70 年代激进设计运动的领军人物，而后又成为 20 世纪 80 年代后现代设计的最重要的代表之一。这些特质赋予他的设计以变幻无穷的格调，从极端的诗意到热闹的世俗色彩，人们在充满疑问的同时却永远不会感到单调，这正是现代主义运动开展一百年后的发展景观。

索特萨斯始终称自己是建筑师，他一生中至少有一半时间致力于建筑设计，另一半时间则设计家具、灯具、陶瓷、玻璃、漆器及大量工业产品，还有自己主编的多种创意期刊，并撰写了大量文章。索特萨斯的成名作是为 Olivetti 公司设计的第一台意大利国产计标机和名扬全球的 Valentine 打字机。他的家具设计虽然从未停止，但在孟菲斯成立之前基本处于探索阶段。在这个阶段，索特萨斯最有名的家具是1973年设计的办公椅，该椅除了全面应用塑料构件之外，还在色彩上进行了大胆的尝试（图4-103）。不过，索特萨斯与Olivetti公司合作的最著名产品是Elea 9003计算机，并因此荣获1959年的意大利Compasso d'Oro金圆规设计奖。自1956年起，他开始为美国市场设计陶瓷制品，并于1961年去印度采风，回来后设计出一批具有东方传统造型意味的陶瓷作品。1967年，*Domus*杂志出版了一系列索特萨斯的摄影作品，记录了他在英国大学一系列讲学的印象。1968年，索特萨斯被伦敦的皇家艺术学院授予荣誉学位。1972年，他在著名的纽约现代艺术博物馆举办的"意大利：新家居景观"展览会上展示了一系列由玻璃纤维制成的容器打造的"住宅环境"：包括电炉、浴池、淋浴间、厕所、贮藏间、坐具和床等。作为"激进设计运动"的先驱者，索特萨斯于1973年参与创立"Global Tools组织"，并于

1967年受美国纽约库珀·休伊特史密森尼设计博物馆（Cooper Hewitt, Smithsonian Design Museum）之邀举办个人作品展览，以摄影的方式展示建筑物在沙漠或山地的情形，借此反映他在建筑和设计上的构思。同一年，柏林的国际设计中心组织了索特萨斯设计作品回顾展，并随后在威尼斯、巴黎、巴塞罗那、耶路撒冷和悉尼等地巡回展出。1978年，索特萨斯应柏林市政府的邀请，对该城市现代艺术博物馆重建工程提出建议，并于次年参加了"Alchimia研究室"组织的住宅展览，展出了他用多层塑料板制成的新型家具。

1981年，孟菲斯成立之后，索特萨斯的创造力开始全面爆发，在家具设计方面的探索，从材料、形式、色彩等方面入手，充分利用意大利工业发达和精细的优势，于1981年推出"Carlton多功能书架"（图4-104）。其构成和色彩都与以往的书架完全不同，受到了各

界赞赏，很快被誉为孟菲斯和整个后现代设计的经典代表作。1982年，他为美国家具制造商Knoll公司设计的"东西方沙发"系列再次令世界惊喜。它们用充满古典韵味的简洁构件展示精选的材料及其精湛的工艺，再次掀起一场现代沙发设计的革命（图4-105）。在广泛进行工业设计的同时，索特萨斯也完成了一系列建筑设计项目，如1987—1988年美国科罗拉多州的沃尔夫大厦、奥地利韦尔斯的Esprit住宅、日本福冈的

▲ 图4-103

图4-103 索特萨斯于1973年设计的办公椅

Zibibbo 酒吧以及意大利佛罗伦萨的 Cei 大厦。1994 年，他完成了 Ernest Mourmans 别墅的设计，这是索特萨斯后期最主要的建筑作品，其中的书架、格架、隔断和综合橱柜系统使他的家具设计达到了顶峰。索特萨斯用多年来在全世界文化游牧生活中积累的对设计的理解来指导材料的选择、色彩的搭配和工艺手法的运用，对现代家具设计百年之后该如何发展的问题给出了自己的答案（图 4-106）。

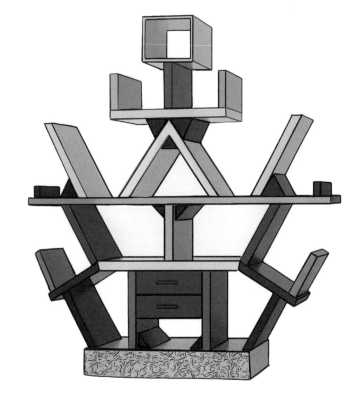

▲ 图 4-104

▲ 图 4-105

图 4-104 索特萨斯设计的"Carlton 多功能书架"
图 4-105 索特萨斯设计的"东西方沙发"
图 4-106 索特萨斯于 1980 年设计的椅子

▲ 图 4-106

5. 卡斯蒂利奥尼三兄弟

著名的卡斯蒂利奥尼（简称卡氏）三兄弟——利威奥·卡斯蒂利奥尼（Livio Castiglioni，1911—1979）、皮尔·卡斯蒂利奥尼（Pier Castiglioni，1913—1968）和阿齐力·卡斯蒂利奥尼（Achille Castiglioni，1918—2002）分别在1936年、1937年和1944年从米兰理工大学建筑系毕业。利威奥和皮尔于1938年建立了自己的设计事务所，主要专注于工业产品设计，尤其是银和铝合金的刀具和厨具。随后他们又以引领时代潮流的收音机设计在设计界崭露头角，同时也设计家具和灯具等产品。利威奥是当时意大利最重要的设计活动家之一，1940—1964年，利威奥为几个大公司做过设计顾问，如1939—1960年做Phonola公司设计顾问，1960—1964年做Brionvega公司的设计顾问，1959—1960年则当选为ADI（意大利工业设计协会）的主席，他同时也一直在母校任教。他们最著名的设计是"Phonola收音机"，于1939由Bakelit公司制作。这是意大利的第一台收音机，也改变了未来收音机的设计，此前大多数收音机都包饰在一个木盒里。该设计在1940年米兰国际博览会上获得一项金奖，而利威奥则指导了当时新收音机部分的展览设计。阿齐力在1944年毕业后加入两位哥哥的设计事务所，卡氏三兄弟的设计开始获得全方位的发展。

卡氏三兄弟的设计范围极广，几乎涵盖工业设计的所有方面，与意大利及世界各地几乎所有最著名的工业产品企业都建立了合作关系。除了大量电工产品外，他们最成功的设计门类是灯具和家具。卡氏三兄弟在意大利学派的形成过程中非常活跃，对建立米兰国际展览会的Compasso d'Oro金圆规设计奖和ADI机构都有重要贡献。1952年，利威奥离开了事务所，他的两个弟弟继续合作，直到皮尔于1968年去世。皮尔和阿齐力两兄弟的设计并非全都激进，但总是充满创意。两人合作设计的主要产品有1951年的"Tubino台灯"、1955年的"Luminaton地灯"以及1962年的"Arco地灯"和"Taccia台灯"。他们还于1966年设计出轰动一时的"Allunaggio坐具"，这是受人类首次成功登月的启发而设计的。

卡氏家具设计往往构思别致，出奇制胜。1957年，两兄弟在科莫的奥尔默别墅举办的展览会上首次展出两件"先锋派"家具设计作品，即名为"Mezzadro椅"的一种源自拖拉机驾驶座的坐具（图4-107）。两兄弟于1958年设计的"电话凳"则用自行车坐垫

图 4-107 卡氏两兄弟于 1957 年设计的"Mezzadro 椅"

▲ 图 4-107

制成，这方面他们同时受到了设计大师布劳耶尔和艺术大师毕加索的启发。他们也重视传统，并对传统欧洲沙发进行了革新，如1959年设计的"Sanlnca沙发"（图4-108），用新材料、新工艺制成富于张力又兼具舒适度的时尚座椅。他们也是意大利最早深入研究人体工程学，并将其用于家具设计中的设计师，其代表作就是他们1970年设计的跪式椅凳。该设计引起了设计界的重视，引发了人们对人类坐姿与健康工作关系的全面思考，并启发了其他设计师，如挪威的奥泊斯威克对现代座椅进行更系统、更深入的探索。

皮尔去世后，阿齐力继续他的创造性工作至今，他的长寿和勤奋使他成为三兄弟中成就最大的一位。阿齐力以后的重要设计包括1972年的"Lampdina台灯"、1980—1984年为阿莱西公司设计的调味瓶系列，以及1980年为Flos公司设计的"Gibigiana调节式台灯"。卡氏三兄弟对意大利设计师后辈的影响非常大，这除了其作品本身给他们带来的启发外，更重要的是依靠三兄弟在大学里的多年教学工作。例如，皮尔于1946—1968年一直任教于母校，而阿齐力则任教于都灵理工大学，并于1970—1977年担任艺术设计教授，接着于1977—1980年担任室内建筑与设计教授。随后，阿齐力又加盟母校米兰理工大学，于1981—1986年任室内设计教授，之后担任工业设计教授。在持续了半个多世纪的设计生涯中，阿齐力曾八次荣获意大利Compasso d'Oro金圆规设计奖，此外还有其他各种奖项。

卡氏三兄弟的设计代表着意大利学派中最理性的团队的特点，但他们又时常在设计中加入非正统的幽默感和雕塑感。这种对于理性主义的不同寻常的诠释让很多设计评论家给他们贴上了"理性表现主义"的标签，但无论如何，以阿齐力为代表的卡氏三兄弟的充满结构创新和美学诱惑的产品设计已成为意大利学派的正统形象代言。

▲ 图4-108

图4-108 卡氏两兄弟设计的"Sanlnca沙发"

6. 马吉斯崔蒂

威可·马吉斯崔蒂同科伦波、扎努索和卡氏三兄弟一样都毕业于米兰理工大学建筑系，而后形成自己的职业生涯，但马吉斯崔蒂的职业经历和设计成果与索特萨斯更为接近。他是意大利战后重建时期最受人喜爱的前卫建筑师之一，但他从一开始就涉足了工业设计。他在20世纪40年代中后期设计的金属管书架、甲板椅、套装桌和阶梯式书架都是意大利学派早期家具的代表作。他在其设计生涯的后期则明显侧重于家具设计和工业设计，同时也像意大利学派的大多数著名设计师一样长期在大学任教。他被认为是意大利学派的主将之一，也是20世纪最重要的工业设计大师之一。无论使用传统材料还是开发利用新材料，他都能将技术、新工艺与时尚的造型有机结合，创造一种高度统一的设计风格。他坚信功能

设计与风格创造是相辅相成的，并相信理性的功能考量与浪漫的美学追求对创造高品质的产品而言是同样重要的。

当马吉斯崔蒂在大学读书时，正赶上意大利著名建筑师欧内斯托·罗杰斯开设建筑设计与城市规划课程。作为国际现代主义运动的干将，罗杰斯对意大利包括马吉斯崔蒂在内的年轻一代设计师的影响是巨大的。马吉斯崔蒂于1945年在米兰获建筑设计学位，一年后，在RIMA展览会上展出了一种金属管书架和一把简单的甲板椅。在1949年的一次展览会上，马吉斯崔蒂的套装桌和一个非常理性化的阶梯式书架同扎努索和卡氏兄弟的新潮设计作品同时展出。

尽管马吉斯崔蒂信奉包豪斯以来流行于欧洲的"国际风格"的工业美学，但他并不排斥传统，也很关注民族传统中

很多优秀的设计产品，并加以现代化和时尚化的改良。1959年，马吉斯崔蒂在设计中试图将有机的现代主义与"新自由因素"结合起来，设计了卡里马泰海湾俱乐部的建筑。在这座建筑中，马吉斯崔蒂一反"国际风格"的工业美学，对传统的草编坐面椅进行了现代再创造，其原型是意大利北部山区的乡间流行的座椅。马吉斯崔蒂将草编坐面保留下来，但对结构元素进行了简化设计，使之成为现代家具的经典。意大利著名的制造商卡西纳（Cassina）于1960年遇到了马吉斯崔蒂，而后于1962年开始批量生产这种"Carimate椅"。

进入20世纪60年代，马吉斯崔蒂也开始开发利用合成材料，并设计出一大批高品质的塑料家具。其中最著名的是1966年的"Demetrio多用办公桌"，它将新颖的技术与纯净的形式结合在一起。此

后，马吉斯崔蒂的一系列以塑料为主体的设计都通过这种优质的结构和天然的形式表现了塑料制品的品质，如1965年的"Edisse台灯"、1966年的"Chimera灯"、1969年的"Selene办公椅和办公桌"系列（图4-109），以及20世纪70年代的"Vicario休闲椅"和"Gaudi多功能椅"。他的家具设计并不刻意追求时尚潮流，而是思考对日常生活问题的解决办法，代表着意大利学派中最坚定的功能主义设计流派。马吉斯崔蒂后期的家具作品侧重于沙发和金属结构的办公椅，其杰出作品包括于1973年的带有可调节靠头的"Maralunga沙发"、1977年的"Nuvola Rossa折叠书架"和"Atollo漆饰金属灯"、1981的配有毛毯式面料的"Sindbad椅和沙发"、1983年的可调节式"Verande椅和沙发"，以及1989年的"Silver多功能椅"等（图4-110）。

作为20世纪最重要的工业设计大师之一，马吉斯崔蒂获得过许多设计奖，包括米兰世界博览会上的大奖和金奖、Compasso d'Oro意大利金圆规设计奖和SIAD金奖。同时他亦在米兰和多姆斯设计学院任教多年，并于1983年受聘为伦敦皇家艺术学院的客座教授。马吉斯崔蒂在几十年的设计生涯中，无论使用传统材料还是时兴的新材料，都能和谐地将新技术与雕塑般的形式结合起来，从而创造出高度统一的永恒的现代设计。马吉斯崔蒂认为设计与风格是相辅相成的，并相信功能和美观对于创造高质量的产品而言是同样重要的。马吉斯崔蒂在整个设计生涯中不断追求的是对日常设计问题的长期的解决办法，而非"物美价廉"的"一次性文化"。

▲ 图4-109

图4-109 马吉斯崔蒂设计的"Selene办公椅"
图4-110 马吉斯崔蒂设计的"Silver多功能椅"

▲ 图4-110

7. 贝利尼

马里奥·贝利尼同前文介绍的几位前辈一样,也毕业于米兰理工大学建筑系,先作为建筑师和设计师工作十几年,而后在米兰成立自己的设计事务所,主要从事工业设计和环境设计。他也是意大利现代设计最重要的推动者和宣传组织者,曾担任著名的 *Domus* 杂志主编,并担任意大利工业设计协会主席。此外,他还是意大利及其他国家数所大学的教授,如1962—1965年受聘为威尼斯高等设计学院的设计教授;1982—1983年担任威尼斯艺术学院的工业设计教授;1986—1991年担任米兰著名的多姆斯设计学院的工业设计教授。同时,贝利尼又是许多其他设计学院的客座讲师,其中包括伦敦皇家艺术学院。因此,在繁忙的设计工作之外,他又将教学和设计研究结合起来,并专门组织设计实验车间,广泛深入地探讨人的生活与人造环境之间的复杂关系,关注现代科技和材料的发展对设计的影响,同时也思考传统材料及工艺如何在现代生活中成为健康而和谐的设计元素。

1961—1963年,他加入意大利著名的连锁百货商店——文艺复兴百货(La Rinascente),并担任设计部经理。1963年,他与好友洛玛诺(Marco Romano)合作成立了建筑设计事务所,直到1973年,他才在米兰成立了自己的设计事务所。自1963年起,贝利尼成为Olivetti公司的主要设计顾问。在往后的十几年,他为该公司设计了许多优秀的产品,包括1973年面世的"Divisumma计算器"和1981年完成的"Praxis系列打字机"。

贝利尼早期的成名作是1972年在纽约现代艺术博物馆举办的"意大利:新家居景观"的展览中展出的名为"Kara Sutra"的可移动式微型生活环境设计,从生态设计和可持续发展的角度考虑新时代的家居环境的创造,并用漫画的形式将这套最时尚的房车设计理念展现出来,其中对沙发设计的革命性思考,引导了他以后数十年的家具设计方向。在专业的设计研究基础上,贝利尼对沙发设计进行了彻底的再思考和再创造,基本方法就是对沙发构成方式的分解性研究,从沙发的基本结构元素到软包构成元素,再到面料表皮元素,都进行了专门化研究,由此形成了系统发展而又各自独立的产品系列。如1965年的"Cassina 932系列沙发",完全由定型泡沫和面料表皮构成;又如1966年的"CB Amanta可移动式沙发和矮桌系列",专门考虑沙发结构与移动因素;再如1970年的"CB Camaleonda组合式沙发和组合式方体桌系列",发展出可换洗外衣式沙发面料系统，并将其不断演化后又发展出 1972 年的"Cassina Le Mura 沙发系列""CB Le Bamble 沙发系列"（图 4-111）以及 1973 年的"Cassina Le Tentazioni 皮革沙发"。随后，贝利尼总结多年沙发设计的经验，将可换洗外衣式沙发的设计模式转移到公共家具的设计当中，在 1976 年推出了"Cassina Wiskey 软包式座椅系列"和"Cassina Fiacre 软包模数制座椅系列"，以及"Cassina Coupe 卧室床具系列"，并

在 1977 年推出了他最著名的"Cassina CAB 412 多功能椅"。该椅由简洁的钢架和精致的皮革构件外套组成，用全新的概念演绎全新的座椅，这种构思非常成功，以至于贝利尼很快就发展出了同类构思的多系列座椅，如 1976 年的"Cassina CAB 扶手椅""Cassina CAB 414 组合沙发"和"Cassina CAB 4154 系列沙发"等（图 4-112）。贝利尼对公共家具系统也有深入的研究。早在 1974 年，他就完成了"Pianeta

Ufficio 办公室家具系统"设计，并重点研发其中最举足轻重的办公椅设计，他用研究沙发的方法对办公椅进行了同样等分解式研究，从五星腿足到坐面，再到靠背，从材料选择到人体工程学测试，经多年的研究和设计，陆续推出了 1984 年的"Vitra Persona 办公椅"、2001 年的"Vitra Ypsilon 办公椅"和 2006 年的"Vitra Headline 办公椅"，长期引领欧洲办公家具设计的潮流。进入 21 世纪的贝利尼创造力不减，推出了多种款式的叠落式多功能塑料椅，力图从视觉、触觉、听觉和耐久性方面再次研究公共场所座椅的最新模式。

▲ 图 4-111

图 4-111 贝利尼于 1972 年设计的"CB Le Bamble 沙发系列"
图 4-112 贝利尼于 1976 年设计的 CAB 系列作品之一

▲ 图 4-112

第七节
才华出众的法国学派

至少在过去的三百年中，法国一直被公认为世界的艺术之都，无论古典艺术还是现代艺术，法国都稳居最领先的地位。而在现代设计方面，它却从来没有像北欧和意大利那样形成风格鲜明、阵容强大的现代设计流派，但这并不能妨碍法国出现一流的设计大师，更不会使它失去艺术之都的光彩。实际上，现代设计发展的每一个阶段都受到了来自法国在艺术创意和设计灵感方面的启发和影响，更不必说法国在现代设计发展的每个阶段都为世界贡献了才华横溢的设计大师。

第一代设计大师中的柯布西耶虽然出生于瑞士，但基本上终生都在法国工作，他的建筑和家具作品也大多在法国完成，他在室内设计和家具设计方面最重要的合作人帕瑞安德则是法国第一代建筑师和设计师中最优秀的代表之一。第一代设计大师中的女中豪杰艾琳·格瑞虽然生于爱尔兰，却终生在法国工作，是举世公认的法国艺术大师和设计大师，而查里奥更是法国第一代建筑大师和设计大师中的卓越代表。由此可见，在第一代设计大师

中，法国实际上优秀代表频出，对全球有广泛而深远的影响。紧随其后的法国第二代设计大师代表简·普鲁威则是现代设计舞台上特立独行的杰出设计师，其全部设计作品都与金属工艺和现代化金属企业密切相关，从工业化制造业的深层角度展示了现代家具设计的潜力、张力和魅力，同时也呈现了设计科学的思维在现代家具设计中关键性的影响。法国设计师永远都是时尚的创造者和推动者，这一点在普鲁威之后的第三代法国设计大师身上表现得尤为突出。他们继承了前辈大师的创意传统，又与新时代的新科技、新材料核心精神融为一体，在席卷整个欧洲设计革命的浪潮中，顺势成为一代令人瞩目的新派设计大师。这其中影响最大且设计思想最具革命性的两位就是皮尔瑞·鲍林（Pierre Paulin, 1927—2009）和奥利威尔·穆固，他们的设计在精神上与设计革命时代的理念完全吻合，但在具体使用的材料及相应的设计手法上又迥然不同，这种设计气质在无形中形成一种卓尔不群的法国现代设计的新传统。

1. 普鲁威

作为一生都以各种金属为主体材料设计建筑和家具的设计大师，简·普鲁威已经非常独特了，他同时又曾担任大都市的市长，并长期担任大企业的主管领导，这是现代设计史上绝无仅有的。他是生于巴黎的南锡人，其父亲是著名的"南锡艺术学派"的创始人之一，这使他从小生活在浓郁的艺术创意氛围中，但他天生就对金属有一种狂热而执着的兴趣，因此在1916—1919年，他在著名金属工艺师艾弥尔·罗伯特（Emile Robert）的工作坊学习，而后又去巴黎考察学习各类金属工艺，因此他一生的设计活动都与金属有关。1923年，普鲁威创办了自己的金属工艺设计室，最初只是制作门窗和栅栏之类，但1924年他开始琢磨刚发明不久的电焊技术，并将其用于制作金属落板家具。

普鲁威自己设计和制作的作品中蕴含了强烈的现代工业美学气息，很快便引起一批前卫设计大师的注意，其中包括柯布西耶，他从此开始从普鲁威工作室订购金属家具，后来帕瑞安德又与普鲁威合作成立设计事务所，使普鲁威的设计更显前卫创意本色。

普鲁威的设计极其新颖、大胆，并时常结合灵巧的机械装置设计出各类可调节的座椅，并因此获得多项国际大奖。1929年，他参与创办"国际艺术家联盟"，随后在1930年的联盟展会上展出三种可调节式座椅，令世人惊喜，于是他专门成立了自己的家具制作公司，并在南锡开办大型工厂，生产家具及相关机械产品。二战之后，他的设计公司和家具工厂都迅速发展起来，成为吸引当时青年建筑师的著名设计中心，从此使自己的产品走向全球。

普鲁威的设计风格特立独行，其来自工业生产的影响因素远大于来自国际设计思维的影响因素。他对材料的选择和生产制作的方式都源自法国极其发达的机械制造工业。从 20 世纪 20 年代到 30 年代，普鲁威就以其独特的工业生产手法设计出一大批充满创意的金属家具（图 4-113～图 4-115）。如各种折叠椅、躺椅、叠落式多功能椅和旋转式办公椅等。普鲁威的家具除以板状金属作为主体构架外，其最大的特点是设计构思中对机械调节系统的研究和应用，同时也伴随着对胶合板等新兴材料的使用。1940 年以后，普鲁威的家具设计开始走向优雅的形态，但也只是与以前的粗犷风格相比较而言，其整体形象依然强劲有力，如 1942 年设计的休闲椅，其主体构架换成了钢管这种当时主流大师，如布劳耶尔和密斯非常喜欢的材料，但坐面和靠背则出人意料地使用锌片板，而腿足的球状端部结构则演化成 20 世纪 50 年代在欧洲各地都非常流行的模式。1945 年，普鲁威也设计过一件木制椅，其特点是可自由装拆，但其两根主要连接轴仍是金属构件。终其一生，普鲁威的作品最大

▲ 图 4-113

▲ 图 4-114

▲ 图 4-115

图 4-113 普鲁威于 1927 年设计的休闲椅
图 4-114 普鲁威于 1930 年设计的休闲椅
图 4-115 普鲁威于 1937 年设计的休闲椅

的特点仍是对金属的使用和大胆的处理方式，这种特征在他20世纪50年代为斯特拉斯伯格大学设计的"Antony椅"（图4-116）中表现得最为明显，其金属构件相互之间的连接直截了当，并明显地表现出来。普鲁威的以特殊材料为设计出发点的设计历程启发了世界各地的设计师，使对材料的研究日益成为设计创新的最重要的起点之一。

▲ 图 4-116

2. 鲍林

与同时代大多数家具设计师不同，皮尔瑞·鲍林在巴黎读书时学的是石雕和陶瓷设计，从这一点我们便不难理解他以后的家具设计中所具有的感人至深的雕塑语言。尽管鲍林早年学的是石雕和陶瓷设计，但他终其一生都以家具设计为职业。自1954年起，鲍林先加入著名的托奈特家具公司，四年后加盟荷兰Artifort家具公司，并终生与之保持非常密切的合作关系。他的第一件成名作——多功能塑料椅就是由Artifort家具公司生产的，这是欧洲最早的塑料家具之一，从1953年面世起就引起了极大关注。1958—1959年，鲍林像一个"旅行设计师"，频繁往来于法国和荷兰、日本、德国、美国之间，在勤奋创作的同时也广泛吸取各地优秀设计师的长处，直到20世纪60年代中叶他才建立自己的设计事务所。

鲍林视野开阔，思想敏锐，很快便决定自己应全力发展合成材料的家具，为此开始与大公司合作，率先推出一整套以无限制蛇形排列的模数制沙发。它们均采用当时最新开发的泡沫软包面和聚酯坐面制作而成，很快受到热衷于时尚的法国上流社会的喜爱。1968年，鲍林受邀为罗浮宫设计观众座椅。此后他的业务顺利展开，并多次荣获设计奖，如1965年他设计的"Ribbon椅"（图4-117）获1968年的AID奖（工业设计协会奖），1970年又为日本大阪博览会设计坐具，同时受邀为法国总统的爱丽舍宫设计住宅及办公室家具。1975年，鲍林成立了ADSA合作设计事务所，事务所的设计活动持续至今。1983年，鲍林又为爱丽舍宫的总统办公室设计了一套家具，此后又为Mubilier Nationale公司设计了一系列主要以手工制作的高档家具。除了成功的家具设计外，鲍林还为Simca公司设计过汽车室内，为Christian Dior公司设计包装，为Musee dOorsay公司做过信号系统设计，由此成为法国战后最耀眼的设计明星（图4-118）。

图 4-116 普鲁威于 1955 年设计的 "Antony 椅"

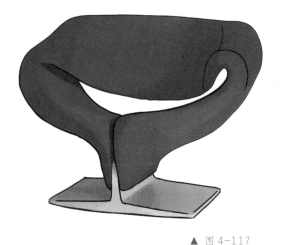

图 4-117 鲍林设计的"Ribbon 椅"
图 4-118 鲍林于 1963 年设计的蝴蝶椅

鲍林的设计借助新合成材料的研发，使自己的设计理念全面突破传统，走向全新创意。如 1963 年出品的型号 545 的休闲椅，三个分开的上部构造给人带来强烈的视觉轻松感；另一件型号 560 的斜切圆台形休闲椅的构思则明显来自东方的竹藤家具，以全新的材料演绎抽象的雕塑形态，在令人赏心悦目的同时也给人带来极大的舒适感，因为这种座椅能为使用者提供大幅度的活动余地；1965 年出品的"Ribbon 椅"被赋予更加雕塑化的形态，同时也更加舒适，其设计中大胆的摇篮式造型还可提供更多样化的功能。1967 年，鲍林设计并隆重推出著名的"舌椅"（图 4-119），它最典型地反映出 20 世纪 60 年代由设计革命带来的日益风靡的不拘礼数的设计风格，其中由定型泡沫软包形成的雕塑形式提供了意想不到的舒适体验。"舌椅"非常成功，广受世界各地用户的喜爱，也是被仿制最多的现代家具经典之一。随后，1968 年推出的 ABCD 座椅系列是鲍林又一件设计杰作，他用玻璃钢做成壳体，并覆以软包面料，可以做成单人沙发，亦可成组形成多座沙发，并覆以成体软包面，再选择不同颜色，形成明快的视觉效果。1973 年，他推出"鲍林椅"，型号 598，造型简洁，可广泛用于机场、酒店等公共接待空间（图 4-120）。1978 年，他又设计出一件主要用于园林和户外的多功能可叠落塑料椅——"Dangarni 椅"，立刻风靡全球，成为鲍林家具中销量最大的品种。

3. 穆固

奥利威尔·穆固生于巴黎，并在巴黎学习室内设计，毕业后开始边工作边四处游学。1958—1961 年，他在瑞典和芬兰的工作与学习的经历对他影响很大。北欧学派的家具大师对人体工程学的重视成为他以后职业生涯中的设计出发点。1966 年，穆固在巴黎成立自己的设计事务所，主要为 Mobilier National 公司和 Prisunic 公司设计家具，也为雷诺（Renault）公司设计汽车室内。穆固同鲍林一样对新材料研发充满兴趣，并很快出品了一系列充满设计革命气息的全新家具，这些作品为他带来了巨大声誉。随后，他被邀请为 1967 年蒙特利尔世界博览会和 1970 年大阪世界博览会的法国馆设计室内空间和家具，同时他也开始关注都市居住环境与单元空间的创新观念设计。如 1970 年推出的带轮子的移动式工作室、一个全方位软包面的塑料浴室单元和 1971年在德国举办的"观赏 3 号"展览会上推出的新型模数制室

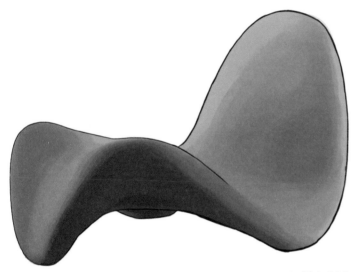

▲ 图 4-119

▲ 图 4-120

图 4-119 鲍林设计的"舌椅"
图 4-120 鲍林设计的 598 号"鲍林椅"

内空间划分模型。上述作品均说明穆固从创新家具的角度，全面思考人居环境的问题，并提出了解决方案。1967 年，穆固又在法国布列塔尼的凯拉里奥（Keralio）成立了一个工作室，同时成为布列斯特艺术大学（École des Beaux-Arts in Brest）建筑学院的教授。

穆固的成名作是 1965 年面世的"Djinn 坐具系统"（图 4-121、图 4-122），它们是使用当时刚研制不久的尿素泡沫作为软包的第一批现代家具。穆固将这种泡沫软包附着于钢管框架之上，由此创造出来的高度雕塑化和拟人化的设计，给人一种明显的"未来主义"印象，以至于这个系列的作品三年后被著名导演斯坦利·库布里克（Stanley Kubrick）用在他的科幻影片《2001 太空漫游》中。这个坐具系统包括躺椅和休闲椅，其古怪的名字"Djinn"来自伊斯兰教神话中的一种精灵。在 20 世纪 60 年代，由于西方对东方神话和哲学的巨大兴趣，设计师喜欢用东方神话中的内容去联系现代艺术和设计作品。这套家具的低矮座位系统也典型地反映了这个时期的欧洲各大都市弥漫的一种漫不经心的非正式的生活风尚。与 20 世纪 60 年代设计革命潮流中的大多数设计师一样，穆固在设计中大量使用明丽而鲜亮的色彩。20 世纪 60 年代的新科技和新材料给广大设计师带来的最大财富就是无穷无尽的色彩和造型的可能性。

▲ 图 4-121

图 4-121 穆固于 1965 年设计的"Djinn 休闲椅"
图 4-122 穆固于 1965 年设计的"Djinn 沙发"

▲ 图 4-122

1968 年，穆固又隆重推出了一件惊世之作，即彻底反传统的"Bouloum 躺椅"系列（图4-123）。它以穆固儿时伙伴的名字命名，以强调设计的游戏性和快乐感，其高度拟人化的造型使穆固在现代家具的形式语言发展上走向了极致。有趣的是，穆固这件作品的最初灵感来自他当年去芬兰设计大师库卡波罗设计事务所仔细体验"卡路赛利椅"这件被誉为"最舒适的椅子"时的感受。穆固因此也希望用人体工程学原理设计出一件令人全身心彻底放松的现代家具，而最终的结果又与"卡路赛利椅"完全不同。这也是一件以一次性压模单件构件制成的家具，后又加上软包形成更舒适的变体。穆固本人最喜欢这件作品，同时也因该椅较轻，所以他在外出旅行时总是带一把"Bouloum 椅"，并在不同的环境中为它拍下大量照片，有时还写下与之有关的趣闻逸事，足见其喜爱程度。

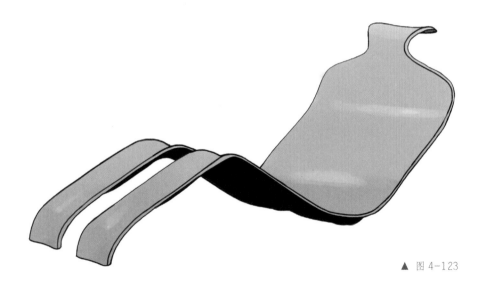

▲ 图 4-123

图 4-123 穆固于 1968 年设计的
"Bouloum 躺椅"

第八节
脚踏实地的英国学派

英国是二战中蒙受损失最重的国家之一，这使英国战后振兴时期的设计方针与欧洲大陆各国都不一样。当法国的设计师全力探索新材料、新技术的使用潜力，北欧的设计师努力创造更适于现代办公空间和家居生活的家具，意大利的设计师正满怀希望进行形形色色的设计乌托邦实验时，英国设计师面临的繁重的重建家园的任务使他们只能针对国情设计出尽可能物美价廉的产品来。在英国，有一大批设计师为创造出符合战后重建时期特殊国情的家具而辛勤劳作，其中最杰出的人物就是艾奈斯特·拉斯（Ernest Race，1913—1964）和鲁宾·戴（Robin Day，1915—2010）。

但战后的英国在家具设计领域并不故步自封，英国设计师始终非常重视与欧洲大陆各国和美国的设计思想及文化交流。而在二战之后，这种交流就显得更为迫切和必要。因此，全球最优秀的现代设计的推动者和经营者出现在英国并不奇怪。而作为一位多才多艺的设计师，倾全力经营推广全球最优秀的现代设计作品，以此来改变和推动整个社会的生活品位，

并在半个多世纪的漫长时光里获得巨大成功的人，全世界当首推特伦斯·考伦爵士（Sir Terence Conran，1931—2020）。

1. 拉斯

艾奈斯特·拉斯生于英国纽卡斯尔（Newcastle），在伦敦的巴特莱特建筑学院学习室内设计，毕业后很长一段时间从事家具、灯具和纺织品等各种家具产品的设计和经营。1937年，拉斯去印度的马德拉斯旅行并拜访正在那里传教的姨妈，这位姨妈在印度开办了一个纺织中心。拉斯很快请姨妈用他设计的图案来生产新式纺织品，回到伦敦后拉斯开了一家专卖店，销售这种来自印度的由他设计的新式纺织品。1945年，是拉斯设计生涯中最重要的转折点，因为他在这一年与工程师努尔·尤丹（J.W. Noel Jordan）合办了家居设计与制作公司，应对英国战后重建中对家具的大量需求。公司专门大批量生产廉价家具或尽可能创造物美价廉的家具，而这类家具只能用当时政府严格规定的材料制作。大多家具

也只能供战后全国物资奇缺条件下大量普通家庭临时或短期过渡性的使用。拉斯针对现实所能够提供的资源以及用户的实际生活状态设计了一批家具，它们成功解决了当时诸多的实际问题，因此大受用户的喜爱，市场销售情况也非常好。

拉斯的成名作是1945年推出的"BA多功能椅"（图4-124），其主体构架用战时遗留的废铝再熔化后制成，坐面和靠背则用廉价木板制作，整个设计构思的要点就是用最少的材料达到基本功能。这种多功能椅一面世就立刻获得成功，不到20年销售超过25万把，在英国和欧洲多国的各种博览会上也屡获大奖。继"BA多功能椅"之后，拉斯的另一件成功的作品是1950年的"羚羊家具系列"（图4-125），包括扶手椅和多功能小桌。这套家具也只用两种廉价材料制作，即弯曲的细钢条和层压胶合板，这也是因为战后英国政府对日用材料配给的严格限制。当时这一"羚羊家具系列"是专门为英国皇家庆典的露天平台会场设计的，因此需要有明显的园林家具的情调，同时又能显示出精致的品质。其中一个重要细节就是任何家具的四足底部都用一种类似小圆球的结构结束，反映出当时欧洲普遍存在的对原子物理和粒子化学的浓厚兴趣。

▲ 图 4-124

▲ 图 4-125

图 4-124 拉斯设计的"BA多功能椅"
图 4-125 拉斯设计的"羚羊椅"

拉斯 1953 年设计的 "海神甲板椅" 也是现代设计史上一件著名的作品，由英国 PO 船务公司委托设计，主要用于游轮甲板上（图 4-126）。这是一款构思大胆、造型优雅的折叠椅，其对功能要求严格的同时又受到材料方面的限制，但因其用于游轮甲板，所以又对材料有更多基本要求。因为这类甲板家具必须能够经受极端温度和海水侵蚀。拉斯最初选用加强型层压胶合板并附着防水涂层，后又出于更保险的考虑将胶合板换为加蓬红木，以增强材料的强度和抗腐蚀性能。其造型优雅的同时能给人提供舒适的坐姿，坐面及靠背加上软垫后，这种甲板椅更臻完美。

▲ 图 4-126

图 4-126 拉斯于 1953 年设计的 "海神甲板椅"

2. 鲁宾·戴

鲁宾·戴是二战以后英国最活跃的设计大师。他毕业于伦敦著名的皇家艺术学院，与著名纺织品设计师露西安娜·康拉迪（Lucienne Conradi）结婚后，两人在 1948 年开办了自己的设计事务所，主要从事家具设计、展览设计、平面设计和各类工业产品设计。随后他与设计师克利夫·拉蒂麦（Clive Latimer）参加 1949 年纽约现代艺术博物馆主办的全球 "低造价设计国际竞赛"，结果他们提交的钢木组合储藏空间设计荣获第一名。戴因此赢得了巨大声誉，并立刻受邀为 1949 年的 "英国工业博览会" 设计家具，随后在 1950 年受聘为著名的希勒（Hille）国际公司的总设计师。

戴为希勒国际公司设计的最著名的家具是"希勒椅"（图4-127），这件家具同拉斯的几件多功能椅一样，都以物美价廉和能够投入工业化批量生产为目标，因此设计师的着眼点都在如何选择和使用材料上。戴的"希勒椅"用的是胶合板，而1950年的胶合板还不能被压成三维双曲线形式，因此，戴采用了二维层压的胶合板构件，但他并未因此放弃设计构思中的任何细节。为达到三维层压的造型效果，戴采用两次二层承压的方式，实现了三维双曲线的构建细节效果，引起全球性轰动。

戴的另一件成功的家具产品是用当时最新的合成材料聚丙烯完成的，因采用了最新材料，同时又考虑到要物美价廉，戴在1962—1963年进行了长期的反复试验，其单件造型的壳体座位最终用聚丙烯一次性压模而成。当时的这种单体模具一周可以制作4000个同样的壳体座位，而且能变换不同色彩，因此大获成功。自1963年至今，这个系列的家具已销售1500万件。后来，设计师又在原来作品的基础上做了许多变体设计，满足了更广泛的市场需求，从而使这件命名为"Polypro椅"（图4-128）的家具跻身20世纪最为人们熟悉的设计经典系列。

3. 考伦

特伦斯·考伦爵士对现代设计运动的贡献不亚于很多成就显赫的设计大师。尤其在二战以后，设计与普通人的生活关系愈来愈密切，而优秀的设计如何才能与普通人的生活真正联系起来，这是大多数设计大师无暇思考也很难考虑的问题。

▲ 图 4-127

▲ 图 4-128

图 4-127 戴于 1950 年设计的"希勒椅"
图 4-128 戴于 1962—1963 年设计的"Polypro 椅"

考伦敏锐地发现了这一点，并决心从一个设计师的角度出发，介入设计产品与生活的关系，而后用合理有效的商业运作手段提倡和宣传最好的设计。

考伦年轻时学的是纺织品设计，这使他在以后任何时期的设计和经营中都有纺织品项目。1949—1950年，他在伦敦的中央工艺美术学校师从著名的纺织品设计师爱德华多·鲍罗兹（Eduardo Paolozzi）。毕业后的一年里，他为伦敦工业设计中心设计纺织品，从1951年起，他在丹尼斯·列农（Dennis Lennon）建筑设计事务所做室内设计。此后，考伦进行了一系列重要的室内设计，如盖特威克机场北候机楼的室内、第一家玛丽昆特（Mary Quant）商店室内，以及1951年的英国世界博览会设计。

1952年，考伦成立了考伦联合设计事务所，其主要业务依然是室内和家具设计以及最新潮的纺织品设计。考伦时刻关注着战后英国社会的发展动态，并从其洞察中分析决定自己的设计和商业运作模式。1953年，他开设了第一家连锁餐厅并大获成功，从而很快以他革命性的餐厅运营模式推动改良了伦敦乃至英国的餐饮行业的发展。与此同时，考伦在1956年建立了更为正式的"考伦联盟"家居设计事务所，并广泛研究各种材料，如金属、实木、胶合板、皮革、竹藤等，设计出许多系列的家具产品，在市场上获得了成功。但他并不过分执着于经营自己的设计产品，而是大力推崇并经销许多国际设计大师的经典作品，如阿尔托、伊姆斯、小沙里宁、库卡波罗等人的传世之作。1964年是考伦设计经营生涯中最重要的时刻，他在伦敦开设了第一家专营日常家居用品的商店Habitat，正式进军设计产品零售业，他的商店很快就成了设计师与普通百姓之间的桥梁，考伦因此大获成功，在全球开设了大批连锁店，从而在获得巨大经济利益的同时，直接有效地推动了现代家居用品设计的潮流。20世纪80年代，考伦又成功收购了一批重要的家居产品公司，包括Mothercare公司、British Home Stones公司和Heals公司等，形成了庞大的百货公司集团。从此以后，考伦的设计思想和产品导向逐渐成为世界设计舞台的晴雨表之一。1989年，考伦在伦敦开设欧洲第一家民营现代设计博物馆，专门致力于现代设计的推广和设计史的研究工作。该博物馆由他本人任主席的考伦基金会资助，除永久性的收藏展之外，博物馆每年还主办两次代表最新设计时尚的专题展览。考伦同时还是一位精力旺盛的设计学者，就有关现代设计的方方面面写过大量文章和专著，对整个行业产生了影响，其主要著作包括《考伦家居设计全书》《考伦厨房设计全书》《考伦论法国品位》《考伦论设计》《考伦论设计与生活品质》《考伦论闲暇生活》《问题与回答：考伦爵士自述》等，作为在全球范围内对现代设计的推广力度最大、成就也最高的人，考伦是当之无愧的现代设计大师。

第九节
东西合璧的日本学派

日本大和民族自古以来就以善于学习和勇于超越著称于世，无论在古代还是现代，日本都以其坚忍的"拿来主义"和独特的再创造能力让世界惊奇和振奋。这方面突出体现在日本进入21世纪以来的科学成就上，即平均每年获得一项诺贝尔科学奖，这足以令全球瞩目。日本的巨大成就有赖于日本有识之士的眼界和判断力，从而使他们在每个时代都能对标世界上最发达的国家，通过全方位学习，而后全面超越并创造出独具日本特色的学术流派。在中世纪的日本，他们全面学习中国唐朝，从城市、建筑、文学、艺术到日常生活的每一个方面，从而使日本文化迅速成熟，并在几百年的消化和发展中逐渐赶超中国，如日本的漆器、版画、刀剑工艺等，而其陶瓷、造纸、园林、建筑、茶道等方面也早就能与中国比肩。从近代明治维新开始，打开国门的日本很快发现他们必须学习欧美，从此开始"全盘西化"和"脱亚入欧"的全方位改革历程，最终多次击败欧美，但也在狂热的"国粹主义"和"军国主义"引导下走向毁灭。二战之后的日本又开启了第二次向欧美学习的历程，但学习的重点和方式都与时俱进。如果说明治维新的"全盘西化"对标的发达国家是英、法、德、美的话，那么二战后学习西方的重点则以美国为主，兼及北欧和意大利等以创意设计主导的战后重建的国家，于是当欧美在20世纪60年代进入轰轰烈烈的设计革命时，东西合璧的日本学派也横空出世了。日本因其现代建筑与芬兰、法国和西班牙一起被当代著名建筑评论家肯尼斯·弗兰普敦（Kenneth Frampton）评为"对20世纪现代世界建筑贡献最大的四个国家"。包括日本当代家具在内的日本现代工业设计已经成为当代最重要的设计流派之一，由此引领日本现代工业和经济的腾飞。

有趣的是，日本悉心学习世界最发达国家文化的三大模式从古至今都是一样的，即送出去大批留学人员，请进来一批发达国家的顶尖学者，全方位引进并翻译发达国家在科技和文化各领域的著作。在中国的隋唐时代，日本政府和民间各界在持续200多年的时间里，曾向中国派出成千上万的学者、官员、僧侣和商人，其中最著名的包括后来成为大唐官员的阿倍仲麻吕、佛教高僧荣睿和普照等人。他们很多人大半生或终生都生活在中国，甚至长眠于中国，但更多的人都历经艰辛回到日本，完成了传播大唐文化的使命。而隋唐除了向日本定期派出官方文化传播使者和商人之外，民间尤其是佛教界在向日本的文化输出方面贡献巨大，这其中最著名也最感人至深的就是唐代成就最大的高僧之一——鉴真大师，他六次东渡日本的百折不挠的壮举，最后为日本带去唐朝最发达时期的科技、文化、医学和佛教典籍，为日本文化的发展做出了巨大贡献。与此同时，伴随着上述"走出去"和"请进来"文化引进模式的则是大量书籍、字画、佛经等文化典籍。它们大都成为日本国宝，被精心守护上千年，并由日本政府和民间各界历经几十年乃至上百年全部翻译成日文，用以提高日本全民族的文化水平，并在此过程中发展和凝练出日本自己独特而精致的文化体系。为了更好地传承文化，日本工匠不断改进中国的造纸术和印刷术，从而发展出了领先于中国古代版画并影响全球的浮世绘。

那么，明治维新之后的日本在建筑和设计诸领域又是如何展开"脱亚入欧"的步伐，同时又努力保持自身文化的合理基因呢？除了日本当年全面学习中国隋唐时的三种方式之外，近现代的日本有识之士又多了一层对自身文化内涵的感知和觉醒，从而使日本在二战之后再次崛起为世界设计强国。日本学派的建筑、家具和工业设计都具有明显的日本文化特色，这是因为当日本全盘引进唐朝文化时，日本国内各方面制度都处于草创时期，而当日本开始明治维新之时，自唐朝以来日本的千年发展已使日本文化各方面发达、成熟，在很大程度上抱有程度不同的文化自信。当"全盘西化"的浪潮在日本风头强劲之时，某些日本民族文化的启蒙大师在睁眼看世界的同时又能理性看待日本自身合理的文化传统和设计遗产，如日本的传统木构建筑和园林。它们虽源自中国，却又发展出了日本独有的风貌，更珍贵的是，日本建筑和园林保存了大量中国唐宋时代的设计规范和构造细节，如很多中国唐宋时期的科技和人文文献，目前只有在日本才能查到最原始的版本。又如日本流传至今的成千上万家的家庭作坊和手工企业，以及大量保留至今的民间传统工艺技术，很早就受到以柳宗悦为代表的一批日本学者的关注、保护和系统研究，进而形成日本特色的现代化设计，在保持浓郁的本民族文化传统基础的同时，也在文化基因方面保证了日本的现代化工业产品大都物美价廉，使用起来方便而舒心。而全面学习欧美的先锋就是一大批去欧美取经的建筑师和设计师，他们一方面考入以包豪斯为代表的欧美设计院校，另一方面则直接进入柯布西耶等大师的设计事务所学习，后回到日本，成为日本现代建筑和设计发展的先驱。与此同时，日本政府机构和民间团体也不时邀请欧美著名建筑大师和设计大师前来讲学和工作，赖特、陶特、格罗皮乌斯、柯布西耶、帕瑞安德、索特萨斯、阿尼奥、库卡波罗等人都曾去日本工作和交流。在家具设计领域更有几位日本著名学者和设计师，他们倾其一生收集北欧、意大利等世界各地的经典现代家具，建立设计博物馆，撰写立足于第一手资料的学术专著，从而使日本民众与全世界大师的作品时常接触，以便从高起点开始进步。日本现代家具设计学派的大师，每一位都在国际视野和全球背景下努力奋斗，最后自成一体，创造出带有明显日本文化烙印的现代设计珍品。中岛乔治（George Nakashima，1905—1990）年轻时在美国多所大学获建筑学学位，后来也终生在美国工作。他骨子里充满日本人对木制家具的热爱，但其家具设计中最大的灵感源泉都是英国"温莎椅"。柳宗理（Sori Yanagi，1915—2011）从小就受到父亲柳宗悦的熏陶，对日本传统设计情有独钟，但当他遇到法国设计大师夏洛特·帕瑞安德，并成为她的工作助手之后，他才真正理解现代设计的真谛。作为日本最重要的工业设计大师的仓俣史郎（Shiro Kuramata，1934—1991）早期在日本工作时就已建立起自己作为优秀设计师的声望，但只有当他广泛参与国际设计项目，尤其是后期与意大利设计大师索特萨斯展开密切合作后，才创造出几件划时代的创意产品。在紧随其后的几位日本国际设计大师中，喜多俊之（Toshlyukl kita，1942—）和雅则梅田（Masanori Umeda，1941—）长期在意大利工作，内田繁（Shigeru Uchida，1943—2016）多年往返于日本和北欧之间，深泽直人（Naoto Fukasawa，1956—）则奔波于世界各地，成为典型的日本"国际设计师"。

日本现代设计成功的最后一个重要因素依然同1300年前日本全面学习唐朝时一样，那就是大量而全面地翻译发达国家的科技与人文经典文献。著名作家木心曾回忆，二战前夕，他的日本同学回国时将自己的艺术典籍留给木心，当然基本上都是日本著作，而这些艺术书籍内容的精美和全面超过了当时中国境内的任何一家图书馆。日本全力翻译世界各国的经典文献几乎是全民行为，政府、学校、企业、个人都积极加入，从而能够在大约100年里用日文版文献涵盖几乎人类文明的所有领域。就建筑史、设计史和艺术史而言，我们今天能看到的许多影响力巨大的期刊和著述都来自日本，优秀而领先的媒体运作是一个设计学派成熟的标志之一，日本设计大师也因此层出不穷。

1. 中岛乔治

中岛乔治生于华盛顿，一生都在美国工作和生活，但人们总会把他看作日本设计师，这也许与他的日本血统和他对日本木工技艺的复兴有很大关系。中岛于 1929 年从华盛顿大学建筑系毕业后，在法国枫丹白露的艺术学院建筑系深造，回美国后又去麻省理工学院建筑系完成了建筑学硕士学位，毕业后在美国建筑师安东尼·雷蒙德（Antonin Raymond）事务所工作。随后，他被派驻印度，此间对人与自然的关系有所感悟，而后去日本东京专门学习日本传统木匠工艺。1941 年，中岛刚回美国开办自己的建筑事务所就赶上珍珠港事件和日美开战，随即被隔离在日侨集中营，基本上断绝了他作为设计师的梦想。然而，他却在被隔离的几年中跟随一位日本木匠精心研习木工技艺，直到雷蒙德将他保释出来，并始正式从事家具设计与制作。中岛的家具都以实木制作，他尤其喜爱原木板材的原始树皮和边缘状态，也刻意保留巨大的原始板材自然生成的孔洞和树瘤结构，而后随形就势把它们加工成家具中的设计元素，并在其中加入大量关门木钉和连接木楔，使之成为结构性的装饰元素。中岛终生对英国的"温莎椅"保持着浓厚的兴趣，其一生中绝大多数的家具产品都是"温莎椅"的设计变体。中岛用日本的木工技艺思维和欧美的建筑学设计理念对"温莎椅"的基本设计原理进行了"庖丁解牛"式的研究，并用毕生的设计成就将"温莎椅"发扬光大到极致。除了"温莎椅"之外，美国本土的萨克椅系列和现代艺术的造型语言也对中岛的设计有很大影响。中岛的家具是为人服务的，但他精湛的木工技艺，更是对大树之魂的致敬，他对木材的发自内心的敬畏使他的家具拥有一种独一无二的纯朴之美，引导人们在使用其家具的时候也会以一种静默的心态思考人与大自然亲密而又脆弱的关系（图 4-129 ～图 4-131）。

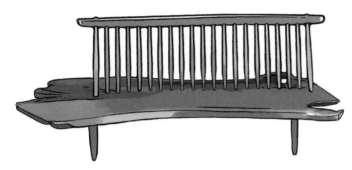

▲ 图 4-129

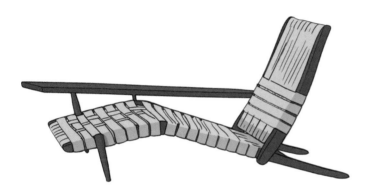

▲ 图 4-130

▲ 图 4-131

图 4-129 中岛乔治于 1976 年设计的长凳
图 4-130 中岛乔治于 1947 年设计的躺椅
图 4-131 中岛乔治于 1960 年设计的 "Grass-Seated 椅"

2. 柳宗理

被公认为是二战之后日本工业设计奠基人的柳宗理，二战之前在东京国立艺术与音乐大学主修的却是西方绘画。柳宗理的父亲是日本民艺之父柳宗悦，一位思想开阔但毕生致力于发掘和研究日本民间工艺的著名学者，因此柳宗理不仅从小就深受父亲思想的影响，成年之后更是成了父亲事业的助手和接班人，然而柳宗理的思想很快就受到了西方设计大师更强有力的冲击和洗礼。柳宗理毕业后就到日本著名建筑大师坂仓准三的事务所工作，而坂仓准三曾在柯布西耶事务所工作多年，因此柳宗理受到了以柯布西耶为代表的现代建筑与设计理念的熏陶。紧接着，他遇到应日本政府邀请去日本工作的帕瑞安德，并很快成为帕瑞安德的工作助手，从此柳宗理漫长的一生就在西方现代设计理念和日本民间工艺思想的交织和融合中度过。

柳宗理在其品种繁多的设计中时刻强调一种日本传统的对材料和形式的敏感，同时又悉心关注产品的功能、结构和逻辑性。他最著名的家具作品就是"蝴蝶凳"（图 4-132），两张对称造型的双曲线层压胶合板，中间用金属杆件和爆钉连接，完整地表达了柳宗理刻意追求的设计理念。"蝴蝶凳"1954 年问世，至今仍在生产中，展现出了强大的设计生命力。作为日本工业设计的奠基人，柳宗理的其他设计作品包括汽车、光学仪器、高速公路和桥梁，还有日用家居产品，如灯具、陶瓷、玻璃，以及平面标志、公共场所及家用家具等，几乎涵盖了除公共建筑之外的所有方面，在很大程度上引领日本现代设计走上了一条虽是东西合璧却又处处彰显日本民族文化特质的道路（图 4-133）。作为日本工业设计学会的创始人，柳宗理为日本当代工业设计建立了基本原则：传统与现代时尚理念的结合；功能结构与形式的统一；新观念与材料和传统手工艺的融合；建立设计以人为本和对美的追求之间的逻辑关系。正如柳宗里常说的那样："我偏爱柔和而有弯度的弧形，是因为它们能散发出人性的温暖。"

▲ 图 4-132

▲ 图 4-133

图 4-132 柳宗理设计的"蝴蝶凳"
图 4-133 柳宗理设计的"大象凳"

3. 仓俣史郎

仓俣史郎是国际公认的日本最重要的现代家具设计大师之一，他 15 岁就考入东京高级技术学校专修木作工艺，毕业后又考入日本最好的设计学院桑泽设计学院的生活设计系学习室内与家具设计，随后在东京的家具企业和百货公司从事室内和家具设计工作，直到 1965 年才成立自己的设计工作室。在以后的岁月中，仓俣史郎先后主持设计了 300 多个商场和餐厅，其中的大量家具设计让他的设计才华得到尽情的发挥，创造出充满情趣又富含个性化的家具珍品，他也作为日本现代家具的优秀代表走上国际舞台，引起全世界的关注。从小就学木工的仓俣史郎对抽屉和各类橱柜有天然的兴趣，因此他前期的家具作品以箱柜为主，其中最著名的有两件：其一是 1970 年设计的"旋转柜"，其二是 1978 年设计的"梦露柜"，它们都是超出常人想象的不规则设计，但仓俣史郎用日本精湛的工艺将它们打造成能立刻吸引路人眼球的时尚珍品，其幽默的超现实主义元素和轻灵的工艺制作手法融为一体，最终使他成为日本高科技浪漫主义风格的旗手，并立刻引起意大利孟菲斯设计集团领导人物索特萨斯的合作兴趣，从而使仓俣史郎走向国际。

仓俣史郎的后期家具作品则以各类非常前卫的座椅为主，并广泛使用非传统材料，尤其是当时的新材料，如玻璃、塑料、金属等，以此展示日本现代家具设计中最时尚也最具创意的一面。其中最轰动的是 1986 年推出的"月亮有多高"休闲椅（图 4-134），采用典型的工业化材料镀铝金属网塑造出一种空灵

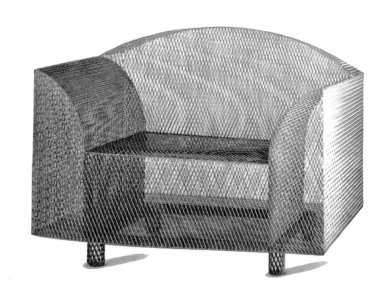

▲ 图 4-134

图 4-134 仓俣史郎设计的"月亮有多高"休闲椅

的沙发形式，使人们在观赏和使用中体验一种游离于创意的诗情和空间的通透之间的艺术氛围。仓俣史郎另一件惊艳世界的杰作是1988年完成的"布莱克小姐扶手椅"（图4-135），虽然其名称来自美国一首爵士乐的曲名，似乎带有很多浪漫的色彩，但实际上，这把扶手椅却是典型的最新材料与工艺的展示。仓俣史郎制作这把扶手椅所采用的主体材料是刚问世的丙烯树脂亚克力，他充分利用其高度清晰的透明性能，将精美的纸质玫瑰浇铸在明亮

而透明的亚克力坐面和扶手构件中，并配上涂成红色的圆柱形铝合金腿足，创造出具有极强视觉冲击力的超现实主义座椅。

总体来说，仓俣史郎的室内和家具设计都采取了一种极简主义的姿态，深刻反映出传统日本工艺美学的严谨和节制，但又紧密结合西方的浪漫情趣和国际设计潮流中的后现代主义和激进主义设计动态，同时又广泛而熟练地应用欧美各国新近研发的各类最新材料和工艺，为日本设计带来了一种前所未有的精致和细腻，引导世界在接受日本现代家具的同时也重新认识日本设计的本质（图4-136）。

▲ 图 4-135

图 4-135 仓俣史郎设计的"布莱克小姐扶手椅"
图 4-136 仓俣史郎设计的"玻璃椅"

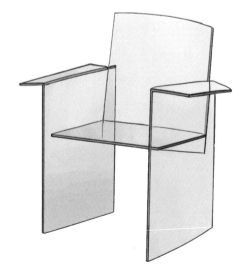

▲ 图 4-136

第五章
全球化和信息化背景下的
时尚与个性

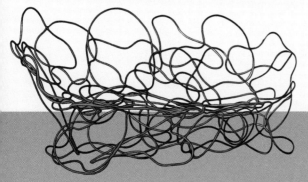

Chapter Five
*Fashion and Personality
in the Context of
Globalization and Informationization*

现代家具设计如果从托奈特制作弯曲木座椅和英国工艺美术运动的兴起开始算起，至今已有一个半世纪，如果从里特维德的"红蓝椅"和包豪斯的建筑开始算起，则至今百年有余。在这一百多年里，伴随着20世纪的现代家具设计的是一个轰轰烈烈的时代，经历了由英国领导的第一次工业革命（机械工业革命）到德国领导的第二次工业革命（电气工业革命），再到美国领导的第三次工业革命（信息工业革命）的全过程。借助于时代的启蒙、科技的进步和对材料资源的近乎无止境的开发，以欧、美、日为主体的三代设计大师在整个20世纪风云际会，创意无限，以令当世和后世都瞩目的设计成就，彻底改变了全世界人民的生活模式和工作状态。从某种意义上讲，20世纪三代家具设计大师披荆斩棘所开创和探索出来的现代家具系统早已涵盖人类生活、工作和娱乐的方方面面，后世设计师似乎很难找到前辈遗漏的设计突破口，更不可能再创造一个新的设计革命时代。然而，人类社会的本质告诉我们，人类对家具和家居环境元素的"新式样"或"新观念"的追求是无止境的。每个国家都会给予自己的设计师一定的机会和挑战，人类社会发展的每个阶段都会提出创新的要求，任何健康发展的人类社会都不仅会容忍各种"异类"的存在，而且往往会寻找和鼓励那些创意奇特、与众不同的东西，这种特质在艺术界和设计圈尤其明显。

在全球化和信息化的背景下，当代设计师最大的挑战就是在努力创造当代社会真正需要的功能主义产品的同时又要充分彰显个性，并引领时尚潮流，以此引导社会大众的健康生活模式。有思想的设计师绝不因循守旧，他们总是想尽一切办法突破前人的思想束缚，谋求创新之道，哪怕它们最初是"怪诞、离奇和不可理喻的"。一般而言，大致有四个方面的创新之道。第一，继续从历史传统中寻找自己的心灵对应物，或从民间日用品中发现有趣的、发人深省的内容，把它们提取出来进行分析、研究和再创造。第二，继续面向大自然这个取之不尽、用之不竭的宝库，尤其是对不断涌现的合成材料进行研制和应用。这方面尽管有前辈大师做出过大量令人难以企及的成就，但20世纪70年代中期的石油危机曾告诫人们，合成材料也并非无止境，现代科技的发展依然会不断推出新型材料来引导新时代的设计师阐释自己的灵感创意。与此同时，从20世纪后期开始，人们对生态设计的日益重视使一部分设计师将目光转移到以往完全被当作废料的某些材料上，从而使废料本身转化为一种设计元素。第三，有些设计师敏锐地注意到新时代各种艺术门类的新发展。艺术与设计的概念不断趋于融合，"边缘科学"与"跨界设计"的观念逐渐成为现代艺术设计运动中最容易发现新内容并引起轰动效应的导火索。第四，受超现实主义、未来主义、激进主义、后现代主义、解构主义等前卫思潮的启发，有些新生代设计师试图从"肢解"和"重构"前辈大师作品的行为中发现自己的设计道路。这种现象在 20 世纪"冷战"结束所引起的社会文化多元并存的大环境中更容易获得社会的反响和共鸣，尤其是这类设计师对工业化生产的质疑，并通过自己的方式提倡替代品，在当今信息化的环境下往往会获得期待中的设计效应。

全球化背景下的多元化现代社会自然也需要多元化的家具设计，信息化的时代再也不会出现顶尖设计大师的某个设计风靡全球的现象。每个国家、每个社会阶段都在谋求发展富有自身特色的经济和文化。总体来说，新生代设计师的影响往往都是地区性的，尽管全球范围内的相互交流和渗透比以往任何一个时代都有增无减。在这个由人造卫星和手机通信主宰的全球化信息时代，地球上几乎所有的生物都已被纳入某个巨型系统。人们本能的反抗只会使各个民族、各个国家趋向于更强烈地维护自己的文化特色，于是各国的新型设计师就在这样的大环境下施展才华，寻找属于自己的创意舞台。法国设计师菲利浦·史达克（Philippe Starck, 1949—）应该是新时代设计师中最耀眼的明星，他极其广泛的创作领域使他成为当代最著名的设计师之一。一批立足英国却又活跃于全球各个角落的中青年设计师在这个时代表现出强劲的冲击力，形成一个特色鲜明的创作群体，但又各自走出了自己的设计道路。芬兰和意大利依然底气十足地产生了一大批极具实力的优秀设计师，他们不论在继承前辈传统还是在创新方面都有卓越建树。日本的新生代设计师则开始在更广阔的国际设计舞台上崭露头角，他们一方面更深地融入国际设计潮流，另一方面也更加细腻地研究本民族的设计传统。此外，还有其他欧洲国家和加拿大、澳大利亚的新生代设计师以各自不同的理念和手法涉足现代家具设计，并在全球化的文化交流中演化为"国际设计师"。在中国，经过四十多年的改革开放，经济的腾飞带来了中国家具业和产业发展的奇迹，中国设计师不再沉默，他们从充满耻辱的抄袭中看到毁灭，在万般无奈的模仿中感受煎熬。一部分中国设计师决心走上属于自己的设计创新之路，他们有的从技术与工艺入手，有的从材料研发中获得设计的出发点，有的从中国传统家具设计智慧中发现灵感，中国设计师终于站在了世界现代家具设计的舞台上。

第一节
法国设计明星史达克

菲利浦·史达克是当代最著名的设计师。由于他父亲是飞机工程师，经常在家里设计绘图，史达克从小就耳濡目染，对绘画和工程有超乎寻常的兴趣，这也引发了他对建筑与设计的热情，于是他考入巴黎 École Camondo 学院建筑系学习。史达克小时候就是一位神童，1965 年不满 16 岁时就赢得了 La Vilette 家具设计竞赛的第一名，三年后受邀为 L.Venturi 公司设计可膨胀式家具，同年成立自己的公司，生产家居产品。1969 年，刚满 20 岁的史达克被任命为著名的皮尔·卡丹（Pierre Cardin）设计事务所的艺术指导，并在此设计出六十余种家具，效率与质量之高令同行望尘莫及。进入 20 世纪 70 年代，他开始大量介入建筑和室内设计，其中最重要的是 1982 年他与鲍林等四位设计师共同主持完成的法国总统爱丽舍宫新居的室内及家具设计项目，这个项目为他带来了极大的国际声誉，并从此使他的设计业务向世界各地展开，也让他成为领导时尚潮流的当代著名建筑师。其重要设计项目包括 1988 年完成的纽约皇家饭店室内设计，1989 年建于东京的雕塑感极强的 Nani Nani 大楼，1990 年完成的纽约巨人饭店室内工程，1992 年日本大阪的 Le Baran Vert 大厦和 1993 年的格罗宁根博物馆，以及遍及欧、美、日多地的许多餐厅和住宅项目。史达克为上述几乎每一个建筑和室内项目都设计了全套家具和灯具。史达克的设计很快成为法国当代设计的象征，他本人作为当代全球最著名也最多才多艺的设计师之一，多年的设计内容还包括电视机、计算机、摩托车、厨具、餐具、咖啡用具，以及大量的建筑和室内构件等。多年来，他在巴黎、纽约和东京都成立了设计工作室，也因此使他的影响力随着他的足迹遍及全球。

史达克的家具设计是当代设计中最前卫的代表之一，他的设计在尽显法国豪华设计底蕴的同时，也充分展示着他极其广阔的国际视野。虽然史达克从小便显露了天赋，但他依然非常勤奋，并对世界充满好奇。他的设计总是信手拈来，且每一件都是用时尚的理念和精湛的工艺技术打造出的精品，打动人心，并赋予环境梦境般的感觉，为使用者带来愉悦。史达克多年来设计并生产的家具数量巨大，也非常注重品质，尤其是对最新材料的研发和应用，可以毫不夸张地说，史达克几乎使用过一个当代设计师能够想到的所有材料，其最著名的家具产品包括1968—1970年的"Francesa西班牙椅系列"、1977年的休闲椅、1978年的"Van Vogelsang博士沙发"、1984年的"Costes三足椅"、1985年的"Dorn女士椅"、1990年的"Glob压膜塑料椅"、1992年的"Lord Yo椅"（图5-1）和1996年的"旅行小姐折叠椅"等。史达克多年以来都是当代设计时尚的旗手之一，他观察到现代社会的白领阶层工作辛劳，便设计出"慵懒工作沙发系统"，并由此引发家庭办公的时尚模式，从而打破传统社会观念中将生活与工作截然分开的行为方式，用设计的手法引导职场人员能用更休闲、更健康的方式工作和生活。史达克多年来以远超常人的旺盛创造力为世人带来一个又一个设计上的惊喜和时尚的体验，成为20世纪末、21世纪初全球性消费趣味的开创者和引导者。与此同时，他也会积极思考环境的急剧恶化和设计的关系，进而反思自己的设计中有哪些真正拥有持久的魅力，又有哪些属于受到时尚潮流和新奇品位左右的自我陶醉式的"过度设计"，继而决心在21世纪创造出更加经久耐用的经典产品。对标20世纪的那一批经典设计大师，史达克确信自己作为设计师的任务就是用最少的材料创造最多的快乐（图5-2～图5-4）。

▲ 图5-1

▲ 图5-2

▲ 图5-3

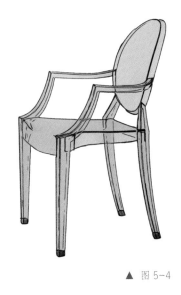

▲ 图5-4

图5-1 史达克于1992年设计的"Lord Yo"椅
图5-2 史达克于1990年设计的"W.W凳"
图5-3 史达克于2010年设计的"Broom椅"
图5-4 史达克设计的"路易幽灵椅（Louis ghost）"

第二节
英国新生代设计先锋

作为世界上第一个工业化国家和最早的资本主义国家之一，英国是美国之前全球最大的民族共处大熔炉，常年会聚着来自全球各地的各行各业的人物。就设计界而言，当年包豪斯的大部分精英大师，如格罗皮乌斯、布劳耶尔、密斯、莫霍利－纳吉、阿尔伯斯等人在美国最终落脚之前都是先在英国工作了几年，由此为英国带去了现代设计最时尚、最前卫的信息和作品。二战之后，这样的情形愈演愈烈，世界各地的建筑师和设计师常年以长期和短期的方式在英国学习和工作，这其中就包括欧洲当代著名设计师路昂·阿拉德（Ron Arad，1951—）。

生于以色列的阿拉德最早在耶路撒冷艺术学院建筑系学习，毕业后移居英国，并在著名的建筑联盟学院（AA）师从著名建筑师彼得·库克（Peter Cook）。在 AA 取得硕士学位后，他就建立了自己的建筑事务所和名为 "One Off" 的设计展示厅，定期举办设计沙龙，并展出自己和英国及全球设计师的作品。阿拉德在其主持的建筑和室内项目中开始设计思想超前、手法惊人的家具作品，并很快以一系列前卫的家具设计跻身于当代著名设计师的行列。阿拉德的家具深受法国大师普鲁威的影响，大量使用金属材料，如 1981 年设计的 "Rover 椅"（图 5-5）直接使用废弃的汽车驾驶座和建筑脚手架作为主体构件，体现出典型的 "高技派" 设计风格。阿拉德 1987 年设计的 "Schizzo 椅" 是他

▲ 图 5-5

图 5-5 阿拉德于 1981 年设计的 "Rover 椅"

另一件早期著名的家具作品，这件俗称"二合一"的新奇设计由两个视觉上分开但结构上又统一为整体的两组胶合板构件组成，表现出阿拉德在设计中对隐喻和诗意象征的追求。然而，真正奠定阿拉德作为新生代艺术设计先锋地位的还是他的金属艺术家具系列。它们是对工业化批量生产方式的一种明确对抗，尽管造价高昂，但作为艺术品受到国际设计界和艺术界的普遍关注，其中最著名的就是1989年设计制作的"Little Heavy椅"（图5-6）和"Big Easy Red Volume系列沙发"（图5-7）。在此，

阿拉德将运动的线条引入金属的塑性特质当中，形成材料与结构的高度统一。1992年，阿拉德的这种"艺术家具"创作达到了顶峰，此时这些家具设计实际上已成为彻头彻尾的抽象雕塑作品。当众多功能完善的前辈大师的家具基本主导着现代生活的节奏时，阿拉德的

这批金属艺术家具就被看作抽象雕塑作品，受到大批用户的欢迎。除家具设计外，阿拉德也设计了许多重要的室内项目。20世纪90年代，他最成功的家具设计是1997年完成的"Small Bookworm书架系列"（图5-8），他的大部分家具设计都是与Kartell公司合作进行的。

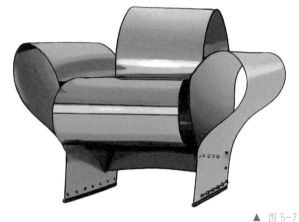

▲ 图 5-7

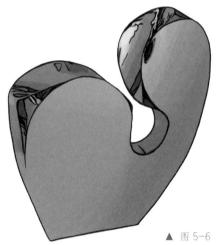

▲ 图 5-6

▲ 图 5-8

图 5-6 阿拉德于 1989 年设计的"Little Heavy 椅"
图 5-7 阿拉德于 1989 年设计的"Big Easy Red Volume 系列沙发"之一
图 5-8 阿拉德设计的"Small Bookworm 书架系列"之一

洛斯·拉古路夫（Ross Lovegrove, 1958—）早在20世纪90年代初期就被誉为英国新一代设计天才。他先在曼彻斯特理工大学学习工业设计和人体工程学，毕业后又考入伦敦皇家艺术学院学习雕塑，并于1983年毕业获硕士学位，而后为阿尔滕斯泰格（Altensteig）的工业设计咨询公司青蛙设计（Frogdesign）工作，其间参与了为日本索尼公司和美国苹果公司所做的许多设计项目。20世纪80年代中期，他在巴黎的诺尔国际公司做专职设计，同时又与史达克等新生代设计师合作为许多欧美大公司做设计顾问，如路易威登（Louis Vuitton）公司、卡夏尔（cacharel）公司、都彭（Dupont）公司和爱马仕（Hermes）公司。1986年，拉古路夫回到伦敦后很快与朱利安·布朗（Julian Brown）合作建立了设计事务所。四年后，他终于建立了个人的工业设计

事务所，名为"Studio X"。拉古路夫充满科学理念和未来主义造型的设计以惊人的速度获得了欧美各国的认可和推崇，与他长年合作的著名企业和品牌包括英国航空公司、派克钢笔（Parker Pens）、Kartell公司、柴考迪（Ceccotti）公司、卡佩里尼（Cappellini）公司、荷兰菲利浦（Philips）公司、美国苹果公司、日本奥林帕斯（Olympus）公司、泰勒·海勒（Tag Heller）公司和美国赫曼米勒公司等。

拉古路夫的家具设计和工业产品设计在视觉上非常诱人，尤其表现在对色彩与材料之间关系的处理上，同时在技术上非常有说服力（图5-9）。他在艺术创意和设计科学方面的背景使他坚信现代设计最好用最现代的科技成果来完成，其比较著名的产品包括1992年的"FO系列椅"、1996年的"Bone椅"（图5-10）和1997年的

"Magic椅"（图5-11）。他关注生态设计，对绿色设计全心投入，并在1996—1997年为Luceplan公司设计了著名的太阳能花园照明系统。拉古路夫的设计时刻体现出与大自然的某种联系，同时又充满对人体工程学的深刻理解和对最新材料的敏感，也非常注重制作技术的精良。拉古路夫于1993年被聘为伦敦设计博物馆的顾问。1997年，他在哥本哈根、斯德哥尔摩和东京举办了个人设计作品巡展，受到全球关注。今天，拉古路夫的设计更加注重科学化的思考和雕塑化的艺术造型处理，最大限度地表现了未来的设计思路。

图 5-9 拉古路夫于 1995 年设计的"Bluebelle椅"

▲ 图 5-9

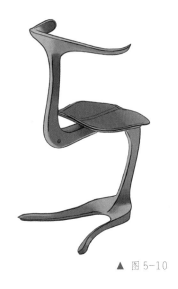

▲ 图 5-10

▲ 图 5-11

从芬兰著名家具企业阿泰克（Artek）艺术创意总监职位卸任的汤姆·迪克森（Tom Dixon, 1959—）是另一位获得国际声誉的当代英国设计师。阿尔托在 20 世纪 30 年代创办阿泰克并任第一任艺术创意总监，从此这个职位一直由国际最优秀的设计师担任。迪克森于 1978 年毕业于伦敦切尔西艺术学校，并从 1983 年开始正式设计家具，用电焊废金属开创了自己的"反传统"设计模式。1987 年，迪克森建立了自己的设计制作公司 Dixon PID，后又改称为"空间"，专门设计和制作限量版家具和灯具（图 5-12）。其代表作是 1987 年的厨房椅和 1988 年的"S 休闲椅"（图 5-13）。这个时期，他的设计力求远离工业化生产体系，探索设计过程中随机创造性的潜力。自 20 世纪 90 年代起，迪克森的家具设计创作进入一个新阶段。他的作品减少了手工艺的痕迹，但增加了雕塑感，同时开始考虑工业化生产的因素，代表作是 1990—

图 5-10 拉古路夫于 1996 年设计的"Bone 椅"

图 5-11 拉古路夫于 1997 年设计的"Magic 椅"

图 5-12 迪克森于 1986 年设计的"公牛椅"

图 5-13 迪克森于 1988 年设计的"S 休闲椅"

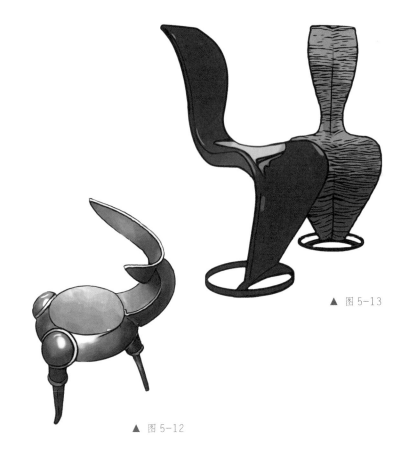

▲ 图 5-13

▲ 图 5-12

1992 年的"Bird 系列椅及沙发"和 1993 年的"Pylon 椅"（图 5-14），它们构思奇特，很快使迪克森成为当时英国最时尚的"新巴洛克设计运动"的代表。随着声誉日隆，迪克森开始受邀任教于伦敦皇家艺术学院、金斯顿大学和普利茅斯大学等高等学府，随后担任 Habitat 设计连锁商店的设计总监，并与许多设计大师如鲁宾藏、潘东、索特萨斯等展开合作，而他自己于 1997 年设计的"Jack 灯系列"在轰动世界的同时也成为被竞相模仿的现代设计杰作。

加斯帕·莫里松（Jasper Morrison, 1959—）被认为是与史达克齐名的当代欧洲顶级设计师，在现代家具领域，莫里松的影响力更是达到了顶峰。莫里松先后在伦敦皇家艺术学院和金斯顿大学学习，他的老师是包括芬兰现代设计大师库卡波罗在内的欧美最著名的一批设计大师。读书期间，他于 1984 年获得奖学金，并去柏林艺术学院进修了一年，对现代家具发展的来龙去脉非常了解。1985 年毕业后，他开始全心全意设计家具。1986 年，莫里松在伦敦建立了自己的设计事务所，专注于室内家具和工业产品设计，很快就以大胆而精致的"实验家具"闻名于世。这段时间他的代表作是 1983 年的花瓶桌和 1984 年的"Wing-Nut 椅"，而最著名的则是 1987 年的"思想者椅"（图 5-15）。这件用钢管和钢条构成的休闲椅可用于室内外各种场合，扶手端头的小托盘可置

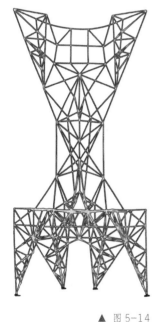

▲ 图 5-14

图 5-14 迪克森于 1993 年设计的"Pylon 椅"
图 5-15 莫里松设计的"思想者椅"

▲ 图 5-15

放咖啡杯。它与 1989 年为维特拉（Vitra）公司设计的"Ply 椅"（图 5-16）都展示了莫里松早期家具设计中的"反物质倾向"，以此来反思现代家具设计在信息化时代的走向。20 世纪 90 年代末，莫里松专注于以舒适和健康为出发点的现代沙发设计，如 1990—1991 年的沙发椅凳系列和沙发榻以及 1993 年的新沙发系列，以内敛的心态和理性的手法引发了一种强烈的纯净之美，其高度纯洁而又完全以

功能主导的作品，突出体现了欧美当今设计最时尚的"新简洁主义"。进入 21 世纪之后，莫里松对实木和胶合板等传统家具材料产生了浓厚的兴趣，由此开始推动与北欧尤其是芬兰的家具企业的合作，其中与芬兰家具名企 Nikari 公司合作至今，创造出一系列深受用户厚爱的木构现代家具，从生态设计的角度再次引领现代家具设计的走向（图 5-17）。

▲ 图 5-16

▲ 图 5-17

图 5-16 莫里松设计的"Ply 椅"
图 5-17 莫里松设计的"空气椅"

第三节
芬兰人文功能主义代表人物

芬兰家具中强悍的创造力在很大程度上来自芬兰设计师对材料的开放心态，这一点与丹麦一样。1957年，当年仅24岁的设计新秀库卡波罗的新潮的钢木家具和合成纤维家具与阿尔托等芬兰前辈大师的代表作排列在一起展览时，当时的许多评论家都批评库卡波罗的作品没有芬兰特色，因为从老沙里宁的实木家具到阿尔托的胶合板家具都与芬兰极其丰富的森林资源密切相关，由此看来，不仅芬兰人自己，就连整个国际社会都已认可芬兰家具以木为纲的民族特色。如果芬兰人在阿尔托之后的岁月中一味地谋求这种特色，那么芬兰家具可能就会失去其创造性的力量。所幸事实正好相反，深具国际视野的芬兰设计师十分清醒地知道应如何保持和发展自己的设计特色。曾与阿尔托、柯布西耶和密斯等共事的塔佩瓦拉率先在芬兰建立了源自包豪斯和现代主义，但又关注芬兰功能主义设计传统的设计教育系统，使芬兰家具真正走向工业化和国际化，直到库卡波罗时代，芬兰终于建立起了强大的"国际式芬兰"的设计特色，后来通过库卡波罗在担任赫尔辛基艺术设计大学校长一职而代代相传，使芬兰设计师能够站在现代国际设计的最前沿。该校自20世纪60年代开始，形成以人体工程学和生态设计为基础的人文功能主义学派，并通过毕业生传播到北欧和世界各地。一代又一代的芬兰设计师最先继承的就是老师们无止境的创新精神，由此形成芬兰设计生生不息、代代都有杰出表现的局面。

已退休十年的阿尔托大学前任设计学与空间设计教授约里奥·威勒海蒙（Yrjo Wiherheimo, 1941—）是库卡波罗最重要的学生之一，也是芬兰当代最有影响力的设计师之一。自1968年毕业后，他便成为独立设计师，1980年参与创建Vivero家具公司并任设计总监。在他自1997年被聘任为芬兰的设计专业教授以前，曾在挪威设计学院任家具设计专业教授多年，北欧许多年轻一代的优秀设计师都是他的学生。他全面继承了库卡波罗的设计衣钵，并在此基础上发展出以材料的选择和设计的趣味为特色的设计风格，并进而发展出欧洲最早的"交互参与式"家具系统。其重要代表作有"皮与骨休闲椅系列"（图5-18）、

"Visio鸟椅系列"、"hello椅"和"欢乐系列办公家具"等，从其充满情趣的命名中可以体会到威勒海蒙的设计理念（图5-19、图5-20）。正如他说的那样："设计如同做菜，当你做菜时不加佐料，很难做出美味佳肴，设计也是一样，也需要不同材料、不同佐料。"威勒海蒙是库卡波罗之后北欧最著名的办公家具设计专家，除了办公家具本身的创新点之外，威勒海蒙办公家具设计的一大特色是邀请客户参与设计，从而为客户提供更多的参与感和选择权，如他设计的椭圆形办公桌，其桌腿可以依用户需要配置在不同位置，并从钢、木、塑料、玻璃等材料中选择不同的配设。

▲ 图 5-18

▲ 图 5-19

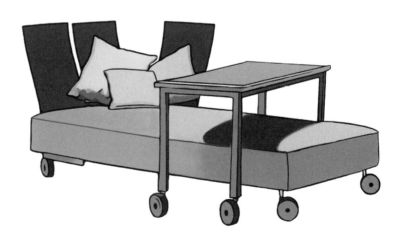

图 5-18 威勒海蒙于 1991 年设计的
"皮与骨休闲椅"
图 5-19 威勒海蒙设计的椅子
图 5-20 威勒海蒙设计的沙发床

▲ 图 5-20

西蒙·海科拉（Simo Heikkila, 1943—）是库卡波罗的另一位著名的学生，在长期担任库卡波罗的工作助手后，接替威勒海蒙担任母校的家具设计教授多年。与威勒海蒙不同的是，海科拉最感兴趣的是木构家具，他主持多年的阿尔托大学木构设计工作室是引领全球木构现代家具设计的团队。海科拉以他特有的艺术家气质，使他的家具始终散发着一种优雅与原始冲击结合起来的吸引力。海科拉的设计尤其注重细部、结构和视觉观念，以及它们如何融合在一起的过程。海科拉的座椅和灯具往往从一些非常微小的细节入手，慢慢加大尺度及相关部位的同时，又

与结构功能进行对话，最后产生清晰的形式（图5-21）。它们有时会演化成一件成熟的家具，有时则会生成一件艺术品，如雕塑和装置艺术作品。海科拉的重要作品有1984年的"Artzan椅"（图5-22）、1986年的"Markiisi椅"、1991年的"Visa椅"、1992年的"Auri椅"、1995年的"Ply三足椅"、1997年的"Profiili

办公桌椅系列"和2001年的"Tumppi休闲椅"（图5-23）等。海科拉同样也是一位杰出的设计教育者，除长期在母校任教外，他也多年在挪威和瑞典的设计学校担任设计专业教授，为保持和提高北欧学派的设计水平做出了重要贡献。海科拉是许多设计奖的得主，如1981年的Habitare奖、1986年芬兰国家设计奖以及1992年

▲ 图 5-21

▲ 图 5-22

▲ 图 5-23

图 5-21 海科拉设计的"Cane 休闲椅系列"
图 5-22 海科拉于 1984 年设计的"Artzan 椅"
图 5-23 海科拉设计的"Tumppi 休闲椅"

瑞典的 Forsnas 奖等。同时，海科拉还是长期享受政府创作津贴的少数几位杰出艺术家之一，他的以家具为主的设计作品也同样被许多世界著名的博物馆收藏。

在过去连续二十多年的瑞典斯德哥尔摩设计博览会上，我们都能在"绿色大厅"（专门展出世界各国设计院校学生的设计作品的展厅）里看到始终独占鳌头的阿尔托大学设计学院学生的精美作品，他们每次都能以强烈的视觉冲击力，给参观者留下极其深刻的印象，而这一切背后的指导教师中的灵魂人物就是已退休的设计学教授尤克·雅威沙罗（Jouko

Jarvisalo, 1950—）。像他的老师库卡波罗和威勒海蒙一样，雅威沙罗也是一位坚定的人文功能主义设计师，专注于办公家具和公共场所的设计革新，其设计的基本出发点就是以严谨的功能主义态度解读材料与形式的关系。人们在他的作品中可以感受到严格的几何语言和弹性的雕塑造型之间的强烈张力，如 1982 年的"Antek 实验椅"、1988 年的"Soda 系列椅"、1990 年的"Kazimir 沙发"、1992 年为芬兰驻德国使馆设计的"Lippi 休闲椅系列"（图 5-24）、1994 年的"风波椅"、1996 年设计的"飞翔系列沙发"、1998 年的"Noja椅"、1999 年的"Hela 多功

能叠落椅"以及自 2000 年开始发展至今的"Lanke 全金属结构多功能椅系列"。雅威沙罗认为理想的设计应该是材料与精神的结合，当构思与材料和结构相吻合时，成功的大门就会打开，而好的家具必须符合三个基本标准：适于生产制作；功能合理，使用方便；充分展现设计师倾注于作品中的创造性元素。总而言之，一件优秀的家具应该是与众不同的艺术品（图 5-25、图 5-26）。

▲ 图 5-25

▲ 图 5-26

▲ 图 5-24

图 5-24 雅威沙罗于 1992 年设计的"Lippi 休闲椅系列"
图 5-25 雅威沙罗设计的"Midi 椅"
图 5-26 雅威沙罗设计的沙发

卡勒·洪伯格（Kaarle Holmberg, 1951—）是库卡波罗的学生中在商业上最成功的一位，同时也是在设计教育方面取得很大成就的教授。他长期在阿尔托大学和拉赫提（Lahti）设计学院任教，在桃李满天下的同时，在家具设计领域也硕果累累，自成一体。洪伯格善于思考，也乐于思考，而他思考的主要方式就是草图的设计。他的草图本身就是很多博物馆争相收藏的艺术品，人们仅凭他的构思草图就可制作出精确的模型。洪伯格乐于参加世界各地举办的各种设计竞赛，并屡屡斩获大奖，因此他的很多著名作品都是从竞赛方案中演化而成的。但更重要的是，他的每一次设计都始于一个问题或某种理想，如20世纪90年代初，当他对大量现代主义办公家具感到疲倦时，便决心发展一种有机的造型语言。他通过反复实验选中铝合金作为支架，将覆面胶合板作为坐面和背板，最后推出至今畅销的"Paletti系列多功能椅"（图5-27）。20世纪90年代中期，洪伯格开始迷上"手提箱椅"（图5-28），由此开始对全木制家具系列的研究和测试，最后设计出种类繁多的"手提箱椅系列"。它们构思奇巧、结构精致，全部构件拆开后可装入同为构件之一的箱盒中，轻盈别致，是现代家具中不可多得的艺术珍品。1997年以后，洪伯格决心设计最轻便的椅子，由此开始对材料和结构的并列研究，从钢管、铝合金件、木板和帆布中选取最佳组合，最后完成了"轻便温莎椅"和"帆布椅"等创意设计。

▲ 图 5-27

图 5-27 洪伯格设计的"Paletti系列多功能椅"
图 5-28 洪伯格设计的"手提箱椅"

▲ 图 5-28

生于 1962 年的史蒂芬·林德弗斯（Stefan Lindfors, 1962—）长期以来都被看作芬兰设计学派的"叛逆"人物，因为他总是力图突破所有前辈大师的设计传统，并更多地以艺术化的态度对待设计。然而林德弗斯的设计结果又是功能主义的，这是他的许多设计产品都能获得商业成功的原因之一，他也因此得到了全球范围内的认可。林德弗斯年轻时就已荣获北欧文化大奖、丹麦乔治杰生（Georg Jensen）设计奖和芬兰 SIO 室内设计大奖等奖项，并在 31 岁时被美国堪萨斯大学艺术学院聘为设计专业教授。林德弗斯的设计前卫而大胆，将艺术中的表现主义手法与对自然环境的理解有机结合，再用不同寻常的材料创作出别具一格的设计，如他早年的成名作，1988 年的"Scaragoo 办公灯具"（图 5-29）就是一件仿生设计的杰作。其重要家具作品还包括 1990 年的"Flamingo 叠落式多功能椅"、1992 年的"Booa 休闲椅和沙发系列"、1995 年的堪萨斯艺术博物馆"Kannper 多功能椅"、1996 年的"林德弗斯椅"（图 5-30）和 1998 年赫尔辛基当代艺术博物馆的 Kiasma 咖啡厅的儿童餐椅（图 5-31）等。林德弗斯的设计总是充满实验性，总能令人兴奋，人们总能在钢、木、塑料与充满光和色的交织融合中体会到某种神秘的隐喻。

▲ 图 5-29

▲ 图 5-30

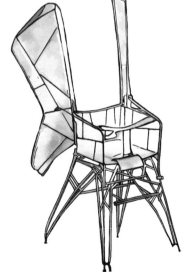

▲ 图 5-31

图 5-29 林德弗斯于 1988 年设计的"Scaragoo 办公灯具"
图 5-30 林德弗斯于 1996 年设计的"林德弗斯椅"
图 5-31 林德弗斯为赫尔辛基当代艺术博物馆的 Kiasma 咖啡厅设计的儿童餐椅

莎丽·安特宁（Sari Anttonen，1966—）是当今芬兰最活跃的设计师之一。她在考入阿尔托大学之前已受过多年木工及木工机械专业的系统培训，因此她能够熟练地操作相关设备和材料，并亲手制作设计原型。她是芬兰人文功能主义学派的中坚力量，但也对意大利的激进主义和后现代设计有浓厚兴趣，尤其擅长发现隐藏在很多普通物品背后的意义，再用看似平静的方式创造出令人震撼的作品。安特宁的成名作是1994年设计的可移动、可拆装的"Pret-A-Porter沙发系列"（图5-32），用钢管和织物面料制成一组优雅而梦幻的舒适座椅。此后，安特宁以其卓越的创作才华活跃在现代设计的最前沿，其主要作品有1995年的"Trinity多功能家具"，包括落地灯、小书架和电器盒；1996年在非洲塞内加尔设计的"Tubab系列家具"（图5-33），包括多功能椅、办公桌椅、文件架、衣帽架等；1996年在芬兰设计的"超级英雄系列储藏柜"（图5-34），创造性地将服装与家具融为一体；1997年的"Hot Pants空间隔断屏风"；1999年的叠落式多功能"吻椅"；等等。安

▲ 图 5-32

图 5-32 安特宁设计的 "Pret-A-Porter 沙发系列"
图 5-33 安特宁设计的 "Tubab 系列家具" 之一

▲ 图 5-33

特宁的设计本身已超出家具的含义，在充满想象力的同时又具有优美的造型和细腻的质感。在触摸这些家具时，人们会在不同的环境下感受到其中蕴含的个性和情感。安特宁的设计观念非常开放，正如她常说的："我不想让自己受任何形式和风格的束缚，我学习研究已有的东西，以求让思维在一段时间以后更加成熟，如果构思成熟了，那么解决问题的方法就会呼之欲出。"

很多新生代设计师都对享誉全球的北欧学派传统中心所有风格发起了挑战，其中最成功的是芬兰设计师伊里卡·苏帕宁（Ilkka Suppanen, 1968—）。虽然他与传统决裂的态度要比林德弗斯温和许多，但其家具设计和其他产品设计的成果却更加让人震撼。苏帕宁年轻时以游学的方式完成了自己的专业训练，他先在赫尔辛基理工大学读建筑专业，而后转入艺术设计大学空间与家具设计系，

其间又去荷兰的里特维德建筑学院交换学习一年，毕业后再去美国考察当代建筑和设计。这样的学习经历铸成他此后形成的"游牧生活家具"的设计理念，充满一种对激进生活的向往。苏帕宁于1994年设计了"游牧椅"（图5-35），其设定的使用对象是在现代大都市生活的神经敏感的青年一代，其最大的设计特点是由"游牧"特性决定的：质轻且易于拆装携带。1996年，他又将"游牧椅"发展为折叠沙发和折叠床系列，从而完成他的游牧生活装备。1997年，他推出"空气袋休闲椅"（图5-36），以新材料和彻底反传统的设计语言展开非正统设计。这件产品立刻受到世人的关注和喜爱。随后，他又在1998年推出"飞毯椅系列"，2000年设计出一种折叠床，以其反传统的设计理念不断震惊世界。1998年，苏帕宁被索特萨斯提名为全球40岁以下的四位最重要的青年设计师之一。苏帕宁的家具，在强烈的视觉效果和新奇的使用体验背后，隐藏着极其深刻的哲学思考，也就是现代设计师应该如何去追求瞬间与永恒之间的平衡（图5-37）。

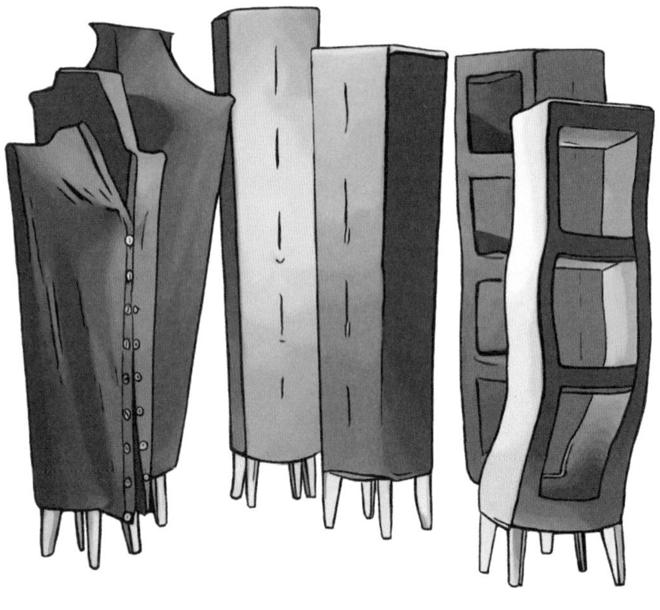

▲ 图 5-34

图 5-34 安特宁设计的"超级英雄系列储藏柜"

▲ 图 5-35

▲ 图 5-36

图 5-35 苏帕宁于 1994 年设计的 "游牧椅"
图 5-36 苏帕宁设计的 "空气袋休闲椅"
图 5-37 苏帕宁设计的 "Catherine 休闲椅"

▲ 图 5-37

波普艺术源自英国，并在美国达到高潮，引发了美国社会的全面文化革命，也成为美国梦的大众表现形式。然而在家具设计领域，却是欧洲大陆的一批设计师创作出了最具代表性的波普设计作品，其中的主力军就是意大利先锋派设计师。波普艺术的原则就是从当代生活的"低等艺术"中获取创作灵感，如商业广告、产品包装、喜剧电视等，它进入家具设计领域是非常自然的事情。为了对抗20世纪50年代的"好设计"，波普设计师刻意以一种随便的态度去操作设计，使用各种廉价的材料去构思各种"反正统"的造型。这种"对正统的反抗"伴随着年轻一代设计师对自由思维的追求、对性解放的追求和对所有亮丽色彩的追求。这使得波普设计师可以从相当大的范围内寻求创作灵感，如新艺术风格、艺术装饰风格、未来主义、超现实主义、阿普艺术（Appart）、心理分析学、东方神秘主义及太空时代的梦想等。波普设计因20世纪70年代中期的石油危机而受到遏制，随后逐渐被手工艺复兴和高技派取代。意大利波普设计有两件最重要的作品，其一是1967年由乔纳坦·德·帕斯（Gionatan De Pas）、多纳托·德乌尔比诺（Donato D'Urbino）、保罗·洛马齐（Paolo Lomazzi）和卡拉·斯科拉瑞（Carla Scolari）设计的"吹气椅"，它是第一种可批量生产的可膨胀式椅子，面世后立刻成为20世纪60年代大众文化的经典象征之一。它一反传统家具和正统现代家具追求的高品质和经久耐用的观念，以"用完就扔，以新代旧"的设计态度表现一个短暂时代的热烈心声。其二是1968年由皮耶罗·加蒂（Piero Gatti）、塞萨雷·保利尼（Cesare Paolini）和佛朗哥·特奥多罗（Franco Teodoro）设计的"Sacco皮袋椅"，这是一种观念全新的无形软坐垫，可供使用者随时选择各种姿态使用。

不过，意大利庞大的战后设计学派并没有在波普设计的潮流中停留很久，其新生代设计旷日持久的主流依然是创意无限的"激进主义设计"，这方面的设计师阵容强大，创作激进而超前，除之前介绍过的索特萨斯和卡氏三兄弟等战后一代大师之外，紧随其后的新生代先锋派设计师中，最主要的代表就是保罗·德加奈罗（Paolo Deganello，1940—）

和安东尼奥·西特里奥（Antonio Citterio, 1950—）。

保罗·德加奈罗年轻时考入佛罗伦萨大学（Università degli Studi di Firenze）建筑系，毕业后与几位志同道合的同学在佛罗伦萨成立著名的激进主义设计团体 Archizoom 联盟。1974 年，该联盟解散后，德加奈罗又同另两位同仁佛朗哥·加蒂（Franco Gatti）和罗伯托·奎西（Roberto Querci）合作成立了另一家名为"技术设计师集团"的事务所，

专门从事理念激进超前的现代家具设计。与此同时，德加奈罗长于思考、勤于写作，并长期任教于母校费伦兹大学、伦敦建筑联盟学院、米兰理工大学和罗马工业设计学院等。1981 年，德加奈罗成立了自己的设计事务所，随后展开与 Marcatre 公司、Cassina 公司、维特拉公司等著名家具企业的长期合作。1973 年，是德加奈罗在家具设计领域崭露头角的一年，他先是推出一系列 Archizoom Uno 办公椅，为当时沉闷的办公家具市场带来了活跃的气氛，随后又推出他的成名作"AEO 可拆装式休闲椅"（图 5-38），从形式到材料都令人耳目一新。

他的下一件轰动世界的家具作品是 1982 年面世的"Torso 多功能休闲沙发系列"（图 5-39），这个作品最引人入胜的构思是倡导使用者参与设计。其不同构件之间的多种可能的互置为使用者提供了多种功能的选择，其明显的不对称构图和沉稳的色彩搭配，让人们在感受激进设计理念冲击的同时也能回味 20 世纪 50 年代经典设计的优雅。进入 20 世纪 90 年代，德加奈罗开始以建筑设计和建筑史教学为主业，同时也花费了大量时间主编建筑与设计杂志，并为 *Domus*、*CASABELLA*、*Modo* 和 *Lotus* 等杂志撰写了大量文章，但他也设计了一些

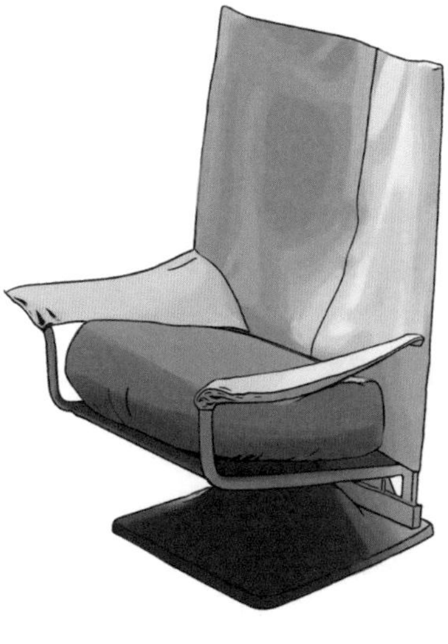

▲ 图 5-38

图 5-38 德加奈罗设计的"AEO 可拆装式休闲椅"
图 5-39 德加奈罗设计的"Torso 多功能休闲沙发"

▲ 图 5-39

创意家具，如1991年设计的"Re椅"（图5-40）就是意大利手工艺复兴运动的一件力作。它源自设计师对设计趣味的广泛思考，具体而言，就是如何为新时代的家具增添符合时尚潮流的佐料。德加奈罗在此将藤编和皮革这两种截然不同的材料用于座椅的坐面和靠背，用质感上的强烈对比唤起人们对手工艺的怀念。

另一位有影响力的意大利先锋设计师则是安东尼奥·西特里奥。他毕业于米兰理工大学建筑系，随后立即投身于大量的旧城改建和建筑设计项目，也完成了许多室内与家具设计。1973年，西特里奥开始与保罗·纳瓦（Paolo Nava）合作，一直持续到1981年。其间，他与意大利最负盛名的戈里戈蒂（Gregotti）建筑师事务所合作，共同完成了米兰Brera画廊的改建工程。1981年，他成立了自己的事务所，与美国建筑师特里·德万（Terry Dwan）结婚后，两人开始共同经营他们的设计事务所。在这段时间里，他们除了完成许多建筑工程和室内设计项目之外，也为Olivetti公司设计出一套新型办公室家具系统。他们的许多家具和灯具设计也是与多家企业进行合作的结果，其合作对象包括意大利灯具品牌Artemide、Kartell公司、BB意大利公司、Flexform公司和Moroso公司。西特里奥最著名的家具产品是1990年为Victra公司设计的以他的名字命名的"Citterio办公家具系统"（图5-41）。它设计精良，功能考虑完善，在提供人

▲ 图5-40

▲ 图5-41

图5-40 德加奈罗设计的"Re椅"
图5-41 西特里奥设计的"Citterio办公家具"

体工程学支撑的前提下并未减少使用者活动的自由度。1993年，西特里奥试图进军家用家具市场，推出一套近乎通体用皮革编条覆盖的"Compagnia delle Filippine 休闲椅系列"（图5-42），获得了巨大的成功。

1996年，他与Oliver Low公司合作设计的"Dolly折叠椅"（图5-43）是他的另一件名作。这把折叠椅同他们20世纪90年代初的办公家具一样构思简洁有效，以最少的材料制作出包括扶手的折叠椅。

▲ 图 5-42

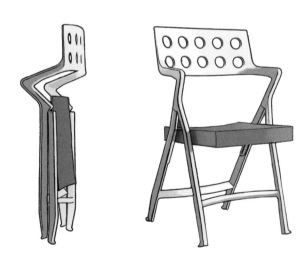

图 5-42 西特里奥设计的"Compagnia delle Filippine 休闲椅系列"
图 5-43 西特里奥设计的"Dolly 折叠椅"

▲ 图 5-43

第五节
日本新锐设计师

当日本现代建筑与国际（欧美）全面接轨，并很快跻身世界现代建筑最领先行列时，日本的家具也同样与时俱进。但与欧美各国都不同的是，日本家具实际上是在经历着两种革命，一种是生活起居方式的革命，即从传统的席地而坐和跪坐交流模式不同程度地向国际式的高坐模式转化；另一种则同其他国家一样，从传统家具向现代家具转化和发展。在这样的背景下，日本现代家具的发展与众不同，但最后的结果却是多元化的。日本每一位优秀的家具设计大师都有广泛而深刻的国际背景，但又都从不同方面联系着日本传统设计文化的灵魂，即高度的内敛和精湛的工艺。当中岛乔治和柳宗理以国际化的视野和经历重新认识和解读日本设计精神的内涵时，仓俣史郎已开始借助日本传统设计的某些特质元素来诠释欧美流行的激进主义设计和后现代主义设计等流行风尚，从而使日本现代家具设计步入与欧美现代家具同步发展的轨道。此后，无论自然科学的发展（以诺贝尔奖得主为标志），还是建筑设计领域（以普利兹克建筑奖和其他建筑奖为标志）的发展，日本都遥遥领先。在家具设计领域，日本设计师同样没有落后，以雅则梅田、喜多俊之和内田繁为代表的当代日本新锐设计师都已站在国际家具设计的最前沿，担当起引领时尚潮流的重任（图5-44～图5-46）。其中雅则梅田以能够将高科技、幽默感和舒适性融为一体而著称。这一特性在"催眠椅"的设计中得到了完整体现，"催眠椅"的造型、色彩和使用功能的多样化都是意大利当年激进主义设计理念的延伸，其休闲的设计态度则集中代表着欧洲设计革命对人的身体和工作状态的双重关注。喜多俊之多年游走于东西方之间，在多层面推广现代设计理念的同时，也时刻关心人与自然的关系和绿色设计的理念，希望能用优秀的设计让世界更美好。

▲ 图 5-44

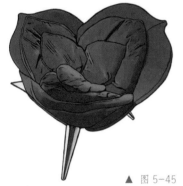

▲ 图 5-45

与雅则梅田和喜多俊之的设计发展之路不大一样的是，内田繁的一生主要都在日本本土工作，尽管他利用在国外大学任教和参加国际展览的机会与国际设计潮流全面接轨，但其主要身份还是日本本土最有成就的家具设计师之一。内田繁从桑泽设计学院毕业后不久就成立了自己的设计事务所，专注于室内设计、展览设计、工业设计以及数量最大的家具设计。他的家具品类繁多、创意纷呈，但始终坚持自己的设计原则，即源自传统但又高于传统，用现代科技成果重新诠

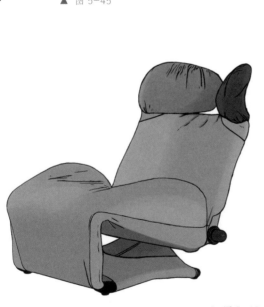

▲ 图 5-46

图 5-44 雅则梅田设计的兰花椅
图 5-45 雅则梅田设计的玫瑰椅
图 5-46 喜多俊之设计的"Wink 椅"

释人类以往的家具产品。内田繁一生的每个阶段都在设计家具，他的家具设计之路可以划分为三个阶段：20 世纪 60 年代末到 70 年代末的金属家具时期；20 世纪 80 年代初到 90 年代初的后现代家具时期；20 世纪 90 年代中期到 21 世纪第一个十年的新型沙发时期。内田繁早年对金属精加工非常入迷，因此有很长一段时间都专注于公共空间的金属家具设计，并为此创作了大量高品质作品，如 1974 年的 "Rattan 椅"，1975 年的"黑椅"，1977 年的"九月椅"和"十月椅"，1981 年的 "kissa 椅" "N irvanna 椅"和 "Asvattha 椅"等。而后，内田繁对全球时尚的关注让他对后现代主义思潮产生了浓厚兴趣，随即于 1985 年设计了一把造型奇特的吧椅（图 5-47），紧接着又在前一阶段金属家具基础上创作出了 "NY 系列"，包括桌椅（图 5-48）、橱柜和屏风装置，以及继续以月份命名的以木构皮革为主体的色彩大胆的座椅及格架系列。到 20 世纪 90 年代中后期，内田繁开始对组合沙发与公共空间的关系非常入迷，设计出了一组前所未有的自由组合沙发（图 5-49）。这套沙发由不同高度、

不同色彩、不同形状的沙发模块组成，它们之间的模数与形状关系使它们可以根据空间形态和使用功能的不同排列成各种形式，成为室内设计的一个可调节制式。

内田繁是一位自信、勤奋，同时又极有涵养的日本设计师。实际上，他早在20世纪60年代后期就率先设计出了"自由形椅"，也就是"布袋椅"，但他很快就发现意大利版本的"皮袋椅"差不多与其同时出现，并已在全球设计杂志上广为刊登。为了避免版权纠纷，同时也为了能够发展出与"自由形椅"不同的设计思路，内田繁决定放弃这一思路，并彻底转向理性主义设计，由此发展出内容极其丰富的极简主义金属家具、后现代主义家具和自由组合沙发，并在相关思想引导下完成了大量室内展览、装置及行为艺术等工程，成为日本当代设计的一面旗帜。

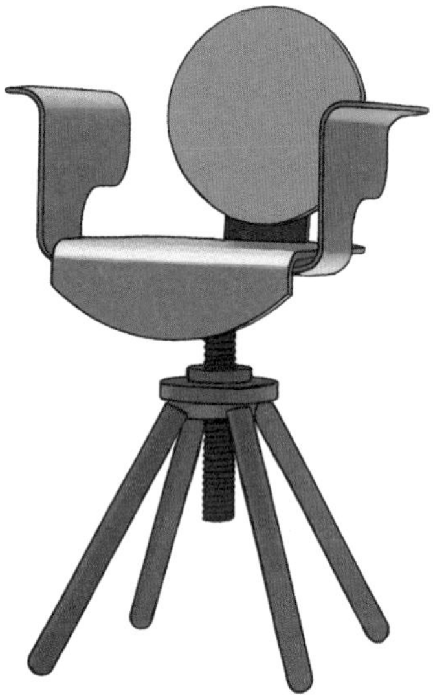

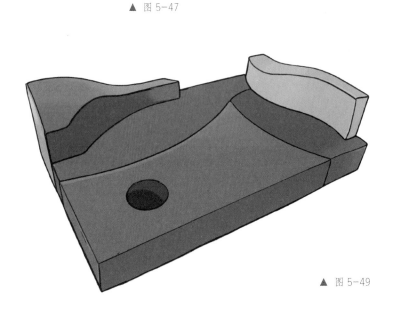

▲ 图 5-47

▲ 图 5-48

▲ 图 5-49

图 5-47 内田繁设计的吧椅
图 5-48 内田繁于 1986 年设计的"NY 椅"
图 5-49 内田繁设计的自由组合沙发

第六节
其他西方当代前卫设计师（一）

"冷战"结束之后，整个世界进入了真正的全球化，同时又伴随着信息化的进程。于是，普通人比以往任何时代都更容易接触到并使用到现代设计大师创作的经典家具作品。然而，社会的进步和人类的天性又使人们并不能长期满足于某些国家的传统和风格，哪怕它们早已非常完善，人们依然不断需要新的设计和试验性的产品，哪怕这些新设计和实验性产品并不完善，甚至并非为日常使用而设计。于是我们可以想象，世界各国都有不计其数的设计师每天都在努力创作自己的家具作品，但广大民众知道的其实非常有限，这首先是因为设计必须有高下之分，最优秀的产品大体而言会更容易流传，但也有更多复杂的因素导致我们只能看到很少一部分杰出设计师的作品。有些国家，如德国与瑞士，人们更强调整个国家家具设计和生产系统的综合与完善，因此很难看到像史达克这样的全能设计明星；又比如荷兰与西班牙，这两个国家都是历史上举足轻重的艺术创意大国，是在世界现代建筑发展方面贡献卓著的国家，但人们对家具和时尚产品并没有倾注如意大利人一样的热情；再

如奥地利、匈牙利和捷克，当年的奥匈帝国拥有强大的创造力和底蕴，也毫无异议地做出过很多探索，但因语言和宣传系统的关系，外界很难了解到他们的设计师都做了什么，如同俄罗斯、东欧各国，以及中亚、伊斯兰世界、非洲和美洲大陆的一些国家一样，都会因为语言、宗教及相应的媒体系统的缘故，使我们基本无法有效知晓他们的设计师的创作实践及设计成果。没有人能够亲眼看见和亲身经历每一种产品，我们的基本信息都来自英、法、德、意、日几种语言的书籍、杂志和网站系统，以及写作者凭个人经历所获得的信息范畴。在这样的信息框架基础上，我们除在前面以国家为单位介绍当代著名设计师以外，还想介绍几位来自其他国家的著名设计师，使我们对现代家具发展的叙述尽可能全面。这其中，瑞士建筑大师马里奥·博塔（Mario Botta, 1943—）早已全球闻名，他的家具作品在今天看来依然独特而富于启发性。比利时设计师马尔腾凡·西维伦（Maarten van Severen, 1956—2005）、澳大利亚设计师马克·纽森（Marc Newson, 1962—）和德国设计师康斯坦丁·格

里西克（Konstantin Grcic, 1965—）都是近十年在全球具有影响力的前卫设计师。

马里奥·博塔是当代最著名的建筑大师之一，同时也是一位特立独行的家具设计师。他15岁开始就在家乡的一家建筑事务所接受绘图技术员的训练，后考入米兰艺术学院，毕业后又考入威尼斯大学建筑系，其间曾在柯布西耶事务所工作半年。1969年，他从威尼斯大学毕业后在卢加诺成立了自己的建筑事务所，随后又随同路易斯·康参与了威尼斯的设计项目。20世纪70年代，博塔已成为欧洲著名的建筑师，并在20世纪80年代发现了设计家具和灯具的乐趣。尽管此后他依然以建筑设计为主业，但他如建筑一般理性的、充满逻辑魅力的家具作品已成为现代家具宝库中的璀璨明珠。博塔的家具都是与Alias公司合作的，其中最重要的作品是1982年的"Seconda椅"（图5-50）和1985年的"Quinta系列椅"。

它们都源自20世纪70年代欧美建筑设计中的"高技派"风格，在相当大程度上，博塔的家具设计是对以孟菲斯为代表的反设计运动过分装饰化倾向的一种对抗。博塔在其设计中力求表现一种来自材料和技术的理性主义美感，其设计中图案式的边缘、坚挺的线角，以及优雅的几何结构都表现出博塔精湛的建筑学专业背景。无论在建筑还是在家具设计中，博塔都将几何学看作一种文化的尺度。他认为，我们使用的任何一种形式都有历史的渊源，即使我们创造出了某种现代新形式也一定需要原型，因为我们必须用一种最基本的形式与历史对话。从这样的观点出发，博塔的家具明显将形式感置于舒适感之上，而他的家具作品也主要是为需要强烈视觉冲击力的建筑空间设计的。

在霍塔和凡·德·维尔德的年代，比利时的现代设计曾经引领欧洲，但从总体来讲，比利时的现代设计师在很长一段时间归于沉寂，直到20世纪80年代，一位极简主义风格的设计师的出现才又让世界认识到比利时的设计底蕴。凡·西维伦生于安特卫普，从根特的圣卢卡斯建筑学院（Sint-Lucas School of

图5-50 博塔设计的"Seconda椅"

▲ 图5-50

Architecture）毕业后同几位同学一起进行室内和家具设计。西维伦的父亲是比利时一位卓有成就的抽象派画家，因此西维伦从小就受到抽象思维和几何观念的熏陶，他的家具设计也从一开始就走向干净利落的抽象和极简主义风格。西维伦于1987年成立了自己的设计事务所和制作工坊，随后在1988年以几款极具视觉震撼力、工艺精湛的长桌和休闲椅吸引了设计界同仁和市场的目光，其中包括用钢管、胶合板、皮革与面料构成的"Fauteuil 休闲椅"和木构"Tafel 长桌"，以及简洁到极致的铝合金打蜡的

"T88A 长桌"。此后，西维伦的极简主义家具势头强劲，尤其以各类座椅和桌子不断引发惊喜。就桌子而言，他于1992年推出的铝合金"AT92 型长桌"（图5-51）和1993年的合成塑料"Bakelite 多用桌"都是现代桌子设计中的极致代表。西维伦的成名作是1993年设计的"LC95A 型低坐式休闲椅"（图5-52），它们由金铝单构件打造而成，展示最精致的极简主义魅力，至今仍在生产中。但西维伦最大的梦想是创造出叠落式极简式多功能椅，它始于1992年用铝合金和胶合板制成的"MBE 多功能椅"，

并在1993年发展成"MBE1012型休闲椅"。1996年，他又完全用铝合金制成了一件造型非常独特的"MBE1014 型多功能椅"，直到1997年开始测试聚丙烯定型泡沫，并与维特拉公司合作推出"MBE1172 型极简多功能椅"，随后在1998年隆重推出其终极版"MBE03 型椅"。其坐面与靠背构件由钢架覆以多种色彩的聚丙烯定型泡沫，前足用铝合金方管，后足用圆钢管，造型浑然天成，不负极简主义经典称号。

与此同时，西维伦对合成材料的兴趣也使他尝试其他家具类型，如1997年的蓝沙发系列。但很快他就又使用回自己钟爱的铝合金和皮革，如2004年设计的"LL04 皮革躺椅"（也叫阅读椅），这把椅子让人们再次领悟到西维伦极简主义设计的震撼性魅力。

▲ 图 5-51

图 5-51 西维伦 1992 年设计的"AT92 型长桌"
图 5-52 西维伦设计的"LC95A 型低坐式休闲椅"

▲ 图 5-52

出生于悉尼的澳大利亚设计师马克·纽森是当代最活跃的家具设计师之一。虽然生在悉尼，并在悉尼艺术学院接受专业训练，但他至今为止的大部分时间都是在伦敦和巴黎度过的，这当然也是许多当代设计师的一种常态。纽森在大学时的专业是首饰设计，并因此对金属和其他塑性材料抱有超乎寻常的兴趣。这种兴趣使他与英国当代最有影响力的设计师之一阿拉德一拍即合，而他在阿拉德设计事务所的工作经历也奠定了他以后的家具发展方向，人们从纽森的作品中很容易看出其与阿拉德的设计之间的关联，但阿拉德酷爱钢板，而纽森则钟情于铝合金。在对材料的偏爱方面，纽森与西维伦完全相同，但两人的设计风格则完全不一样。纽森设计的"Lockheed躺椅"（图5-53）让他一夜成名，其灵感来自法国艺术大师大卫1800年的"Day-Bed椅"，使用常人认为最不可能的金属材料加以演绎，从而开创被评论家称为"合成设计"或"设计艺术"的家具新品类，它已成为一件现代抽象雕塑，时常被放在知名酒店的大堂等大型公共空间中。

从此以后，纽森的"设计艺术"一发而不可收，如1988年的躺椅系列，分别用胶合板和铝合金尝试雕塑语言的设计，1989年的矮桌和休闲椅继续扩展设计语言的探索，直到1992年，他又用一件太空飞船形态的多功能桌震惊了设计界。这种多功能桌同样用铝合金打造基本构架，但桌面构造的内壁则用了罕见的珐琅彩覆面，呈现出非同寻常的色彩。这件作品的成功立刻让他将同样的造型语言和材料工艺用于1993年的"Orgone休闲椅"（图5-54）中，再次轰动世界。1995年，纽森的"设计艺术"转向合成材料，以此探索色彩的功能，完成了品种繁多的"Bucky系列休闲椅"（图5-55），全面展示了纽森对科学技术、艺术和设计的综合兴趣。

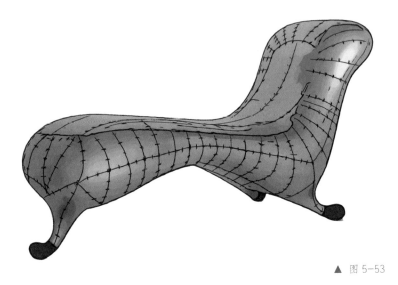

▲ 图 5-53

图 5-53 纽森设计的"Lockheed 躺椅"

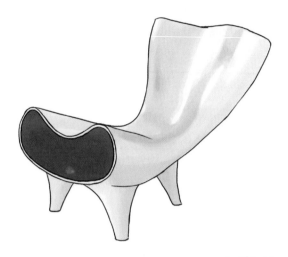

▲ 图 5-54

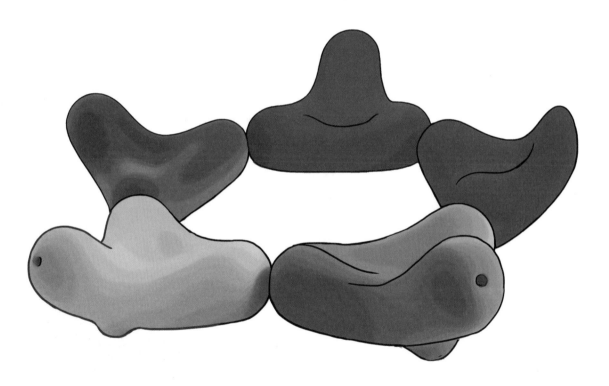

▲ 图 5-55

图 5-54 纽森设计的 "Orgone 休闲椅"
图 5-55 纽森设计的 "Bucky 系列休闲椅"

如果以 21 世纪前二十年为限定，当代家具设计领域最著名的设计明星毫无疑问是康斯坦丁·格里西克。这位德国设计师虽生于慕尼黑，却在英国接受专业训练，先在英国多塞特郡的帕纳姆设计学院学习木工制作工艺，后又去伦敦皇家艺术学院学习工业设计，毕业后立刻进入英国当代最著名的莫里松设计事务所工作。很显然，莫里松对设计的理性而又充满工艺细节的态度对格里西克有决定性影响，但格里西克在科学而理性的设计道路上走得更远。1999 年，以生产塑料家具而著称的意大利 Magis 公司邀请格里西克用铝合金开发一款新型多功能椅，这一委托看似简单而平常，实际上格里西克用了五年构思、制作模型、反复不断地试用材料和测试，直到 2004 年才宣布完成，并立刻红遍全球，被誉为当代最著名的多功能椅。这件被命名为"Chair_One"（1 号椅）（图 5-56）的家具随即被发展成庞大的系列产品，其设计构思和技术工艺都反映出由计算机辅助设计引发的一种新型美学倾向，令人想起美国建筑大师和科学家富勒在科幻电影中的某些几何窟窿式的道具设计。这件家具已成为 21 世纪最有魅力，销售也最成功的多功能椅，因为它可以被布置在室内外几乎任何场合。格里西克的创意由此被激发出来，沿着同样的基于科学原理和材料研发的思路，他于 2006 年推出了"Myto 椅"（图 5-57），2007 年又设计出一组用钢与橡胶制成的功能全新的"Landen 会谈椅系列"，2000 年设计出一款形象全新的办公椅系列"360 度旋转椅"，2010 年又推出一件用大理石制成的多功能桌，2011 年用钢管与合成塑料为维特拉公司设计出一款别致的休闲椅，2012 年又推出"Medici 休闲椅"。与纽森一样，格里西克对科学与艺术的结合已深有体会，由此产生的设计创意是无止境的。

▲ 图 5-56

▲ 图 5-57

图 5-56 格里西克设计的"Chair_One"
图 5-57 格里西克设计的"Myto 椅"

第七节
中国当代家具设计师

1999 年，本书作者之一方海在芬兰完成了《20 世纪西方家具设计流变》（2001 年由中国建筑工业出版社出版）一书，其开篇第一句话就是："如此丰富多彩的世界现代家具设计的舞台上，竟然没有中国人的一席之地。"在当时，中国改革开放初见成效，家具工业大踏步发展，但现代原创形态的家具设计基本是空白，当时的中国家具企业正在经历全面模仿西方畅销家具式样的草创阶段。但在同一个开篇中，紧接着上一句话的就是："好在刚刚完成初稿的博士论文《现代家具设计中的"中国主义"》为自己勉强争回一点自豪，证明中国的设计文化绝非一无是处，更有多位欧洲设计大师坚定地认为，21 世纪的设计舞台上一定会展现中国设计师的显著地位。"

二十多年过去了，中国已成为全球最大的家具制造国和家具出口国，中国的家具设计师也开始逐步摆脱抄袭与模仿的境地，向原创设计不断迈进，他们当然还不能占据当代家具设计舞台的显著位置，但无论如何，他们已经用自己的原创设计产品发出了自己的声音。

正如日本现代设计大师所走过的"从模仿到原创"的发展道路一样，中国当代家具设计师也在经历着同样的学习和创作历程，从睁眼看世界开始，然后走出国门追随时代潮流，再回到中国的家具制造天地，从研习模仿现代大师的名作，到开始寻找适合自己设计风格的设计思路，再不约而同地回归中国传统家具的设计智慧。就在这样的循环不断的探索过程中，一部分中国当代设计师开始从不同的角度体会家具与现代生活的关系，并进而形成自己对现代中国家具设计的理念和手法。

受到资料来源和篇幅所限，本书选取朱小杰、方海、石大宇、彭文晖这四位中国当代家具设计师作为案例，简单介绍中国当代家具的发展概况。他们有的从手工艺与中国传统生活方式的关系中寻找现代设计的切入点；有的从人体工程学和中国生态材料研究的角度关注设计的科学性；有的在时尚潮流和艺术创意的交织中发现中国现代家具的新模式；有的则通过对中国传统家具的形态与结构进行反思获得现代家具设计的解决方案。虽然每一位设计师的设计方向各有侧重，但总体来说，他们都不同程度地研究过世界现代家具，由此理解现代设计大师的经典产品；他们也都热爱中国古代家具传统，由此立志从古人的设计中获取创意智慧；他们都尊重材料和工艺，由此希望用制作的质量保证设计创意的实现；他们也都对日常生活和时尚模式发展的细节保持浓厚的兴趣，由此创作符合社会发展和新时代潮流的当代中国现代家具。

当代中国最活跃的家具设计师朱小杰（1955—）多年来虽以设计和经营家具为主要职业，但也兼任教师、建筑师、策展人等多种角色，而他最喜欢的角色则是"手工艺术家"。朱小杰从小热爱手工技艺，先后做过石匠、木匠、钳工和会计，这些经历都不同程度地影响了他后来的家具设计。特殊的时代背景使朱小杰很早就进入社会，进入家具行业，并创办股份制家具公司。然而，他强烈的创新欲望使他不能安于现状。他随后于1989年去澳大利亚留学，并系统考察西方各国的家具企业运作机制和产品创新机制，然后于1993年回国创办自己的家具品牌"澳珀"。在中国现代家具开始起步的年代，朱小杰的"澳珀"品牌很快以其新颖的设计和精美的工艺在中国家具市场脱颖而出，他也作为现代中国新家具的代表人物走上国际舞台，与德国、意大利、荷兰、瑞典等国相关品牌展开合作，同时也受邀为2010年上海世博会的中国馆设计家具，此后还多次参加了海峡两岸有关机构主办的设计展览和讲学活动。朱小杰非常关注中国现代家具设计教育的发展，曾担任国内外多所设计院校的客座教授，最终于2014年在家乡温州与温州职业技术学院合作创办温州家具学院。家具设计是朱小杰的主业，但他对手工艺的浓厚兴趣也引导他时常涉足陶瓷、玻璃、皮革、金属雕塑以及服饰设计等诸多领域，并将它们结合到自己主持的建筑室内和展览项目当中。

朱小杰家具设计的最大特点是立足于创意，又回归于传统和手工艺，一方面因个人见多识广，能够对国际设计潮流广收博取，另一方面又借助于自己对多种传统材料和相关工艺知识的认识，将传统的设计手法和工艺智慧融入设计当中。他的家具设计依时代发展可分为四大类，即仿古新中式系列、原木系列、钢木系列和最新多功能系列。朱小杰的设计起步源自中国古代家具的悠久传统，一方面他选择自己感兴趣的中国古代家具类型作为自己设计的出发点，另一方面，他在全球范围内寻找新型硬木作为自己的"新中式"家具的主体材料，他最终选定非洲的乌金木，并在以后的设计实践中充分利用乌金木独特的自然纹理作为设计的装饰图案，形成独特的风格。他在这个阶段的主要作品有新中式几案、新中式沙发、"榫卯椅系列"、"蝴蝶椅"（图5-58）及长椅系列等。朱小杰的原木系列立足于充分展示和利用乌金木的截断面作桌面和椅面，是一批具有强烈生活气息的家用家具，其中主要作品包括"森林桌椅系列"、"蘑菇桌椅系列"、"伴侣茶几系列"（图5-59）、"本色桌系列"以及"罗娜椅"和"编织椅"等。钢木系列虽顾名思义以钢和木为主体材料，但他也时常加入从小就非常喜爱的石料、皮革、陶瓷、玻璃等多种元素，同时又尽其所能以极简主义手法将每种材料的性能发挥到极致，创作出一系列蕴意深刻同时又极具视觉冲击力的佳作，其中最著名的是"钱椅"（图5-60）

和"玫瑰椅"（图5-61）以及细芽衣架和玻璃桌等。朱小杰最近十年的设计非常注重从生活细节中获取灵感，随后又通过自己的设计和工艺解决日常生活和工作当中的问题。如飞翔桌，以可调节的钢木结构腿足支承玻璃桌面，从而使这张桌子可以依具体使用需要而调整高度；又如"午休躺椅"，专门为公司员工中午休息而设计，它结合了办公椅和躺椅功能，又特意加上折叠伞装置，从而使这把多功能座椅平时可以当作办公椅，午休时则可演变为一把带阳伞的躺椅（图5-62）。朱小杰最新的家具作品是一系列为特殊空间定制的流水长桌，以中国山水画的理念将水流引入设计当中，从而使静态的家具变为动态的舞台，再次拓宽了中国现代家具的设计观念。

▲ 图 5-60

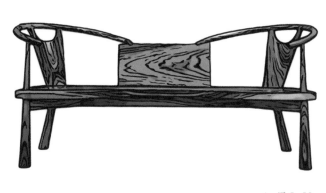

▲ 图 5-58

▲ 图 5-61

▲ 图 5-59

▲ 图 5-62

图 5-58 朱小杰设计的"蝴蝶椅"
图 5-59 朱小杰设计的"伴侣茶几"
图 5-60 朱小杰设计的"钱椅"
图 5-61 朱小杰设计的"玫瑰椅"
图 5-62 朱小杰设计的"午休躺椅"

中国当代建筑师方海（1963—）的家具设计道路与朱小杰完全不同，他主要依托将系统的理论研究和试验性设计相结合的方式开创新中国主义设计品牌。方海毕业于东南大学建筑学院，研究生导师是我国著名建筑学家郭湖生教授，方海在建筑研究之外又对中国传统小木作，尤其是家具系统有浓厚的兴趣。他自1996年开始游学于欧洲，后集中精力在芬兰学习和工作，于2003年获芬兰阿尔托大学设计学博士学位，同时进入当代芬兰最重要的设计大师库卡波罗的工作室工作，随后又加盟芬兰建筑大师佩卡萨米宁（Pekka Salminen）设计事务所，直到2011年开始任教于国内高校，但他与库卡波罗合作的建筑室内及家具设计项目一直都在进行。方海最早的家具设计源自其博士论文《现代家具设计中的"中国主义"》的专题研究，即如何在设计原理方面观察和归纳中国古代家具的传统智慧并将其提炼出来，与现代生活和工作环境的发展相交融，进而设计出全新的中国现代家具，并命名为新中国主义设计品牌。它不同于欧洲早年和中国近年流行的"中国风"和"新中式"等以关注中国古代装饰细节为主的设计道路，而是更接近于欧洲现代大师，如威格纳所吸取的中国古代家具的设计灵感，但又从中国当代建筑师的设计实践视角更多地吸收现代设计科学，尤其是人体工程学、生态设计和设计美学领域的最新成果，最后于1998年推出"中国龙椅系列"（图5-63），并在库卡波罗的指导下，将其发展为"东西方系列"座椅系统（图5-64～图5-67），包括多功能椅、休闲椅和摇椅系列。最终的样品由无锡的印氏家具工坊制作，并由此形成一个由建筑师、设计师和工匠组成的设计工作室。在此期间，方海协助引进芬兰著名家具企业阿旺特在上海落户，并立即成为中国当代办公家具的领头羊。

图 5-63 方海设计的可叠落的"中国龙椅系列"

▲ 图 5-63

▲ 图 5-64

▲ 图 5-65

▲ 图 5-66

图 5-64 方海设计的"东西方系列"座椅
图 5-65 方海设计的"东西方系列"座椅
图 5-66 方海设计的"东西方系列"座椅
图 5-67 方海设计的"东西方系列"座椅

▲ 图 5-67

随着家具生态设计意识的提高，方海开始关注中国竹材这种极具中国文化特色且有很大发展潜力的生态材料，并随后受邀加入南京林业大学王厚立教授和张齐生院士主持的"传统竹家具和现代化研究"课题，由此进一步融入杭州大庄竹业集团对现代合成竹的系统性研究开发和运用。2002年，方海主持设计深圳家具研究院建筑项目，并与库卡波罗共同负责其中的室内和家具、灯具的全套设计，包括现代办公家具系统、咖啡厅家具系统、会堂椅、休闲椅及各类灯具，引发当代中国生态建筑及其室内和家具一体化设计的潮流。2004年，方海参与了芬兰建筑大师萨米宁主持设计的无锡大剧院项目，并负责其中的会堂家具和休闲家具设计以及合成竹的应用研究，为他以后系统发展"新中国主义"合成竹家具奠定了材料学方面的基础。2006年，方

海与芬兰著名设计师韦萨·洪科宁（Vesa Honkonen）共同主持成都天府国际社区教堂建筑项目，并负责其中全部家具、灯具、雕塑及相关工业产品设计，将合成竹材的运用提升到一个新的高度，同时也进一步探讨了中国当代生态建筑与生态材料发展的新模式。除了上述以建筑项目为主导的家具设计产品之外，方海与库卡波罗和无锡著名工匠印洪强一道，设计并制作了多种形式的办公及家用家具，其中大部分都是用合成竹材制成的。其主要设计理念就是依托设计科学和系统的材料研究，同时也时刻从中国古代家具设计中获取灵感和设计出发点，但又遵循现代人体工程学的基本原理，尤其注重模数制系统性现代中国竹家具的研发，希望从生态设计的角度为中国现代家具开辟新的道路。方海已经设计完成并投入生产的家具产品包括龙椅

系列、龙椅茶几、图案框架椅系列、简约框架椅系列、小靠背椅系列、竹靠背椅系列、儿童多用椅、吧台椅系列、多功能凳系列、阅读椅系列、书架、衣架、茶几系列、主题装饰休闲椅系列、软包休闲椅等。

方海的新中国主义设计品牌力图从方法论和设计科学的角度启发中国当代家具的创新思维，以促使很多中国家具企业和设计师早日从模仿欧洲时尚品牌的迷途中警醒，并主动加入创新设计的潮流。方海的新中国主义品牌家具被广泛用于中国高校，如北京大学、清华大学、同济大学、江南大学和广东工业大学等，同时他也不断参加国内外设计展览，并多次获国际设计奖，期待对中国现代家具尤其是合成竹进行更深入系统的研究和产品开发。

美籍华裔设计师石大宇（1964—）是中国当代家具设计界最具创新意识并引领时尚的先锋人物。他于1989年毕业于美国纽约时尚设计学院珠宝设计专业，并在毕业后加盟美国"钻石之王"珠宝公司。多年的珠宝设计经历使石大宇对任何设计都精益求精，追求艺术创意的极致。1996年，石大宇回到故乡台北创办"清庭"品牌，致力于引进全球前沿设计，并在这个创业过程中使自己对现代家具的理想趋于丰满，随即开始自己对现代家具和竹材文化的系统探索。2010年，他应邀将"清庭"落户北京，从此立足于对中国毛竹与合成竹的深入研究，并在系统的竹材研究基础上创造出一系列精彩纷呈的竹家具精品。石大宇被誉为"竹君子"，他钟情于竹材的天然质地和工艺性能，其竹家具设计与方海的合成竹"新中国主义"品牌设计模式有很大不同。当方海以建筑师的视角关注现代中国家具设计的科学思维和工业化系统设计以及模数化制造工艺时，石大宇则以珠宝设计师和艺术家的视角致力发展根植于中国传统文化的设计理念，将材料、工艺和日常生活的精神内涵融为一体，从长期与人类环境和谐相处的传统工艺手法中汲取灵感，探索和解决现代生活中的环保议题和设计挑战。

石大宇在过去十年潜心钻研，对各种竹材反复试验，最终创造出一大批家具创新之作，在国际设计舞台上屡获大奖，在不断推动现代竹材工艺技艺突破的同时，亦使中国现代原创家具设计获得世界瞩目。石大宇的竹家具设计生涯从2010年在北京的装置艺术作品"竹计划"开始，以此为宣言，展开自己全方位进军竹材设计的历程。他在2010年首先推出"椅君子"（图5-68）、"凳君子"和"倚琴剑"合成毛竹系列，借鉴中国古代编篮工艺和毛竹的弹性特质设计出这批优雅而富于韵味的竹座椅。2012年，石大宇隆重推出炭化合成竹圈椅"椅刚柔"（图5-69）。它的设计灵感源自中国古代圈椅，但全部用竹材演绎出来，并使之具有现代座椅常有的叠落功能。2013年，石大宇用"屏茶"

▲ 图5-69

▲ 图5-68

图5-68 石大宇于2010年推出的合成毛竹系列家具——"椅君子"
图5-69 石大宇于2012年推出的炭化合成竹圈椅"椅刚柔"

震惊业界。这件巨幛式屏风的灵感来自武夷山制茶工艺中的揉、捻、筛。石大宇以此为主题创作屏风，聘请中国台湾著名竹编工艺家邱锦缎女士从备料、刮青、对开、等分、劈开、劈落、定宽、整篾、倒角、编织全过程手工制作执行，全面展示中国传统浓郁的生活中竹工艺的乌龙编、风车编、斜纹多层编、波浪编、自由编等方式，同时在设计上也完成了不规则造型和非垂直站立的创新挑战。2014年，石大宇开始对合成竹材的单向强度和弹性进行综合

探索，设计出"柜茗器"橱柜、"桌品茗"长桌和"架册"书架等产品。同样的探索在2015年结出了更多更多果实，其中包括桌"书香""几刚柔""几香""椅龙门"和"桌龙门""椅自在""椅满风""椅满空""椅逍遥"和"椅优弦"（图5-70）。其中"椅优弦"的初衷源自中国宋代四出头官帽椅的端庄隽永之态，并用成组的竹条相互交错编造，设计中充分考虑人体工程学要素，提供舒适而健康的座椅造型，简洁而极具张力。2016年，石大宇在更大尺度下更加密集

地使用合成竹材完成了"榻飞梁""榻梦轮""榻雪滑""架衣车"（图5-71）"椅榻悬""椅梦回""椅梦轮""架书格""桌书笼""柜橱笼""几山水"等优秀作品，其中部分设计开始使用大理石桌面，从一个侧面显示了中国传统家具中对石材使用的一种复兴。2017年，石大宇集中研究竹条格栅，并将其充分运用于不同类型的家具当中，同时也引入德国石材，再次创作出一批现代中国家具经典，如"椅屏"（图5-72）"几流影""几流方""几方""几

▲ 图5-70

▲ 图5-71

图5-70 石大宇于2015年推出的"椅优弦"
图5-71 石大宇于2016年推出的"架衣车"

圆""柜隐""柜笼""籯格"等系列。2018年，石大宇再次回到自己对竹材单向度强度和弹性的迷恋，先后设计出"椅兰心"和"椅格物"；随后受缅甸民间竹躺椅启发，设计出"椅安逸"系列，依靠竹材自身的特性达成合理的结构；后来又受柯布西耶躺椅引导，用竹材尝试一种新型躺椅，即"椅巴适"（图5-73）。2019年，开始批量生产的高性能竹基纤维复合材料"竹刚"给石大宇带来了创作上的诸多灵感，由此设计出新型龙门椅和龙门桌。经过适当处理的毛竹原竹也为石大宇提供了新鲜的创作素材，由此创作出"竹点钟""竹杖贤"和"竹杖谦"系列等作品。与此同时，最新研发的竹簧板和竹炭板又带给石大宇更多的创作欲望，随即推出"若即"系列的桌、椅、凳等用竹簧板制作的竹家具，以及用竹炭板制作的"椅若墨"系列。这两种新型合成材料都是国内最新开发的百分百可回收的绿色环保材料，石大宇希望能用自己的创意设计推动中国竹产业的发展，通过开发原创产品发展中国当代家具，同时也用自己的方式来理解、研究、应用和发展中国古代家具的设计智慧。

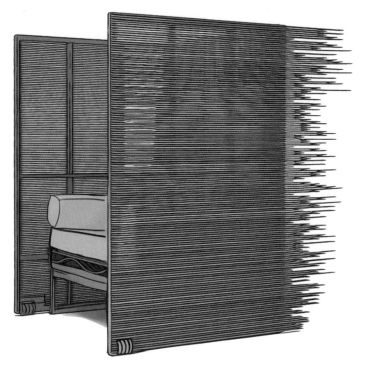

▲ 图5-72

▲ 图5-73

图5-72 石大宇于2017年推出的"椅屏"
图5-73 石大宇于2018年推出的"椅巴适"

作为立志于家具文化传承和个性艺术表达的中国当代设计师，彭文晖（1970—）的家具设计之路非常独特。他毕业于上海工艺美术学院，学的是产品造型专业，但毕业后有二十年主要从事广告及平面设计，1997年在北京创办嘉世盛创设计公司，曾服务于各种行业，在国内广告与平面设计领域闯出了一片天地，曾被相关领域互联网平台选入中国当代平面设计一百强。然而，彭文晖长期保持着对家具设计，尤其是中国传统家具文化的热爱，并最终决定彻底转行，全身心投入对家具设计与制作的探索当中。他于2012年注册成立"传习"家具品牌，并建立"传习工坊"，召集南北方不同区域的木工匠师，共同研究中国传统家具的榫卯结构、工艺和技术流程，由此逐步摸索家具的制器之道，力图创造一批具有中国文化气息的现代中国人文家具。从2012年到2015年，彭文晖选择南北方民间家具中的经典案例进行深入细致的剖析，从模仿开始，边学习边改良，将自己对现代家具设计的理解不断加入自己的仿制习作中，并在保留传统手工技艺的同时积极学习使用现代木工机械，逐步归纳并形成自己的设计特点。这个阶段的主要习作有"禅茶椅"（图5-74）、"锐边书架"及茶几系列，"海棠几""不倒几""素琴桌""翼桌""月桌"和九宫格多功能柜等，虽然只是习作，但很快就受到了业内关注。从2015年开始，彭文晖开始被北欧现代家具深深吸引，尤其是芬兰、丹麦和瑞典的诸位设计大师从研习传统家具到创造现代经典家具的故事对他的震动和启发让他开始每年去北欧取经。通过现场体会并了解现代家具的来龙去脉，他下定决心要从观念上跳出中国传统设计的局限，尤其要将北欧著名的人文功能主义设计理念引入自己的家具设计当中。2016年是彭文晖的设计丰收年，首先是继续前几年的几案桌类的创新设计，其次是推出竹影设计系列，但最令人振奋的则是"慢弧椅""手指椅""光素椅"（图5-75），它们源自中国古代座椅，但又经过彭文晖的创意诠释，使之成为现代

▲ 图 5-74

▲ 图 5-75

图 5-74 彭文晖设计的"禅茶椅"
图 5-75 彭文晖于2016设计的"光素椅"

中国座椅。此外，彭文晖对中国橱柜设计的钟爱让他尝试了不同理念的现代柜设计，从"六合柜"到"蕉叶柜"再到"时间柜"系列（图5-76），终于开始系统地表达属于自己的设计语言。自2017年起，彭文晖通过对各种类型的中国传统家具进行分析研究树立起足够的信心，设计和制作出用自己的现代设计语言表达的新型家具，如2017年出品的"玄关框案"系列、"亮直柜"系列、"海棠榻"和"海棠屏风"，以及自己始终钟情的"竹影柜"和"竹影博古架"系列。在这些设计作品中，彭文晖力求把最新认知的西方，尤其是北欧设计理念与过去几年对中国传统家具的体认相结合，又如2018年推出的"竹影

亮格架"和博古架（图5-77）、"坐忘桌椅"系列、"方圆椅"、"亮直沙发"、"月影屏风"、"留光桌"（图5-78）、小榻和圆餐桌系列等。通过这些产品设计，彭文晖开始以主动积极的心态关注家具设计中的理性与简约理念、功能与结构的关系，尤其是传统与现代生活之间的依存与对立统一的关系。2019年，"传习"品牌已在国内建立起自己的声誉，并开始在各种家具博览会和设计展上屡屡获奖，市场的认可和业主的订单纷至沓来，于是彭文晖继续推出了"亮直书柜"及"亮直大书桌"系列、"留光桌案"系列和"叠几"系列等，而彭文晖对现代艺术的浓厚兴趣，又引导他设计出"蒙德里安柜"

等中国当代时尚家具。作为一位善于自省又勤于思考的设计师，彭文辉用八年为自己建立的"传习"家具档案令人惊叹，但他依然前行，面对当今全球化、信息化的社会现状，"传习"家具也进入了新一轮的探索。

▲ 图5-76

▲ 图5-78

图5-76 彭文晖于2016年推出的"时间柜"
图5-77 彭文晖于2018年推出的博古架
图5-78 彭文晖于2018年推出的"留光桌"

▲ 图5-77

第八节
其他西方当代前卫
设计师（二）

从美国纽约的大都会博物馆到德国的维特拉家具博物馆，几乎在世界各地的每一座收藏现代家具作品的博物馆中，我们能看到的主体藏品都是现代家具发展过程中的先驱设计大师、经典设计大师以及第二代和第三代家具设计大师的里程碑作品。然而，我们同时也能看到很多主流设计之外的"异端"作品，当设计博物馆中有主流的功能主义家具产品构成展览的主旋律时，我们也一定能看见或听见各种异样的模式和声音，如"后现代设计""反设计主义""激进主义设计"等。每一个人都可以自由表达自己的好恶，如德国当代最著名的工业设计大师迪尔特·拉姆斯（Dieter Rams, 1932—）2017 年在维特拉家具博物馆举办自己的设计生涯回顾展时，被记者问及他对维特拉博物馆收藏的近万件家具产品的看法，拉姆斯就坦白表达了自己对其中许多作品的不理解和不喜欢。作为 20 世纪最重要的工业设计大师之一，拉姆斯曾提出举世闻名的"好设计十大原则"：1. 好设计要有创新性；2. 好设计要让产品有用；3. 好设计要很美观；4. 好设计要让产品能够被理解；5. 好设计不能强人

所难；6. 好设计是诚实的；7. 好设计要经久耐用；8. 好设计必须关注到每一个细节；9. 好设计必须对环境友好；10. 好设计就是尽可能少的设计。因此，拉姆斯很自然明确地表示了对维特拉博物馆中收藏的许多"反设计"和"激进主义设计"作品的不喜欢。甚至对他心目中最伟大的家具大师尼尔森的某些试验性质的前卫作品，如著名的"药蜀葵沙发"也感到不能理解。当然，拉姆斯实际上是支持维特拉家具博物馆的收藏行为的，他自己对某些产品的好恶不会影响他对博物馆收藏标准和收藏原则的理解。正如正常的人类社会不能局限于一种声音一样，现代家具也不可能局限于一种风格和一种模式，毕竟人类社会发展到今天，也是创新与进化的结果，否则，我们只能停留在采摘狩猎阶段。现代家具的发展虽然只有一百多年的历程，却始终被令人眼花缭乱的创新潮流推动前行。当里特维德早在 1917 年推出划时代的"红蓝椅"时，大多数人都觉得匪夷所思，却让包豪斯师生眼前一亮。当布劳耶尔发明钢管家具并立刻引领家具史上最引人注目的设计革命时，阿尔托却在敬佩之余很快发现

钢管材料的冷漠天性，于是促成桦木胶合板的发明，并进而研发出至今仍引领潮流的胶合板家具王国。人类永远都在追求家具的极致舒适，并随着对材料的研究和应用而不同程度地进行对家具舒适度的追求和探索。先是柯布西耶用钢管设计出舒适的躺椅，然后是阿尔托用胶合板设计出更舒适也更人性化的休闲椅，再后来就有伊姆斯和小沙里宁用胶合板和合成塑料创造出举世闻名的躺椅组合和"子宫椅"，向极致的舒适又更进一步，最后是库卡波罗用最新研制的玻璃钢设计出"卡路赛利椅"这件被公认为现代家具史上最舒适的座椅。我们的家具离不开传统，当柯林特或瓦格纳和塔佩瓦拉以传统为师，为现代人奉献出一批充满温馨感的木质家具时，人类无止境的好奇心又推动潘东、鲍林、阿尼奥和穆固等设计大师用各种合成材料创作出不计其数的"反传统"家具作品，而这些"反传统"又很快成为新时代的设计经典。此后，我们看到意大利的激进主义风格家具、英国的雕塑家具、德国的模数制家具、日本的 3D 打印家具……它们在刚面世时都受到过质疑和批评，但其中有相当一部分最终还是成了新时代的经典。

意大利著名设计师亚历山德罗·孟迪尼（Alessandro Mendini, 1931—2019）是意大利学派的常青树和理论旗手。他于 1959 年毕业于米兰理工大学建筑系，但早在 1956 年就已开始自己的职业生涯，从事建筑规划和工业设计，尤其是理念极为大胆惊人的前卫家具设计。孟迪尼思维活跃，精力旺盛，对创新有超乎寻常的执着追求，一生提倡"矫饰主义""反功能主义""反设计主义"和"激进设计"等时尚理念，用理论和设计实践反复质疑设计界对功能的传统思考模式，鼓励设计师的独创思维能力。孟迪尼多年担任意大利许多种设计与艺术期刊的主编，如 *Domus*、*Ollo*、*Casabella* 和 *Modo* 等，同时也曾在国内外多所大学任教，广泛传播自己的设计理念。1996 年，孟迪尼被任命为该年度《国际设计年鉴》（*The International Design Yearbook*）的主编，从而使他的设计思想得到更多人的关注和认同。1972 年，孟迪尼推出"泥土椅"开启了他提倡"精神使用物品"家具设计的历程。

他向传统观念中以形式和技术手段为导向的家具设计发起挑战，并试图用坐具的观念探讨取而代之，隐喻人类生活的本质是"依附于泥土"，而将合成材料与直接取自大地的泥土合成这件座椅的方式也是"激进设计"运动所极力提倡的。1974年，孟迪尼又推出更惊人的"激进主义"作品——"照亮上面椅"。他在此已将行为艺术和装置艺术的理念及手法应用在家具设计中，他将一块普通木板置于一个顶部铲平的金字塔形底座之上，从而使木椅脱离正常使用的功能，而后又将其局部烧毁，使之成为一个废墟物件，暗示任何一件家具都有自己的生命周期，以此挑战人们习以为常的消费观念和生活习惯。孟迪尼最著名的设计是1978年的"普鲁斯特椅"（图5-79）。它是后现代主义设计思潮中"再设计"风格的宣言，即挑战"功能主义"和"创新设计"，取而代之的是从历史上已有的艺术和设计物品中选取片段进行重新组合，以其表面的装饰吸引媒介的注意，进而影响广大民众的审美观念。"普鲁斯特椅"的木构架选自18世纪新巴洛克风格的沙发，而后将印象派点彩大师保罗·西涅克（Paul Signac）的一幅画以幻灯投影到椅子表面，然后直接画上去，这件新奇的设计

▲ 图 5-79

图 5-79 孟迪尼于 1978 年设计的"普鲁斯特椅"

同时也打破了传统艺术和实用艺术的界限。紧接着，孟迪尼又创作了"康定斯基沙发"（图5-80），从命名上与布劳耶尔的"瓦西里椅"呼应，但实际的设计则是在19世纪德国"比德麦尔沙发"构架基础上加上自由形状的饰板，并涂上康定斯基惯常使用的色彩，由此从一个新的角度诠释"形式追随功能"的理念。此后，孟迪尼的"再设计"更以诸多隐喻的方式介入设计，如"超级腿足庞蒂椅"（图5-81），它在"庞蒂椅"的成品上钉上四片涂成鲜艳玫瑰色和绿色的金属片，其卷起的小旗形状隐喻着风向，从被人们忽略的角度解释这件家具的轻便。这一年，孟迪尼还对麦金托什的高背椅和科伦波的多功能椅进行了再设计，获得全球性的关注和越来越广泛的理解。此后每隔十年左右，孟迪尼都会推出一批"再设计"，如1988年的"潘东椅再设计系列"和1991年的前卫设计"立体主义椅"，此后孟迪尼回归建筑设计，但他的"再设计"理念却影响了许多设计师。

▲ 图 5-80

图 5-80 孟迪尼设计的"康定斯基沙发"
图 5-81 孟迪尼设计的"超级腿足庞蒂椅"

▲ 图 5-81

阿尔伯托·梅达（Alberto Meda，1945—）是意大利当代著名的工业设计师。他的家具设计与孟迪尼完全不同，他是从技术和材料层面进行设计探讨的。梅达于 1969 年毕业于米兰理工大学的机械工程专业，毕业后在意大利著名的 Kartell 公司工作了十年，主要担任技术主管，负责家具的质量检测和新型塑料实验室设备的日常管理，他也因此对材料及相关技术有了深刻的认识。1979 年，他创办了自己的设计公司，在作为设计师和工程师从事各种产品设计的同时，也为 Alias、阿莱西、Arabia、Cinelli、Colombo Design、罗格朗（Legrand）、飞利浦（Philips）和维特拉等国内外著名企业做设计顾问。梅达从 1986 年起开始关注家具设计，其最著名的设计是 1986 年的"轻而又轻椅"（图 5-82）。这把多功能椅力图用特殊的材料创造质轻、坚固的产品。它使用的碳钢纤维与相关配套辅助材料最初为飞机制造业所用，后来被大量用于高端汽车和体育设备的制造，到 20 世纪 80 年代中期，一批设计师开始尝试将这些质轻、坚固但造价昂贵的材料用于工业产品。起初，它们只被用于网球拍和高级钓鱼竿上，在获得高度赞赏后，梅达决心用它们设计家具，其结果就是这种"轻而又轻椅"。

它的理念就是将一件多功能椅的基本结构凝练到极简形态，而它给人的印象则不仅仅是质量上的"最轻"，而且是视觉上的"透明性"，通过这种极度的"节俭"，提醒人们对材料使用的节制和对环境的关注。然而，这件产品遇到的是为大众所用和产品制造成本高昂的矛盾，为此梅达决定使用更便宜的材料，如蜂窝状合成板，将它与昂贵的碳钢纤维一起使用，并于 1989 年设计出"轻柔椅"。此后，梅达将目光更多地转向了铝合金与碳钢纤维的组合，其代表作是 2007 年的"ES 屏风"。梅达的家具设计虽然因成本高昂而难以走进广大民众，但他对使用特殊材料的探索和对极简形态的追求却启发着其他设计师（图 5-83）。

▲ 图 5-82

▲ 图 5-83

图 5-82 梅达设计的"轻而又轻椅"
图 5-83 梅达设计的"Armframe 躺椅"

奥地利维也纳的"品牌"工作室（B.R.A.N.D）由三位自学成才的电焊工组成，他们是鲍利斯·布罗沙特（Boris Broschardt, 1958—）、马修·艾斯特哈泽（Mathis Esterhazy, 1958—）和鲁道夫·韦波（Rudolf Weber, 1955—），他们都喜欢用手工技艺启发设计思考。当他们对日益规模化和单一化的家具产品感到厌倦时，来自意大利的反功能主义前卫设计思潮为他们打开了设计思路。于是，在1985年，他们推出了一系列思想解放、手法自由、形态极富活力的家具艺术品。他们的第一件作品被命名为"2.85米长椅"（图5-84），由完全自由随形的钢丝制成，他们凭借自己出色的电焊手艺，用固定的时间范畴来限定这件家具作品。在24小时之内，他们依照计划排布手中的钢丝，又随时对其进行形态调整，并用电焊将其固定，直到24小时后形成一把无法复制的座椅。这个设计和制作过程实际上是一种行为艺术，其思想和手法影响了后来的许多设计师。在"2.85米长椅"获得业界许多赞叹之后，"品牌"工作室决心继续向标准化和批量化的现代家具模式挑战。他们于1985年底在维也纳年度设计展上隆重推出一件被命名为"空间—物体—家具"的艺术作品。这是一件完整意义上的雕塑化装置，但又确实是一组"情侣座椅"（图5-85），

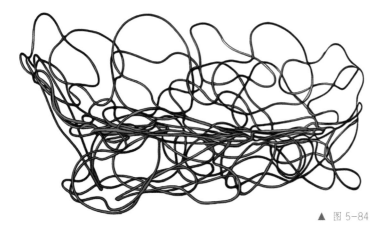

▲ 图5-84

▲ 图5-85

图5-84　"品牌"工作室的"2.85米长椅"
图5-85　"品牌"工作室的"情侣座椅"

它由几组钢条焊接成复合拱状，从而形成一个自成一体的"空间"，再用另两组钢条焊成两张沙发框架的硬坐垫和靠背垫，构件得以固定在上面形成"物体"和"家具"。最后，工作室的三位设计师郑重地在坐垫底面签名，从而正式宣布这件家具是一件艺术品。"品牌"工作室的钢条家具是对意大利"激进设计"思潮的积极回应，并由此建立了奥地利的后现代主义前卫设计团体。他们并不满足于"艺术装置"式的设计，于是又创作出一把钢条办公椅。一方面沿袭"空间—物体—家具"的概念，另一方面又通过添加泡沫和其他塑料构件以及成品脚轮来形成办公椅的基本形态，虽然很难投入批量生产，但工作室的创意初衷就是用不寻常的设计形态挑战固化的现代设计传统，调整和启发设计师和家具制造企业的产品思维习惯，为未来更成熟的设计奠定基础。

荷兰当代著名工业设计师马歇尔·文德斯（Marcel Wanders, 1963—）也同梅达一样用特殊的工业材料创作出彻底反传统的现代家具设计。文德斯最早在荷兰著名的埃因霍芬工业设计学院（Design Academy Eindhoven）学习，而后在比利时的马斯特里赫特（Maastricht）和哈瑟尔特（Hasselt）学习，并于1988年以优异的成绩毕业于荷兰的阿纳姆艺术学院（ArnhemSchool of the Arts）。在读书期间，文德斯就开始与许多企业合作，到1988年毕业时已成为荷兰小有名气的青年设计师。1995年，他正式创办了自己的设计事务所，与包括苹果（Apple）、Droog design、英国航空（British Airways）、FLOS、Habitat、KLM、Magis和维珍航空（Virgin Atlantic Airways）在内的国内外诸多企业和机构展开持久的设计合作，其中最重要的合作是1995—1997年与代尔夫特科技大学（Delft University of Technology）在创新材料方面的合作，并由此创作出被誉为20世纪后半叶荷兰最重要的家具作品的"结绳椅"（图5-86）。这件划时代的家具作品具有多方面的矛盾特色：既传统又充满创意，既柔软又坚固，既有民间技艺又富含高科技成果。它的诞生源自文德斯设计团队与代尔夫科技大学航天机械学院的合作，因此可以使用轻质但同时强度又极大的航空工业材料。文德斯的探索始于选择什么材料的绳索，最初用芳纶纤维包裹玻璃钢纤维，却发现强度不够，后来全部用碳纤维，又发现其较脆、易断，最后用芳纶纤维素包裹碳纤维，由此形成的绳索经测试后达到了所有标准。从设计理念的角度看，文德斯实际上反对太严格的功能主义，尽管这件"结绳椅"被认为非常舒适，但文德斯的初衷是通过用大家非常熟悉的编织手法和出人意料的家具形象来吸引使用者，结绳编织是人类最古老的技艺，但文德斯却用高纤维材料让古老的民间工艺放射出异彩。文德斯用以芳纶纤维包裹碳纤维形成的特殊绳索编织出一件"网袋"，然后将这个"网袋"结构浸入环氧树脂，将其发展成一把休闲座椅的形态，并用模型支架固定，直到它硬化并定型，由此创造出一种脱离地心引力的由坐面和靠背部分组成的抛物线造型。这样的制作过程使得每一件"结绳椅"都是独一无二的，其绳结的千变万化使人们珍视它，这也是一种特殊的生态环保理念。文德斯的"结绳椅"大获成功，他又相继用同样的工艺技法设计出"飞绳椅""结绳桌"和"渔网椅"等。此后，文德斯对材料的探索更多地转向了高强度的碳纤维，陆续推出一批工艺精湛的家具作品，如 2004 年设计的以碳纤维加环氧树脂为主体材料的"碳椅"和 2013 年设计的加入充气材料的"碳充气椅"。

▲ 图 5-86

图 5-86 文德斯于 1995 年设计的"结绳椅"

德国当代著名设计师维纳·艾斯林格（Werner Aisslinger, 1964—）与文德斯一样是以尝试新材料而形成自己的设计语言的当代先锋设计师。当文德斯着迷于以碳钢为主体元素的新型家具设计时，艾斯林格则专注于凝胶和定型泡沫。艾斯林格早年就读于柏林艺术大学（University of Arts in Berlin）并长期师从德国当代工业设计大师尼克·汉斯·洛瑞蒂特（Nick Hams Roerickt, 1932—），毕业后的几年则先后工作于伦敦的阿拉德设计事务所（Arad Design Studio）和莫里松设计师事务所（Morrison Design Studio），柏林的安德烈亚斯·布兰多利尼（Andreas Brandolini）的设计事务所和米兰的米歇尔·德·卢基（Michele De Lucchi）的设计工作室。在积累了丰富的设计经验后，他于1993年在柏林创立了自己的设计工作室。艾斯林格长期专注于工业设计和前卫家具设计，同时常年任教于德国和芬兰的设计院校。艾斯林格的家具成名作是完成于1995年的"Juli椅"（图5-87），这是向雅各布森的"天鹅椅"致敬的习作，却收获了出人意料的成功。他先用玻璃钢来制作该椅的坐面主体壳形，但随后听从制造商朱利奥·卡佩里尼（Giulio Cappellini)的建议，改用合成定型泡沫来进行制作，这种材料以前主要用于汽车工业。艾斯林格由此展开了对20世纪60年代的经典亮式座椅的复兴设计。它出现在20世纪90年代后期，正好顺应了全球化、信息化情形下生活与工作的界限日益模糊的潮流，并因此成为纽约现代艺术博物馆在过去三十年内永久收藏的第一件德国座椅。受"Juli椅"大获成功的鼓励，艾斯林格开始更加深入地研究各类新型合成材料，当他在纽约现代艺术博物馆的一次展览中看到用凝胶制作的自行车坐垫时，立刻感觉到他必须用这种材料设计并制造家具，最终，在1998年隆重推出"软细胞"系列休闲椅、躺椅和多功能椅（图5-88）。后来，

▲ 图 5-87

图 5-87 艾斯林格于 1995 年设计的 "Juli椅"
图 5-88 艾斯林格于 1998 年设计的 "软细胞" 躺椅

▲ 图 5-88

艾斯林格与意大利著名的医疗器械公司 Royal Medical 展开密切合作，将这类以往主要应用于手术台桌面的凝胶用于家具。由于独特的分子结构，凝胶在压力之下并不能转为固体，而是像液体一样被随时形塑，但在压力撤销后又会恢复原状，基本不会产生机械伸张疲劳效应，因此，厚度为 1 厘米的凝胶所提供的舒适性相当于厚度 5 厘米的海绵泡沫能够产生的舒适性。随后，高科技运动鞋的设计引导艾斯林格将凝胶体块嵌入蜂窝状的环氧树脂框架结构中，至此完成"软细胞"座椅的雏形设计。随后的设计重点则是将分块的凝胶聚合成一个整体，最终又将整体成型的"软细胞"坐面嵌入铝合金框架结构，而铝合金框架又支撑在涂成黑色和白色的钢管支架之上。"软细胞"系列座椅再次获得了广大用户的赞誉，尽管后来因为凝胶在一段时间内容易变色等因素导致其产量有限，但它在设计理念和手法方面都对当代家具设计深有启发。这个系列的设计与苹果公司早期 iMac 电脑的形象设计相互呼应，反映了当时流行的多彩而通透的技术美学，史达克认为这种"一切从材料研究出发"的家具设计是现代家具发展中必不可少的流派。因此，艾斯林格有足够的信心继续这方面的探索，并在 2010 年又推出了"毡布椅"（图 5-89），这次是设计师与德国化工企业 BASF 的合作，采用了一种将自然纤维与自由成型的亚克力树脂融合而成的生态可降解材料。因为这种材料的机械强度较大，可以用很薄的材料制成悬挑模式的结构，通过与工程师和模具师共同计标得出其复杂的几何形式、最薄的厚度和理想的弹性，艾斯林格最终用热压方式创作出一把单构件悬挑椅。它的成功在于富有创意与轻质的设计构思以及与可持续手法的有机结合，由此被认为是"潘东椅"之后最重要的单构件悬挑椅作品。

图 5-89 艾斯林格于 2010 年设计的"毡布椅"

▲ 图 5-89

吉冈德仁（Tokujin Yoshioka, 1967—）是当今日本最活跃也最具创新理念的设计师，其建筑、家具和装置作品为他赢得了全球性的声誉。他于1986年毕业于东京著名的桑泽设计学院，随即进入仓俣史郎设计事务所工作，得到了仓俣史郎的真传，并开始从自己的角度理解设计的含义和材料的意义。2000年，吉冈德仁创立了自己的设计事务所，并在当年以其划时代的"蜂窝波谱椅"（图5-90）一鸣惊人。这件彻底打破常规的家具包含着吉冈德仁设计作品的全部特点，即透明轻质和材料的统一，同时又极具实验性，能够引发人们的好奇心。它是由120层玻璃纸做成的蜂窝梳结构，厚度为10毫米，吉冈德仁将其切割

成一件休闲沙发的侧立面形态。这件家具作品最令人惊奇的地方就是它真正作为一件完成的家具是由使用者来决定的，使用者将叠好的作品打开并延展成座椅形态，而后直接坐上去，由此形成自己独有的坐面及靠背扶手形状，因此每一把座椅都会因使用者的体重不同而千变万化。吉冈德仁的设计典型地诠释了"关联设计"的含义，

一个设计只有在使用者开始使用的时刻才圆满完成。仓俣史郎是与材料共舞的大师，吉冈德仁则比自己的老师走得更远。他尤其热衷于探索别人没有仔细探索过的材料，并由此发现前人没有注意到的材料生成的过程，因此他更喜欢泡在工厂的材料车间里反复观察和实验，因为他知道自己最关键的设计灵感往往会在对材料的反复测

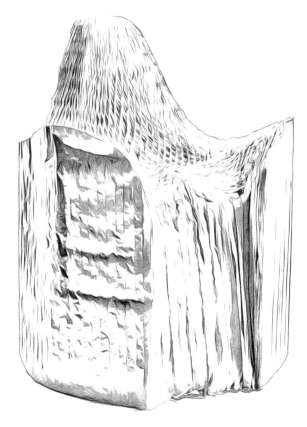

▲ 图5-90

图5-90 吉冈德仁于2000年设计的"蜂窝波谱椅"

试中闪现。虽然吉冈德仁的"蜂窝波谱椅"用纸来替代传统的实木、金属和胶合板，但它属于"材料引领设计创新"这一伟大设计传统。从托奈特到布劳耶尔，从阿尔托到伊姆斯，从潘东到派西，从史达克到阿拉德，材料的创新一直是家具发展最重要的动力之一，而吉冈德仁的设计又将使用者的最终使用纳入家具设计的最后环节。2003年，吉冈德仁受美国《国家地理杂志》中一篇文章的启发，对纺织品与合成纤维产生了浓厚兴趣，于是开始试验"Pane 休闲椅"（图5-91）。他首先将合成聚酯泡沫灌入一个圆筒模具中，再将它们的一部分缝在一起，卷成片状后将端部扎好，最后形成一个类似纸板的悬起的圆柱，然后将其放入烘筒中加热到104℃，让它定型，由此形成"Pane 休闲椅"。这个设计再次强调了吉冈德仁设计中的诗意元素和一种转瞬即逝的轻质特性。2007年，吉冈德仁开始尝试重量性材料，推出"Kimono 椅"，他在金属框架之上覆盖一层着色的合成纤维网。2010年，他又用可重复利用的铝片材设计并制作了"记忆椅系列"，将使用者参与作品最终形态的理念发展到一个新的高度。

法国当代先锋设计双人组布洛利克兄弟 [罗南·布洛利克（Ronan Bouroullec，1971—）和尔万·布洛利克（Erwan Bouroullec，1976—）] 是当今国际家具设计舞台上冉冉升起的新星。他们一方面与上述先锋设计师一样，由研究新型材料入手寻找设计的突破口，另一方面则深度思考日常生活和大自然万物的运作规律，从中发现设计的思路。布洛利克兄弟在20世纪90年代先后毕业于巴黎的国立应用艺术学院工业设计专业，从1996年开始与许多欧美企业公司合作研发工业设计产品，包括家用陶瓷系列、模数化组合厨房、游牧型卧式仓系统、新型办公家具系统等，并在这个过程中尝试推出新型分类空间的多功能家具，如1999年设计的用铝合金和塑料组成的"Hole 多功能椅"。布洛利克兄弟的成名作出现于2004年，但它不是传统的家具物件，而是一种兼具动态性和通透性的灵活隔断。这种隔断被命名为"Algue 新型动态室内隔断"，由无数碎片状的塑料树枝串联在一起，由此形成密度和形态都可以调整的室内隔断，创造出一种充满自然气息的艺术装置，令人

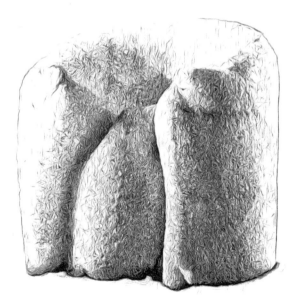

▲ 图5-91

图5-91 吉冈德仁于2003年设计的"Pane 休闲椅"

立刻感受到森林与草原的构成和纹理。自 2004 年开始，在米兰、科隆、巴黎和斯德哥尔摩的国际设计展会上，人们都能看到由 Algue 隔断主导的展位设计，这种隔断也获得了业内外一致好评。受这个设计的启发，布洛利克兄弟开始思考是否有可能像"长出一片隔断"一样"长出一个座椅"。最终，在 2004—2008 年，他们研发并创作出了"Vegetal 系列可叠落多功能椅"（图 5-92）。除了受 Algue 隔断的启发之外，布洛利克兄弟还受到了 20 世纪初法国园林中时常出现的通过人工强行修枝而培养出始终处于生长状态中的活的座椅的影响，

也想自己设计出一件"生长出来的座椅"。他们的构思草图表达的是四根主树干及其生长出的茂盛枝叶，主树干代表椅足，茂盛的枝叶则表示座椅的壳体形态。制造商维特拉家具公司依草图用塑料灌模技术制作样品和测试模型，依结构强度的要求将树干和枝叶的断面都做了调整，在坐面的表层覆盖着一层编织形态的"树枝"，从而使坐面更具舒适感。这件作品可以提供多种色彩，使人们可以感受设计中的"自然生长"的痕迹。2006 年，布洛利克兄弟对室内隔断的兴趣又引导他们设计出"Rocs 系列办公室屏风系统"（图 5-93）。这

种屏风的灵感源于欧洲公园中随处可见的灌木屏障，用纸板、尼龙织物与塑料组成几种基本尺度的单元构件，再由不同的单元构件搭建成类似于不规则书柜形状的室内屏风。每种单元又可以提供多种色彩和表面质感，从而给办公空间带来一股大自然的活力。这个系统的屏风也具有多功能性质，因为它们同时也可用作储藏柜和文件格。在这段时间里，布洛利克兄弟也在继续探索现代坐具的设计，如 2006 年推出的"慢椅"（图 5-94），由休闲椅及脚凳组成，用定型铝材和钢管组合成基本构架，用塑料和纺织品软垫组成座椅和脚凳，其构架形态从精神上沿用"生长设计"的观念。而 2011 年设计的"Osso 椅"则是仿生学的产物，在这里，布洛利克兄弟在材料选择上又回到了着色的实木，但用花架的转换形态做出坐面和靠背构件，使之具有一种轻松而自然的产品形态。布洛利克兄弟的设计近年以很快的速度获得了业内外的认可和期待，他们也受邀参加了国内外大量的展会，相信他们之后一定会给国际设计领域带来更多的惊喜。

▲ 图 5-92

图5-92 布洛利克兄弟设计的"Vegetal 系列可叠落多功能椅"

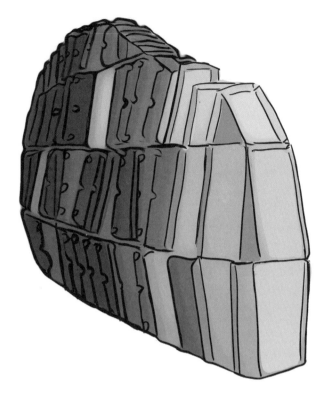

▲ 图 5-93

▲ 图 5-94

图 5-93 布洛利克兄弟于 2006 年设计
的 "Rocs 系列办公室屏风系统"
图 5-94 布洛利克兄弟于 2006 年设计
的 "慢椅"

附录　现当代设计师生平简介及代表作品

A

（以姓名英文字母排序，不包含正文提及的设计师）

1. Adnet, Jacques（雅克·阿德内特）

雅克·阿德内特（1900—1984）生于法国，是法国建筑师和室内设计师，曾与亨利·拉宾（Henri Rapin）、托尼·塞尔默森（Tony Selmersheim），以及莫里斯·杜弗伦（Maurice Dufrene）一起工作。他于1916—1921年在巴黎的国立应用艺术学院学习建筑学、室内设计及家具制造；1922—1927年担任巴黎 La Maitrise 工作室的室内设计师，且经常和他的孪生兄弟让·阿德内特（Jean Adnet）一道设计家具、陶瓷、灯具和地毯，并在1925年的巴黎艺术装饰与现代工业国际博览会上展出与他的兄弟一起设计的装饰陶瓷作品。1928—1959年，阿德内特担任法国室内装饰艺术公司的设计总监，他在家具设计中融入金属和玻璃，将鲜明的功能主义哲学应用在他的全套家具设计中，包括为弗兰克·杰伊·古尔德（Frank Jay Gould）的联排别墅、爱丽丝·科塞亚（Alice Cocea）的公寓，以及法兰西第四共和国总统文森特·奥里奥尔（Vincent Auriol）在朗布依埃城堡（Chateau de Rambouillet）

的办公室设计的全套家具。在任设计总监期间，他与雷内·库伦（René Coulon）一起设计了1937年巴黎博览会的圣戈班展馆；与安德烈·阿布斯（Andre Arbus）一起设计的住宅公寓在布鲁塞尔的世界博览会上荣获大奖；于1947—1949年同时担任装饰艺术家协会主席；1958年，为巴黎联合国教科文组织总部的会议室做室内设计。1959年离职后，阿德内特于1960—1970年担任巴黎国立高等装饰艺术学院校长。阿德内特的设计新颖、严谨，且极少装饰的特点揭示了当时受机械化影响的结果。

作品：矮桌（Low Table，1937）

矮桌（图1）的创作灵感源自阿德内特与库伦一起合作设计的圣戈班展馆。库伦采用圣戈班公司新开发的热钢化玻璃技术来提高玻璃的强度，为这个展馆设计了一系列玻璃家具，并发明了将热钢化玻璃技术应用于家具设计的专利，这张矮桌便是该系列玻璃家具之一。此矮桌的底座由三个梯形的抛光玻璃条组成，由黄铜螺丝和一小块木头连接在一起。该作品通过1937年巴黎

博览会的展出而赢得了知名度，其透明材料的运用及简洁的设计均反映了现代主义的观念。

图1 阿德内特与库伦于1937年设计的矮桌

2. Albini, Franco（弗兰科·阿尔比尼）

弗兰科·阿尔比尼（1905—1977）生于意大利，是意大利的城市规划师，同时也是室内、展览、家具及产品设计师。他是第一位为 Cassina 家具公司工作的建筑师兼设计师，也是国际现代建筑协会、意大利国立城市规划研究所、圣卢卡学院、意大利国家博物馆学会、

意大利科学协会和意大利工业设计协会的成员。他还是一名教育工作者，曾任教于威尼斯建筑大学、都灵建筑学院，以及米兰理工大学。1924—1929 年，阿尔比尼在米兰理工大学攻读建筑学期间，曾在吉奥·庞蒂和艾米利奥·兰西亚（Emilio Lancia）的事务所工作。1930 年，他与理性主义者爱德华多·佩西科（Edoardo Persico）会面交谈后离开工作室，与雷纳托·加缪（Renato Camus）和吉安卡洛·帕兰蒂（Giancarlo Palanti）一起在米兰成立了工作室，并陆续在 1933 年、1936 年、1940 年的米兰三年展上展示自己的展览设计、室内设计和家具设计作品。阿尔比尼是意大利理性主义的代表，在米兰工作时就担任了 Casabella-continuità 杂志的编辑，并在杂志上发表了自己的理论，以及他对新奇、独特、大规模生产和普遍的建筑材料的研究。自 1945 年起，他专注于住宅和行政大楼的设计，如在 1949—1951 年，他重新设计了位于热那亚的白之宫（Palazzo Bianco）的国家美术馆，随后致力于重新设计和扩建热那亚的其他博物馆。他同时也为 Cassina、Carlo、Poggi 等公司设计展览、室内空间和家具。他在 20 世纪四五十年代设计的家具在其逻辑形式和制造过程中均清晰地揭示了他的理性主义的倾向，如藤制的 "Gala 椅" 和 "Margherita 椅"，均赢得了 1951 年的第九届米兰三年展的金牌。同年，他与佛朗哥·赫尔格（Franca Helg）一起成立了弗兰科·阿尔比尼与佛朗哥·赫尔格建筑事务所，从那

时起，阿尔比尼所有主要的建筑和设计项目都与赫尔格共同合作完成。随后，安东尼奥·皮瓦（Antonio Piva）和马克·阿尔比尼（Marco Albini，弗兰科·阿尔比尼的儿子）先后加入该事务所。阿尔比尼去世后，这家事务所则更名为马克·阿尔比尼、佛朗哥·赫尔格、安东尼奥·皮瓦联合建筑事务所。

作品：80 桌（80 Desk，1938）

20 世纪 30 年代，弗兰科·阿尔比尼经常使用钢管制作家具，其中包括 "80 桌"（图 2）。它的构架灵感源自从古代便开始使用的交叉腿的设计原理。这两组由方钢管制成的交叉腿由一根横断面为 x 形的钢条连接，构成了一个非常坚固的结构。这根钢条还支承着位于桌腿一侧的抽屉。"80 桌" 腿足底端的塑料盖可用作保护脚，而其顶端的塑料盖则用作与玻璃桌面接触的软垫层，它们可以被理解为古代家具中典型的蹄形脚或爪形脚的风格化呈现。这张桌子最初仅以手工制作了少量成品，后来才于 1949 年在美国家具制造商 Knoll 公司连续生产，从那儿以后又重新发布了几次，但都只做了一些小的修改。

图 2 阿尔比尼于 1938 年设计的 "80 桌"

3. Architetti Associati 事务所

Architetti Associati 事务所由三位年轻的建筑师于 1953 年成立，他们分别是维托里·格雷戈蒂（Vittorio Gregotti，1927—2020）、洛多维科·梅内盖蒂（Lodovico Meneghetti，1926—2020）、乔托·斯托皮诺（Giotto Stoppino，1926—2011），专门从事城市规划、建筑和室内设计，以及工业设计。其中，格雷戈蒂曾担任 Casabella-continuità 杂志的编辑和总编辑、《现代建筑》（L'Edilizia Moderna）杂志的主编。在工业设计方面，Architetti Associati 事务所为 Sim 公司做设计：如在 1954 年第十届米兰三年展的 "Mostra della casa" 展览会上展出的家具系列、1960 年的 "Cavour 扶手椅"，以及由 Poltrona Frau 公司在 20 世纪 80 年代后期开始生产的 "Cavour 休闲椅"。此外，该事务所与 Arteluce 公司合作生产了 252 壁灯和 537 台灯等设计。在建筑、室内及城市规划方面，该事务所曾于 1954—1961 年为位于意大利诺瓦拉的 Bossi 纺织工厂设计了数栋建筑物；于 1963 年完成了诺瓦拉市的总体规划；于 1963—1969 年完成了米兰住宅合作社大楼的设计。1964 年，该事务所迁至米兰后，与建筑师佩波·布里维奥（Peppo Brivio）一起设计了第十三届米兰三年展的 Tempo Libero 展的国际介绍部分，并赢得了国际大奖。1969 年，Architetti Associati 事务所关闭。

作品：躺椅（1953）

这款躺椅（图3）于1953年由 Architetti Associati 事务所设计，记录了他们早期的工作和实验阶段的设计。在此阶段，他们还设计了适合大规模生产的一系列家具，并由 Sim 公司生产。该躺椅与同系列其他作品不同，是基于平面模块元素进行设计的，看起来像一个体块。躺椅两侧各由一块8毫米厚的有机胶合板切割而成，并由支柱连接。帆布沿着躺椅框架拉伸成一个外壳，其灵感来源于航空学中使用的轻型和稳定的结构。最后，在完成该椅子的表面结构时，他们将3毫米的胶合板固定在侧面，而侧面的孔则使胶合板易于移动。

图3 Architetti Associati 事务所于1953年设计的躺椅

4. Archizoom 联盟

1966年，安德烈亚·布兰兹（Andrea Branzi，1938—）、吉尔伯托·科雷特（Gilberto Corretti，1941—）、保罗·德加奈罗（1940—）、马希莫·摩洛希（Massimo Morozzi，1941—

2014）从佛罗伦萨大学建筑专业毕业后，成立了建筑和设计事务所 Archizoom 联盟，专门从事产品设计、建筑设计和城市规划，并开始与意大利公司 Poltronova 合作。1968年，Archizoom 联盟致力于将"反设计"理念应用到家具设计中，试图将意大利设计从消费主义和高雅风格中剥离出来，并反对传统、熟悉、舒适，以及"现代主义的反人文主义"。例如，与 Poltronova 公司合作设计的波浪形 Superonda 沙发是 Archizoom 联盟的标准聚氨酯泡沫沙发，在当时是非常生动的作品。而另一件名为 Safari 的沙发则被 Archizoom 联盟形容为"在自家脏乱的环境里的一件精品，一件你根本不配拥有的漂亮家具，清理你的休息室！清理自己的生活！"1969年，由 Poltronova 公司生产的"密斯椅"则特别大胆且简单明了，在铬制框架上覆盖了一层橡胶膜，虽然这是对密斯的致敬，但它本质上是具有讽刺意味的"反设计"的例子。1973年，由 Cassina 生产的"AEO 椅"也同样激进，而1967年的"Presagio di Rose 床"挑战了传统的"好品位"的观念。同年，Archizoom 联盟以1：10的比例设计了"Dream Bed"。其他具有激进意味的作品还包括1960—1975年设计的建筑作品和1996年的第六届威尼斯建筑双年展的作品。1967年，Archizoom 联盟与 Superstudio 工作室一起在意大利的皮斯托亚和摩德纳设计"超级建筑 I"和"超级建筑 II"的展览。1968年，达里奥·巴托里尼（Dario Bartolini）和露西

亚·巴托里尼（Lucia Bartolini）加入了 Archizoom 联盟。1969—1971年，Archizoom 联盟开发了"No-Stop City"（激进建筑的展览）项目，这是其在建筑和城市规划领域研究的高潮，在米兰、摩德纳、都灵、伦敦和鹿特丹等许多城市展出了包括"No-Stop City"在内的970个项目。1973年，Archizoom 联盟与其他意大利激进建筑运动的倡导者共同创立"全球工具组织"。1971—1973年，Archizoom 联盟的设计转向一系列多功能、可组合的中性服装。1974年，Archizoom 联盟解散。

作品：密斯椅（Mies Armchair，1969）

Archizoom 联盟在1966—1974年非常活跃，被认为是20世纪60年代中期以来意大利设计变革的倡导者之一，且通常被归为"激进设计"或"反设计"的范畴。在他们的作品中，Archizoom 联盟提出了对流行体系的批评，即对战后日益增长的消费主义的审美倾向提出了讽刺性的评论。

这件"密斯椅"（图4）充分体现了 Archizoom 联盟的理念。它由镀铬钢型材构造而成，并具有倾斜30度的尖角座椅，让人感觉坐上去并不舒服。不过，两个横梁之间有弹性的橡胶板在压力下产生拉伸，因此为椅子提供了一定程度的舒适性，这种舒适性进一步由软垫构成的脚凳而得到增强。该椅子的特点是其钢结构的支架朝底部打开。据

主设计师安德烈亚·布兰兹说，这种方式会让橡胶很快失去弹性，因此必须开发一种新的带有封闭支架的产品，而该版本的产品已刊登在当今大多数出版物上。

乍一看，无视任何风格分类的"密斯椅"使观察者感到困惑。然而，经过仔细观察，会发现这把椅子揭示了许多对密斯经典现代主义元素的复杂引用：它的名字指向了建筑师密斯，尖角的部分让人想起密斯早期的建筑，而镀铬方钢型材则参考了密斯的家具系列。"密斯椅"作为后现代主义设计的早期例子，在设计史上具有重要意义：它清楚地阐述了对现代主义的批判，同时发展了自己独特的审美立场，这警醒了当时"运动"的审美倾向之一，如"极简主义"和"硬边绘画"（Hard-edge Painting）。熟悉 Archizoom 联盟作品的设计师艾托瑞·索特萨斯曾经在 Doums 杂志上概述了该团队设计的诸多精髓，并写道："它们适合在像我们这样的国家引起某些利益集团的恐慌，因为在这里，文化和意识形态都是如此高度地被组织、建立、标准化和沉淀。"

图 4 Archizoom 联盟于 1969 年设计的"密斯椅"

5. Arens,Egmont（埃格蒙特·阿伦斯）

埃格蒙特·阿伦斯（1889—1966）是美国工业设计师和理论家，于 1914 年毕业于新墨西哥大学，后在芝加哥大学学习一年，曾担任《公民论坛报》（Citizen Tribune）报的体育编辑。1917 年，阿伦斯来到纽约，接管格林威治村（Greenwich）的华盛顿广场书店，因为抱有对艺术的兴趣，还担任《名利场》（Vanity Fair）杂志的艺术编辑、《创意艺术》（Creative Arts）杂志的总编辑，创办并经营飞鹿出版社，出版和印刷杂志。他于 1919—1925 年编辑、出版和印刷文学和艺术杂志《花花公子：艺术和讽刺作品集》（Playboy: A Portfolio of Art and Satire）。直至 1929 年，他担任纽约的 Calkins & Holden 公司的工业造型部门主管后才开始了他的工业设计生涯。他在 20 世纪 30 年代写的著作强调了设计与营销的关系，产生了一定的影响力，他相信"过时是一种积极的力量，一种可以用来推动市场前进的资源"。阿伦斯于 1935 年在 Calkins & Holden 公司成立了名为"消费者工程"（consumer engineering）的工业设计部门，同年，在纽约建立了自己的事务所，为 A & P，Philip Morris，KitchenAid 等公司设计各种包装、商店内饰和消费品。他最著名的设计作品是与西奥多·C. 布鲁克哈特（Theodore C.Brookhart，1898—1942）一起设计的"C.1940 流线型电动切肉机"，于 1944—1985

年由 Hobart Manufacturing 制造公司生产。其他作品还包括 1937 年的"KitchenAid K 电动厨房搅拌机系列"（三个中的一个，到今天几乎也没有变化）、世界上第一台咖啡研磨机（KitchenAid A-9，1938）、A&P 杂货店的咖啡过滤器包装、Higgens 的墨水瓶，以及 Philip Morris 品牌的商标。1944 年，阿伦斯与其他 15 人共同创立了工业设计师协会，即当今美国工业设计师（IDSA）的前身，并担任第一任主席，后又于 1952 年与同事成立了美国包装设计师协会，1962 年出任埃格蒙特（Egmont）董事会主席，直至去世。

作品：塑料椅（Plastic Chair，1947）

埃格蒙特·阿伦斯最为人所知的是他与西奥多·C. 布鲁克哈特在 1942 年共同设计的"C.1940 流线型电动切肉机"，但他也因二战后设计的塑料制品而闻名，其中便包括他的塑料椅，是有史以来最早的塑料椅子之一（图 5）。阿伦斯认为他可以解决"设计更舒适的椅子"这个永恒的问题，"通过采取肥臀形、瘦臀形，以及介于两者之间的臀形在黏土上印下的痕迹"。据他所说，这种设计的优势在于"一台 500 吨的压力机每 8 分钟就能造出一个单元"。这些椅子由美国通用运输公司（现为 GATX 公司）生产，零售价为 30 美元，设计师兼建筑师亨利·P. 格拉斯（Henry P.Glass，1911—2003）1948 年在伊利诺伊州诺斯菲尔德所建的房子中陈列了

10 把阿伦斯的塑料椅。据说这座建筑是美国最早的被动式太阳能房屋，其中陈列了许多现代主义家具和设计作品。

图 5 阿伦斯于 1947 年设计的塑料椅

6. Arndt,Alfred（阿尔弗雷德 · 阿恩特）

阿尔弗雷德 · 阿恩特（1898—1976）生于德国，早年从事工业建筑技术绘图，于 1920 年在哥尼斯堡 [即现在的加里宁格勒（Kaliningrad）] 的艺术学院学习绘画课程；1922—1924 年在德绍包豪斯与瓦西里 · 康定斯基一起学习、研究壁画，学徒期满后通过了包豪斯的技工考试。同年，他成为欣纳克 · 谢珀（Hinnerk Scheper）的壁画工作坊的工匠和马塞尔 · 布劳耶尔家具工作坊的助手。在 1928 年中期举行的大师级技工考试前后，他还在图林根的普罗布斯特采拉（Probstzella）担

任自由建筑师，负责位于普罗布斯特采拉的沃克斯之家建筑（Haus des Voles）的外壳结构设计、家具设计和室内配色方案设计，并与马塞尔 · 布劳耶尔、恩斯特 · 盖巴特（Ernst Gebhardt）、马利斯 · 休曼（Marlis Heumann）和包豪斯工作坊一起负责整个室内的概念设计和实施。通过包豪斯的大师级技工考试后，阿恩特成为包豪斯大师，并领导包豪斯室内设计部门（主要从事金属加工、橱柜制作和壁画制作）。1933 年，他回到普罗布斯特采拉后从事自由建筑师和商业平面设计师的工作，1945—1948 年成为耶拿（Jena）的建筑部门官员，最后以自由建筑师和画家的身份在达姆施塔特(Darmstadt)长期定居，直至去世。

作品：折叠椅（1928）

此折叠椅（图 6）源自沃克斯之家建筑项目，阿恩特为其中能容纳 1000 人的会议室设计了该折叠椅。他最初打算在德绍包豪斯生产这把椅子，但由于经济原因，它最终由当地的金属加工厂负责制造生产。这把椅子与 1927 年 Standard Möbel 公司生产的马塞尔 · 布劳耶尔鲜为人知的 "B8 椅" 相仿，但与布劳耶尔的设计不同，阿恩特的折叠椅以条状滑行装置替代椅的腿足，其折叠装置由坐面下方的两个导轨组成，而用于支承坐面的框架可在该导轨上前后滑动。

图 6 阿恩特于 1928 年设计的折叠椅

7. Asplund,Gunnar（冈纳 · 阿斯普隆）

冈纳 · 阿斯普隆（1885—1940）生于瑞典斯德哥尔摩，是 20 世纪瑞典最重要的建筑师，也是北欧现代主义发展的核心人物（北欧现代主义是现代建筑和设计的一种变体，抵制了主流现代运动的机械正统观念）。他曾担任《建筑》（ARKITEKTUR）杂志的编辑、瑞典工艺美术学会主办的 "斯德哥尔摩展览" 的首席建筑师，在进行自己的项目设计的同时兼任瑞典皇家理工学院装饰艺术兼职讲师。他把他的建筑视为人类幸福的源泉，根据建筑所处的环境进行调整，并以自己的家具设计来完善它们，为用户提供生理和心理上的舒适感。他于 1905—1910 年就读于斯德哥尔摩的皇家技术学院和皇家艺术学院，毕业后，又在拉格纳 · 奥斯特伯格(Ragnar Ostberg)和卡尔 · 韦斯特曼（Carl Westman）任教

的 Klara 学校深造学习。他一生完成了诸多设计项目，如 1912—1918 年的卡尔斯港（Karlshamn）的一所中学；1915—1924 年哥德堡（Gothenburg）的卡尔约翰小学；1917—1921 年的塞尔夫堡（Sölvesborg）的李斯特县法院；1922 年的斯德哥尔摩 Skandia 电影院及其配套家具；1933 年的斯德哥尔摩的布雷登堡百货公司（Bredenberg department store）和家具；1933—1937 年的斯德哥尔摩国家细菌学实验室；1935—1937 年的位于斯坦纳斯（Stennäs）的阿斯普隆避暑别墅及其配套家具；1938 年的斯德哥尔摩国家社会福利办公室（获得竞赛一等奖）；1939 年的斯德哥尔摩城市档案馆（获得竞赛一等奖）；1935—1940 年斯德哥尔摩恩斯凯德（Enskede）的 Skogskyrkogården 林地公墓[与西格德·勒韦伦茨（Sigurd Lewerentz）一起合作到 1935 年]，包括教堂（1918—1920 年）和带有家具的火葬场；1937—1940 年的斯德哥尔摩国家兽医细菌学实验室，但该项目未建成。

作品："S9 扶手椅"（1936—1937）

随着哥德堡法院项目的完成，阿斯普隆和他的助手卡尔－阿克塞尔·阿金（Carl-Axel Acking）开发了一系列未上漆的木制家具，其中最重要、最复杂的一件作品便是这把供法庭使用的"S9 扶手椅"（图 7）。阿斯普隆希望这把椅子能在传达权威性的同时避免浮夸或恐吓的效

果。由于没有任何象征性的符号，它在风格上是中立的，与其说它是法庭座椅，不如说它是一件具有本土民间特色的物品。该扶手椅的特征是阿斯普隆从勒·柯布西耶和夏洛特·帕瑞安德的钢架家具（如 B302 转椅）中分离出的结构和支撑，然后根据实际需求进行调整设计。

手工制作的"S9 扶手椅"使阿斯普隆能够以雕塑的方式处理木头结构，兼顾建筑和美学。他最初的设计要求使用曲木（托奈特的风格），但后来采用了实木结构以保留最初设计的柔和轮廓，其最明显的便是连接扶手和腿的连续曲线。椅子的坐面由连接着四个腿足的对角线支架支承，形成稳固的结构。靠背则连接到弧形壁板的裸露框架，而软垫扶手同样也是弯曲的。腿和座椅的交界处表现出阿斯普隆设计的微妙的有机形态感：腿部略粗以提供更牢固的连接，并在视觉上平衡靠背向外的推力。阿斯普隆使用弯曲的靠背以呼应使用者的背部，并在靠背上覆盖深棕色山羊皮，而靠背覆盖物上的纽扣则采用未染色的山羊皮包裹，以此形成对比鲜明的图案。在设计过程中，身高相对较矮的主审法官坚持认为他的椅子应该区别于其他法学家的椅子，但阿斯普隆不愿添加任何有明显的等级划分的构件，而是将主审法官椅子的腿加长了 5 厘米，并将此椅子指定为"S10 椅"。

"S9 扶手椅"除了作为法庭座椅外，还对现代北欧家具的发展产生了深远的影响。这种采取生物形态设计

的方法尤其影响了丹麦的凯尔·柯林特，并催生了一个可以被称为阿斯普隆现代家具设计师学院的组织，其成员包括彼得·惠特（Peter Hvidt，1916—1986）、奥尔拉·姆盖德－尼尔森（Orla Mølgaard-Nielsen，1907—1993）、伊娃·科佩尔（Eva Koppel，1916—2006）和尼尔斯·科佩尔（Nils Koppel，1914—2009）、芬·居尔和阿诺·雅各布森。虽然居尔主张结构和支承的分离，但阿斯普隆理念的最终发展可以从雅各布森的批量生产的代表作品中看到，如"七系列"的扶手椅和蛋椅。

图 7 阿斯普隆于 1937 年设计的"S9 扶手椅"

8. Atelier de Recherche Plastique（ARP 工作室）

1954 年，皮埃尔·格瓦里奇（Pierre Guariche，1926—1995）、约瑟夫－安德烈·莫特（Joseph-André Motte，1925—2013）和米歇尔·

莫蒂埃（Michel Mortier, 1925—2015）共同创立了 ARP 工作室，其目标是创造出能由法国制造商批量生产并能通过 Charles Minvielle 商店分销的创新家具。他们因此推出了对法国二战后设计产生了巨大影响的标志性家具，如"雷达椅"（1955）和"Scoubidou 休闲椅"（1954—1955）。

皮埃尔·格瓦里奇于 1949 年从巴黎国立高等装饰艺术学院毕业后加入了马塞尔·加斯科因（Marcel Gascoin）的工作室，从 1951 年开始与家具公司 Airborne 和 Steiner 合作，并于 20 世纪 50 年代末成为比利时家具公司 Meurop 的设计主管。

约瑟夫－安德烈·莫特是 Groupe 4 的创始成员，于 1948 年毕业于巴黎工业美术学院，后在巴黎百货公司 Bon Marche 的艺术部门开始了他的职业生涯。1954 年，莫特加入马塞尔·加斯科因的工作室，主要承担公共交通设施的室内设计任务。

米歇尔·莫蒂埃 1944 年从巴黎工业美术学院毕业后，加入罗浮宫百货公司的工作室，于 1949—1954 年担任加斯科因位于巴黎的 ARHEC 公司（Abénagement Rationnel de L'Habitation et desCollectivités）的董事会成员，1959 年成立了自己的设计事务所。

1954 年，三人在加斯科因工作室相识，共同建立了 ARP 工作室。

1955 年，ARP 工作室的作品在艺术管理沙龙的可批量生产家具竞赛中获得一等奖和二等奖。1957 年，ARP 工作室解散。

作品："Scoubidou 椅"（1954）

"Scoubidou 椅"（图 8）的截锥形状是由三个钢环（其中两个通过钢条连接）和垂直拉伸的塑料绳组合而成，中间的钢圈则通过绳索技术固定。椅子因出现在雅克·塔蒂（Jacques Tati）1958 年的电影《我的舅舅》（Mon Oncle）中而声名远播，与塞吉·穆耶（Serge Mouille）的壁灯、波尔·尚博斯特（Pol Chambost）的陶瓷，以及塔蒂和雅克·拉格朗日（Jacques Lagrange）共同设计的家具一同出现。艺术史学家帕特里克·法瓦尔丁（Patrick Favardin）评论 ARP 工作室时说："他们很可能是二战后法国与新国际风格相匹配的能力的最好例证。"

图 8 ARP 工作室于 1954 年设计的"Scoubidou 椅"

9. Auböck,Carl（卡尔·奥伯克）

卡尔·奥伯克（1924—1993）生于维也纳，曾担任国际工业设计协会理事会主席、维也纳应用艺术学院金属产品设计专业教授。直至去世，他还为许多制造商设计办公家具系统。他先后在魏玛包豪斯大学、维也纳工业大学、马萨诸塞州剑桥市的麻省理工学院学习。就读期间，他在父亲的公司 Werkstatte Carl Auböck 工作，并在父亲去世后接管公司。在那里，他制作维也纳青铜器和小黄铜制品，而这些制品通常与天然材料结合。1945 年，他开始设计实用物品，1949—1950 年首次为自己的室内设计项目设计家具（未投入生产），从 1951 年开始为 Wiesner & Hager、Grabner 等公司设计家具，1957—1988 年一直为更多制造商设计产品，其中包括为 Amboss Werke 设计的"2060 餐具套装"，以及为维也纳 Ostovics 公司设计 Culinar 系列的家庭厨房用品。在建筑设计方面，他曾于 1946—1955 年与建筑师费迪南德·基特 [Ferdinand(Ferry) Kitt] 合作，1952—1954 年与罗兰·雷纳（Roland Rainer）一起使用预制木结构建造了 Veitingergasse 住宅区；1959—1962 年与卡尔·罗斯勒（Carl Rössler）和阿道夫·霍奇（Adolf Hoch）合作为维也纳设计了 Vorgartenstraße 公共住宅区；1965—1968 年与哈里·格鲁克（Harry Glück）一起完成了维也纳的沃尔夫斯伯格大街住宅区项目；1970 年又与普拉文·切科里（Pravin Cherkoori）一起完成了维也纳印度商店的内部设计。

作品："No.4204 树桌"（1948）

二战后，奥伯克开始进行家具设计，其中便包括"No.4204 树桌"（图9）。树桌是用不规则形状的树板（从树干上被切割下来的板材）和车床工人丢弃的木柴颗粒做成的，对木厚板的切割面进行打磨和抛光的同时剥去底面树皮，然后燃烧和上油。这张树桌的金属腿原本是直接插在桌面上的，但是出口到美国的树桌产品的腿则是拧进并嵌入桌面底部的，形成螺纹接口。这张桌子的迷人之处在于它精致的框架（典型的二战后家具设计）和非常坚实的木质桌面之间的对比。

图 9 奥伯克于 1948 年设计的"No.4204 树桌"

10. Aulenti,Gae（盖 · 奥兰蒂）

盖 · 奥兰蒂（1927—2012）生于意大利，是她那一代人中最著名的意大利女性建筑师，曾获美国建筑师协会荣誉院士称号、日本皇室世界文化奖、意大利共和国骑士勋章，以及 2012 年米兰三年展的终身成就奖金奖。她设计住宅、火车站、博物馆，以及概念化的展览和陈列

室，为剧院设计舞台布景，也设计家具和灯具。她的专业领域之一是改造或再利用历史建筑，由巴黎奥赛车站（Gare d'Orsay）改造的博物馆是她最著名的项目之一。

盖 · 奥兰蒂于 1953 年毕业于米兰理工大学建筑专业，后成为 *Casabella-continuità* 编辑团队的成员之一；1960 年参加被认为是意大利新自由运动主义宣言的展览，又于 1972 年参加纽约现代艺术博物馆的展览"意大利：新的国内景观"（Italy: the New Domestic Landscape）。她设计的展厅包括第 13 届米兰三年展中的意大利展厅、1967—1968 年的 Olivetti 公司展厅，以及 1969—1970 年的米兰、都灵、苏黎世、布鲁塞尔和维也纳的菲亚特展厅。她也曾为多家公司设计家具，如 1962 年为 Poltronova 公司设计了"Sgarsul 摇椅"；1968 年为 Kartell 设计"4854 椅子"；1979—1996 年设计了带轮玻璃咖啡桌（1980）以及"Tour 桌"（1993），且与皮尔 · 卡斯蒂利奥尼（Piero Castiglioni）一起设计了"Parola 灯"（1980）和"Nina 灯"（1981）。随后，她于 1980—1986 年将奥赛

火车站进行翻新，并改造成巴黎奥赛博物馆（Musée d'Orsay）；1982—1985 年设计了巴黎蓬皮杜中心的国家现代艺术博物馆。

作品："Tavolo con Ruote 玻璃咖啡桌"（1980）

奥兰蒂将"Tavolo con Ruote 玻璃咖啡桌"（图 10）看作是对 FontanaArte 产品系列中使用的材料的一种敬意。作为一名产品设计师，奥兰蒂曾用玻璃创造出台灯和花瓶的组合体 Giova（1964）及一张用半圆形玻璃花环环绕着垂直于日光灯的"King Sun 台灯"（1907）。该桌的创作灵感来自 FontanaArte 品牌的工厂和存储设施，奥兰蒂在参观设施期间注意到用来运送重玻璃板的手推车，它们仅由安装在四个轮子上的一块木板组成。由此，奥兰蒂想出了一个用厚玻璃板代替木板的主意，创造了可移动的带涡轮玻璃咖啡桌。她选了一块 15 毫米厚的方形玻璃板，在边缘处打了孔，并将它安装在 4 个可以旋转 360 度的橡胶轮子上，同时故意将螺母和螺栓留在表面以强调桌子的简单和工业美感。

图 10 奥兰蒂于 1980 年设计的 Tavolo con Ruote 玻璃咖啡桌

11. Baas, Maarten（马丁·巴斯）

马丁·巴斯（1978—）生于德国，曾于 2009 年被评为设计迈阿密的年度设计师。他于 2002 年毕业于荷兰埃因霍芬设计学院，并创作了"Smoke 系列"的毕业设计；2003 年成立 Maarten Baas 工作室 [2005 年起与巴斯·登·赫德（Bass den Herder）合作，成立 Bass & den Herder 工作室，2012 年更名为 Den Herder 制作公司]，为伦敦 Established&Sons 设计"Chankley Bore 系列橱柜"。

巴斯曾举办多次个人展览，如 2004 年在纽约莫斯画廊的个人展览"哪里有烟"（Where There's Smoke），其展示了 25 个标志性的烧毁家具；2006 年的个人展览"黏土和烟"（Clay and Smoke）、"马丁·巴斯"（Maarten Baas）；2008 年的米兰个人展览"BAAS"以及上海个人展览"上海之谜"（The Shanghai Riddle）；2010 年的 Stedelijk 博物馆个人展览"让事情变得个性化"（Making Things Personal）；2011—2012 年的巴黎个人展览"马丁·巴斯"以及 2014 年的米兰家具展上的个人展览"巴斯"。

作品："黏土椅"（2006）

马丁·巴斯的黏土家具系列于 2006 年米兰国际家具展上展出，其中包括"黏土椅"（图 11）。该椅是巴斯手工用彩色合成黏土围绕钢结构模具制作而成的，并待其硬化后上漆。此外，黏土层形状变化的特征让巴斯有机会生产同系列的产品，创造出独特的个性化作品，如书架、桌子、座椅元件和各种尺寸的风扇，因此大受欢迎。

图 11 巴斯于 2006 年设计的"黏土椅"

12. Bär+Knell 工作室

Bär+Knell 工作室由比塔·巴尔（Beata Bär, 1962—）、格哈德·巴尔（Gerhard Bär, 1959—）和哈特穆特·奈尔（Hartmut Knell, 1966—）三人于 1992 年成立，从事开发和生产以塑料废料为原料的可回收家具。比塔·巴尔和格哈德·巴尔，均于 1981—1987 年在美因茨大学学习室内设计，1989 年为意大利都灵的 TRAU 公司开发"Barbarossa 系列办公家具"。

哈特穆特·奈尔于 1981—1984 年做家具木工的学徒；1984—1987 年成为家具木工师傅；1987—1988 年在德国海尔布隆（Helibrunna）接受进一步培训，成为一名大师级木工；1988—1990 年在夏姆（Cham）的木材设计专业学院接受专业设计师的培训，此后一直从事自由设计师职业。

作品："Müll Direkt 椅"（1994）

"Müll Direkt 椅"（图 12）是"Müll Direkt 系列"的产品之一，该系列展示了从垃圾堆里直接产生材料和美学价值的便捷性。"Müll Direkt 椅"的部件由熔融的塑料包装制成，通过挤压工艺将塑料包装变成单色基板后，再在这块基板上做各种各样的包装装饰，如番茄酱或清洁剂的瓶子。在装饰过程中，首先将这些瓶子在加压和加热情况下进行清洁，然后将它们熔化在底板上，以形成完全独特的平面，此时仍可弯曲的底板就像以纺织品制成的外衣，可形成所需的形状，因而可在被拉伸后覆盖在用作"模具"的椅子上。待其硬化后，即可保持椅子的稳定性。

图 12 Bär+Knell 工作室于 1994 年设计的"Müll Direkt 椅"

13. Barber & Osgerby 工作室

Barber & Osgerby 工作室由爱德华·巴布尔（Edward Barber，1969—）和杰·奥斯戈比（Jay Osgerby, 1969—）于 1996 年在伦敦成立。该工作室曾为 2012 年的伦敦奥运会设计火炬，曾获杰伍德应用艺术奖、ICFF 编辑奖、最佳新设计师奖，以及 2013 年 "Maison & Objet 年度设计师" 称号。

1997 年，Barber & Osgerby 工作室设计了第一件投入生产的家具，为家具厂商 Isokon Plus 设计的弯曲胶合板 "Loop 桌"。1998 年，他们设计了 "Flight 凳"，同样由 Isokon Plus 生产。1999 年，他们用一块胶合板搭配呼啦圈设计成儿童的凳子，而该凳子的成人版本由 Cappellini 公司于 2001 年开始生产。2001 年，他们成立驻伦敦的环球设计工作室，2005 年为翻新后的 De La Warr 展馆设计 "De La Warr 椅" 和 "Zero-In 桌"，均由 Established&Sons 公司生产。2006 年，他们以 "Flight 凳" 为基础，参照潘通配色方案设计出限量版 "Pantone 凳"；2007 年为 Flos 公司设计 "Tab 灯"，一种可调节光的方向的台灯和落地灯。2008 年工作室开始设计 "Tip Ton 椅"（图 13）；2012 年另外成立 MAP 工业设计工作室；2014 年在伦敦设计博物馆策划 "In the Making" 展览，同年为瑞士家具制造商维特拉设计 "太平洋椅"。

作品："Tip Ton 椅"（2008）

"Tip Ton 椅" 设计于 2008 年，当时英国皇家艺术学会联系了巴布尔与奥斯戈比工作室为其位于英国提普顿（Tipton）镇的学校设计家具。由于对当时市场上的产品不感兴趣，巴布尔和奥斯戈比决定创造自己发明一种椅子，以满足学校家具的要求，使其适合放在桌子上使用，符合人体工程学的同时，也要美观、经济。他们的研究表明，学校的座椅并没有跟上教学实践的变化，如以小组为基础的互动式学习方式需要更多的活动空间。于是，他们与维特拉公司合作，确立了椅子的设计标准：椅子由可循环利用的塑料制成，以最少的部件降低成本，提高强度和耐用性，并用鲜艳的颜色来适应学校环境，由此诞生了 "Tip Ton 椅"。该椅的主要特征之一是和椅腿连接在一起的倾斜坐面，这种设计来自他们研究椅子的可移动性设计的成果，如椅子坐面的倾斜角度使就座者能够向前移动，从而改善坐姿和血液循环。"Tip Ton 椅" 有八种颜色可供选择：黑色、红色、白色、冰灰色、芥末色、土灰色、冰川蓝色和仙人掌色。椅子最多可堆叠四把，并配有专用堆叠手推车。由于零件数量少，制造这种椅子所需的时间也很短：这把单块椅子的注塑工艺只需 4 分钟，另外还需 2 分钟将透明的聚乙烯 "滑梯" 坐面固定在基座上。该椅子自 2011 年在米兰家具展上推出以来，赢得了无数奖项，其中包括 2013 年德国设计奖。

图 13 Barber & Osgerby 工作室于 2008 年设计的 "Tip Ton 椅"

14. Bartolucci,Edgar（埃德加·巴托鲁奇）

埃德加·巴托鲁奇（1918—2014）生于美国，曾在帕森斯设计学院、纽约的商业插画工作室、纽约大学和芝加哥设计学院学习。他于 1944—1945 年与约翰·B. 瓦尔德海姆（John B. Waldheim）开办设计事务所，并与美国集装箱公司（一家纸箱制造商）和位于密尔沃基（Milwaukee）的莱顿艺术学校签订合同，并参与设计 "Barwa 椅"（图 14）；1955—1977 年担任产品展示设计公司的合伙人以及期刊家具论坛艺术总监。1977 年，他出售了自己在公司的股份，仅出任公司市场顾问。

作品："Barwa 椅"（1947）

"Barwa 椅" 的设计源于约翰·B. 瓦尔德海姆于 1941 年在芝加哥设计学院读书时设计的胶合板躺椅，

其灵感来自柯布西耶、让纳雷和帕瑞安德设计的躺椅。4 年后，巴托鲁奇制作了该椅的第一批钢管原型，最终版本由超轻的铝管制成，并以其设计者姓氏的前几个字母命名。这种扁平的摇杆可以让使用者坐着，或仅通过移动身体重量，抬高双脚就能斜靠在椅背上，这种姿势据说对健康有益。此后，该椅子又以多种形式投入生产，如软垫或织物坐面形式、藤条框架形式以及一种带扶手的版本。二战后，美国带花园的住宅越来越多，适合花园使用的"Barwa 椅"因此销量大增，成为 20 世纪 50 和 60 年代最成功的花园家具之一。

图 14 巴托鲁奇与瓦尔德海姆于 1947 年合作设计的"Barwa 椅"

1. BA 1171 是"Bofinger 椅"的另一个名称，书中有其他作品同此写法。

15. Bätzner,Helmut（赫尔穆特·巴兹纳）

赫尔穆特·巴兹纳（1928—2010）于 1940 年接受家具木工的培训；20 世纪 50 年代成为罗尔夫·古特布罗德（Rolf Gutbrod）的学生和员工；1962 年成为罗马的马西莫别墅研究员；1963—1966 年担任克雷菲尔德大学的讲师；1964 年在德国卡尔斯鲁厄（Karlsruhe）成立建筑公司，同时为建筑项目设计家具；1964—1966 年设计了塑料椅子"BA 1171"；1970—1975 年在卡尔斯鲁厄负责新建德国巴登州卡尔斯鲁厄国家剧院项目，自 1975 年开始主要从事卡尔斯鲁厄及其周围地区的建筑工程。

作品："Bofinger 椅"（BA 1171[1]，1964—1965）

"Bofinger 椅"（图 15）被认为是第一款完全由单块塑料制成的成人尺寸的椅子。该椅子由赫尔穆特·巴兹纳、阿尔弗雷德·巴兹纳（Alfred Bätzner）和弗里德海姆·伯斯（Friedhelm Bös）共同开发设计，是德国巴登州卡尔斯鲁厄国家剧院项目的一部分。他们的设计目标是生产一种轻便、坚固、耐风雨、可堆叠，且适合室内和室外使用的椅子。对于 20 世纪 60 年代中期的设计师来说，利用玻璃纤维增强聚酯材料设计一款椅子是当时的趋势所向，因为这种相对较新的材料具有令人信服的弹性、可塑性、耐候性，适合工业制造，具有诱人的设计潜力。

在巴兹纳的工作室中，最初以 1：5 和 1：1 的比例开发基于草图的石膏模型，用于测试其堆叠、静态弹性的能力，同时也便于设计的修改。1966 年 1 月，巴兹纳与家具公司 Wilhelm Bofinger 签订了椅子生产合同。由于缺乏资源，Bofinger 无法单独完成，于是与 Menzolit-Werke Albert Schmidt 工厂结成生产该模型的合作伙伴。在生产这张椅子时，Menzolit—Werke Albert Schmidt 工厂将预制的玻璃纤维毡浸入染色的聚酯纤维中，随后该聚酯纤维在锻造的钢模具中经过 300 吨的压力和约 145℃的温度成型，在持续 5 ~ 10 分钟的模制之后，再抛光椅子的边缘。1966 年，该椅子首次在科隆国际家具博览会上展出便广受好评，并与维纳·潘东的"S 椅"一起被授予罗森塔尔工作室奖。该椅子主要用于（半）公共空间，如咖啡馆、食堂、社区中心和医院。根据官方数据，在 1984 年停产之前，这种椅子大约生产了 12 万件。后来，该公司计划用可回收塑料重新制作一把椅子，尽管这把椅子的原型在 1995 年的科隆国际家具博览会上展出，但从未投入生产。

"Bofinger 椅"虽然是德国最著名、商业上最成功的塑料家具之一，但缺乏 20 世纪 60 年代其他塑料椅子标志性的优雅和奢华，如"潘东椅"和维科·马吉斯特雷蒂（Vico Magistretti）设计的"Selene 椅"。然而，巴兹纳的设计中的许多细节至今仍有影响力，如椅腿的形状，因此它又被视为单块椅子的先驱。

图 15 巴兹纳于 1964 年设计的 "Bofinger 椅"

年为托马斯公司设计 "ABC 系列餐具"，1963 年为德国汉莎航空公司设计舱内餐具。1964—1968 年，他担任德国工业设计师协会董事兼总经理，1969 年在印度艾哈迈达巴德的国家设计学院设立陶瓷系，并担任系主任，1970 年在巴塞尔成立第二个设计工作室；1971 年为 Schönwald 公司设计 "2298 系列餐具"，该系列于 1972 年开始投入生产，于 1973 年获德国 "联邦好设计奖"（Bundespreis Gute Form）。1981 年，他就职于日本有田的深川瓷器厂，1985 年担任柏林艺术大学（Hochschule der Künste Berlin）教授。

图 16 提奥于 1952 年设计的 "VB 101w 椅"

16. Baumann,Hans Theo（汉斯·提奥·鲍曼）

汉斯·提奥·鲍曼（1924—2016）生于瑞士巴塞尔，曾获德意志联邦共和国荣誉勋章。他于 1942 年在德国莱茵河畔魏尔（Weil am Rhein）结束纺织制图的学徒生涯；1942—1945 年在德累斯顿艺术学院学习绘画和雕塑；1946—1950 年在巴塞尔综合贸易学校学习平面设计、绘画、雕塑和室内设计，同时成为玻璃画家的学徒。1950 年，他在德国绍普夫海姆（Schopfheim）成立了一家艺术工作室，并完成了第一件中空玻璃器皿作品。自 1951 年起，他与建筑师埃贡·艾尔曼（Egon Eiermann）一起开发彩色玻璃混凝土，自 1952 年开始为维特拉公司、Wilde+Spieth 等公司设计椅子和灯具，自 1954 年起设计餐具和玻璃器皿。1959 年，他联合创立了德国工业设计师协会，同

作品："VB 101w 椅"（"Plexiglas 椅"，1952）

玻璃可呈现物质千变万化的现象给予汉斯·提奥创作的灵感。他最终用透明树脂玻璃制作了这把 "VB 101w 椅"（图 16）。该椅的形状犹如一把铲子，其坐面前端较宽，但在过渡到靠背的过程中急剧收窄。透过该椅的有机模制作座椅壳体，我们可以清晰地看到两个弯曲且焊接的镀铬管状钢支架的支腿组件，这种自由形式是那个时代的典型特征。一体式座椅一直是全世界设计师关注的焦点。"VB 101w 椅" 是维特拉公司的第一批家具。当时，该公司专门从事橱窗设备的生产，熟悉管状钢和树脂玻璃的使用和加工。除了此处显示的由无色树脂玻璃制成的模型外，还有多种颜色可供选择。

17. BBRP 工作室

BBRP 工作室于 1932 年由詹卢吉·班夫（Gianluigi Banfi，1910—1945）、洛多维科·巴尔比亚诺·贝尔吉奥索（Lodovico Barbiano di Belgiojoso，1909—2004）、恩里科·佩雷苏蒂（Enrico Peressutti，1908—1976）和埃内斯托·内森·罗杰斯（Ernesto Nathan Rogers，1909—1969）创立于米兰，主要从事建筑设计和城市规划、室内和家具设计。四人均为意大利理性主义的倡导者，均在米兰理工大学学习建筑专业，以设计米兰市中心百米高的 Torre Velasca 住宅和办公楼而闻名。其中，罗杰斯曾与马克·扎努索出版建筑与设计杂志 Domus，于 1954—1965 年又出版建筑和设计杂志 Casabella-continuità，曾担任国际现代建筑协会暑期学校的联合主任，与工作室的成员贝尔吉奥索

任教于米兰理工大学。此外，工作室的另一位成员佩雷苏蒂则任教于普林斯顿大学和耶鲁大学（1957—1962）。

BBRP 工作室成立后，于 1936 年提出意大利奥斯塔山谷的总体规划；1940 年为罗马 EUR 区建造邮局。1950—1958 年，BBRP 工作室设计了米兰的 Torre Velasca 住宅和办公楼；1951—1958 年与弗兰科·阿尔比尼等人一起为米兰的 INA 住宅区建造排屋；1954 年设计位于纽约第五大道的 Olivetti 公司展厅的室内；1956—1963 年修复米兰的斯福尔扎城堡（Castello Sforzesco），城堡修复项目中还包括展览设计；1958—1969 年完成米兰大通曼哈顿银行的建造；1960 年为 Olivetti 公司设计 "Spazio 办公家具系列" 和 "Arco 办公家具系列"，其中，Spazio 系列于 1962 年获得意大利金圆规设计奖。

作品："Spazio 桌"（Sm 1330，1960）

1954 年，Olivetti 公司委托 BBRP 工作室装修其位于纽约第五大道的展厅，并设计其第一批办公家具 "Spazio 办公家具系列"，包括椅子、搁架、橱柜系统，以及这里展示的 "Spazio 桌"（图 17）。"Spazio 桌" 主要由钢板制成，因此生产成本低廉。所有型号的螺纹支脚的高度均可调节。此外，较小的桌子可以旋转，以放入较大的桌子下方，可节省空间。

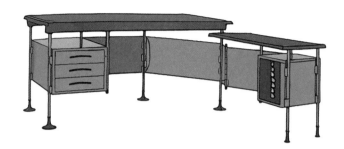

图 17 BBRP 工作室于 1960 年设计的 "Spazio 桌"

18. Becchi,Alessandro（亚历山德·贝基）

亚历山德·贝基（1946—1987）生于意大利佛罗伦萨，于 1968 年毕业于佛罗伦萨艺术学院；1969 年开始与家具制造商 Giovannetti 合作，并领导其研究部门直至 1973 年。自 1973 年以来，他担任 Giovannetti 公司的外部专家，为该公司设计了诸多产品，如 1970 年的沙发床 "Only You" "Diletto、Brandostar" 和 "Anfibio 沙发床"（图 18）；1972 年的 "Le Bugie 扶手椅" 和 "Cresuscolo 家具套装"；1973 年的 "Maxi 家具套装" 和 "Nonnamaria 家具套装"，以及 1985 年的模块化座椅系统 Galileo。其中作品 "Anfibio 沙发床" 于 1979 年获得意大利金圆规奖，并入选纽约现代艺术博物馆永久收藏系列。

作品："Anfibio 沙发床"（1970）

"Anfibio 沙发床" 由一个被聚亚酯泡沫长圆筒包围的床垫组成，圆筒充当沙发的靠背和扶手以及床的边缘，通过打开侧面和背面的连接带可轻松地将床垫展开。这个沙发在国际上大获成功，至今仍出现在 Giovannetti 公司的产品目录中，已生产约 3.3 万件，并成为众多博物馆的藏品。

图 18 贝基于 1970 年设计的 "Anfibio 沙发床"

19. Bel Geddes,Norman（诺曼·贝尔·格迪斯）

诺曼·贝尔·格迪斯（1893—1958）生于美国，于1911—1913年在俄亥俄州的克利夫兰艺术学院和芝加哥艺术学院学习。在1916—1927年，他在洛杉矶、纽约和芝加哥设计了诸多戏剧布景和项目，将欧洲的设计理念带上美国舞台。1928年转向工业设计后，格迪斯在纽约成立了诺曼·贝尔·格迪斯公司（Norman Bel Geddes & Company），主要设计汽车、飞机、轮船、建筑、内饰、家用电器和消费类电子产品。1928—1939年，他为芝加哥的Simmons公司设计金属家具；1932年出版了有关工业设计的开创性论文集《视界》（Horizons）；1933年为芝加哥世界博览会的剧院和餐厅设计了"未来主义"（未实现）；1939年为纽约世博会的通用汽车展馆设计了"Futurama模型"（一个描绘1960年世界的模型）；1940年出版了对改进高速公路系统的设想《魔术高速公路》（Magic Motorways）；1941—1943年为美军设计了多个项目。自1946年起，他放弃项目管理，只专注于产品和建筑设计。1958年去世后，他的自传《晚上的奇迹》（Miracle in the Evening）于1960年出版。

作品：抽屉柜（1929）

在诺曼·贝尔·格迪斯的职业生涯中，他设计了建筑、飞机、火车、轮船和剧院布景。他的未来主义设计改变了20世纪美国的形象。这个抽屉柜（图19）是为Simmons公司设计的，并于1929年10月华尔街崩盘的几天前，由纽约的Hale床上用品公司推出。此抽屉柜是卧室套房的一部分，主要由金属制成，抽屉的滑轨由木头制成，钢制抽屉正面提供了几种饰面，并配备了胶木把手。格迪斯曾指出："在为Simmons公司设计时，我一直牢记我所使用的媒介，并相信家具会立即以金属的形式展现出来。"为Simmons公司设计的系列产品后来在1933年芝加哥世界博览会上展出，并凭借其鲜明的几何特征，被称为20世纪20年代最"现代"的美国设计。至今，它仍然是格迪斯对家具设计最重要的贡献。

图19 格迪斯于1929年设计的抽屉柜

20. Bellmann,Hans（汉斯·贝尔曼）

汉斯·贝尔曼（1911—1990）生于瑞士，于1927—1930年在瑞士巴登当绘图员，随后于1931—1933年在德绍和柏林的包豪斯学习建筑，他的老师包括约瑟夫·阿尔帕斯和瓦西里·康定斯基。1933—1934年，他在密斯的柏林事务所工作；1939—1946年为利奥波德·博德克尔（Leopold Boedecker）、卡罗·塔米（Carlo Tami）和里诺·塔米（Rino Tami）、汉斯·布雷希比勒（Hans Brechbühler）和阿尔弗雷德·罗斯（Alfred Roth）等建筑师工作。自1946年起，他在苏黎世担任自由建筑师和设计师，1944年设计了他的第一款殖民风格的类型家具（type-furniture），1946年为瑞士室内设计公司Wohnbedarf设计可调节式书柜，1955年为霍尔根·格劳斯（Horgen-Glarus）设计带有倾斜木质坐面壳的"GA椅"，1955—1961年设计由玻璃纤维增强聚酯制成的椅子，即"Sitwell系列"。自1952年起，他担任多家企业客户的顾问。除此之外，他于1953—1954年任德国乌尔姆设计学院的客座讲师，1958年任巴塞尔综合贸易学校的讲师，1964年任西雅图华盛顿大学客座讲师。

作品："Einpunkt椅"（4015 ST，1951）

"Einpunkt椅"（图20）是第一批由单片多层弯曲模压胶合板制成的椅子。它最引人注目的特征是其锥形靠背的切口部分，其梯形的形状形成一个颠倒的靠背，并向底部收窄，略微延伸到座椅表面。贝尔曼的设计恰如它的名字"Einpunkt"，其字面意思是"一个点"，灵感来自安装在汽车顶部的行李架：四个椅腿在顶部弯成一个十字架，并通过一个插入座位中间的镀铬圆盘中的螺钉与坐面相连。四个垫片焊接在框架上以提高稳定性，将坐面牢牢固定在适当的位置。"Einpunkt椅"于1954年获得瑞士工业联盟协会颁发的"好设计奖"（Gute Form Prize），是瑞士最成功的现代椅子之一。

图20 贝尔曼于1951年设计的"Einpunkt椅"

21. Belotti,Giandomenico（詹多梅尼科 · 贝洛蒂）

詹多梅尼科 · 贝洛蒂（1922—2004）是意大利建筑师和设计师。他于1938年在米兰学习由马里诺 · 马里尼（Marino Marini）主持的雕塑课程，于1941年攻读米兰理工大学的建筑课程，随后于1961年毕业于威尼斯建筑大学。1942年第二次世界大战期间，他应征入伍，1943年返回贝加莫，

1949移居米兰。在接下来的几年中，他就职于弗朗哥 · 斯科拉里（Franco Scolari）、朱利奥 · 米诺莱蒂（Giulio Minoletti）和古列尔莫 · 乌尔里希（Guglielmo Ulrich）位于米兰的事务所。1954年，他与阿基里 · 波拉斯基（Achille Boraschi）、塞尔吉奥 · 因弗尼兹（Sergio Invernizzi）和维托里奥 · 科拉奇（Vittorio Korach）一起发表了《当代建筑学运动宣言》。1960年，他在米兰成立自己的建筑事务所，并与塞尔吉奥 · 因弗尼兹合作开发了他作为室内设计师和建筑师的第一个独立项目，他的建筑作品包括1961年意大利马里纳迪马萨的阿尔伯格码头（Albergo Marina）、位于阿尔巴诺圣亚历山德罗（Albano Sant'Alessandro）的乳杆菌牛奶工厂大楼，以及位于里维埃拉达（Riviera d'Adda）的食品生产商Serio Futtermittel大楼（1965—1967）。1979年，他为Alias公司设计的"意大利面椅"投入生产。自那时起，他开始为该公司设计"Paludis椅"和户外家具系列。1984年，他担任热那亚合作设计协会的城市、建筑与工业设计实验室的负责人，并在非洲和中美洲开展项目。1989年，实验室搬至萨尔扎纳（Sarzana），并更名为贝洛蒂联合建筑实验室。

作品："意大利面椅"（Spaghetti Chair，1962）

二战后，贝洛蒂尝试采用基于金属丝和塑料线的家具设计来满足人们对低成本户外家具日益增长的需

求。他将PVC线缠绕在钢结构上，因缠绕后犹如将意大利面条绕在叉子上，因此称其为"意大利面椅"（图21）。该椅子最初是为位于马里纳迪马萨的阿尔伯格码头建筑而设计的，至今仍在生产。1970年，"意大利面椅"以"Odessa椅"的名字由Pluri公司负责生产，随后在纽约展出后立即改回"意大利面椅"。自那时起，"意大利面椅"的设计逐渐扩展为一系列不同变化的椅子。

图21 贝洛蒂于1962年设计的"意大利面椅"

22. Belter, John Henry（约翰 · 亨利 · 贝尔特）

约翰 · 亨利 · 贝尔特（1804—1863）生于德国，当过木工学徒，于1844年成立家具工作坊，在1844—1854年从事家具木工的工作，并于1853年在纽约世界博览会上展出一张由乌木和象牙制成的桌子。1855年，他在纽约成立J.H. Belter & Co.公司，并在纽约第三

大道开设家具厂。1856 年，他的姐夫约翰 · 亨利 · 斯普林迈耶（John Henry Springmeyer）加入该公司，并取得胶合板床的专利权，随后于 1858 年获得三维弯曲胶合板家具的专利权。1861 年，威廉 · 斯普林迈耶（William Springmeyer）和弗雷德里克 · 斯普林迈耶（Frederick Springmeyer）兄弟加入该公司。在贝尔特去世后，公司更名为 Springmeyer Brothers，并一直营业至 1967 年破产。

作品：椅子（1855）

贝尔特的椅子（图 22）是最早用弯曲胶合板制成的家具之一。椅子的靠背较高，并带有装饰，遵循洛可可复兴风格。这种富丽堂皇的风格在 19 世纪 30 年代和 40 年代的欧洲取代了比德迈（Biedermeier）时期较为拘束的家具风格。新的洛可可式设计在纽约有经济实力的中产阶级家庭中很受欢迎，因此，贝尔特生产这种风格的椅子也就不足为奇了。然而，洛可可式复兴家具的制作非常复杂，这就是他开始尝试使用新的生产技术的原因。

1856 年，贝尔特开发由多层单板组成的床架，这些单板与带有纹理的床身呈 90 度旋转后黏合在一起，然后将这些胶合层压的单板弯曲，从而奠定了发展弯曲胶合板的基础。1858 年，贝尔特申请了座椅家具的弯曲靠背专利，根据专利说明，贝尔特用四个垂直的胶合板制作了靠背，再经过蒸汽软化后弯曲成想要的形状。该项专利的创新之

处在于胶合板有可能在两个不同的方向上弯曲。因此，该产品在专利中被称为"碟压作品"，用弯曲的胶合板代替实木制作靠背，并仿照实木家具的装饰进行雕刻，这不仅节省了材料，而且使椅子更坚固、更轻，同时缩短了制作过程。不过，这张椅子的腿部和座椅骨架仍采用实木制作，尽管降低了制造和材料成本，但它们的造价仍然很高，以至于贝尔特的产品相对昂贵。在贝尔特去世后，他的三维弯曲胶合板的技术并没有继续应用于产品研发，直到 20 世纪 40 年代，当查尔斯和雷·伊姆斯制作了"LCW 椅"和"DCW 椅"家具时才得以复兴。

图 22 贝尔特于 1855 年设计的椅子

23. Beltzig,Günter（贡特 · 贝尔齐格）

贡特 · 贝尔齐格（1941—）生于德国，于 1959—1962 年做机械师学徒；1962—1966 年在伍珀塔尔大学学习工业设计；毕业后在慕尼黑西门子公司中央设计部门做设计师，负责设计家具产品和数据终端。1966 年，他和他的兄弟恩斯特（Ernst）、贝托尔德（Berthold）一起成立 BBD 设计公司，从事玻璃纤维增强聚酯家具的设计，并于 1968 年在科隆国际家具展上推出"Floris 椅"。自 1970 年以来，他一直作为自由设计师从事玩具和游乐场的设计。

作品："Floris 椅"（1967）

1967 年，贝尔齐格根据人体工程学设计了一款由塑料制成的未来派椅子，即"Floris 椅"（图 23）。该椅仅通过几个与身体接触的点，让就座者呈现舒服的自由运动姿势。该椅达到了既舒适又充分使用塑料材料的目的，而最终版本的"Floris 椅"具有对颈部和骨盆的较窄支承，但为大腿提供较宽支撑的坐面。靠背和坐面上不间断的凹槽不仅起到结构作用，还可加强通风。这把椅子于 1968 年在科隆国际家具展上展出后受到了一致好评。随后，该椅由贝尔齐格的公司负责生产，但由于其复杂的手工生产过程，并没有投入大规模生产。

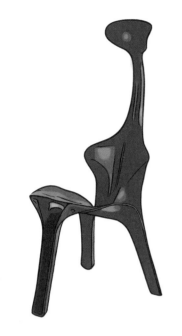

图 23 贝尔齐格于 1967 年设计的"Floris 椅"

图 24 比尔于 1954 年设计的"Ulmer Hocker 凳"

24. Bill,Max（马克斯 · 比尔）

马克斯 · 比尔（1908—1994）生于瑞士，于 1927 年毕业于苏黎世艺术学院（Zurich University of Arts）后继续在包豪斯学校深造学习，他的老师包括瓦西里 · 康定斯基、保罗 · 克利、约瑟夫 · 阿尔帕斯、奥斯卡 · 施莱默和拉兹洛 · 莫霍利-纳吉。1929 年，他移居苏黎世，担任画家、平面设计师和建筑师，并开办自己的事务所。1932—1936 年，他成为巴黎前卫艺术家团体 Abstraction Création 的一员，并于 1935 年创作了《无限循环》（unendliche schleife）雕塑。1944 年，他担任产品设计师，并为霍尔根 · 格劳斯设计桌椅。1950—1956 年，他与英格 · 艾希尔－肖尔（Inge Aicher-Scholl）和奥特 · 艾克（Otl Aicher）共同创立了德国乌尔姆设计学院，担任首任校长，并为该学校设计了 HFG 大楼以及教授课程，如城市规划、建筑、设计和电影。1951 年，他在巴西圣保罗艺术博物馆举办首次回顾展，1952 年出版书籍《形式》（Form），1967—1971 年担任瑞士国家委员会代表，1967—1974 年担任汉堡美术学院的环境设计系主任。

作品："Ulmer Hocker 凳"（1954）

马克斯 · 比尔在建造乌尔姆设计学院期间，由于有限的家具预算金额，他和汉斯 · 古格洛特（Hans Gugelot）设计了此处展示的"Ulmer Hocker 凳"（图 24）。"Ulmer Hocker 凳"的设计理念可追溯至传统制图员的带有抓握孔的凳子，但这张凳子由三块云杉板精心拼接、黏合而制成。为了使马蹄形更加稳定，该凳子的两侧由一根更为坚固的山毛榉制成的横拉杆连接，且配有榉木"鞋"，以防止底面破裂。凳子的侧面可翻转，以降低坐姿。由于其侧面平坦，因此用途广泛，如可排列成展台，堆叠为架子，或作为讲台使用。由于凳子中间的榉木横拉杆，每个凳子均可用来放置书籍和绘画材料。乌尔姆设计学院的学生也可将这种实用、简约的凳子随身携带，从而减少整个学校所需的座位数。

25. Bloc,André(安德烈 · 布洛克)

安德烈 · 布洛克（1896—1966）生于阿尔及利亚，是一名理论学家及艺术家，他先后创立《当代艺术》（Art d'aujourd'hui）杂志、《当代建筑》（L'architecture d'aujourd'hui）杂志、《今天》（Aujourd'hui）杂志，其中《当代建筑》成为当时法语世界建筑前卫运动的风向标。他于 1920 年毕业于巴黎中央理工学院，随后开始从事工程师工作，在天然橡胶工业厂工作至 1939 年。1922 年，他担任《科学：工业与工程评论》（Science ets: Industrie and Revue de l'ngénieur）杂志的秘书长。1940—1945 年避难期间，他在亨利 · 劳伦斯（Henri Laurens）的指导下磨炼雕刻技艺，并于 1949 年创作了他的第一个抽象雕塑及第一幅抽象画，其抽象雕塑在法国的新现实博览会、五月沙龙、青年雕塑展以及国外的许多雕塑作品展中展出。1950 年，他在巴黎附近的默顿贝尔维尤（Meudon Bellevue）建造自己的住宅，后又与克劳德·帕朗（Claude Parent）在昂蒂布（Cap d'Antibes）建造另一所私人住宅（1952—1962）。1951年，他设计了一款由钢框架和模压胶合板制成的"Bellevue椅"（图25），1962年完成第一座像雕塑一样的住宅，即雕塑居所；1964—1966年完成第二座雕塑居所，1966年因事故去世。

作品："Bellevue椅"（1951）

"Bellevue椅"是安德烈·布洛克设计的有机家具之一，属于典型的20世纪50年代风格。它由单块上漆的胶合板和呈V形的钢架底座组成，在胶合板模制成S形后安装在钢架底座上。这把椅子由马歇尔·米肖（Marcel Michaux）位于波拿巴街12号的M.A.I画馆制作和销售，但由于M.A.I的经营数据档案已丢失，"Bellevue椅"的生产数量不得而知。

图25 布洛克于1951年设计的"Bellevue椅"

26. Blumer,Riccardo（里卡多·布鲁默）

里卡多·布鲁默（1959—）生于意大利，于1982年毕业于意大利米兰理工大学建筑专业后，就职于马里奥·博塔的建筑事务所。1989年，他在意大利瓦雷泽（Varese）成立自己的事务所，从事建筑、展览、室内和工业设计，1994—1996年为Alias公司设计"301 Laleggera椅"（图26），并于1998年获得意大利金圆规设计奖。2007年，他推出"Entronauta椅""Origami椅""Ditadidama椅"，2008年推出"Ghisa长凳"和"BB椅"。"301 Laleggera椅"和"Entronauta椅"均于2010年被纳入纽约现代艺术博物馆的永久收藏系列。随后，里卡多·布鲁默与马泰奥·博吉（Matteo Borghi）、阿德里安·弗莱雷（Adrian Freire）、克劳迪娅·雷西（Claudia Raisi）和多纳塔·托马西纳（Donata Tomasina）等人共同成立了"布鲁默和朋友们"（Blumer and Friends）研究小组，专注于研究通过体育锻炼进行创造性设计和认知训练的工作，并在一系列以"设计和建筑中的体育锻炼"为题的公开讲座和研讨会中进行推广。

作品："301 Laleggera椅"（1996）

"301 Laleggera椅"是里卡多·布鲁默设计的第一把椅子，也是他探索外观和物理原理间关系的结果。椅子仅重2.2千克，其设计灵感源于滑翔机轻巧、高效、美观的结构，

最初的想法是形成座椅和靠背的单一结构，并由两侧的肋骨支撑。于是布鲁默使用不同的材料在一系列原型中对这种结构进行测试，最终在制造商Alias的支持下，决定使用实木结构进行制作，并覆盖一层木板饰面，再通过将聚氨酯泡沫注入饰面板和30个实木零件之间的空腔中，来稳定整个结构，再进一步加强最关键的几个承重点。这种设计让椅子看起来简单适中，但内部结构非常复杂，因此生产这把椅子具有一定难度。

图26 布鲁默于1996年设计的"301 Laleggera椅"

27. Boeri,Cini（西尼·博尔里）

西尼·博尔里（1924—2020）生于意大利，曾任教于米兰理工大学，教授建筑和工业设计，曾获德国的设计Auswahl' 90奖、洛杉矶意大利文化学院的IIC终身成就奖、意大利金圆规设计奖以及意大利共和国的荣誉勋章。她于

B

1951 年毕业于米兰理工大学建筑专业后，开始与马可·扎努索展开合作。在合作关系结束后，她于 1963 在米兰成立自己的工作室 Boeri，并为 Arflex 公司设计"Bobo 椅""Bobolungo 椅""Boboletto 椅"，1972 年又为该公司设计"Strips 系列"，该系列包括床、扶手椅和沙发，并于 1979 年荣获意大利金圆规设计奖。1970 年，她为 Knoll 公司设计渐变系统沙发和"Lunario 桌"，随后于 1975—1985 年为 Knoll 公司设计位于洛杉矶、加利福尼亚、巴黎和福利尼奥（Foligno）的国际展厅，1980 年出版《人类的维度》（Le Dimensioni umane dell'abitazione），1987 年为 Fiam 公司设计"Ghost 扶手椅"。

作品："Serpentone 沙发"（1971）

西尼·博尔里一直致力于创造可发挥家具功能的家居景观。为此，她运用橡胶和塑料材料对此进行可扩展且灵活的家具设计实验，"Serpentone 沙发"由此诞生（图 27），它由注塑成型的聚氨酯泡沫模块连接、黏合在一起。它的层状结构使其可以被塑造成连续的、潜在的无限蛇形形式。它以米为单位进行出售，因此客户可进行沙发的创作，从而确定沙发的大小。沙发最初在 Arflex 总部的活动中推出，并引起轰动，但从未投入批量生产。

---

28. Bonetto,Rodolfo（鲁道夫·博内托）

鲁道夫·博内托（1929—1991）生于意大利米兰，曾多次获意大利金圆规设计奖，并担任工业设计协会主席、国际工业设计协会理事会副主席以及德国乌尔姆设计学院的讲师。他于 1951 年放弃爵士鼓手的职业生涯，开始担任宾尼法利纳公司（Pininfarina）的顾问，1958 年在米兰成立设计工作室，与 Driade、Artemide、Brion Vega、Bilmen、Candle、Flexform、iGuzzini 和 Olivetti 等众多企业合作。1964 年，他为 Borletti 企业设计的"Sfericlock 手表"获得意大利金圆规设计奖，随后这件作品被纳入纽约现代艺术博物馆的永久收藏系列。1967 年，他为 Olivetti 公司设计的"Auctor Multiplex 数控机床"也获得意大利金圆规设计奖。接下来，博内托在 1968 年为 Flexform 公司设计"Boomerang 躺椅"，1971 年为 Driade 公司设计"Melaina 扶手椅"，1978 为菲亚特公司（Fiat）的菲亚特 131 超级奇迹汽车（Fiat 131 Supermirafiori）设计内饰，随后又为菲亚特公司设计"Fire 1000 模型电动机"。

作品："Melaina 椅"（1969）

鲁道夫·博内托曾涉足运输、精密仪器、家用电器和机床等领域，因而试图将这些知识和经验应用到家具设计中，其中包括图 28 所示的"Melaina 椅"。为了制造"Melaina 椅"，他将玻璃纤维铺在木质板上，然后用聚酯树脂作为黏合剂将两者黏合在一起。其浴缸的形状及 90 度折叠的薄壳边缘提供了最终的稳定性。最初的"Melaina 椅"只提供黑色或白色的选择，直至 2008 年，Driade 公司推出该椅的紫红色版本。

图 27 博尔里于 1971 年设计的"Serpentone 沙发"

图 28 博内托于 1969 年设计的"Melaina 椅"

29. Boontje,Tord(托德 · 布恩特)

托德 · 布恩特（1968—）生于荷兰，于 1986—1991 年就读于埃因霍芬工业学院（现为埃因霍芬设计学院）的人与生活系，毕业后在伦敦皇家艺术学院攻读工业设计硕士学位。1996 年，他在伦敦成立托德 · 布恩特（Tord Boontje）工作室，2002 年在米兰家具展上展示施华洛世奇水晶宫的设计（包括花形枝形吊灯），2003 年被《家居廊》（Elle Decoration）评为年度最佳设计师，2005 年当选荷兰年度设计师，2009—2013 年担任伦敦皇家艺术学院的产品设计系主任和教授。

图 29 布恩特于 2009 年设计的 "Shadowy 休闲椅"

作品："Shadowy 休闲椅"（2009）

自 21 世纪初起，托德·布恩特就因其在设计中创造性地使用色彩和装饰而获得认可。他经常与世界各地的手工艺人合作，并重视手工设计对象的微妙差异，尝试使用既涵盖传统工艺又结合最新技术的材料和技术，以作为当今工业界的喘息之机。他的 "Shadowy 休闲椅"（图 29）是 Moroso 公司的 "M'Afrique 系列产品"之一。该椅的几何图案和引人注目的形状让人想起 20 世纪 20 年代的沙滩家具。它由三种颜色组合，并由塞内加尔当地工匠手工编织聚乙烯线而成，在那里，聚乙烯线通常被用来制作结实且防风雨的渔网。

30. Borsani,Osvaldo（奥斯瓦拉多 · 博尔萨尼）

奥斯瓦拉多 · 博尔萨尼（1911—1985）生于意大利，自幼在父亲盖塔诺 · 博尔萨尼（Gaetano Borsani）的工作室长大，该工作室专门从事定制家具制作和室内设计。他在米兰理工大学就读期间，便在第五届米兰三年展上展出极简之屋（Minima），并获得银质奖章。1937 年毕业后，他开始担任父亲工作室的设计和生产主管，设计并建造了博尔萨尼别墅（Villa Borsani）。1953 年，他与他的兄弟富尔蒂纽斯（Fulgenzio）重新以 Tecno 为名创立家族企业，以表示他们对先进技术、材料、制造和营销创新方法的重视。在 1954 年的米兰三年展上，第一件 Tecno 家具 "D70 沙发床" 公开亮相，其

新颖的金属框架和泡沫材料的使用代表了一种不同于主导行业的手工制造的设计方法，最终广受好评，并获得银质奖章。"D70 沙发床" 之后衍变成可调节的 "P40 躺椅"（图 30），该作品为 Tecno 家具在设计技术创新方面赢得了声誉。他的作品还包括 1963 年带有弯曲的铸铝脚的 "T69 桌"、1968 年与欧金尼奥 · 格里（Eugenio Gerli）共同设计的模块化办公家具系统 "Graphis"、1976 年带铸铝底座和皮革装饰的 "P126 行政转椅"，以及 1980 年的一系列烟灰缸（AB-ACI-AC2-PM）。在 1989 年，Tecno 公司因其在设计领域的长期成就而获意大利金圆规设计奖。

作品："P40 躺椅"（1955）

"P40 躺椅" 树立了 Tecno 的意大利家具设计的新方向，其配有于 19 世纪首次开发的精细调节机制，躺椅的靠背、座椅和脚凳均可独立调节，可适应多种坐姿。它的扶手由橡胶复合材料制成，调节后可适应靠背和座椅的角度，卸下后，可将几把躺椅组合起来形成沙发。

"P40 躺椅" 的可见支架和铰接接头强调了技术的运用，而所使用的材料则使外观更加优雅，并带有奢华感。该躺椅最初是为零售市场设计的，被认为是节省空间的家具，适合二战后城市生活中的小型住宅。通过 "P40 躺椅"，博尔萨尼巩固了将技术视为创新工具的设计理念，这种设计理念还体现在以下作品中：约瑟夫 · 霍夫曼的

"Sitzmaschine 椅"，其简单的调节靠背的机制包括将杆插入插槽；简·普鲁威的"Grand Repos椅"，其座椅可在导轨上滑动；汉斯·勒克哈特（Hans Luckhardt）和安东·洛伦兹（Anton Lorenz）的设计，反映了他们对人体工程学的深入研究。

图 30 博尔萨尼于 1955 年设计的"P40 躺椅"

31. Branzi,Andrea（安德烈亚·布兰兹）

安德烈亚·布兰兹（1938—）生于意大利，是意大利建筑师、设计师兼理论家、Archizoom 联盟的创始人之一，曾担任建筑和设计杂志 Casabella（Casabella-continuità 杂志后期的名字）的专栏作家以及建筑与设计杂志 Modo 的编辑。他于 1983 年创立米兰多姆斯学院，并先后任教于巴勒莫大学和米兰理工大学，自 1984 年起在法国、美国、日本和巴西的多所大学授课，1987 年因其毕生的工作获得意大利金圆规设计奖。布兰兹于 1966 年在佛

罗伦萨学习建筑，随后在米兰设计事务所为阿莱西、Cassina、维特拉、Zabro、Zanotta、"孟菲斯"设计集团等公司做设计；1975 年与艾托瑞·索特萨斯、亚加德罗·孟迪尼、马希莫·摩洛希等人共同创立了"米兰设计咨询公司"，专注于基础设计的研究。1979 年，他为纺织品制造商 Montefibre 开发的针毡染色系统"Fibermatching 25"获意大利金圆规设计奖，1980 年出版第一本理论论文集《现代、后现代、千禧一代》（Moderno,postmoderno,millenario），1991 年成立东京多姆斯设计公司，2008 年获得伦敦皇家艺术协会授予的荣誉皇家工业设计师称号。

作品：扶手椅（1984）

安德烈亚·布兰兹和他的妻子尼科莱塔·莫罗兹（Nicoletta Morozzi）合作设计了一系列名为 Animali Domestici（意为"宠物"）的服装和家具。他们假定未来的技术进步将使人们有可能在家里度过一生的大部分时间，而此设计旨在帮助改善个人生活空间，而该系列的名称隐喻人与周围物体之间的特殊关系。

Animali Domestici 系列家具具有简单、标准化、统一的灰色结构的工业外观。布兰兹采用这种工业外观作为标准基础，增加了由未经处理的桦木原木和树枝制成的手臂和靠背，形成此扶手椅（图 31）。天然材料和木材的不同形状使该系列的每一件作品都独一无二。布兰兹

将他的混合风格的作品描述为"新原始"，即在依靠工业制造方法应用的同时，回归自然、传统的材料和形式。这一概念使他与同时代的一些人意见相左，因为他拒绝了全球统一设计的想法，而是强调在设计过程中使用传统的原型形式和材料的重要性。

图 31 布兰兹于 1984 年设计的扶手椅

32. Bugatti,Carlo（卡洛·布加迪）

卡洛·布加迪（1856—1940）生于意大利米兰，是雕塑家凡尼·路易吉·布加迪（Giovanni Luigi Bugatti）的儿子。他先后在米兰布雷迪学院和巴黎的美术学院学习建筑专业，1880 年开始在米兰担任建筑师的工作，在那里他完成了他的第一个家具设计——一套卧室家具，以庆祝他的姐姐与画家乔凡尼·塞甘蒂尼（Giovanni Segantini）成婚。随后，他在米兰成立家具作坊，并经常制出覆盖着彩绘牛皮纸的独特木制件。1904 年，他将米兰作坊以及在作

坊生产的所有作品的生产许可卖给了 A. De Vecchi 公司，然后移居巴黎，开始在 Maison Dufayel 和 Au BonMarché 百货商店担任设计师。1907 年，他首次在阿德里安-奥雷利安·赫布拉尔（Adrien-Aurélien Hébrard）的画廊展出银制家具；1910 年搬到贡比涅（Compiègne）附近的皮埃尔方德（Pierrefonds），并致力于绘画和雕刻；1914—1918 年担任皮埃尔方德市市长，后搬到法国的莫尔塞姆（Molsheim），在那里，他的儿子埃托尔·布加迪（Ettore Bugatti）创立了著名的布加迪汽车工厂。

图 32 布加迪于 1890 年设计的椅子

作品：椅子（1890）

在 19 世纪后期，国际展览和贸易展览会在宣传工业生产的家具的同时，也展出完全以手工制作的奢华家具，比如这件出自卡洛·布加迪米兰工作坊的家具。这把椅子（图 32）诞生于 19 世纪 90 年代，以曲线形式为主，由木头、牛皮纸材料制作而成。他认为家具是小规模的建筑，应具有令人惊讶的奢华的形式和装饰细节。而该椅子的装饰风格则受到伊斯兰和远东艺术的影响。在 A. De Vecchi 公司接管布加迪的米兰工作坊后，这张椅子则作为沙发的配套品供订购。

33. Burkhalter, Jean（让·伯克哈特）

让·伯克哈特（1895—1982）生于法国，是一名设计师、建筑师及画家，同时也是现代艺术家联盟的创始成员之一。他于 1919 年毕业于巴黎国立高等装饰艺术学院，随后加入装饰艺术家沙龙协会，为巴黎 Hénin 银制品制造商做设计。从 1921 年起，他为现代装饰公司（moderne）、春华画室（Atelier Primavera）和罗浮宫工作室（Studium Louvre）设计纺织品，并由阿姆斯特丹的 Metz & Co. 公司负责生产和销售。1923—1932 年，他与雕塑家简·马特尔（Jan Martel）和乔尔·马特尔（Joël Martel）合作设计克劳德·德彪西（Claude Debussy）的巴黎纪念馆；1924 年为马塞尔·莱尔比埃（Marcel L'Herbier）的电影《无情的女人》（L'inhumaine）做海报设计；1930 年，他在巴黎马山

亭（Pavillon de Marsan）的现代艺术家联盟展览中展示了管状钢制家具。自 20 世纪 30 年代后期起，伯克哈特专心致力于绘画。1933 年，他移居至法国欧塞尔（Auxerre），并为当地的塞弗尔制表厂设计瓷器图案。自 1935 年起，他任教于欧塞尔市的市立绘画学校，后于 1946—1960 年担任利莫吉斯装饰艺术学院的院长以及阿德里安·杜布歇博物馆（Adrien Dubouché in Limoges）的馆长。

作品："bkhr III 躺椅"（1930）

现代艺术家联盟成员的审美标准常常以钢管设计作为指导，伯克哈特则在寻找适合钢管材料特性的设计形式。他的家具通常采用帆布或藤条制成坐面和靠背来替代焊接，如图 33 所示的"bkhr III 躺椅"。它的坐面和靠背均由藤条制作而成，并固定在环形的管状钢管上，再由后面一块额外的钢结构支撑。

图 33 伯克哈特于 1930 年设计的"bkhr III 躺椅"

后来，埃里希·迪克曼（Erich Dieckmann）和马丁·艾尔莎瑟（Martin Elsaesser）均采用了类似的设计方案。尽管伯克哈特的设计始于1930年，但这的确是最早使用这种设计方法的。

34. Burton,Scott（斯科特·伯顿）

斯科特·伯顿（1939—1989）生于美国，曾在里昂·伯克维茨（Leon Berkowitz）和汉斯·霍夫曼（Hans Hofmann）的指导下学习绘画。他于1962年获得纽约哥伦比亚大学学士学位，1963年获得纽约大学文学硕士学位。1960年，他担任《艺术新闻》（Art News）的评论家和《美国艺术》（Art in America）杂志的编辑，并与纽约艺术和剧院界建立联系。1970年，他担任爱荷华大学的客座讲师，开始从事装置和表演艺术创作，并在接下来的十年里将家具设计和雕塑融入他的表演中。1977年，他开始专注于家具和雕塑以及表演艺术；1980—1989年与纽约的Max Protetch画廊展开密切合作，并越来越重视家具和空间的设计；1981—1983年完成华盛顿州西雅图市国家海洋和大气管理局的外部装置——"设计视角"（Designs Viewpoint）；1985年设计位于马里兰州（Maryland）巴尔的摩市（Baltimore）的珍珠石公园（Pearlstone Park），包括该

公园的园林绿化、人行道、照明和座位设计；1985—1988年设计位于曼哈顿安盛公正中心的两个室外广场和一个内部中庭，并相继在其他城市设计了许多公共空间。1989年，他在纽约现代艺术博物馆举办了"艺术家的选择：布朗库西之上的伯顿"（Artist's Choice: Burton on Brancusi）展，以及"斯科特·伯顿：1980—1989年的雕塑和作品展"（Scott Burton: Skulpturen/Sculptures 1980—1989）。

作品："软几何椅"（Soft Geometric Chair，1980）

斯科特·伯顿与许多当代艺术家不同，他认为艺术与设计、家具与雕塑是一体的。例如，他用花岗岩

或其他坚硬、沉重的材料制作而成的家具都是为公共空间设计的。它们结合格里特·里特维尔德（Gerrit Rietveld）的美学方法和康斯坦丁·布朗库西（Constantin Brancusi）的观众参与概念，占据景观空间。"软几何椅"（图34）正是基于此影响而设计的，它于1980年设计，是Vitra Edition（维特拉公司的实验性项目，让设计师、建筑师和艺术家可以自由地创造实验性家居物品和室内装饰）发行的一系列实验设计的独特作品。该椅与伯顿的其他设计不同，其采用泡沫塑料制成，并组成四个立方体，即底座、靠背和两个扶手，代表着伯顿利用最基本的几何构造块还原精简家具的方法。

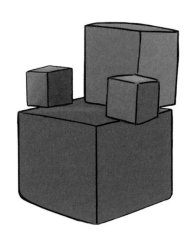

图34 伯顿于1980年设计的"软几何椅"

35. Cafiero,Vincent（文森特 · 卡菲罗）

文森特 · 卡菲罗（1930—）生于美国纽约，曾在纽约佩斯大学和得克萨斯大学埃尔帕索分校学习工商管理、陶艺和雕塑，后在纽约普拉特学院学习设计。毕业后，他于1956—1967年担任诺尔联盟（Knoll Associates）规划部门的高级设计师，以及佛罗伦萨 · 诺尔（Florence Knoll）的特别助理。他的作品包括1958年的"180er系列"、1965—1969年的诺尔图书馆的家具和设备，以及1974年的"5800系列办公桌"。

作品："185 S 旋转椅"（1958）

文森特 · 卡菲罗设计的"185 S 旋转椅"（图35）与与其相配的"186 S 脚凳"是最广为人知的作品，其中"185 S 旋转椅"被认为是20世纪50年代典型"碗形扶手椅"的替代品，卡菲罗则将该椅称为"桶形椅"。"185 S 旋转椅"由4块软垫和1个五星基座组成，基于人体工程学，其靠背和座位的坐垫略微弯曲。办公版的"187 S"则具有带轮的四星基座。佛罗伦萨 · 诺尔作为密斯 · 凡 · 德 · 罗的学生，其公司的许多设计均体现了密斯独特的设计元素。例如"185 S 旋转椅"的线型设计和方形纽扣软垫，均为诺尔产品系列的典型特征，其历史可追溯至密斯的"巴塞罗那椅"。

图 35 卡菲罗于 1958 年设计的 "185 S 旋转椅"

36. Calka,Maurice（莫里斯 · 卡尔卡）

莫里斯 · 卡尔卡（1921—1999）生于波兰，1940年毕业于法国里尔美术学院，1945年在巴黎国立高等美术学院雕塑系进修学习。1950—1954年，他居住在意大利，并担任城市规划师，1954年为埃塞俄比亚的亚的斯亚贝巴（Addis Ababa）创作纪念性雕塑《犹大狮子》（The Lion of Judah），同年担任巴黎国立高等美术学院工作室的主任。1954—1999年，他在德国、突尼斯、利沃里海岸、喀麦隆、埃塞俄比亚和加拿大进行纪念雕塑、大厅、低浮雕和公共建筑立面的设计。在此期间，他还创作了许多雕塑作品，特别是人和动物的头部，而这些作品的灵感均来自他的旅行和原始艺术。除此之外，他于1969年设计的"P.-D.G.办公桌"（图36）和"Boomerang 办公桌"，均成为法国家具设计的代表作品。

作品："P.-D.G.办公桌"（1969）

20世纪60年代，巨大的社会、政治和技术变革反映在许多建筑师和设计师的作品中。例如，源于科幻小说的模块化生活单元的主题作品，包括建筑电讯派（Archigram）的生活舱、马蒂 · 苏鲁宁（Matti Suuronen）的直升机可移动未来之家（1968），以及安妮 · 特里贝尔（Annie Tribel）的玻璃纤维增强聚酯外壳和内置的桌子、长凳。莫里斯 · 卡尔卡也以类似的精神创建了1969年的"P.-D.G.办公桌"。该办公桌闪着白光，像一个

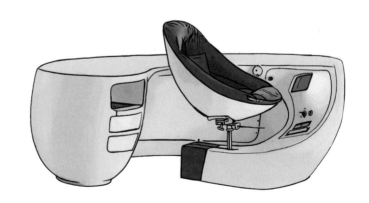

图 36 卡尔卡于 1969 年设计的 "P.-D.G.办公桌"

螺旋形的贝壳或 UFO，并配有转椅、抽屉、凹槽和电话/对讲机/电视单元。该桌最初的版本由法国前总统乔治·蓬皮杜（Georges Pompidou）所有，并放在爱丽舍宫。直至 1970 年才制造了大约 35 张较小版本的"Boomerang 桌"，尺寸为 74 厘米 ×185 厘米 ×2 厘米，颜色各异，并配有独立转椅。

37. Campana Brothers（坎帕纳兄弟）

坎帕纳兄弟是巴西设计师二人组，哥哥温贝托·坎帕纳（Humberto Campana，1953—）于 1972—1977 年在圣保罗大学学习法律，毕业后曾创立珠宝和雕塑工作室。弟弟费曼多·坎帕纳（Fernando Campana，1961—）于 1983 年毕业于圣保罗贝拉斯艺术大学的建筑专业。他们曾于 2008 年获得佛罗里达州迈阿密"年度设计师奖"以及 2012 年的巴黎 Maison&Objet 交易会年度设计师称号，并曾担任圣保罗的阿曼多·阿尔瓦雷斯·彭特亚多基金会（FAAP，巴西最负盛名和最受尊敬的学术机构之一）和巴西雕塑博物馆（MuBE）的讲师。

1983 年，兄弟俩在布罗塔斯（Brotas）的工作室展开设计合作，于 1989 年首次展出"雕塑铁椅"（Desconfortáveis）；1998 年推出"Vermelha 躺椅"；2003 年推出"Favela 休闲椅"。自 2001 年起，他们为 LACOSTE 和 LV 等品牌设计珠宝和时装；自 2002 年起，他们与工匠、社区和非政府组织合作，开始在圣保罗的工作室制作自己的限量版系列产品，以及独特的手工制品，这些特别的作品均由国际画廊代理出售，其中包括纽约的弗里德曼·本达画廊（Friedman Benda）、罗马的 O 画廊（Galleria O）、伦敦和巴黎的木匠工作室画廊（Carpenters Workshop Gallery），以及圣保罗的菲尔玛之家画廊（Firma Casa）。自 2006 年起，他们为商店、博物馆、咖啡厅和花园等设计室内和景观。他们还为芭蕾舞团设计布景和服装，如 2008 年为谢尔盖·普罗科菲耶夫（Sergei Prokofiev）的音乐童话《彼得和狼》（Peter and the Wolf）做舞台设计。除此之外，兄弟俩曾多次举办展览，如 2004 年在伦敦设计博物馆举办的个人展览"热情生活：费曼多和温贝托·坎帕纳"（Zest for Life-Femando and Humberto Campana）；2009—2013 年举办的个人展览"抗体/抗体：费曼多 & 温贝托·坎帕纳"（Anti-bodies/Antikorper: Fernando & Humberto Campana）。

作品："Favela 休闲椅"（1991）

"Favela 休闲椅"（图 37）是坎帕纳兄弟的代表作，是手工实验的产物。他们受巴西贫民区棚屋的启发，利用信手拈来的木板、破布、废金属和垃圾来制作家具。这意味着他们需在不遵循特定计划的情况下将各种尺寸的未处理木板黏合在一起，由此形成密密麻麻的、相互连接的最终结构。这种结构让人想起美术的积累原理，使其成为坎帕纳兄弟设计的标志。

1991 年，一位收藏家委托坎帕纳兄弟制作了第一款"Favela 休闲椅"的原型，该原型由粗糙的、不规则的废木料和水果箱中的木板制成。2002 年，意大利家具制造商 Edra 的创意总监马希莫·摩洛希在参观坎帕纳工作室时，在一本出版物上发现了该椅子的照片。随后，Edra 使用精致的松木条对其进行改造，以此来提高椅子的舒适度，并在 2003 年对其进行了规模化生产。"Favela 休闲椅"体现了坎帕纳兄弟融合巴西风格和当代艺术风格的作品来迎合全球化设计的愿景。虽然兄弟俩并不自称艺术家，但他们的躺椅有着强烈的概念性陈述，其宽大的形状、不起眼的材料与即兴的建筑风格形成鲜明对比，也可理解为对贫民窟中盛行发明的敬意，因为它们培育了一种 DIY（自己动手制作）解决问题的策略。

坎帕纳兄弟实质上把一个新兴工业化国家所谓的缺点重新塑造成一种新的审美观，从而成为一种积极的设计特征，即尽管使用低成本的材料、半成品、日常用品和垃圾，但艺术能优化生态。因此，坎帕纳兄弟的设计风格与工业化的西方设计中的技术语言完全相反，他们强调了循环利用的功利主义和环保理念，并采用升级循环策略，对那些被认为毫无价值的材料进行社会升级。

图 37 坎帕纳兄弟于 1991 年设计的 "Favela 休闲椅"

38. Ceretti, Ciorgio（西奥吉奥 · 塞雷蒂）、Derossi,Pietro（彼得罗 · 德罗西）、Rosso,Riccardo（里卡多 · 罗索）

塞雷蒂（1932—）、德罗西（1933—）和罗索（1941—）均毕业于都灵理工大学建筑系，并于 1971 年一起在都灵成立了 Gruppo Strum 事务所，从事室内和家具设计。此后，他们参加第十五届米兰三年展、第六届巴黎双年展、柏林国际设计中心的意大利设计展以及 1972 年的展览——"意大利: 新的国内景观"，并与意大利前卫家具制造商 Gufram 展开密切合作，作品如 1966 年的 "Cubicolo 边桌"、1969 年的 "Torneraj 扶 手 椅"、1972 年 的 "Fantico 扶手椅和沙发"、1973 年的休闲床、1974 年 的 "Wimbledon 扶手椅"，以及 1975 年的 "T'aspetta 模块化软椅"。此外，他们为 1968 年的第十四届米兰三年展设计 "Puffo 软凳"，又于 1970 年设计 "Paco Rabanne 展厅"，包括 "Paris 座椅" 和 "Pratone

椅"（图 38）。"Pratone 椅" 和 "Puffo 软凳" 由 Gufram 公司于 1971 年投入生产。

作品："Pratone 椅"（1970）

"Pratone 椅" 的外形类似一块柔软的绿色草坪，能让就座者在其中找到舒适的姿势并躺下。该座椅的初步开发源于第十四届米兰三年展剧院设计。当时，德罗西工作室（Derossi studio）在该剧院的地毯上布置了大量的 "Puffo 软凳"，以期创造一个模块化的座椅环境，由此诞生了 "Pratone 椅"。它由 42 片高 95 厘米的聚氨酯草叶组装而成，以手工将它们从四个不同方向固定在由同一材料制成的 140 厘米 ×140 厘米的底座上，因而该座椅重达 52 千克，难以移动。由聚氨酯泡沫制成的草坪似乎是对 20 世纪 60 年代嬉皮士运动所产生的对自然渴望的讽刺，即坐在草坪上是一个过时的乌托邦。但 "Pratone 椅" 使用人造的模块化草坪单元和超大尺寸的柔性草皮，旨在将人们从习惯行为模式中解放出来，即人们的互动参与可拥有许多不同的坐姿。

图 38 德罗西工作室于 1970 年设计的 "Pratone 椅"

39. Chapuis,Jean-Joseph（让 - 约瑟夫 · 查普伊斯）

让 · 约瑟夫 · 查普伊斯（1765—1864）生于比利时，是比利时宫廷的家具设计师。他于 1786—1795 年在巴黎参加家具木工技术的培训，最终获得高级家具木工师的称号，并获得可在家具上印上 "ébéniste 协会印章" 的权利。1795 年，他在布鲁塞尔建立了自己的工作室，于 1796—1799 年设计并生产了一系列督政府风格 [Directoire style，是法国督政府时期（1795—1799）流行的一种装饰风格，反映了对共和罗马的革命信念] 的座椅家具，其简化的形式使其与其他现代家具设计区分开来。他于 1800 年开始对层压木进行实验，于 1803 年设计了第一款具有摄政风格的原型 "Chaise de Garde 扶手椅"，后于 1808—1810 年完成该椅的最终修改版。1805 年，他 受拿破仑的委托，为拉肯皇家城堡装饰室内空间。自 1805 年起，他与巴黎的弗朗索瓦 - 奥诺 - 乔治 · 雅各布 - 德斯马尔特（François-Honoré-Georges Jacob-Desmalter）的工作室开展密切合作，生产了大量层压木家具，其中一些家具使用不同颜色的木材制成，如桃花芯木、乌木以及沼泽橡木，这其实也是一种强调制造技术的装饰元素。1825—1830 年，在设计了比德迈风格的层压木家具后，他于 1830 年结束了设计生涯。

作品："Chaise de Garde 扶手椅"（1803）

"Chaise de Garde 扶手椅"（图39）诞生于19世纪拿破仑·波拿巴（Napoleon Bonaparte）的统治时期。该椅在形式和技术革新上都是19世纪最重要且最具开创性的家具作品之一。

19世纪，启蒙运动的价值观和对古典主义的追求是当时欧洲社会变革的重要组成部分，同时影响着贵族和上流社会的室内设计。在这种背景下，设计师们一次又一次地回到了罗马地方法官的"sella curulis椅"的古典形式。1805年，拿破仑下令让拉肯皇家城堡按照最新的时尚进行重新装修，于是他订购了许多由让 - 约瑟夫·查普伊斯制作的这款"Chaise de Garde 扶手椅"，而这把扶手椅正是由查普伊斯对"sella curulis椅"所做的风格上的更新。他使用层压方法生产了该扶手椅除了靠背和座椅框架

之外的所有部件，并从1803年开始不断改进，最终取得了重大创新。他将"sella curulis椅"的腿拱旋转了90度，使其与扶手平行，并减小材料横截面的面积，使椅子轻巧而优雅。另外，由于层压部分是由三维模板中的胶合板制成的，因此不易破裂，这种出于稳定性考虑的需求也激发了以后的改进。

查普伊斯采用同样的方法还制作出了另一种备受推崇的古典青铜风格的"Chaise de Garde 扶手椅"。为了加强这种印象，他用各种金银丝或错视画来装饰木质表面，墨绿色的油漆仿照古铜的颜色，而灰白色则给人以象牙色泽的印象。在拉肯皇家城堡的室内设计中，查普利斯采用了灰白色。为了保护椅脚免受损坏和潮湿的侵袭，查普伊斯将其包裹在镀金青铜套中，其形状类似于月桂树叶，从而优化椅子的耐用性，并在该椅的背面斜对角贴上estampille（法国木匠的行会印章）的签名。

传统的木材加工方法会在制造弯曲截面时造成大量浪费，但查普伊斯的设计方法与传统的木材加工方法不同，他将木材纵向切割成单板条，再进行加工，从而充分利用整块木材。这种材料的高效使用和操作方法为最终的批量工业生产奠定了基础。

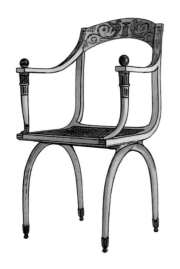

图39 查普伊斯于1802年设计的"Chaise de Garde 扶手椅"

40. Christen,Andreas（安德烈亚斯 · 克里斯汀）

安德烈亚斯 · 克里斯汀（1936—2006）生于瑞士，是一名艺术家和设计师，曾授课于德国的汉堡美术学院。他于1956—1959年在苏黎世艺术学院的汉斯 · 菲施利（Hans Fischlis）实验产品设计班学习；自1959年开始在苏黎世（除了1968—1973年）的工作室担任设计师并进行建构主义浅浮雕的创作。他于1960年设计了一张可堆叠的塑料床，并由HP Spengler公司负责制造，苏黎世Wohnbedarf公司负责分销。1964年，他为第64届世博会设计了一款铝制书架，该书架由Lehni公司生产，双方合作关系自此开始。接下来他于1967—1972年作为宾夕法尼亚州的Knoll公司办公系统的设计师多次访问美国；1968年获得苏黎世的康拉德 · 费迪南德 · 梅耶文学艺术奖；1974年为恩斯特 · 施韦泽公司（Ernst Schweizer）设计了风格新颖的"B74金属信箱"；自1981年起担任德国达姆施塔特的设计委员会评审团成员；1989—1996年担任瑞士联邦应用艺术委员会主席。

作品：由玻璃纤维增强聚酯制成的床（1960）

安德烈亚斯 · 克里斯汀年轻时就痴迷于塑料技术和结构潜力，并将这种材料运用在简约、可堆叠的床架（图40）中。24岁的克里斯汀开发了一种"三明治"结构，其支

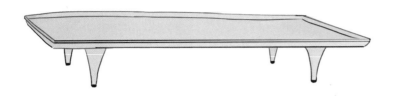

图 40 克里斯汀于 1960 年设计的由玻璃纤维增强聚酯制成的床

撑芯由蜂窝纸板制成。床脚形状为空心圆锥状，以节省堆叠时的空间，并向内移动以减小跨度，从而使变形力最小化。但这种设计有一个缺点，即床的封闭表面使床垫无法正常通风，这也导致床的销售状况不佳，且由于大量的工作需要手工完成，因此零售价格相对较高。

41. Clotet,Lluis（路易斯·克洛特）

路易斯·克洛特（1941—）生于西班牙，是巴塞罗那 BD Ediciones deDiseño 公司联合创始人之一，曾就读于巴塞罗那建筑学院，并于 1977—1984 年担任该学院的设计教授。就读期间，他为建筑师弗雷德里克·科雷亚·伊鲁伊斯（Frederic de Correa i Ruiz）和阿尔丰·米拉·伊·塞尼耶（Alfons Mila i Sagnier）工作，并于 1964 年与建筑师佩普·博内特·伯特拉（Pep Bonet Bertran）、克里斯蒂安·西里希·伊·阿洛玛（Cristian Cirici i Alomar）和奥斯卡·杜斯奎斯·布兰卡（Oscar Tusquets Blanca）共同成立了 PER Studio 工作室，于 1974 年设计了 "Catalano 长凳"。1965 年，他为巴塞罗那高保真音响制造商 Sonor 布置商店和设计办公室家具，并因此荣获加泰罗尼亚文化协会（FAD）颁发的奖项。1972 年，他联合创立 BD 公司，并为其设计 "Hialina 壁挂式搁架"，该搁架于 1974 年获得 FAD 工业设计协会（ADI-FAD）颁发的三角洲奖。此外，他的设计作品还包括 1979 年的 "Hypóstila 搁架"（图 41）、1986 年的 "Zoraida 系列家具"，以及 1993 年的 "Perforano 长凳"。1981—1983 年，他参与巴塞罗那加泰罗尼亚音乐厅的改建，自 1984 年起与伊格纳西奥·帕里西奥（Ignacio Paricio）共同成立建筑事务所，并与其合作设计西班牙的赫罗纳西班牙银行（1989），以及巴塞罗那的 "Ila dela Llum 住宅区"（2015），其中前者获 "FAD 建筑奖"。除此之外，他于 1989—1992 年为巴塞罗那奥运村设计房屋，并于 2010 年获得由西班牙政府授予的西班牙国家建筑奖。

作品："Hypóstila 搁架"（1979）

"Hypóstila 搁架" 由克洛特和奥斯卡·杜斯奎斯·布兰卡共同设计，其名字源于古希腊语，意思是 "由柱子支撑"，但架子本身能以最少的材料和重量来实现高承载力。该架子的支架由铝制成，立在地面后在其高度三分之二处将其固定在墙上。每块板由三个空心铝型材组成，板的左右两侧有两个用于置放搁架支撑的方形开口，而位于板上下两侧的两块空心铝材与中间的空心铝材连接。从板的侧面看，其从上向下逐渐变细，形成倒梯形的截面。板由隐藏在中间轮廓内的 8 个长扁铁条支撑，它们安装在支架左右两侧的凹槽中，并在此处用螺钉固定，从而可将架子固定在任何高度。1995 年，克洛特与恩里克·米拉莱斯（Enric Miralles）一起开发了板子的改良版本和其他模块。康斯坦丁·格里西克受到 "Hypóstila 搁架" 的启发，为 BD 公司设计了 "Table B 桌"（2009）。

图 41 克洛特于 1979 年设计的 "Hypóstila 搁架"

C

42. Cohen,Harold（哈罗德 · 科恩）

哈罗德 · 科恩（1925—）生于美国，曾就读于纽约普拉特学院、芝加哥设计学院。他于 1949 年毕业于芝加哥设计学院，获学士学位，于 1949—1951 年和 1954—1955 年任教于该校，并担任产品设计系主任。1950 年，他与戴维斯 · 普拉特（Davis J. Pratt）共同成立了位于芝加哥的生产设计公司。1951—1954 年，科恩和普拉特设计的桌子和椅子获得了纽约现代艺术博物馆的"最佳设计奖"，他们的钢制和尼龙休闲椅被纳入纽约现代艺术博物馆的永久收藏系列。1955—1963 年，他担任卡本代尔南部伊利诺伊州大学设计系创始主任、教授和主席，在那里他带来了莫霍利-纳吉、查尔斯 · 伊姆斯和巴克敏斯特 · 富勒（Buckminster Fuller）等讲师。此外，他于 1963—1974 年担任马里兰州银泉市的行为研究所的执行和教育主管；1974—1990 年担任纽约州立大学布法罗分校的建筑与环境设计学院的教授及系主任，并在此成立健康住房中心（Health in Housing Center）；1990—2009 年担任纽约州立大学布法罗分校的建筑与规划学院以及社会与预防医学系的教授；1989 年，他在布法罗的伯奇菲尔德 · 彭尼艺术中心（Burchfield Penney Art Center）举办设计作品展；2000 年在布法罗开设自己的艺术工作室，并越来越专注于版画和绘画。

作品：休闲椅（1951）

哈罗德 · 科恩和戴维斯 · 普拉特在芝加哥设计学院就读期间，均接受了具有包豪斯传统的培训。毕业后，他们通过合作的方式更广泛地推销他们的设计，而这款休闲椅（图 42）是他们二人合作的设计作品之一，既代表了向理性现代主义美学的致敬，又向设计师表达了将金属加工和二战期间开发的技术用于和平时期的愿望。该休闲椅由钢管和尼龙材料制成，从视觉上看，其起源可追溯至 1940 年，当时普拉特在莫霍利-纳吉的指导下设计的钢、胶合板和橡胶结合的原型，是里特维尔德于 1927 年设计的"Beugelstoel 椅"的简化版。此外，科恩和普拉特的一些设计在纽约现代艺术博物馆的"好设计"系列展览中展出，而该躺椅的轮廓也在斯皮罗斯 · 扎卡斯（Spiros Zakas）于 1969 年设计的"Plexiglas 椅"上得到了呼应。

图 42 科恩和普拉特于 1951 年设计的休闲椅

43. Colani,Luigi（路易吉 · 科拉尼）

路易吉 · 科拉尼（1928—）生于德国，是德国最有影响力的工业设计师之一。他于 1946 年在柏林美术学院学习绘画和雕塑；1948—1952 年在巴黎索邦大学研究空气动力学；1952 年在美国圣莫尼卡的道格拉斯飞机公司（Douglas Aircraft Company）进行材料研究。1954 年他回到欧洲，为不同的汽车制造商提供空气动力学设计，其中他设计的菲亚特车身在日内瓦国际汽车展上获"金玫瑰奖"。自 1965 年起，他为 Kusch+Co 公司和 Poly-Cor 公司设计家具；1969—1971 年为 Poggenpohl 公司设计圆形厨房；1971 年开展名为 Ylem 的对未来的编程研究项目。自 1972 年起，他开始为各种客户，包括蒂森（Thyssen）、波音（Boeing）、卢臣泰（Rosenthal）、罗克韦尔（Rockwell）和德国唯宝（Villeroy & Boch）设计汽车、飞机和日常用品；1972—1981 年，他在德国成立并运营设计事务所；1982 年，他移居日本，并为日本制造商，如索尼、雅马哈、日立、佳能等设计电子设备，并在瑞士温特图尔首次展览他的作品；1988 年，他返回欧洲，并于 1993 年为 Vobis 公司设计了一台个人电脑；2003 为汉堡警察局设计制服；2008 年在中国北海开办设计事务所。

作品："Zocker 儿童椅"和"Colani 成人椅"（1971）

路易吉·科拉尼的设计以特立独行的有机设计词汇为特色,尽管他的许多设计从未超越原型阶段,但他创造了许多成功的工业产品,其中包括"Zocker 儿童椅"及其衍生品"Colani 成人椅"(图 43)。

1971 年柏林国际设计中心的"儿童与环境"专题讨论会催生了这把儿童椅。20 世纪 60 年代频发的学生运动和日益繁荣的经济,引发了亲子关系的变化,从而产生了不同的儿童教育概念,这些都是专题讨论会期间学者们从设计角度讨论的问题。设计师们试图通过设计能促进孩子个性和创造力的生活空间来适应这种转变。受这次活动的启发,家具制造商 Burkhard Lubke 委托科拉尼的公司提出一款儿童友好型的设计,而不仅是一件缩小版的成人家具,且在理想情况下,它还能成为激发孩子想象力的游乐设备。在完成最终设计之前,科拉尼做了大量的初步研究,并创建了聚苯乙烯和木制原型,这与既定的家具类型和标准大相径庭。由于它没有拐角也没有边缘,甚至不能立即被识别为一种坐具。它有点让人联想到体操设备或游泳池的起跑器,只有通过仔细观察,它的靠背、坐面形状才会变得明显。无论以"正常"方式朝前坐着还是跨着朝后坐,其舒适度都令人震惊。这把椅子的形状让孩子们有了发挥无限的创造力和运动能力的机会,例如,这把椅子可以在游戏中作为一个动物、一辆汽车或座舱使用,因此它又是一个多功能的玩具。自 20 世纪 60 年代起,新型塑料席卷家具行业,这让椅子得以单件低成本地生产。聚乙烯首次用于家具制造,其光滑而柔软的热塑性材料使其能在复杂的旋转烧结过程中进行操作,而中空结构则确保了高稳定性和低重量。

在"Zocker 儿童椅"开发一年后,科拉尼对其进行修改,推出了针对成人的"Colani 成人椅"。这可能是第一件基于儿童椅设计的成人家具,而且改变了一种自 20 世纪 60年代起就出现的新家具设计方法:即在社会变革的启发下,设计师开始转向社会学、心理学和人体工程学的研究领域,以其作为他们创造全新家具类型的灵感。

图 43 科拉尼于 1971 年设计的"Zocker 儿童椅"(左)和"Colani 成人椅"(右)

44. Conti,Sergio(塞尔吉奥·康蒂)、Forlani,Marisa(玛丽莎·福拉尼)、Grassi,Luciano(卢西亚诺·格拉西)

康蒂(1927—2001)、福拉尼(1928—)和格拉西(1927—2008)均生于意大利,是意大利的建筑师和设计师。他们曾就读于佛罗伦萨大学的建筑学专业,于 1953 年共同成立了工作室,在 1953—1966 年开发了"Monofilo 家具系列",其中包括"Farfalla 椅"(1953)、"Artigianato 休闲椅"(1954)(图 44)、"Napoleone扶手椅"(1956)、"Fischer 扶手椅"(1958)、"Cesto 扶手椅"(1959)、"Solario 床"(1959)、"Triangolo 凳"(1959)、"Antiquariato扶手椅"(1962)和"Silvano 沙发"(1966)。其中,"Artigianato 休闲椅"于 1955 年被授予意大利金圆规设计奖。1950 年,他们参加佛罗伦萨 Campo di Marte 地区城市规划竞赛,获一等奖;1955 年参加佛罗伦萨圣弗雷迪亚诺(San frediano)地区城市规划竞赛,获三等奖;1958 年参加重建柏林市中心的"首都柏林"竞赛,获第四名;1962 年参加布宜诺斯艾利斯的标致摩天楼竞赛;1982 年参加巴黎 TéteDéfense 竞赛。

作品:"Artigianato 休闲椅"(1954)

康蒂、福拉尼和格拉西于 1954 年在佛罗伦萨的工艺品展览中推出了"Artigianato 休闲椅"。该椅采用融合工业与手工艺的方法制造而成。它由金属管框架组成，周围包裹着单股尼龙材料，从而形成了足以承受应力的网。这个原理来源于伊姆斯夫妇以及哈里·贝尔托亚的钢丝椅结构实验，其结构让人联想起网球拍的拉线。尽管"Artigianato休闲椅"提名了意大利金圆规设计奖，但除了少数收藏家和建筑师的圈子，该系列并不为人所知。

图44 康蒂、福拉尼和格拉西于1954年设计的"Artigianato休闲椅"

45. Coop Himelblau（蓝天组事务所）

蓝天组事务所是"解构主义"运动的倡导者，由沃尔夫·德·普瑞克斯（Wolf D. Prix，1942—）、海默特·斯维茨斯基（Helmut Swiczinsky，1944年生，于2006年离开事务所）和迈克尔·霍尔泽（Michael Holzer，于1971年离开事务所）于1954年成立于维也纳，曾获奥地利国家大奖和美国建筑奖（2005）。普瑞克斯生于奥地利维

也纳，于1961—1968年在维也纳技术大学、伦敦AA建筑学院和加利福尼亚洛杉矶的南加州建筑学院学习建筑，曾任教于维也纳应用艺术学院、洛杉矶的南加州建筑学院以及哈佛学院。斯维茨斯基生于波兰，于1961—1968年在维也纳理工大学和伦敦AA建筑学院学习建筑，后担任该学院的客座教授。

1988年，普瑞克斯和斯维茨斯基在洛杉矶开设第二家事务所，并参加纽约现代艺术博物馆"解构主义建筑"展览，自1991年起有新的合伙人加入。该事务所的设计作品包括维也纳的Roter Engel酒吧（1981）、奥地利圣维特安德格兰的Funder木工公司的厂房设计（1987—1989）、维也纳律师事务所的阁楼改建（1988）、德国德累斯顿的水晶UFA综合电影院（1993—1998）、法国里昂博物馆（2001—2010），以及欧洲中央银行（2003—2014）。

作品："Vodöl躺椅"（1998）

"Vodöl躺椅"（图45）由蓝天组事务所为Vitra Edition设计。在所有解构主义建筑师设计的家具中，"Vodöl躺椅"是最具建筑风格的，重新诠释了现代主义经典的长方体内饰和严格垂直的管状钢框架。

虽然"Vodöl躺椅"的软垫略倾斜，但其立方体结构能保持稳定的水平状态。其外部的管状钢架结构可展开，并重新塑造成让软垫可自由取

出的形态，继而展开形成完美的弧线后落在地上。该椅的结构强调了拼贴质量的同时让我们想起了现代主义者对钢框架结构的偏爱，作为椅子装饰的组合物可从"栅栏"中解放出来，使椅子处于不稳定的平衡状态，但椅子的舒适性得到了提高，并配备了精密的悬挂系统。

图45 蓝天组事务所于1998年设计的"Vodöl躺椅"

46. Coray,Hans（汉斯·科瑞）

汉斯·科瑞（1906—1991）生于瑞士，父亲是教育改革家汉·科瑞（Han Coray），曾于1917年在苏黎世画廊展出达达主义作品；母亲则是苏黎世具象艺术学院的画家韦雷娜·洛文斯伯格（Verena Loewensberg）。科瑞于1929年获得苏黎世大学罗曼语博士学位；1930年开始设计日常用品，如午餐袋、金属滑雪板；1931年在瑞士担任中学教师；1938年为瑞士国家展览设计"Landi椅"（图46），同时还参与了新闻馆、铝馆、塑料系、化学馆和部分电力馆的室内设计。自1941年起，科瑞开始从事金属加工和珠宝设计；1944—1946年设计了代表巴塞尔展览馆（Muba）和瑞士化工公司Sandoz

和 Durand 的国际工业博览会的展台。自 1948 年起，他作为艺术家，主要创作金属雕塑和油画；1950 年开设产品设计工作室；1965—1967 年在苏黎世的职业学校教授木工专业。

作品："Landi 椅"（1938）

"Landi 椅"是早期欧洲铝制家具中最著名的例子之一，它的来源得益于 1939 年在苏黎世举行的瑞士国家展览。当科瑞向该展览的首席建筑师霍夫曼及其助手汉斯·菲施利先生展示他为展览设计的货架时，他们刚好正寻找一把在各方面都具有新意的椅子，并问科瑞是否有兴趣制作。不久，科瑞便推出了两种小型号的金属丝和带孔金属板，其中一把椅子实现了"完全由铝制成的垂直堆叠椅"的设计目标。

在原材料匮乏的瑞士，铝被视为国家资源，是重要的出口商品。于是菲施利说服 P&W. 布拉特曼金属制品厂生产这种椅子，尽管这家公司没有用铝制作贝壳椅的经验。最终，他们得以在不进行任何改动的情况下制作出"Landi 椅"，并准时为展览的开幕式交付了 1500 把椅子。在展览结束后，这些椅子以每把 15 瑞士法郎的价格出售，也可直接从工厂以 28 瑞士法郎的优惠价格订购，符合科瑞的平价产品概念。

在制作过程中，"Landi 椅"经历了一些重大的变化。1950 年，科瑞为其增加了橡胶脚，使椅子适合室内使用。椅子靠背的上半

部分浮雕了 "Metallwarenfabrik Wadenswil"（瓦登斯维尔金属制品厂）的字样，而大约在 1999—2001 年，这个标记被科瑞的签名所取代。1962—1998 年，P&W. 布拉特曼金属制品厂制造了带有 36 个孔的"Landi 椅"，根据要求，他们还将生产带有 49 个孔的椅子。这次修改虽未经授权，但其意在通过在穿孔过程中减少模板的使用来降低制造成本。2007 年，制造商 Westermann 也在未经授权的情况下更改了底座的外形。

在科瑞的设计中，其形式始终遵循功能和材料。由于"Landi 椅"轻便、耐气候、散热、可堆叠、富有弹性、舒适，还有一种矜持的优雅，使它在市场上经久不衰，并被认为是瑞士现代设计的标志之一。

图 46 科瑞于 1938 年设计的"Landi 椅"

47. Coulon,René（雷内·库伦）

雷内·库伦（1908—1997）生于法国，曾获得荣誉军官勋章以及比利时最高荣誉勋章——利奥波德勋章。他于 1926—1933 年在巴黎城市学院学习建筑，1937 年与雅克·阿德内特一起设计巴黎世界博览会的圣戈班馆，并与罗伯特·马利特·史蒂文斯（Robert Mallet Stevens）合作，为此次展览会设计了健康和卫生馆；1942 年获得法国学院奖；1944 年加入现代艺术家联盟。1947—1951 年，库伦为创新产业设计了一系列建筑，其中包括巴黎圣戈班玻璃厂的主实验室，以及 1949 年的法国电力公司研究中心。1951—1977 年，库伦任教于巴黎国立高等美术学院，并于 1954—1959 年为塞纳河畔讷伊（Neuilly-sur-Seine）的 Bagatelle 居民区开发了他的第一个大型城镇规划项目；1956 年与他的同事莱昂内尔·沙因（Lionel Schein）和伊夫斯·马格纳特（Yves Magnant）一起在巴黎的艺术沙龙上推出一款实验性的全塑料房屋；1957 年参与法国西南部穆伦克斯（Mourenx）的项目，为附近的 Lacq 工业园区的工人开发住房。

作品：参见 234 页矮桌（Low Table,1937）。

48. DDL 工作室

DDL 工作室由乔纳森·德·帕斯（Jonathan De Pas, 1932—1991）、多纳托·德乌尔比诺（1935—）和保罗·洛马齐（1936—）于1966年成立于米兰，致力于建筑、城市发展和工业设计。该工作室曾为 Acerbis、Artemide、Cassina、Poltronova 和 Zanotta 等公司做设计。他们与卡拉·斯科拉瑞合作为意大利 Zanotta 公司设计"Blow 椅"（图47），于1973年为 Zanotta 设计的"Sciangai 衣架"获1979年的意大利金圆规设计奖；1970年为 Poltronova 公司设计了"Joe 休闲椅"，该椅是日本大阪世博会的充气结构系列展品之一。1972年，他们带着"Chica 儿童椅"参加纽约现代艺术博物馆的展览——"意大利：新的国内景观"。1968年，该工作室利用气动穹顶设计图灵的"Eurodomus 2 show"展览，1980年又为意大利家具设计展览做设计。1991年，乔纳森·德·帕斯去世后，德乌尔比诺和洛马齐以 Studio D'Urbino Lomazzi（德乌尔比诺·洛马齐工作室）的名义继续进行创作，如1992年为 Zanotta 公司设计的"Nuvola 双人床"、1994年为 Tonelli 设计的"Rosa del Deserto 桌"以及1996年为 Lumina Italia 设计的"Nessie 吊灯"。

作品："Blow 椅"（No.270, 1967）

"Blow 椅"是第一个投入工业化生产并成功商业化的充气椅，由意大利 Zanotta 公司负责生产，其构思来源于气动建筑的概念、技术和形式。它由透明材料 PVC（聚氯乙烯）组成，然而这种材料与橡胶船的氯丁橡胶不同，它不能粘在一起，但对物体的表现品质尤其重要，因此经过几个月的试验后，他们利用热黏合技术来焊接塑料，并开始投入生产。这款椅子于1968年在米兰家具展上首次亮相，并收获好评，制造商 Zanotta 公司因此也获得了国际认可。"Blow 椅"放气后可折叠进一个装有气泵和修理工具包的包装袋子里，售价约为20美元，销量达到数万件，但几年后，由于焊接的技术问题，生产停止，直至1988年才恢复生产。当时，"Blow 椅"已处在时尚前端的地位。不过该椅子老化后经常会漏气，而且材料内部永久性的自身黏附也导致椅子维修的难度大。

"Blow 椅"是在激进的社会变革时期发展起来的，它反映了年轻一代对二战后优秀设计运动中既定的、有品位约束的抗议。充气椅成为机械制造和批量生产的象征，适用于大批消费者，同时也反映出基于非正式、灵活和动态生活方式的变化。"Blow 椅"正体现了当时的精神，也因而成为20世纪60年代的标志。

图47 DDL 工作室于1967年设计的"Blow 椅"

49. De Lucchi,Michele（米歇尔·德·卢基）

米歇尔·德·卢基（1951—）生于意大利，是激进设计小组 Cavart 的创始人之一，也是孟菲斯设计集团的联合创始人之一。他毕业于佛罗伦萨大学的建筑学专业，于1975—1977年任教于母校；1979—1981年成为米兰的 Studio Alchimia 工作室的一员。1979年，他被任命为意大利办公设备制造商 Olivetti 公司的设计顾问，并与艾托瑞·索特萨斯一起工作。1980—1986年，他为孟菲斯设计集团设计了"Kristall 桌"（1980）（图48）、"Sebastopole 桌"（1982）和"Lido 沙发"（1983）。1982年，他与索特萨斯为 Olivetti 公司设计了"Icarus 办公家具系列"，该系列试图为日趋技术化的环境带来新的美学价值和更多的舒适感。1984年，他在米兰成立了"AMDL 工作室"。1986—1988年，他与 Directs Solid 设计师团队以及吉安卡洛·法西纳（Giancarlo Fassina）一起设计了"Tolomeo 悬臂台灯"；1990年与他人共同成立限量版手工制作公司 Produzione Privata。

1992—2002 年，他担任 Olivetti 公司设计总监；1993 年设计德国德意志银行分行；1995 年设计德国 Deutsche Bahn 旅行中心；2001 年担任威尼斯建筑大学的设计与艺术学院教授；2006 年获伦敦金斯顿大学荣誉博士学位；2002—2007 年翻修米兰三年展的艺术馆；2008 年担任米兰理工大学教授；2003—2009 年设计柏林新博物馆的展览；2015 年被德国杂志《建筑与生活》（AW Architektur & Wohnen）评为年度最佳设计师。

作品："Kristall 桌"（1980）

"Kristall 桌"是孟菲斯设计集团的首个系列设计作品之一，由米歇尔·德·卢基设计，并于 1981 年 9 月的米兰家具展中推出。"Kristall 桌"常被比喻为"由蓝色钢管元素组成脖子和四条腿"的宠物，代表着米歇尔·德·卢基对功能主义设计的拒绝，同时体现了他的设计意图，即创造出令人愉悦，从而引起用户情感反响的作品。

图 48 卢基于 1980 年设计的 "Kristall 桌"

50. Descalzi,Giuseppe Gaetano（朱塞佩·加埃塔诺·德斯卡尔齐）

朱塞佩·加埃塔诺·德斯卡尔齐（1767—1855）生于意大利，父亲是制桶匠。他于 1783 年在菲利斯·蒙特沃德（Felice Monteverde）的工作室从事木匠工作，四年后搬到朱利奥·德斯卡尔齐（Giulio Descalzi）的工作坊，同时为父亲分担木匠和制桶匠的工作。1795 年，他与兄弟们一起开办家具工厂。次年，他设计的抽屉柜获得由基亚瓦里经济学会颁发的银质奖章。1807 年，他设计了第一款樱桃形椅，名为 "Chiavari 椅"（图 49）；1825 年为萨沃伊宫生产 "Chiavari 椅"，并于 1826 年开始生产其配套木桌的贴面。1829 年，"Chiavari 椅"因其精美的做工而获得首届都灵三年展的铜奖，又于 1832 年获得都灵三年展公开展的银奖。1855 年德斯卡尔齐去世后，他的儿子贾科莫·德斯卡尔齐（Giacomo Descalzi）和伊曼纽尔·德斯卡尔齐（Emanuele Descalzi）继续生产 "Chiavari 椅"。

作品："Chiavari 椅"（"Campanino 椅"，1807）

Chiavari 实际上是指意大利的一个小镇基亚瓦里，是 18 世纪后期的意大利家具制造中心。这里的家具产量在很大程度上取决于附近的热那亚。热那亚的保护主义政策禁止基亚瓦里小镇的商品在本地出售，并且将基亚瓦里小镇的产品限制在

木桨、教堂家具以及热那亚本地市场中时尚家具的低端仿制品中。作为回应，成立于 1791 年的基亚瓦里经济协会开始寻求改善该镇家具行业的风格和技术。为了达成该协会的使命，斯特凡诺·里瓦罗拉侯爵（Marquis Stefano Rivarola）邀请当地工匠仿制了一些他从巴黎带回来的带有弯曲梯形靠背和弯曲腿的编织座椅，而德斯卡尔齐便是当时这批工匠中的一员。他抓住这个机会，于 1807 年制作了 "Chiavari 椅"。

"Chiavari 椅"是一种带有轻巧靠背的小型椅子，采用当地的樱桃硬木制成，坐面由柳条编织而成，椅腿呈楔形，因此无论从外形还是美学上来说，它都优于法国的老款椅子。该椅子仅重 2 千克，且结构坚固。雕刻家安东尼奥·卡诺瓦（Antonio Canova）曾宣称该椅

图 49 德斯卡尔齐于 1807 年设计的 "Chiavari 椅"

"解决了如何将最轻和最大强度结合在一起的问题"。德斯卡尔齐随后多次改进该椅子的设计，如在1840—1850年的两个版本中，他在水平后拉担架上增加了装饰元素。该椅最终获得了商业上的成功，并由此激发了当地其他家具制造商开发新产品的欲望。

D

51. Diallo,Cheick(奇克 · 迪亚洛)

奇克 · 迪亚洛(1960—)生于马里，是非洲设计师协会的联合创始人之一。他于1982年在法国鲁昂大学学习经济学和法学，后于1991年毕业于鲁昂建筑学院，1992—1994年在巴黎高等工业设计学院攻读工业设计。他的"Rivale椅"和"Ifen台灯"均在1993—1994年巴黎装饰艺术博物馆举办的比赛中获奖。他在1999—2003年设计了由银和乌木制作的银器系列。自2003年起，他创作了一系列由钢管和编织尼龙绳制成的躺椅，其中包括"Segou躺椅"（2003）和"Dibi躺椅"（2009）。2006年，由回收饮料罐制成的"Poto-Poto家具系列"在加拿大蒙特利尔国际设计沙龙中获得大奖。接下来，迪亚洛在2007—2010年设计"Kpando陶土花瓶"和"Nabeul赤陶花瓶"，2009年设计"Adja椅"，2010年设计"Woo椅""Woo脚凳""Sansa躺椅"（图50）。2012年，他的作品展"马里制造: 奇克 · 迪亚洛"

在法国美术馆举行。

作品："Sansa躺椅"（2010）

Sansa，意为"鸡舍"和"王座"，"Sansa躺椅"是迪亚洛委托马里首都巴马科（Bamako）当地工匠生产的一系列家具。这种家具使用废金属、塑料、橡胶、木材和黏土等简单材料制成。因为工业材料非常稀缺，在某些情况下，它们会被回收利用，这符合非洲重复使用材料的传统。然而，迪亚洛主要关心的不是经济，而是他对当地材料及其特殊性能的探索，并将其创新地应用在设计中。

"Sansa躺椅"由软钢网（该材料在马里既便宜又容易购买）制成，并被组装成笼状长方体，再用五颜六色的钓鱼线包裹起来。它的坐面和靠背由钢杆制成的三维网格构成，顶部向内弯曲，两条锥形腿使躺椅微微倾斜，形成一款坚固而轻量化的钢制家具。

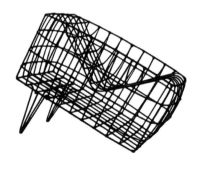

图50 迪亚洛于2010年设计的"Sansa躺椅"

52. Dieckmann,Erich（埃里希 · 迪克曼）

埃里希 · 迪克曼（1896—1944）生于普鲁士。他于1920年毕业于但泽（现格但斯克）理工学院的建筑专业，随后在德累斯顿学习绘画，于1921—1922年在魏玛包豪斯学校进修，并从1922年开始在一个家具制作车间当学徒，1924年受雇为包豪斯作坊的学徒。1926年，他完成新鲁平（Neuruppin）地区儿童之家的家具设计和室内设计；1927年推出"类型家具"，并为1928年在柏林举行的"建筑和生活"展览提供配有"类型家具"的样板房。1930—1931年，他为家具制造商，如魏玛的Scheidemantel、奥德鲁夫的Cebaso-Stahlmöbel、利希滕费尔斯的Bamberger和科堡的F.Kerber做设计，并在他的《木结构家具》（Möbelbau in Holz）一书中介绍了这些设计作品。此外，他于1926—1930年担任魏玛州立建筑学院的家具制作部主任，于1931—1933年担任哈雷（Halle）一家家具工作坊的艺术总监。

作品："Typenstuhl椅"（1926）

"Typenstuhl椅"（图51）展示了迪克曼木制家具的设计原则。其严谨的几何框架与旨在提高舒适度的自由应用的功能元素间的对比令人印象深刻。这些元素包括一个向前倾斜的坐面、两个由胶合板制成的附在有角度侧板上的略微凸起的靠背，以及连接椅腿间平行于地面的担架（以增加椅子的稳定性）。该椅主体构件沿着普通的方形木材的木纹切割而成，以便使用预制部件进行系列或工业制造，但仅是小规模生产。客户在订购时，可选择不同类型的珍贵硬木，使椅子成品看起来更优雅。坐面可由胶合板或藤条制成，后者坐起来更舒服，更换时价格也相对便宜。

图 51 迪克曼于 1926 年设计的"Typenstuhl 椅"

53. Diez,Stefan（史蒂芬·迪兹）

史蒂芬·迪兹（1971—）生于德国，曾担任卡尔斯鲁厄艺术设计大学工业设计专业教授。他于 1991—1994 年在乌苏拉·迈耶（Ursula Maier）的工作室接受木工的培训；1996—2002 年为设计师里查德·萨帕和康斯坦丁·格里西克工作；1998—2002 年在斯图加特国家艺术学院攻读工业设计专业。2002 年，他在慕尼黑成立了史蒂芬·迪兹设计工作室，专注于家

具、厨房和餐桌用品、箱包及展览设计，曾为 e15 公司设计 "Houdini 椅系列"，为 Hay 公司设计 "New Order 货架" 的部件。自工作室成立以来，迪兹获得了众多奖项，其中包括德意志联邦共和国的设计奖（2006、2008）。

作品："Chassis 椅"（2006—2008）

"Chassis 椅"（图 52）重达 5.4 千克，在 2008 年的科隆国际办公家具及管理设施展（ORGATEC）上展出后引起了业内人士的极大兴趣。这是一把将可持续材料、先进技术和极简主义美学相结合的椅子，由钢板材料制作而成，并使用了从汽车行业引进的一种创新、节省成本、材料轻量化的加工技术。这种椅子采用空间框架技术（space frame technology），将 1.2 毫米厚的精细钢板在 300 吨压力下进行三维拉伸成型，从而获得最大的稳定性。"Chassis 椅" 的原型由车

图 52 迪兹于 2006—2008 年设计的 "Chassis 椅"

身制造专家制造，并且同样由车身制造商进行批量生产，其符合人体工程学原理的塑料座椅和背壳还可加入皮革或织物覆盖物。2013 年，迪兹为 Schellmann 家具公司提供了 "Chassis 椅" 的改良版，取名为 "Tune 椅"。

54. Drocco,Guido（吉多·德罗科）、Mello,Franco（佛朗哥·梅洛）

吉多·德罗科（1942—）和佛朗哥·梅洛（1945—）均为意大利设计师，两人曾合作完成多个设计作品。例如，为 Colli 公司设计的 "Trampoline 桌" 和 "Triangoliera 模块化转角家具"（1971）；为 Gufram 公司设计的仙人掌服装支架——Cactus 衣帽架（1971）以及 "Cucca—Cucca" 和 "Saltarello 玩具"，以及为 Colli 公司设计的 "BCO 模块化家具"。1973 年，德罗科和梅洛结束了合作关系。随后，德罗科继续在 Gabetti & Isola 公司担任建筑师，而梅洛则从事设计师、插图画家和教师的工作。

此外，德罗科的 "Swivel 塑料衣柜" 曾获得 1968 年的 MIA 家具比赛一等奖。此外，他还于 1969 年设计了 "Kali 衣帽架"。1970 年，德罗科为 Gufram 公司设计了 "Alias 桌" 和 "Alias 椅"，而梅洛则为 Gufram 公司设计了 "Gugu 玩具"。

作品："Cactus 衣帽架"（1971）

1971 年，意大利前卫家具制造商 Gufram 邀请吉多·德罗科和佛朗哥·梅洛设计一款衣帽架，他们提出将衣帽架塑造成树状的想法，并联系艺术家皮耶罗·吉拉迪（Piero Gilardi）帮助他们设计一种表面覆盖着一层乳胶橡胶的简单、光滑的聚氨酯结构。于是，吉拉迪开发了用乳胶橡胶涂聚氨酯泡沫的方法，并模仿石头、水果、树皮等，制造出具有自然外观的雕塑家具，从而创作出了由金属结构支撑的聚氨酯泡沫制成的混合仙人掌树原型。在后来的设计阶段，该原型发展成为具有易于抓握和具有尖状凸起表面纹理的仙人掌形态。该设计是对娱乐性、实验性生活的新观点的回应。"Cactus 衣帽架"（图 53）已成为 Gufram 公司的标志性产品，至今仍是 Gufram 公司唯一一直投入大规模生产的产品。

图 53 德罗科和梅洛于 1971 年设计的
"Cactus 衣帽架"

55. Dubach,Oswald（奥斯瓦尔德·杜巴赫）

奥斯瓦尔德·杜巴赫（1884—1950）是俄罗斯画家和雕塑家。他从 1902 年起在瑞士圣加伦的艺术学院学习平面设计，后在巴黎和慕尼黑的艺术学院学习，又在意大利度过一段时光后，于 1908 年返回俄罗斯。1911 年，他因政治原因在莫斯科被关押数月。获释后，他移居瑞士，随后在巴黎稍作停留，结识了鲁道夫·斯坦纳（Rudolf Steiner），之后移居慕尼黑。自 1913 年起，他担任第一期歌德堂（Goetheanum）的雕塑家。1914—1918 年，他在德国服役，之后于 1919 年监督第一期歌德堂的所有雕塑工作，并完成了相应的雕刻任务。1925—1928 年，他为第二期歌德堂雕刻内部的房间门、外部的大门和栏杆；1929—1950 年在歌德堂成立雕塑学校，并担任校长。在此期间，他成立了歌德堂木雕工作室，并设计包括家具在内的各种日常用品。

作品：椅子（1930）

奥斯瓦尔德·杜巴赫于 1913 年搬到位于瑞士多纳赫（Dornach）的人类学协会（协会由鲁道夫·斯坦纳创立，致力于支持那些对他创立的人类学感兴趣的人）的中心区，并致力于该协会总部——第一期和第二期歌德堂的建设。杜巴赫在歌德堂成立木雕工作室后，开始生产他自己设计的家具，图 54 中的椅子就是他的系列家具产品之一，它

代表了从斯坦纳的哲学中衍生出来的形式语言，虽然基于有机和自然形式，但也显示出了立体派和表现主义的影响。缺失的直角、立体的横截面和多面体的侧面赋予了这件作品一种具有雕塑感和动态感的外观。

杜巴赫的许多设计都是为人类学协会的成员设计的，自 20 世纪 20 年代以来，这些成员就更多地定居在瑞士多纳赫。杜巴赫与他的学生合作紧密，因此，要衡量他个人为歌德堂工作坊做出的贡献并不那么容易。

图 54 杜巴赫于 1930 年设计的椅子

56. Dubreuil,André（安德烈·杜布罗伊）

安德烈·杜布罗伊（1951—）生于法国里昂，于 1969 年移居伦敦，并就读于英奇博尔德设计学院，随后于 1970—1972 年在巴黎的夏彭

蒂尔学院攻读设计学，毕业后就职于伦敦 Zarach 室内设计工作室。1974 年，他就职于伦敦 Alistair Colvin 室内设计公司的古物部门。1976—1985 年，杜布罗伊进行错觉装饰创作；1977—1982 年在伦敦开始自己的古物业务。1985 年，他结识了汤姆·迪克森，并在他的指导下学会了焊接，同年完成了他的第一套家具作品，并开始就职于 Creative Salvage 工作室；1986 年设计"Spine 椅"（图 55）；1991 年返回法国后开办以钢铁和铜为主材的工作室。

作品："Spine 椅"（1986）

安德烈·杜布罗伊最初用废料制造家具，但一段时间后开始使用钢筋，并开始转向历史悠久的装饰形式，由此丰富了后现代设计的折中多样性。1986 年的"Spine 椅"便是杜布罗伊最著名的家具设计，它

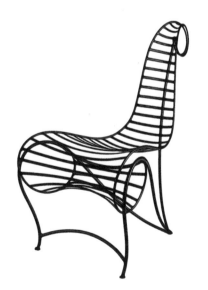

图 55 杜布罗伊于 1986 年设计的"Spine椅"

由呈现出阿拉伯式交织花纹的钢线圈组成。这种设计方式让椅子轻盈和柔韧，但同时也减小了钢的坚固性。限量版的"Spine 椅"最初是由杜布罗伊亲自制造的，但后来改由伦敦的金属匠制造，自 1990 年起则由意大利 Ceccotti 公司负责批量生产。

---

57. Eiermann,Egon（埃贡·艾尔曼）

埃贡·艾尔曼（1904—1970）生于德国，是德国设计委员会的创始成员之一、德国工业联盟董事会成员之一，柏林技术大学荣誉博士，并曾获德国建筑师协会大奖。他于 1923—1927 年在柏林工业大学学习建筑，毕业后加入德意志制造联盟，于 1929—1930 年担任柏林城市建筑师；1931—1945 年成为柏林自由建筑师；1947—1970 年担任卡尔斯鲁厄理工学院的建筑学教授。1946 年，他在柏林成立建筑事务所后，开始与家具制造商 Wilde + Spieth 合作，生产其"SE69 胶合板椅""SE18 折叠椅"以及"E10 躺椅"（图 56）。

作品："E10 躺椅"（1948）

"E10 躺椅"）是第一次世界大战后由艾尔曼开发的藤制椅子系列的产品之一。该椅的第一个版本由艾尔曼和卡尔斯鲁厄的制篮人弗里德

里克·赫尔（Friedrich Herr）共同合作完成，并在 1949—1950 年度的"住宅"（Wie Wohnen）展览上展出。它的承重基座由一个藤条圆柱体和内部框架组成，其次，为增强椅子的坚固性，其坐面和靠背均采用支撑式的"篮子"形式，并"翻转"边缘进一步提高稳定性。椅子的形状从圆筒基座到坐面无缝过渡，但由于弗里德里克·赫尔倾向于在生产过程中更改型号，因此并不适合作为该椅子批量生产的合作伙伴，这让艾尔曼陷入了尴尬的局面。但转机出现在柳条制品制造商 Heinrich Muramann 邀请他为公司设计新的柳条家具时，艾尔曼和新制造商对"E10 躺椅"的原始模型进行了优化，使其圆柱形基座更加纤巧和优雅。1958 年，"E10 躺椅"在布鲁塞尔世界博览会上亮相后，销量飙升。自 1960 年起，客户便可购买各种颜色的漆面"E10 躺椅"。

图 56 艾尔曼于 1948 年设计的"E10 躺椅"

58. Ekstrom,Terje（特尔杰·埃克斯卓姆）

特尔杰·埃克斯卓姆（1944—2013）生于挪威，于1960年在奥斯陆的Helsfyr培训学院学习家具装饰，随后成为Master Carpenters Lørup and Karl Ekstrøm & Son公司的学徒，并于1964—1968年在挪威国家工艺美术学院学习室内和家具设计。毕业后，他在奥斯陆Tandberg无线电工厂担任工业设计师。任职期间，他设计了Tandberg工厂的第一个卡式录音带TDC 300，以及"Ekstrem椅（图57）"和"Fasett六角形扬声器"（1973）。自1977年起，他以独立设计师的身份承接项目，于1978年设计了用于银行内部的模块化柜台系统，1979年与彼得·奥泊斯威克合作设计模块化丛林体育馆"Playfellow"，1985年设计原型沙发"Ekstrem Puzzle"。自1979年起，埃克斯卓姆得到了国家对艺术家的资助。自此，"Ekstrem椅""Ekstrem迷你餐椅"和"Ekstrem Maestro会议椅"均得到生产。

作品："Ekstrem椅"（1972）

1972年的"Ekstrem椅"无论在结构上还是形式上都是一种卓越的、高度创新的椅子。它的标志性外形是由"管状内饰"创造的，由直接模制在钢管结构上的冷固化泡沫制成。埃克斯卓姆采用了网格结构的设计实现了椅子在物理上和视觉上的轻巧。该椅子不同寻常的结构也带来了动态的互动，即使用者可以多种方式坐在椅子上，孩子们甚至可以把它当成一间丛林健身房。

该椅的设计成为20世纪80年代的标志，在这十年中，后现代主义的精神振兴了挪威家具业，让它比以往任何时候都更加大胆，更有活力。

图57 埃克斯卓姆于1972年设计的"Ekstrem椅"

59. Fornasetti,Piero（比埃罗·佛纳塞迪）

比埃罗·佛纳塞迪（1913—1988）生于意大利米兰，是一名国际知名的家具和室内设计师。他于1930年就读于布雷拉艺术学院，两年后于米兰斯福尔泽斯科城堡工业应用艺术高等学校继续深造。1933年，他首次参加米兰三年展，并展出了一系列印花真丝围巾。自1940年起，他与吉奥·庞蒂合作米兰三年展，曾在米兰三年展上展出"建筑家具系列"的产品以及"Palladiana梳妆台"。除此之外，两人还曾一起合作室内设计，如卢卡诺公寓的室内设计以及意大利邮轮的室内设计。1943—1946年战争期间，佛纳塞迪移居瑞士，并为当地的戏剧活动和杂志制作海报和平版印刷品。1952年，莉娜·卡瓦列里（Lina Cavalieri）的面孔成为他作品的灵感和反复出现的主题。1955—1958年，他设计了由面板组成的完整室内装饰的"Stanza Metafisica房间"。1970年，他与一群志同道合的朋友设计了"Bibliofili美术馆"，1979庞蒂去世后，他在伦敦开设了"主题和变奏曲画廊"。

作品：桌子（1950）

吉奥·庞蒂与佛纳塞迪的合作专注于内饰和装饰物品的系列生产。这张投入小批量生产的桌子（图58）配有抽屉、搁板、工作台和逐渐变细的腿，这些腿以带有脚轮的黄铜底脚收尾，赋予椅子轻盈的外观，让人联想起"Superleggera椅"。

佛纳塞迪利用平版印刷和带有胶水和油漆的纸张在本来素色的桌子上装饰了花卉图案，而这些装饰正是二战后意大利贝尔设计时代（Bel Deisgn era）重燃装饰兴趣的典型代表。

图 58 庞蒂与佛纳塞迪于 1950 年合作设计的桌子

60. Foster,Norman(诺曼·福斯特)

诺曼·福斯特（1935—）生于英国，曾获英国皇家建筑师学会授予的皇家建筑金奖、美国建筑师协会颁发的建筑金奖、普利兹克建筑奖、伊丽莎白女王颁发的终身贵族奖，以及日本美术协会授予的帝国大帝奖。他于 1956—1961 年在英国曼彻斯特大学学习建筑和城市规划，毕业后继续在耶鲁大学学习，并获得建筑学硕士学位。诺曼于 1963 年回到英国，在汉普斯特德（Hampstead）成立建筑事务所，与理查德·罗杰斯（Richard Rogers）、苏·罗杰斯（Sue

Rogers）和温迪·吉士曼（Wendy Cheesman）一起工作。他与温迪结婚后在伦敦成立福斯特联合事务所（Foster Associates），后改名为福斯特及合伙人事务所（Foster + Partners）。1970—1975 年，诺曼设计和建造了英国 Willis Faber & Dumas 大厦；于 1985 年完成香港和上海银行新总部的建设；1981—1991 年设计和建造伦敦第三座机场；1985—1988 年为米兰的家具制造商 Tecno 开发 "Nomos 办公家具系列"；1992—1999 年改建德国国会大厦；1997—1999 年为维特拉公司开发航空公司座椅系统；2003—2008 年设计和建造北京国际机场 T3 航站楼及地面交通中心；2009—2016 年设计和建造马来西亚吉隆坡的综合用途 Ilham 塔。

作品：桌子（1982—1983）

这里提到的桌子（图 59）由福斯特联合事务所设计，是诺曼设计的产品系列的一部分，该产品在几年后迅速发展成完整的家具系统，并于 1987 年投入批量生产。该桌子

的前身是诺曼位于伦敦的建筑事务所中的一张绘图桌，该桌拥有一个基于中央管状金属梁的底座，并由四个张开的腿支撑，支腿通过螺纹金属杆连接到圆盘形的支脚上。桌面搁置在一个穿孔的灵活金属托架系统上。该托架相互连接，并与中央金属梁相连，这样可调整桌面的高度，甚至可以将其从水平状态倾斜到垂直状态。该中央金属梁旨在成为办公家具系统的主要特征，这样就可以将多个横梁相互连接，并允许将物品夹在横梁上，包括橱柜、托盘和办公机器的支架。但由于生产过程涉及将所有钢构件焊接在一起的密集型劳动，这种桌子只为 Great Portland Street 办公室生产了一小部分。自 1985 年起，福斯特联合事务所与 Tecno 公司合作开发一个家具系统项目，制作了 "Nomos 系列" 的桌子，这个系列的桌子包括了矩形、圆形和卵形在内的多种形状的桌面。该系列结合了诺曼最初的 "允许附加组件的中央梁" 设计。这样，桌子可作为一张简单的餐桌、家用桌，或形成多种形态的办公设施。

F

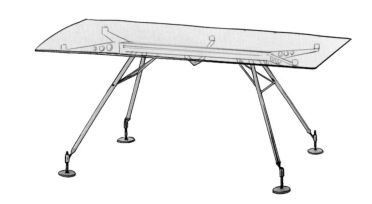

图 59 福斯特联合事务所于 1982—1983 年设计的桌子

61. Francken,Ruth（露丝·弗兰肯）

露丝·弗兰肯（1924—2006）生于捷克，曾获得法国政府授予的艺术和文学骑士勋章，曾任教于纽约萨拉劳伦斯学院和加州大学圣巴巴拉分校。露丝于 1939 年来到英国，在牛津大学亚瑟·西格尔（Arthur Segal）教授的指导下学习绘画。1941 年，她移居纽约，并在美术学生联盟继续学习绘画课程。1943—1949 年，她担任纺织品设计师，1950 年返回欧洲定居威尼斯，致力于绘画，并在巴黎龙美术馆开办个人展览。1952 年，她定居巴黎，后于 1964 年从绘画转向青铜雕塑，然后开始制作 "Objekte 系列" 雕塑作品；1971 年在巴黎现代艺术博物馆举办个人展览；1972 年创作以剪刀图像为特征的光金属浮雕系列作品。1986 年，她分别在德国纽伦堡美术馆、列支敦士登宫现代艺术博物馆举办展览 "脸"（Antlitze）；1997 年在巴黎埃里克·杜邦美术馆举办最后一次个人展览。

作品："Homme 椅"（1970）

1964 年，露丝·弗兰肯放弃了绘画，但继续使用其清晰、有效和象征性的语言来进行设计。她以反抗精神创作了 "Objekte 系列" 作品，"Homme 椅"（图 60）便是其中之一。它是一把结合日常生活和流行文化，以男性的身体为外形，用聚酯铸模制作的椅子，是露丝有力、独特的声明。该椅于 1970 年由法国巴黎的 Galerie Boutique 公司投

入生产。1983 年，露丝与费利克斯·卡内特菲（Felix Canetfi）和 Galerie X Plus 公司一起发行了具有编号的 "Homme 椅"，直到卡内特菲去世后，露丝仍继续自己制作，并按顺序编号。

图 60 弗兰肯于 1970 年设计的 "Homme 椅"

62. Frank,Josef（约瑟夫·弗兰克）

约瑟夫·弗兰克（1885—1967）是匈牙利建筑师，曾获大奥地利州建筑奖和维也纳城市设计奖。他于 1903—1910 年在维也纳 k.k. 理工学院学习建筑，1919—1926 年在奥地利艺术和工业博物馆（今维也纳应用艺术博物馆）的工艺美术学院教授结构工程。1925 年，他和建筑师奥斯卡·沃拉赫（Oskar Wlach）以及沃尔特·索博特卡（Walter Sobotka）一起在维也纳成立 Haus & Garten 家具公司；1927 年在斯图加特的魏森霍夫庄园建造双层公寓；1928 年参加在

瑞士举办的国际现代建筑协会首次协会。1932 年，他担任维也纳工业联合会的发展负责人；1933 年因自身的犹太人背景和政治原因移居斯德哥尔摩，和当地的 Svenskt Tenn 家具公司合作设计家具、照明产品和纺织品。1941—1945 年，弗兰克逃亡纽约，同时任教于新的社会研究学院；1945—1967 年继续为 Svenskt Tenn 做设计工作。

作品："A 63 F 躺椅"（1929）

"A 63 F 躺椅"（图 61）是约瑟夫·弗兰克在 1929 年左右为托奈特公司设计的曲木椅的产品之一，由传统的实心山毛圆榉木制作而成。该椅的腿、靠背和扶手均由单个曲木元件制作。它的坐面略低，由胶合板制成。四条椅腿由弯曲的木环连接，而带有细轴的靠背让人们想起传统的英国温莎椅。在功能方面，弗兰克的曲木椅最初是为私人住宅设计

图 61 弗兰克于 1929 年设计的 "A 63 F 躺椅"

的，还可提供不同的颜色选择。可根据居民需求使其适合私人空间，这与他对现代家庭室内的灵活装饰观念相符，同时也偏离了国际现代主义、教条主义的立场。

63. Frankl,Paul Theodore（保罗·西奥多·弗兰克尔）

保罗·西奥多·弗兰克尔（1886—1958）生于维也纳，于1904—1912年在维也纳 k.k. 理工学院学习建筑后前往柏林夏洛滕堡皇家理工学院进修，并在奥托·鲁道夫·萨尔维斯贝格（Otto Rudolf Salvisberg）在柏林的建筑事务所工作。1914年，他前往美国和日本，并在纽约市开设日本进口商店；1921年在纽约开设弗兰克尔画廊，出售欧洲手工艺品和他自己设计的家具。1925年，他设计了他的第一套"摩天大楼"家具（Skyscraper Furniture）。1927—1930年，他参与现代室内设计的讲座，并出版他的第一本书《新维度》（New Dimensions），同时加入美国装饰艺术家和手工业者联盟。1934年，他为新泽西州纽瓦克博物馆的"化学奇迹：工业和家庭的新发现"（Miracles of Chemistry: New Discoveries for Industry and the Home）展览设计室内客厅。1936年，弗兰克尔前往日本，并设计藤制家具。自1939年起，他开始专注于家具设计，并为制造商

Brown-Saltman、约翰逊家具公司设计系列家具。

作品：摩天大楼式书架（1925）

20世纪20年代，美国家具市场依然被欧洲风格的家具形式所主导，具有典型美国特色的家具几乎没有，而弗兰克尔是第一个缩小两种风格之间差距的人。他将摩天大楼作为现代美国的象征，并将其转变为摩天大楼风格。

这款从地板延伸到天花板的摩天大楼式书架（图62）由弗兰克尔于1925年设计。书架的形式接近建筑，让人想起19世纪末纽约和芝加哥拔地而起的摩天大楼。这款书架是弗兰克尔对生活需求的回应：他需要一个地方来存放各种大小的书，这促使他将普通的木板连接在一起，形成各种形状和大小的盒子，并按大小顺序堆放，可在里面存放书籍或展示其他物品，如花瓶或灯架。当邻居们认为他的书架看起来像一座摩天大楼时，弗兰克尔意识到这将成为一个理想的卖点，便在纽约市第48街开了弗兰克尔画廊家具店，同时租用了传统的展销厅，把书架变成了一系列由桌子和椅子组成的物件，而这些设计也很快受到了较为富裕的顾客的欢迎。

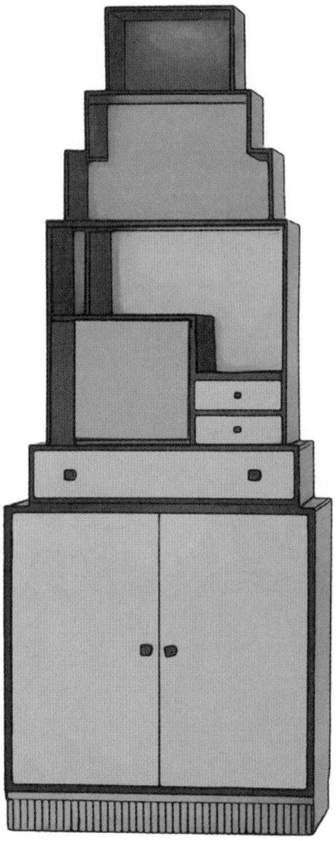

图62 弗兰克尔于1925年设计的摩天大楼式书架

64. Frey,Albert（阿尔伯特·弗雷）

阿尔伯特·弗雷（1903—1998）生于瑞士，于1924年毕业于瑞士温特图尔技术学院的建筑专业。1925—1927年，他在让-朱尔斯·埃格里克斯（Jean-Jules Eggericx）和拉斐尔·维尔威恩（Raphael Verwilghen）的建筑师事务所工作，于1928年受雇于勒·柯布西耶和皮埃尔·让纳雷的建筑事务所，并参与了位于法国普瓦西萨沃耶（Savoye）别墅的建设。1930年，他移民至美国，与劳伦斯·克歇尔（Lawrence Kocher）一起为纽约联合艺术和建筑产品展览会（Allied Arts and Building Products exhibition in New York）

设计并建造由铝材制成的阿卢米亚住宅（Aluminaire House）。1934年，他搬至加利福尼亚的棕榈泉市，并设计 Kocher-Samson 大楼。1937—1939 年，他临时返回纽约，并参与菲利普·L. 古德温（Philip L.Goodwin）领导下的现代艺术博物馆的建设。1939—1956 年，他与约翰·波特·克拉克（John Porter Clark）合作成立棕榈泉建筑事务所。自 1939 年起，他设计能适应加州沙漠景观的现代主义住宅和公共建筑，其中包括他自己的住宅、棕榈泉的 Loewy 住宅（1946—1947），以及索尔顿海的 North Shore Yacht 俱乐部（1958—1959）。此外，阿尔伯特还参与了 1992 年加利福尼亚大学圣巴巴拉美术馆的"现代建筑师展览"的设计，以及 1995 年瑞士巴塞尔建筑博物馆的建筑展览设计。

作品：橱柜（1942）

这款橱柜（图 63）是阿尔伯特·弗雷为他的情人伊莉斯·沃尔夫（Elise Wolfe）设计的客厅家具之一。橱柜由低成本的白色水洗胶合板制成，再简单地用螺丝把胶合板固定在一起，还配有开放式隔层和带翻转门的封闭式隔层。该柜子本质上是具有严格正交表面的长方体，让人联想起弗雷同一时期在加利福尼亚州设计的现代主义风格的建筑。

弗雷的灵感来源被认为是 20 世纪 30 年代初由 Wohnbedarf 公司制造的功能主义胶合板家具。然而，该设计还预见了唐纳德·贾德等艺术家的极简主义作品，并且至今仍保留着其惊人的永恒性。

图 63 阿尔伯特·弗雷于 1942 年设计的橱柜

---

65. Front 设计工作室

Front 设计工作室由四位瑞典设计师组成，分别是索菲亚·拉格维斯特（Sofia Lagerkvist，1972— ）、夏洛特·冯·德·兰肯（Charlotte von der Lancken，1978— ）、安娜·林格伦（Anna Lindgren，1974—)和卡佳·萨夫斯特伦（Katja Savstrom，1972— ）。四人均毕业于斯德哥尔摩大学工艺美术学院的工业设计专业。2003 年，她们创造了一系列带有动物痕迹和印记的"动物设计"作品，该作品于 2004 年在米兰的"Salone Satellite 展览"中展出。同年，Front 设计工作室成立。

2005 年，Front 设计工作室开发了素描家具系列（Sketch Furniture），并首次在迈阿密巴塞尔艺术博览会上展出。同年参加斯德哥尔摩国家博物馆的概念设计展览，并展出动物设计系列和"Morph 椅"。2006 年，她们在日本"Tokyo Wonder Site 展"上展演素描家具系列，并为荷兰灯具品牌 Moooi 设计根据家庭耗能不同而改变形状的"Horse 台灯"和"Flower 台灯"。2007 年，Front 设计工作室在瑞士迈阿密/巴塞尔设计大赛中获得"未来设计师"称号；2008 年参加纽约现代艺术博物馆的"设计与弹性思维展览"（Design and the Elastic Mind）。2009 年，卡佳·萨夫斯特伦离开 Front 设计工作室，于 2010 年在斯德哥尔摩成立 The Fifty Projects 公司。2013 年，Front 设计工作室展出"Surface Tension 台灯"；同年，为意大利家具品牌 Porro 设计"Gentle 椅"，并获得 Elle Deco 国际设计奖。2014 年，作品"Axor 淋浴管"获红点奖；"Mikado 橱柜"获 Elle Deco 国际设计奖。2015 年，夏洛特·冯·德·兰肯离开 Front 设计工作室，在斯德哥尔摩成立自己的 CVDL 设计工作室。

作品："Sketch 椅"（2005，素描家具系列产品之一）

随着 2005 年开发的素描家具系列，Front 设计工作室成员对传统的设计和生产观念提出了质疑。她们的灵感来自"第一个创意永远是最好的"，即捕捉设计师在创作家具时绘制的第一个草图，而不是制作一个比例完美并符合人体工程学的产品。她们首先用激光笔在空中勾勒出一件家具的形状，再通过动作捕捉软件记录钢笔的笔触轨迹，随后将其转换成 3D 数字文件，最后选择聚酰胺材料，利用选择性激光烧结将其 3D 打印制成家具的实体（图 64）。这样，Front 设计工作室创新地将最新的技术与传统的手工写生技术融合在一起。此外，在无法事先在电脑屏幕上看到结果的情况下，设计师们在一定程度上放弃了对设计过程的控制，而这一设计过程也成了一种展演，可现场演示素描家具作品的创作过程。

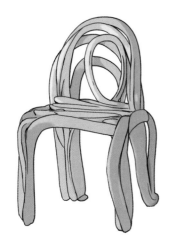

图 64 Front 设计工作室于 2005 年设计的"Sketch 椅"

66. Fukasawa,Naoto（深泽直人）

深泽直人（1956—）生于日本，曾获得英国皇家艺术学会授予的 HonRDI 头衔（Honorary Royal Designer for Industry，RDI 是英国设计师的最高荣誉，即皇家工业设计师称号。获得者若是英国公民，则在名字后面加上 RDI，而非英国公民的获得者则成为 HonRDI）。他曾为 B&B Italia、Artemide、Danese、Driade、Magis、Swedese 和维特拉等多家企业做设计。他于 1980 年获得东京多摩美术大学的产品设计学士学位；1980—1989 年任职于东京精工爱普生公司（Seiko Epson Corporation）。1989 年，他搬到旧金山后，加入 ID TWO 产品开发和设计咨询公司；1995 年在纽约现代艺术博物馆的"当代设计中的突变材料展览"（Mutant Materials in Contemporary Design）中展出与蒂姆·布朗（Tim Brown）和保罗·霍华德（Paul Howard）一起设计的计算机处理器。1996 年，深泽直人返回日本，成立并成为 IDEO 东京办事处的负责人。1999 年，他为无印良品设计壁挂式 CD 机；2002 年加入无印良品设计顾问委员会；2003 年设立深泽直人设计事务所，同年设计"Plus Minus Zero ± 0 加湿器"和"Infobar 手机"，这两款设计均被纽约现代艺术博物馆收藏。自 2004 年起，他担任日本民间工艺博物馆馆长以及多摩美术大学的教授。

作品：椅子（2007）

在 2007 年的 Vitra Edition 中，深泽直人创作了 9 把椅子（图 65 为其中一把椅子），它们的形状相同，但每把椅子都采用了不同的具有独特感官效果的材料，如透明的有机玻璃、冰冷的混凝土、波纹铝表面。每一种材料都需要一种特殊的技术来实现共同的形状，使得所有原型都是同样的形状，但又是 9 件独特的物品，讲述着它自己的材料和诞生的故事。深泽直人的这种设计方法是受到了心理学家詹姆斯·J.吉布森（James J. Gibson）的"可供性"概念的启发，它描述了一个物体在没有感觉处理的情况下，会以直接、即时的行为方式呈现给用户。或正如他自己解释的那样："在特定的环境下，每个人都会选择一个特定的物体或材料作为坐在上面的自然物，而这组作品正好表达了这种关系。"

F

图 65 深泽直人于 2007 年设计的椅子

67. Gatti,Piero（皮耶罗·加蒂）、Paolini ,Cesare(塞萨雷·保利尼)、Teodoro ,Franco（佛朗哥·特奥多罗）

皮耶罗·加蒂（1940—2017）、塞萨雷·保利尼（1937—1983）和佛朗哥·特奥多罗（1939—2005）三人均是意大利设计师，于1965年开始合作建筑和设计项目。1968年，他们为意大利 Zanotta 公司设计"Sacco 椅"（图 66），该椅于 1970 年获得意大利金圆规设计奖。同年，他们的"Swivel 塑料衣柜"在蒙扎（Monza）的 MIA 国际家具展比赛中获得第一名。此外，他们于 1969 年为 Domus 杂志设计"Lady Blue 模块化厨房"；1970年为 Bazzani 公司设计"Sesamo 衣柜"；1971 年为 Rapini 公司设计"Fontessa 模块化厨房"；1972 年为朱塞佩·波齐（Giuseppe Pozzi）设计折叠胶合小桌椅；1973 年为 MG 设计"Ypsilon 模块化家具系统"，为意大利品牌 BBB Bonacina 设计"Me Too 模块化家具系统"和"Dado e Vite 模块化家具系统"；1975 年为 Colli 2 公司设计休息室木制家具系统。1983年，保利尼去世后，加蒂和特奥多罗继续合作，直到特奥多罗于2005 年去世。

作品："Sacco 椅"（1968）

"Sacco 椅"的灵感来源于用稻草、干树叶或粗糙织物填充构成的农家床具，该椅是一把由三分之二的柔软聚苯乙烯颗粒填充而成的梨形躺椅，由于其尚未填满，这些颗粒可按照使用者的体形固定，使其出奇地符合人体工程学。"Sacco 椅"于 1969 年推出，并于 1972 年在纽约现代艺术博物馆展出，它结合了随意性与舒适性，体现了当时意大利产品设计的多功能性，满足了当时流行生活方式的要求，并为其制造商 Zanotta 公司赢得了巨大的国际上的成功。

图 66 加蒂、保利尼和特奥多罗于 1968 年合作设计的"Sacco 椅"

68. Ghini, Massimo Iosa（ 玛希莫·奥萨·吉尼 ）

玛希莫·奥萨·吉尼（1959—）生于意大利，曾任教于米兰多姆斯学院、德国科隆应用科学大学以及香港理工大学。玛希莫·奥萨·吉尼在佛罗伦萨大学和米兰理工大学学习建筑后，于 1982—1983 年担任《重金属》（Heavy Metal）（纽约）和《老年》（Alter Alter）（米兰）杂志的漫画师；自 1985 年起担任意大利电视网 RAI 的顾问，并设计意大利未来主义风格的工作室和电影场景；1986 年与其他年轻建筑师一起在博洛尼亚成立"Bolidismo"集团，专注于建筑和设计中的速度和流体形式，并开始与孟菲斯设计集团合作；1987 年为 Moroso 公司设计"Dinamic 家具系列"；1989 年在东京 Axis 大楼的灵感画廊举办首个个人展览。自 1990 年起，他开始经营专注于建筑、室内设计和城市规划的事务所"奥萨·吉尼事务所（Iosa Ghini Associati）"，为法拉利、意大利航空、意大利 IBM 和 Cassina，以及包括飞利浦（Philips）和斯沃琪（Swatch）在内的国际客户做设计。1992—1994 年，他参与德国汉诺威公交车站的设计项目，并负责设计位于奥古斯特·克斯特纳博物馆（Museum August Kestner）附近的"Friedrichswall 公交车站"。2009 年，他设计改造位于博洛尼亚的莫兰迪之家（Casa Morandi）；2014 在博洛尼亚现代艺术博物馆举办作品展览"玛希莫·奥萨·吉尼"。

作品："Juliette 扶手椅"（1987）

1986 年创立的"Bolidismo 集团"是对 20 世纪末科技创新带来的加速生活方式的一种欢欣的反应。它的核心宣言是速度、张力和形式。这一宣言正好体现在"Juliette 扶手椅"（图 67）的后腿、坐面、扶手连接起来的向前倾斜的推力，以及用尼龙绳制成的前倾头枕中。这种设计可形成动态的剪影，给人一种动态的感觉。"Juliette 椅"是为当时的孟菲斯设计集团设计的最新系列之一。与这个系列中其他款式的艳丽颜色和以静态为主的设计明显不同，"Juliette扶手椅"融入了艾托瑞·索特萨斯提出的"设计应遵循形式而非功能"的理念。与Bolidismo集团的其他设计一样，"Juliette椅"是对20世纪30年代流线型现代设计的后现代诠释。

图67 吉尼于1987年设计的"Juliette扶手椅"

69. Giger, Hans Ruedi（汉斯·鲁迪·吉格）

汉斯·鲁迪·吉格（1940—2014）生于瑞士，是超现实主义的代表人物之一。他于1962—1965年在苏黎世艺术学院学习室内设计；1964年完成了第一个系列的水墨画——"Atomkinder系列"，以及由聚酯制成的桌子和面具，并结合有机和技术元素开发出一种"生物力学"（biomechanical）风格；1966—1968年为Knoll公司设计办公家具；1967年首次创作雕塑和

油画，同时为地下杂志Hotcha！创作插画。自1968年起，他开始设计和创造电影人物、场景和道具，包括由弗雷迪·M.穆勒（Fredi M. Murer）导演的《瑞士制造2069》（Swiss Made 2069，1968），由布莱恩·吉布森（Brian Gibson）导演的《鬼驱人2》（Poltergeist II : The Other Side，1986）以及由罗杰·唐纳森（Roger Donaldson）导演的《物种》（Species，1995）。1969年起，他为Emerson Lake and Palmer乐队设计唱片封面；1978年为雷德利·斯科特（Ridley Scott）导演的《异形》（Alien，1979）设计电影场景，该电影于1979年获奥斯卡最佳视觉效果奖。1984年，他在瑞士普法菲孔（Pfaffikon）的赛达姆文化中心举办第一次作品回顾展。1988年，他的第一家Giger酒吧在东京开业（1996年关闭），随后吉格开始为一些其他酒吧设计家具，如1992年的Chur酒吧和2003年的Gruyères酒吧。

作品："Harkonnen椅"（1980）

在1960年，吉格开始"生物机械"（biomechanoids）项目，即技术类嵌合体，这些嵌合体最初是用油画绘制的。自1972年起，他开始以艺术喷枪技术进行绘制。1978年，他为电影《异形》设计的场景为他赢得了奥斯卡奖，之后享誉世界。吉格为弗兰克·赫伯特（Frank Herbert）的科幻小说《沙丘》（Dune）的电影版本设计了这把"Harkonnen椅"（图68），椅子的名字起源于统治沙丘王朝的Harkonnen。该

椅是手工制作而成的，同时也是Giger酒吧的特色，它是一把由聚酯纤维制成的高背旋转躺椅，并配有亚光黑色泡沫坐垫。作为死亡的象征，它采用了由管道和电缆制成的人类和动物的器官和骨骼模型，而其基底座的四个腿的末端形状则设计成灰狗头骨形。

图68 吉格于1980年设计的"Harkonnen椅"

70. Ginbande工作室

Ginbande工作室由德国设计师乌韦·费舍尔（Uwe Fischer，1958—）和阿希姆·海涅（Achim Heine，1955—）于1985年成立。二人曾在奥芬巴赫设计学院学习设计，阿希姆曾在法兰克福大学学习物理和数学。

Ginbande工作室成立后，他们设计了"Klappmöbel折叠家具"，这是一组可以放在地板上的桌子、椅子和灯具；1986年设计了一张

带有下垂桌面的桌子，当桌子承受重压时会自动张紧；1987 年为 Vitra Edition 系列生产可伸缩的桌子 / 长凳组合 "Tabula Rasa"（图 69）；1988 年设计内 / 外桌以及可根据需求组合的 "Tabula Varia 模块化桌"；1989 为维特拉公司设计凳子。同年，海涅在法兰克福与迈克尔·伦茨（Michael Lenz）和彼得·齐兹卡（Peter Zizka）共同创立了 "海涅 / 伦茨 / 齐兹卡事务所"，专注于为奥迪（Audi）、徕卡（Leica）、摩尔曼（Moormann）、托奈特等公司做设计。1990 年，Ginbande 工作室为法兰克福的 "Karmeliterkloster Kan Flachendeckung 展览" 设计 "挤压塑料家具元素"；1991 年设计儿童家具（桌子、双座椅、圆凳）和 "Jehi Or 烛台"。1993 年费舍尔在法兰克福成立设计工作室，并为灯具品牌 Serien Raumleuchten 和家具品牌 B&B Italia 设计灯具和家具。1995 年，Ginbande 工作室

解散，海涅和费舍尔各自经营自己的设计工作室，同时在高校担任设计专业教授。

作品："Tabula Rasa I 桌凳组合"（1987）

"Tabula Rasa I 桌凳组合" 起源于 Ginbande 工作室对传统德国啤酒花园中家具的重新考虑，他们推出了可伸缩的桌凳组合，其长度从 50 厘米到 5 米不等。它的基础结构由十根平行的管状钢筋组成，并连接着长椅和桌子。坐面下方的可折叠格栅可调节长凳的长度，长椅和桌子表面均由胶合在聚酰胺织物上的短胶合板板条组成，它们松散地放置在 T 形支柱支架上，且仅固定在最外面的支柱上，由此让它们可卷进另一端的黑盒子中。Ginbande 工作室于 1987 年设计了首个 "Tabula Rasa I 桌凳组合" 的原型，并在米兰家具展中推出，尽管媒体对此反应热烈，但该产品只是限量生产。

G

71. Girard, Alexander（亚历山大·吉拉德）

亚历山大·吉拉德（1907—1993）生于美国，于 1917—1924 年就读于英国的贝德福德现代寄宿学校，毕业后在伦敦建筑协会学习了五年。1932—1937 年，吉拉德在纽约市做室内设计师，1936 年与苏珊·尼达姆（Susan Needham）结婚，1937 年搬到密歇根州的底特律。自 1945 年起，他在密歇根的格罗斯波因特（Grosse Pointe）经营自己的设计业务，并成为底特律广播电视公司首席设计师，于 1949 年提出底特律艺术学院现代生活展览的概念设计。1951—1973 年，吉拉德担任赫曼米勒家具公司的纺织主管；1953 年，他搬至新墨西哥州圣达菲，1954—1957 年完成印第安纳州哥伦布市米勒之家的室内设计，1960 年设计了纽约 La Fonda Del Sol 餐厅的室内空间。1961 年，由吉拉德设计的赫曼米勒家具公司 "纺织品 8 件物品商店" 在纽约开业，同年，吉拉德基金会成立。1964 年，吉拉德为伊利诺伊州莫林的农业机械制造商 John Deere 制作 3D 壁画，1965 年为 Braniff 国际航空公司创建了整体品牌设计，1966 年为纽约的 L'Etoile 餐厅设计室内空间，1971 年为赫曼米勒家具公司设计空间装饰画。1978 年，他向新墨西哥州捐赠了 10 万件民族艺术收藏品。1982 年，他在圣达菲国际民间艺术博物馆（Museum of International Folk Art, Santa Fe）开办展览 "多重视野；共同纽带"（Multiple Visions:

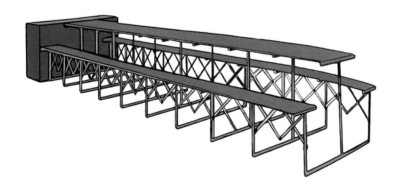

图 69 Ginbande 工作室于 1987 年设计的 "Tabula Rasa I 桌凳组合"

A Common Bond）。1993 年，吉拉德去世，1996 年，他的妻子苏珊去世，他们的遗产均移交至德国的维特拉设计博物馆（Vitra Design Museum）。

作品："Keel Construction Weldwood 椅"（1944）

吉拉德在密歇根州格罗斯波因特重新设计自己的公寓时，用美国胶合板公司生产的胶合板制作了一系列家具，这其中包括"Keel Construction Weldwood 椅"（图70）。它由 6 个胶合板元件组成，这些元件通过胶合缝在一起，并在某些地方用螺丝固定。坐面、靠背和前腿通过一个龙骨状的支撑物连接，该龙骨状支撑物继续向下延伸形成后腿。该椅除了三条腿的版本，还有一个四条腿的版本，三条腿版本只是小批量生产，因为吉拉德采用了与他委托的项目类似的方式，使设计符合个人需求。

图 70 吉拉德于 1944 年设计的 "Keel Construction Weldwood 椅"

72. Giudici,Battista（巴蒂斯塔·朱迪奇）、Giudici,Gino（吉诺·朱迪奇）

巴蒂斯塔·朱迪奇（1903—1970）、吉诺·朱迪奇（1914—1980）兄弟俩生于瑞士。巴蒂斯塔·朱迪奇是一名铁匠大师，曾作为体操运动员参加在荷兰阿姆斯特丹举行的奥运会。1935 年，朱迪奇兄弟设计了"Lido 躺椅"（图71），1936 年设计了金属凳子和桌子。1938 年，"Lido 躺椅"在瑞士获得专利；1946 年，兄弟俩又对"Lido 躺椅"进行修订并申请了专利。1947 年，"Lido 躺椅"的最终形式获得专利（专利号:261.592 30.04.1947）。

作品："Lido 躺椅"（1935）

"Lido 躺椅"由巴蒂斯塔和吉诺兄弟俩合作设计，可作为休闲椅，也可向后倾斜作为躺椅。它由单根钢管和一块帆布连接而成。帆布最初是用环和孔眼固定在框架上的，不过，在 1946 年，制造商 Fratelli Giudici 改用轻金属制成金属板，并在滑道和扶手之间插入了层压弹簧，次年再次取下弹簧，并改变了管的线条。从此以后，只有弯管和背面的横档才能真正接触到地板。这种新设计只能用作躺椅，并于 1947 年获得了专利，这是家族经营的公司 Fratelli Giudici 继续生产至 1970 年的版本。自 2002 年起，Wohnbedarf 公司则制作了一个既可以用作休闲椅又可用作躺椅的版本。除了这款椅子，以及一个金属

凳子和一张桌子外，朱迪奇兄弟没有设计任何其他家具。

图 71 朱迪奇兄弟于 1935 年设计的"Lido 躺椅"

73. Gragg,Samuel（塞缪尔·格拉格）

塞缪尔·格拉格（1772—1855）生于美国，其父亲塞缪尔·格雷格（Samuel Gregg）是一名技艺娴熟的木轮车匠。也许受到了父亲的影响，格拉格学会了木工，并于 1801—1830 年在马萨诸塞州的波士顿经营一间椅子制作工坊。1804—1808 年，他与他的姐夫威廉·哈钦斯（William Hutchins）合作生产温莎椅，并且生产部分亚洲竹椅风格的椅子。1808 年，"Elastic 椅"（图72）获得专利，这是一种座椅和靠背由弯曲的实木板条制成的椅子，即所谓的弹性椅子。从此以后，格拉格椅子制作工坊生产的许多椅子都采用了该设计。

作品："Elastic 椅"（1808）

"Elastic 椅"的灵感来自当时流

G

行的古希腊"Klismos椅"。它的创新之处在于用弯曲的实木构件，而不是榫眼和榫头连接的短木块来制作弯曲的座椅外壳。坐面由几条长方形的木条组成，每隔一段向上弯曲延伸到椅背的框架，成为靠背的一部分。格拉格制作"Elastic椅"的弯曲部件时，先在密封的箱子里把木头沿着纹理劈开，然后用蒸汽将其软化，再用模具将其弯曲。格拉格在专利说明书中指出，他的生产方法使得椅子不仅轻便耐用，而且由于材料的弹性以及靠背和座椅完全适应人体形状的原因，非常舒适。"Elastic椅"不仅借鉴了"klismos椅"的形状，而且在其装饰上也体现了古代风格。"Elastic椅"以黑色背景上的金色饰物为特征，末端配有刻着山羊蹄子图案的前腿。

"Elastic椅"的外观符合当时波士顿社会的品位。然而，格拉格的设计并没有立即改变当时美国家具的生产。只有当托奈特开始销售他的产品时，曲木家具才在美国市场上广受欢迎。

图72 格拉格于1808年设计的"Elastic椅"

74. Grimmon, Ad （Ad. 格里曼）

Ad. 格里曼（1883—1953）生于阿姆斯特丹，是《油漆和颜色》（Verf en Kleur）杂志的创始人。他于1896—1899年就读于阿姆斯特丹的金属加工职业学校，1900—1902年在阿姆斯特丹的威特林沙斯职业学校上夜校，学习木工、电气、机械工程以及技术制图，白天则在工厂里当绘图员。1903—1905年，他在马修·劳韦里克斯（Mathieu Lauweriks）的建筑事务所工作；1905—1915年担任包括爱德华·凯珀斯（Eduard Cuypers）建筑事务所在内的多家建筑公司的绘图员；1915年在阿姆斯特丹的奎利努斯学校学习建筑课程的同时开始设计家具。1915—1928年，格里曼作为阿姆斯特丹公共工程部的室内设计师，完成了公共建筑的室内装修，在此整合了他自己设计的一些家具。1922—1933年，他与诺贝尔化学奖获得者威廉·奥斯特瓦尔德（Wilhelm Ostwald）合作开发了一套标准化色彩系统；1923—1939年与克里斯蒂安·泰德（Christiaan Teders）合作开办家具作坊；1928—1953年在阿姆斯特丹经营自己的建筑事务所，专注于建筑设计、改造和翻新项目，以及家具设计。1932年，他与赫尔曼·弗里德里克·梅滕斯（Hermann Friedrich Mertens）一起为乌得勒支的UMS公司设计钢管家具，1936年又为该公司设计儿童家具。

作品：剧院椅（1932）

受20世纪20年代后期以来现代管状钢家具日渐成功的启发，UMS和Hopmi公司于1932年决定开启自己的管状钢家具生产线，而剧院椅（图73）便是他们的首批产品之一。椅子的设计师分别是UMS的建筑师赫尔曼·弗里德里克·梅滕斯、A. K. 格里曼（A. K. Grimmon）和Hopmi的工头赫克·塔尔夫（Herke Tulp）。该椅由漆钢管、漆胶合板、漆实木组成，其中用于连接两个侧部件和靠背的镀铬鱼雷螺栓让该椅具备机械特性。剧院椅的金属部件由Hopmi制造，木质部件则由UMS制造。然而由于使用鱼雷螺栓连接管段的专利于1937年3月到期，此后椅子便停止了生产。

图73 格里曼、梅滕斯与塔尔夫于1932年合作设计的剧院椅

75. Grupo Austral 公司

Grupo Austral 公司是由安东尼奥·博内特（Antonio Bonet, 1913—1989）、胡安·库尔坎（Juan

Kurchan, 1913—1972）和豪尔赫·法拉利·哈多伊（Jorge Ferrari Hardoy, 1914—1977）共同创立的设计团体。1938 年，这三位建筑师在勒·柯布西耶的巴黎工作室工作，并一起设计了 "B.K.F. 椅"（图 74）。1939 年，三人在布宜诺斯艾利斯成立了 Grupo Austral 公司，并发表了一篇名为 "意志与行动" 的先锋派宣言。1943—1946 年，Grupo Austral 公司使用钢筋混凝土设计了位于布宜诺斯艾利斯的马丁内斯区房屋。在此期间，博内特设计了位于乌拉圭蓬塔巴莱纳（Punta Ballena）的 Solana del Mar 酒店和餐厅。

作品："B.K.F. 椅"（1938）

"B.K.F. 椅" 的名字来自三位设计师的姓氏的首字母。在 20 世纪 40 年代，Grupo Austral 公司及其设计师主要关注南美洲的建筑和城市发展，只有博内特在他的整个职业生涯中持续设计家具。"B.K.F. 椅" 是根据 19 世纪末期木制折叠椅改良的金属版本，主要在英格兰和美国应用，多用在军事上，或露营和旅行马戏团中。法拉利·哈多伊曾表示，该椅是对先前设计的改进，因此不能称之为原创。"B.K.F. 椅" 由两个相互焊接的弯曲交叉的钢环组成，其四叶形的皮革座椅和靠背围绕着两个环的上弯角。

椅子最初在阿根廷生产。1940 年 3 月 6 日，这把椅子的照片出现在美国贸易杂志《零售日报》上。同年，芬兰公司 Artek 通过纽约进口

商 Clifford Pascoe（Artek-Pascoe）开始生产；1943 年，埃德加·考夫曼（Edgar Kaufmann）的故居 "流水别墅（Fallingwater）" 和宾夕法尼亚现代艺术博物馆购置了该椅。1941 年 12 月，珍珠港被袭击后，由于材料短缺中断了生产，1947 年，该椅的生产权被移交给了 Knoll 公司。椅子的受欢迎程度导致许多仿制品的诞生，Knoll 公司于 1950 年提起诉讼以保护其设计版权，但由于椅子本身是衍生产品，诉讼未成功，于是 Knoll 公司在 1950 年停止生产。从那时起，"B.K.F. 椅" 开始以不同的名称由不同的制造商生产。

图 74 Grupo Austral 公司于 1938 年设计的 "B.K.F. 椅"

76. Gugelot,Hans（汉斯·古格洛特）

汉斯·古格洛特（1920—1965）生于印度尼西亚，于 1945 年获得苏黎世联邦理工学院的建筑学学位，随后开始为一些建筑公司工作。1945—1950 年，他受雇于马克

斯·比尔，并开始设计家具。1950 年，汉斯开始为 Wohnbedarf 公司开发模块化家具系统 "M 125"，同年在苏黎世开设自己的建筑事务所；1954 年被任命为德国乌尔姆设计学院的讲师，最初负责与学生一起装修建筑。1955 年，他与马克斯·比尔为乌尔姆设计学院设计了 "Ulmer Hocker 凳"，并开始在乌尔姆设计学院的产品系任教；1956 年成为乌尔姆设计学院开发部门 II 的负责人，于 1962 年成为 HfG Ulm 的客座讲师。1955—1958 年，他在乌尔姆设计学院为电器公司 Braun 开发收音机、留声机和电视机，其中包括 1956 年与迪尔特·拉姆斯（Dieter Rams）合作开发的 "Phonosuper SK 4 收录音机"。1956—1962 年，汉斯担任乌尔姆设计学院的董事理事会成员，自 1956 年起由 Bofinger 公司生产其对 M 125 货架系统的改良版本，并为制造商 Bofinger 和 Kill 设计家具，直至 1965 年。自 1959 年起，汉斯为 Pfaff、Agfa、Kodak、Braun 等公司设计产品，并于 1962 年在新乌尔姆市（Neu-Ulm）成立了生产开发和设计研究所（1965 年迁至乌尔姆市）。

作品："Mod.1363 椅"（1948—1949）

"Mod.1363 椅"（图 75）于 1948—1949 年设计，尺寸为 94 厘米 ×64 厘米 ×89 厘米，由实木、胶合板和织布三种材料制作而成。它的扶手和椅腿连在一起，形成两个半圆弧形，在这两个半圆弧形间放置连

G

在一起的靠背和坐面。坐面的最前端略微向下倾斜，以符合人体坐姿，靠背后面的两根横杠为座椅提供一定的稳定性。软垫部分则根据该座椅的形状制作，以进一步保证该座椅的舒适度。

图 75 汉斯·古格洛特于 1948—1949 年设计的 "Mod.1363 椅"

77. Guhl,Willy（威利·古尔）

威利·古尔（1915—2004）生于瑞士，是瑞士室内建筑师协会、瑞士工业设计师协会的联合创始人之一。他于 1930—1933 年在瑞士沙夫豪森（Schaffhausen）当木匠学徒；1934—1938 年在苏黎世的艺术学院参加威廉·基恩兹的室内设计课程；1939 年在苏黎世开办室内设计事务所。自 1951 年起，他开始担任室内设计的负责人。1942 年，威利·古尔开发了易于组装和拆卸的 "Pavatex 衣柜"；1946 年设计了欧洲第一款塑料壳椅，并于 1948 年以 "Scobalit 椅" 的名称出售；1948 年参加了由纽约现代艺术博物馆发起的 "低成本家具设计"

竞赛，设计了一系列易于组装的家具。1952—1960 年，他成为瑞士水泥制造商 Eternit 的顾问，并设计了 "Loop 椅"（图 76）；1959 年为 Dietiker 公司设计包括 "3100 型椅" 在内的座椅。1981 年，古尔搬到赫米斯霍芬（Hemishofen），并在那里修复了一间老工人的小屋。

作品："Loop 椅"（1954）

"Loop 椅" 是花园躺椅，由弯曲预制的含石棉纤维水泥片制成，且水泥片是新压过、潮湿的。然后再将水泥的两端连接起来，形成一个凹凸的环形。其稍微凸出的底座让坐着的人可随意变换姿势。该座椅于 1959 年在苏黎世的瑞士园艺展览会 G59 上亮相而闻名，该展是第一个摆脱传统乡村风格并引领园林绿化新潮流的展览。

图 76 威利·古尔于 1954 年设计的 "Loop 椅"

古尔的设计象征着战后时期的结束和更为非正式的国内文化的开始。然而石棉材料的有害影响在 20 世纪 70 年代开始广为人知，于是瑞士在 1990 年将其完全禁止，欧盟则在 2005 年采取了同样的措施。

由于无石棉水泥的承载特性不同，因此，古尔和 Eternit 公司在 1997 年合作开发了该椅的改良版本，并在椅子的靠背和底部增加了两根 "肋骨"，以进一步提高椅子的坚固性。

78. Guillot,Emilie（埃米莉·古洛特）

埃米莉·古洛特（1892—1960）生于法国，是现代艺术家联盟的成员之一，也是托奈特公司的自由设计师，留下了椅子、桌子和书桌等多款作品。他于 1927 年担任位于巴黎和捷克斯洛伐克的托奈特公司的自由设计师，专注于座椅的设计，探讨椅子和身体、人与功能的关系，直到 1957 年离开托奈特公司。

作品：儿童椅（1928—1930）

这款可折叠儿童椅（图 77）设计于 20 世纪 20 年代后期，其具有简洁、线条柔和的特点，被认为是托奈特从古典曲木模型过渡到新一代简约的现代家具的标志。该椅坐面的直线轮廓变成了符合人体形状的圆润曲线，而功能体现在靠背上的孔中。该孔在移动折叠椅时可充当把手。古洛特的作品崇尚朴素，最重要的是崇尚日常生活，尽管他的设计鲜为人知，但它们的精神使其成为现代主义设计的重要例子。

图 77 埃米莉·古洛特于 1928—1930 年设计的儿童椅

79. Guimard,Hector（赫克托·吉玛德）

赫克托·吉玛德（1867—1942）生于法国，是法国新艺术运动的关键人物。他于 1882—1985 年在巴黎装饰艺术学院学习绘画，后转向建筑设计；1885 年在古斯塔夫·劳林（Gustave Raulin）的指导下继续在巴黎美术学院学习建筑。1889 年，他在巴黎的世界博览会上设计了 "电气馆"；1893 年完成了亨利二世风格的巴黎 Hôtel Jassedé 联排别墅。1894—1895 年，他前往英国和比利时，参观布鲁塞尔的塔塞尔酒店，并结识设计师维克多·霍塔。1894—1898 年，他在巴黎建造并装饰了 Castel Béranger 联排别墅。大约在 1899 年，吉玛德利用预制的铸铁部件设计巴黎地铁站的入口，并将此系统扩展到家具设计。1902—1905 年，他为莱昂·诺扎尔（Léon Nozal）建造和

装修巴黎诺萨尔 Hôtel Nozal 联排别墅（于 1958 年拆除）。1907 年，他在巴黎装饰艺术沙龙上展出了由吉玛德圣迪齐尔基金会制作的铸铁作品；1909—1912 年在巴黎莫扎特大街 122 号建造并装饰自己的住宅；1920 年设计了一个用预制构件建造的工人住宅，以应对第一次世界大战后的住房短缺的情况。1938 年，他和犹太妻子艾德琳·奥本海姆（Adeline Oppenheim）离开巴黎，定居在奥本海姆的出生地纽约。

作品：花园长椅（1900—1905）

吉玛德风格（Guimard Style）是以自然为灵感的设计，以唤起植物的形式和动态抽象的轮廓。这种风格体现在他设计的建筑、室内装饰、木制家具、家居用品和铸铁制品中。吉玛德圣迪齐尔基金会合作开发了一套模块化结构体系，创造出

易于大量生产的标准化构件，适用于大多数铸铁大门。他将这一原则扩展到各种按产品名录出售的铸铁制品，包括栏杆、门窗格栅和家具，以及这把花园长椅（图 78）。

80. Hadid,Zaha（扎哈·哈迪德）

扎哈·哈迪德（1950—2016）生于伊拉克，是第一位获得普利兹克建筑奖的女性，曾获英国皇家建筑师学会皇家金质奖章、日本艺术协会授予的日本皇室世界文化奖。她曾在黎巴嫩贝鲁特美国大学学习数学，于 1972—1977 年就读于伦敦 AA 建筑学院，1977—1987 年任教于伦敦 AA 建筑学院。1979 年，她在伦敦成立扎哈·哈迪德建筑事务所，自 1985 年起开始设计家具等

G

H

图 78 赫克托·吉玛德于 1900—1905 年设计的花园长椅

产品，包括椅子、餐具、厨具和鞋子。自 1986 年开始，她担任哈佛大学和耶鲁大学的客座教授。1985 年，她为意大利家具品牌 Edra 设计"Woush 沙发"，1988 年又为其设计"Wavy 沙发"和"Red 沙发"，并参加纽约现代艺术博物馆的"解构主义建筑"展览。1990—1993 年，她完成了第一座建筑——莱茵河畔魏尔的维特拉消防站。此后，她设计了位于德国的莱茵河畔威尔城园艺展览馆（1996—1999）、位于美国俄亥俄州的罗森塔尔当代艺术中心（1997—2003）、位于德国沃尔夫斯堡的菲诺科学中心（2000—2005）、伦敦奥运会水上运动中心（2012），以及梅斯纳山博物馆的第六座建筑 Corones（2015）。除建筑设计外，她为家具品牌 Sawaya & Moroni 设计了"Z—Scape 家具系列"。

作品："Mesa 桌"（2007）

21 世纪初，扎哈·哈迪德成为她那一代人中最知名、最成功的女性建筑师。她运用最先进的数字设计技术，秉承独特的未来美学，实现了复杂和动态的建筑，其自由流动的空间似乎被无形的力量塑造。2004 年，她获得了著名的普利兹克建筑奖。除建筑物外，哈迪德还设计了家具，这些家具的形态汲取了自然和地形的灵感，如"Moraine 沙发"（2000）、"Iceberg 沙发"（2003）和"Dune Formations 系列家具"（2007），如"Mesa 桌"（图 79）。

"Mesa 桌"以西班牙语和葡萄牙语中的"桌子"一词命名，看起来像是有机生长而成的。然而，实现这种形式的技术过程却是非常复杂的。我们不可能将整个桌子的材料倒入一个模具中而制出"Mesa 桌"，因为它复杂的、像根一样的结构不可能完整无缺地从模具中移出。因此，哈迪德采用数字生成的形式，并将其分割成几个部分：首先，测试从聚氨酯切割的完整模型，然后利用纤维增强材料的三明治结构复合材料制成大多数的结构要素，再将每个部件仔细地组装起来，包括连接处也要精确填满。哈迪德最初打算将铬用于桌子的高光表面，但由于不能将镀铬所需的电镀工艺应用于非导电塑料，因此她找到了利用硝酸银涂层覆盖塑料从而形成镜面的方法。然而，这一过程也带来了挑战。为了避免出现任何可见的接缝，组装好的桌子必须全部进行涂层处理，因此需内置一个特殊的设备以平稳地将整个对象水平旋转 360 度，从而获得均匀的硝酸银层，最后形成蓝色、金色和绿色三种颜色的版本出售。哈迪德把这张"Mesa 桌"比作"池塘上的睡莲"，因其下面有一个看不见的、复杂的有机结构支撑着的平垫子。

81. Halabala,Jindrich（金德里奇·哈拉巴拉）

金德里奇·哈拉巴拉（1903—1978）生于奥匈帝国的科里卡尼（Korycany，现位于捷克共和国），于 1918—1920 年在父亲的工厂当木工学徒；1922—1926 年就读于布拉格应用艺术学院，与帕维尔·贾纳克（Pavel Janák）一起学习建筑和室内设计；1928 年受聘于家具制造商 Spojené uměleckoprůmyslové závody（UP）布拉格销售中心；1930—1946 年在 UP 总部担任首席设计师，在那里他负责开发产品系列和广告。1935 年，他与约瑟夫·波拉塞克（Josef Polásek）共同撰写了《如何以便宜和卫生的现代风格装饰您的家》（*Jak si zařídím byt levně, moderně hygienicky*）一书。1940 年，他推出了单元家具（Sestavovací nábytek，指由可分离、可组装的部件组成的复合家

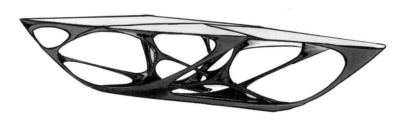

图 79 扎哈·哈迪德于 2007 年设计的"Mesa 桌"

具，即大单元），1945 年担任 UP 销售部及其布尔诺销售部副主任。1948 年，UP 被收归国有，哈拉巴拉进而领导了木工行业的新研究部门。1954—1969 年，他任教于斯洛伐克的林业与木工技术学院，自 1955 年起任终身教授。

作品："H—80 椅"（1930）

金德里奇·哈拉巴拉最初专注于木材，但很快他对钢这种新材料产生了兴趣。他在 1925—1930 年创造了各种各样的管状钢椅，最终成功地发展了自己的风格语言，即由一根连续的管子组成的扶手椅，如"H—80 椅"（图 80），产生了一种不需要前腿的平衡结构。"H—80 椅"的单个封闭管形成椅子的轮廓，其坐面和靠背由可拉伸的艾森加恩帆布（eisengarn canvas，eisengarn 的意思为铁纱，是一种反光、结实、打蜡的棉线，但这里面没有铁，这个名字是指它的强度和金属光泽。这种帆布是于 19 世纪中叶在德国发明和制造的，通过将棉线浸泡在淀粉和石蜡溶液中制成，随后将线进行干燥，再通过钢辊和刷子拉伸和抛光）制成。然而，生产这些没有前腿的复杂的管状钢结构较为困难，这也是这种结构很少被使用的原因。除此之外，对于没有后腿的椅子，滑道、坐面以及扶手之间以对角线连接更为常见。但哈拉巴拉并没有放弃这种无前腿椅子的设计，他在 20 世纪 30 年代早期开发了更多无前腿的扶手椅，但这些椅子不像"H—80 椅"那样优雅。

图 80 金德里奇·哈拉巴拉于 1930 年设计的"H—80 椅"

82. Haller, Fritz（弗里茨·哈勒）

弗里茨·哈勒（1924—2012）生于瑞士，于 1941—1943 年在瑞士索罗图恩（Solothurn）受训成为一名绘图员；1943 年就读于伯格多夫技术学校，同时为该地区的多家建筑师事务所工作。1948 年，弗里茨与他的父亲布鲁诺·哈勒（Bruno Haller）一起在瑞士布克斯的一所小学建筑设计比赛中获得一等奖。1948 年，弗里茨·哈勒开始在威廉·范·提真（Willem van Tijen）和辉格·奥尔特·马斯坎特（Huig Aart Maaskant）的建筑师事务所工作。1949—1962 年，布鲁诺·哈勒和弗里茨·哈勒在索罗图恩开办建筑师事务所，并在瑞士完成了几所学校。自 1955 年起，弗里茨·哈勒成为瑞士建筑师联合会的成员之一，1959 年结识建筑师康拉德·瓦茨曼（Konrad Wachsmann），1960 年开始与保罗·施阿雷尔（Paul Schärer）合作，自 1960 年起设计用于建筑物的模块化钢结构建筑系

统，如 Maxi（1960）、Midi（1972）和 Mini（1976）。1964 年，他设计了家具系统"USM Haller"，该系统于 1967 年获得专利，并于 1969 年投入批量生产。1966—1971 年，弗里茨·哈勒担任南加州大学建筑学院的康拉德·瓦茨曼建筑研究所的客座讲师；1968 年出版《总体城市》（Totale Stadt）一书；1973 年荣获美国钢铁协会颁发的"美国最佳钢铁设计奖"。1974 年起，他担任斯图加特大学的名誉教授；1977—1992 年担任卡尔斯鲁厄大学建筑与设计学院的教授；自 1990 年开始担任该学院院长；1992 年获得多特蒙德工业大学的荣誉博士学位。2002 年，他重新命名事务所为弗里茨·哈勒建筑和研究有限公司（Fritz Haller Bauen und Forschen GMBH）。

作 品："USM Modular Furniture Haller 货架"（1964）

"USM Modular Furniture Haller 货架"（图 81）由建筑师哈勒和保罗·施阿雷尔共同设计。哈勒从 1951 年起就开始从事储物家具的研究，1956 年与瑞士公司 U. Scharer Sohne 合作开发模块化钢结构系统。丹麦设计师波尔·卡多维乌斯（Poul Cadovius）设计的"Abstracta 系统"是这个货架系统的先驱。"Abstracta 系统"于 1958 年获得专利，它使用的连接器带有 2～6 个可插入金属管的钢钉，但后来卡多维乌斯不再将专利授权给哈勒和保罗·施阿雷尔使用，于是哈勒和保罗·施阿雷尔重新开发了一种带有 6 个螺纹

H

孔的球形新接头，并于 1965 年申请专利，于 1967 年发布。11 个长度在 10 ~ 75 厘米之间的钢管可以从 6 个方向拧入球的螺纹孔中，形成可填充彩色钢板的开放式矩形框架，而橱柜、架子、抽屉、桌子和柜台都可用这种方式组装。

图 81 弗里茨·哈勒和保罗·施阿雷尔于 1964 年合作设计的 "USM Modular Furniture Haller 货架"

83. Harrison,Benjamin J.（本杰明·J.哈里森）

本杰明·J.哈里森（生卒年不详）于 1840 年在纽约阿克维尔（Arkville）成立本杰明·J.哈里森公司。1866—1930 年，该公司以 B. J. 哈里森父子公司为名，生产 "No.1—Empire 椅"（图 82），总部位于康涅狄格州温斯特德。1902 年，公司申请并获得第 4 号椅子的专利——"New Style 椅"（美版专利号 707.84）。该公司后来拓展了产品范围，开始为游艇和独木舟设计特殊的折叠椅。

作品："No.1—Empire 椅"（1866）

古时候，人们发明了带有旋转接头的折叠椅，这种椅子最初是供达官贵人使用的。在 19 世纪中期，这种椅子的一种带有靠背的变体成为美国最受欢迎的椅子形式之一，本杰明·J.哈里森便是这把椅子的制作者，他于 1866 年为该座椅申请了专利。该椅的两个靠背支架连接着坐面下方的横梁，并由两条椅腿支撑，这种结构通过坐在上面的人的重量来获得稳定性。椅子唯一的装饰元素是旋转门桄和有图案的机织坐面，消费者只需支付额外费用，便可制作出仿照细木纹的涂漆表面。这把椅子的折叠机制使其轻巧且节省空间，18 ~ 30 美元的低价格让椅子适合任何需要廉价、灵活座椅的地方，如俱乐部、殡仪馆和轮船。截至 1930 年，这种椅子已售出几十万把。

图 82 本杰明·J.哈里森于 1866 年设计的 "No.1—Empire 椅"

84. Helg,Franca（佛朗哥·赫尔格）

佛朗哥·赫尔格（1920—1989）生于意大利，于 1945 年毕业于米兰理工大学建筑专业，1951 年协办第九届米兰三年展的住宅展览。1952 年，赫尔格作为合伙人加入弗兰科·阿尔比尼的事务所，随后事务所更名为 "弗兰科·阿尔比尼和佛朗哥·赫尔格建筑工作室"，其间所有建筑和设计项目均是赫尔格与阿尔比尼合作进行的，例如 1952—1962 年完成的热那亚罗索宫博物馆的修复工程，1953 年由米兰国立科学博物馆协办的巡回展览 "首届美学展"；1956 年在米兰体育宫举办的自行车和摩托车国际博览会上设计的倍耐力展台；1957—1961 年设计的罗马菲乌姆广场（Piazza Fiume）上的复兴百货（La Rinascente）。1959 年，赫尔格为卡洛·波吉（Carlo Poggi）设计了 "PL19 椅"（图 83），并担任威尼斯大学建筑学院的洛多维科·巴尔比亚诺·贝尔吉奥索的建筑设计课程助理。1960 年，他在巴黎设计 Olivetti 商店，1962 年为意大利电子产品品牌 Brionvega 设计 "Orion 23 英寸电视机"（1 英寸 ≈ 2.54 厘米），1962—1969 年为米兰大都会的米兰地铁系统的 1 号线和部分 2 号线开发了导视系统，该项目于 1964 年获得意大利金圆规设计奖。1963 年，赫尔格开始在米兰理工大学教授建筑设计（1984 年成为教授），1974 年为维琴察（Vicenza）帕拉第奥展览（Palladio exhibition）布置场景。1977 年阿尔比尼去世，工作室继续以 "马克·阿尔比尼、佛朗

H

哥·赫尔格、安东尼奥·皮瓦联合建筑事务所"之名运营。

作品："PL19椅"（1959）

"PL19椅"由赫尔格和阿尔比尼共同设计，椅子由3个独立的软垫组成：坐面和两个靠背。上部的靠背支撑头部和肩膀，下部的软垫围绕着使用者的骨盆区域，同时还充当扶手。每一个软垫都用四个螺丝固定在钢管底座上。金属支撑结构赋予了椅子优雅的轻盈感，使该设计对经典的"翼椅"进行了重新诠释。

图83 赫尔格和阿尔比尼于1959年设计的"PL19椅"

85. Herbst,René(勒内·赫布斯特)

勒内·赫布斯特（1891—1982）生于法国，是法国建筑师和设计师，对纽约世界博览会做过贡献。他于1908—1914年在巴黎学习建筑，学成后在伦敦和法兰克福实习，自1921年开始参加每年的装饰艺术家沙龙，1925年成为装饰艺术家

协会评审团成员之一。1927—1932年，赫布斯特设计第一台管状钢制家具；1930年作为创始人之一创立了现代艺术家联盟；1935年被授予荣誉军团骑士（美术部），并参加布鲁塞尔的世界博览会。1936年，他为学校设计家具，分别于1946年、1949年、1955年担任现代艺术家联盟主席；1950—1966担任"Formes utiles协会"主席；1956年出版《UAM 25年》（ *25 années UAM* ）；1966年成为米兰三年展的委员会会员之一。1982年，他将他的档案提交至装饰艺术联盟中心。

作品："No.212椅"（"Sandows椅"，1929）

勒内·赫布斯特是最早使用管状钢的法国设计师之一，在1927—1937年，他用这种材料创造了各种家具和室内装饰，如1934年为现代艺术家联盟设计远洋客轮的客舱。赫布斯特对钢管家具的热爱也为他赢得了"钢铁之人"的绰号。

"No.212椅"（图84）是赫布斯特最简单、最朴素的家具设计之一。它由两根管子组成，进而形成前腿、坐面框架和靠背框架。它们由两根横木连接，形成椅子的基本结构，椅子的后腿焊接到该基本结构上，坐面和靠背以由现代健美之父尤金·桑多（Eugen Sandow）命名的蹦极绳（法语sandows）制成。这种绳子自19世纪以来就一直作为扩张器的组成部分，而扩张器是用于增强手臂和肩部肌肉的流行健

身器材。赫布斯特将这些蹦极绳用在椅子上，将它们固定在管状钢的小孔中，形成坐垫和靠背垫。单根绳索之间的间隙使椅子看起来轻盈透气，像一件运动器材。除了独特的管状钢，赫布斯特还使用了一战和二战期间的法国设计元素，如横木不是拧在一起的，而是像后腿一样焊接在一起，这是那个时期法国钢管家具的典型特征。"No.212椅"的生产数量不详，但赫布斯特的大多数椅子设计都是小批量生产的，其中很多都是专为某个特定地区设计的独特单品。

图84 勒内·赫布斯特于1929年设计的"No.212椅"

H

86. Hoetger,Bernhard(伯恩哈德·霍特格)

伯恩哈德·霍特格（1874—1949）生于德国，是德国著名的表现主义雕塑家之一，他不仅创作精美的艺术品，还创作工艺品和家具。他于1888—1892年在德国当石匠学徒和雕塑学徒，1895—1897年担任位

于维登布吕克（Wiedenbruck）的
一个宗教艺术工作室的技术经理，
1897—1900 年在杜塞尔多夫艺术
学院学习雕塑，1900—1906 年以
雕塑家身份居住在巴黎，其间结识
奥古斯特·罗丹（Auguste Rodin）
和宝拉·莫德森-贝克尔（Paula
Modersohn-Becker）。1906 年，
他为自己的家设计了第一套家具。
1914 年，他在达姆施塔特建立了
一座雕塑公园，为艺术家殖民地
的最后一次展览做准备。1921—
1923 年，他设计了卡菲·维努武
克咖啡馆和位于巴德哈茨堡（Bad
Harzburg）的"Sonnenhof 展览空
间"和家具。1923 年，伯恩哈德·霍
特格成立了手工艺品作坊，并一直
经营至 1927 年。自 1924 年起，
他受 Kaffee HAG 的企业家路德维
希·罗赛鲁斯（Ludwig Roselius）
的委托重新设计位于德国不来梅的
贝特夏街（Böttcherstraße，不来
梅中心的一条街道，以其独特的建
筑而闻名）的部分区域，1925 年
设计 Kaffee Worpswede 咖啡馆，
包括室内装饰和家具；1927 年设
计大艺术馆，里面收藏了沃尔普斯
韦德（Worpswede）最著名的画
作，是伯恩哈德·霍特格的杰出建
筑群的核心。1931 年，他设计位
于 Böttcherstraße 街道的亚特兰蒂
斯之家，这是德国北部砖表现主义
（Brick Expressionism）的一个重
要案例。1934 年，霍特格搬到柏
林，但被德国国会排除在外，于
1943 年从柏林逃往瑞士的因特拉
肯（Interlaken）。

作品：椅子（1924—1925）

这把椅子（图 85）设计于 1924—
1925 年，是表现主义家具设计的一
个典型例子。它由厚达 4 厘米的实
木板拼凑而成，拼凑过程中没有使
用钉子。前腿由插入座位的斜板所
取代，之后延伸至靠背部分。椅子
的靠背前部由放射状的圆杆构成，
杆上织有灯芯草。靠背的顶部放置
一个肾形壁架，可放置东西。椅子
的后腿间的横条和插入座椅下部的
正交榫给予椅子额外的支承，以提
高其稳定性。

材料的选择和设计表明了霍特格对
所有原创和日耳曼风格的东西的兴
趣，民间艺术和北欧神话是他的灵
感来源。他对灯芯草的使用同样是
对德国北部传统材料的复兴，这个
扇形的靠背可以被解读为神秘的太
阳符号，在霍特格的许多家具设计
中都可以找到。它指向了一个自
1919 年以来一直困扰着他的想法：
太阳的宗教崇拜起源于西欧和北
欧，并在那里传播到全世界。作为
一种艺术创造力的表现，塑造对霍
特格来说是一种准宗教行为和一种
"视觉化永恒事物的手段"。

图 85 伯恩哈德·霍特格于 1924—1925
年设计的椅子

87. Holdaway,Bernard（伯纳德·哈达威）

伯纳德·哈达威（1934—2009）生
于英国，于 1950—1954 年在伦敦
金斯顿艺术学院学习，1956—1959
年在皇家艺术学院学习室内设计，
1957 年与纺织品设计师雪莉·克
雷文（Shirley Craven）结婚。1960
年，伯纳德在妻子的创意指导下，
为一家年轻的创新纺织品公司 Hull
Traders 进行平面设计和展示设
计；1961—1963 年与温德姆·古
登（Wyndham Goodden）合作；
1961—1969 年任教于英国几所艺
术学校。1964—1969 年，他经营
自己的公司——伯纳德·哈达威设
计公司，专注于室内设计；1966 年
在伦敦的理想家居展上推出了专为
Hull Traders 公司设计的"Tomotom
家具系列"（图 86）；1967 年生
产"Trawden 家具系列"。1969—
1977 年，他担任 LHA 设计顾问合
伙人，主要从事内饰产品的零售工
作。从 1978 年起，伯纳德恢复私
人执业，并担任梅德韦设计学院（后
来的肯特艺术与设计学院）的首席
讲师，直至 1998 年退休。

作品："Tomotom 家具系列"（1965）

"Tomotom 餐桌和椅子"属于一系
列围绕一组圆形（尤其是圆柱体和
圆盘）设计的家具。伯纳德·哈达
威于 1965 年构思了这套家具，目
的是让中等收入水平的年轻人可以
使用这些家具，家具一旦磨损就可
扔掉。伯纳德因此选择了廉价的压
缩纸板管和刨花板进行制作，其中

图 86 伯纳德·哈达威于 1965 年设计的 "Tomotom 家具系列"

图 87 乔治·雅各布·亨辛格于 1876—1890 年设计的扶手椅

刨花板用于椅子的坐面和桌面，各部分零件则用金属大头针和胶水固定在一起，并涂上工业搪瓷喷漆，以提供坚固耐用的表面。1969 年，"Tomotom 家具系列" 已开发了 100 件物品，包括灯、箱子、架子和儿童玩具，于 1971 年开始投入生产。

街（现在的西百老汇）做生意，1870 年搬至布里克街，后来搬至第七大道。1877 年，他的工厂被大火烧毁，1879 年在西大街重建。19 世纪 80 年代后期，他的两个儿子小乔治（George Jr.）和阿尔弗雷德（Alfred）加入他的公司，随后该公司更名为 "乔治·亨辛格父子公司"。1898—1920 年，两个儿子在父亲去世后掌管公司事务。

作品：扶手椅（1876—1890）

88. Hunzinger,George Jacob（乔治·雅各布·亨辛格）

乔治·雅各布·亨辛格（1835—1898）生于德国符腾堡（Württemberg），从小就在父亲的作坊中接受木工的训练，1855 年移民美国，先定居在纽约布鲁克林，后于 1861 年搬到纽约曼哈顿。从 1866 年起，亨辛格注册了总共 21 项椅子设计和相关部件的专利。1866—1877 年，他开始在劳伦斯

这把系列生产的扶手椅（图 87）包含了亨辛格的几项发明专利。1869 年，亨辛格获得了斜侧支柱的专利，斜侧支柱在扶手椅中充当腿，而在其他型号的椅子中充当扶手，有时，它们也被固定在靠背上，这种支承为椅子结构提供了持久的稳定性。椅子坐面的耐用网是由棉包钢丝制成的，是亨辛格在 1876 年申请的专利。该网延伸至坐面框架，从而固定网线并同时用作装饰元素。在当时，为家具设计申请专利的习惯

很普遍，后来导致了 "专利家具"（Patent Furniture）这个术语的产生，用来指代这些于 19 世纪发明的作品。

89. Hutten,Richard（理查德·霍顿）

理查德·霍顿（1967—）生于荷兰，曾获荷兰青年设计师设计奖。他于 1986—1991 年就读于埃因霍芬工业学院的人与生活系；1991 年在鹿特丹成立理查德·霍顿工作室，同年在埃因霍芬的 Yksi 画廊举办 "理查德·霍顿" 个人展览。1993 年，霍顿在米兰会外展（在米兰家具展期间举行的活动）的 "Droog Design 展" 上推出作品 "桌-椅"（Table-chair）（图 88）；1996 年参加纽约现代艺术博物馆举办的 "开端：来自荷兰的当代设计展"（Thresholds: Contemporary

Design from the Netherlands）；1997 年，他的作品"水果托盘"在德国"Ambiente 展览会"上获得"Design Plus"奖。2002 年，他分别为威廉·亚历山大王子和马克西马王子的婚礼设计椅子。2005 年，霍顿在东京举办个人展览"生活中的玩具"（Toys for Life）；2007 年在鹿特丹艺术馆举办个人展览"理查德·霍顿"。自 2008 年起，他担任荷兰 Gispen 家具公司的创意总监。2009—2011 年，他参加美国巡回展览"1985 年以来的欧洲设计：塑造新世纪"（European Design Since 1985: Shaping the New Century）；2010 年参加"米兰大街——10 年的荷兰设计展览"（Via Milano—10 years of Dutch Design）；2015 年参加荷兰举办的"来自食用马铃薯国家的设计展览"（Design from the Country of the Potato Eaters）。

作品："桌-椅"（1990）

这套"桌-椅"由两个独立的桌子组成，其中桌子桌面由胶合板制造，而桌腿则以枫木为原材料制作而成，于 1990—1991 年由理查德·霍顿工作室生产。高的桌子顶部锯出一个大开口，从而创造了靠背和扶手，而低的桌子则用作坐面。霍顿进一步扩展了这种方法，并开发了"桌上桌"（Table upon Table）概念，即在一个房间里，从房间本身开始，每个元素都由一个不同大小的桌子组成。"桌-椅"推出后，立即成为"Droog Collection"[Droog 画廊空间展出的一个主题，其展出的作品包括如特乔·雷米（Tejo Remy）、尤尔根·贝（Jurgen Bey）、雨果·蒂默曼斯（Hugo Timmermans）等 26 位设计师的作品]的收藏及展览的作品之一。2004 年，马丁·巴斯将其纳入了他烧掉的家具"哪里有烟"（Where There's Smoke）系列中。

图 88 理查德·霍顿于 1990 年设计的"桌-椅"

90. Hvidt & Mølgaard Arkitekter 事务所

Hvidt & Mølgaard Arkitekter 事务所由两位丹麦设计师，彼得·惠特和奥尔拉·姆盖德－尼尔森成立，主要从事建筑设计。尼尔森在凯尔·柯林特、本特·赫韦格·马勒（Bent Helweg—Maller）、阿诺·雅各布森和帕勒·桑森（Palle Suenson）的建筑事务所工作过。两人均毕业于哥本哈根工艺美术学院，曾在母校任教至 1945 年，于 1944 共同成立 Hvidt & Mølgaard Arkitekter 事务所，合作至 1975 年。他们于 1944—1945 年设计了可堆叠的"Portex 家具系列"；1947—1967 年为丹麦家具品牌汉森设计"AX 椅"（图 89）和"AX 桌"，其中"AX 椅"的概念设计在 1951 年、1954 年的米兰三年展中获得了荣誉证书。自 1949 年起，Hvidt & Mølgaard Arkitekter 事务所开始为包括 Søborg Møbelfabrik 在内的公司做设计。1955—1956 年，他们为哥本哈根男装公司 OKAY Konfektion 设计工厂；1958—1960 为汉森公司设计"X 椅"；1965—1970 年担任 New Little Belt Bridge 公司的设计顾问。1970 年，汉斯·克里斯滕森（Hans Kristensen）加入事务所，于 1975—1980 年设计"Vejle Fjord 大桥"。1983 年，该设计事务所交由汉斯·克里斯滕森、亨里克·维德特（Henrik Hvidt）和彼得·霍尔索（Peter Holsoe）经营。

作品："AX 椅"（1947—1950）

彼得·惠特和尼尔森于 1947—1950 年共同设计了这把用于出口市场的"AX 椅"。该椅子的框架由层压榉木制成，坐面和靠背采用模压胶合板元件。它的一体式扶手可提供额外的强度，在组装期间，胶合板部件被插入沿着框架的内部面的狭窄槽中。后来版本的"AX 椅"则可提供软垫和各种扶手配置，并配有一系列带有层压木腿的桌子。"AX 椅"是汉森公司首个在国际上成功的案例，在其开发过程中取得的技术进步为两年后阿诺·雅各布森的"蚁椅"的生产做了铺垫。

H

图 89 Hvidt & Mølgaard Arkitekter 事务所于 1947—1950 年设计的 "AX 椅"

91. Ishigami,Junya（石上纯也）

石上纯也（1974—）生于日本，是日本建筑师，曾获第 12 届威尼斯建筑双年展的金狮奖，在日本多次举办展览。他于 1998 年获东京武藏大学建筑学学士学位，2000 年获东京国立美术大学建筑学硕士学位，2000—2004 年就职于东京的妹岛和世建筑事务所，2004 年在东京成立 "石上纯也工作室"。2005 年，石上纯也为雷克萨斯在米兰的国际汽车沙龙上的 "L—Finesse 活动" 设计了一个矮椅子和圆桌装置，同年设计名为 "Table" 的桌子，并获得了 "麒麟奖"（Kirin Prize），随后在东京和大阪的麒麟艺术计划（Kirin Art Project）中展出。2007 年，他为东京当代艺术博物馆设计了 "长方体气球装置"，同年设计了日本神奈川工业学院的 KAIT 作坊，该作坊于 2009 年获日本建筑学会奖。2008 年，石上纯也设计了 "Yohj Yamamoto 时装店"，同年参加威尼斯建筑双年展，并参与设计日本馆的 "极端自然：模棱两可的空间景观展"（Extreme Nature: Landscape of Ambiguous Spaces）。2009—2011 年，他担任东京理科大学讲师，2010 年担任位于日本仙台的东北大学副教授。

作品：桌子（2005）

石上纯也的桌子可能看起来不过是一张普通的桌子，但其简单的形式来自细致的结构工程实验。石上纯也分析用于抵抗下垂的承载力后，对桌面和桌腿施加了预应力，以应对预期的弯曲应力。桌子倒过来时，桌面会弯曲，但四条腿站立时，材料的重量会使桌面形成一个平坦的表面。这张桌子首先由铝制成原型，再用木质饰面的钢制作而成。它的 0.3 毫米厚的单板最大限度地减弱了水平摇摆。第一个 9.5 米长的版本曾在 2005 年荣获麒麟奖，一年后的这个桌子（图 90）专为维特拉公司制造，此后便很少再生产。

图 90 石上纯也于 2005 年设计的桌子

92. Itten,Johannes（约翰尼斯·伊顿）

约翰尼斯·伊顿（1888—1967）生于瑞典，曾在日内瓦的美术学院学习美术，1910—1912 年在伯尔尼大学接受培训成为中学老师。1913—1916 年在斯图加特的美术学院和阿道夫·霍尔泽尔（Adolf Hölzel）等人一起学习，对色彩理论进行深入学习和研究。1917 年，他在维也纳建立私立艺术学校，结识了沃尔特·格罗皮乌斯。1919 年，格罗皮乌斯任命他为魏玛包豪斯学校大师。他与格特鲁德·格鲁诺（Gertrud Grunow）共同开发了基础课程，教授基本的设计原理。1923 年，他因与格罗皮乌斯产生分歧而退出包豪斯。1924 年，伊顿与岗塔·斯托尔策尔（Gunta Stölzl）一起建立了 "Ontos 工作坊"，专注于手工编织和地毯编织，并任教于附属艺术学校。1926—1934 年，他建立并领导柏林现代艺术学校（又称伊顿学校），直到该校被纳粹分子强迫关闭。之后，他开始发展他的色彩理论。1932—1938 年，他任克雷菲尔德纺织学院院长，但在 1937 年，他的一些作品被纳入德国纳粹分子组织的展览 "堕落的艺术"（Entartete Kunst），之后便遭到解雇。1938—1953 年，伊顿担任苏黎世艺术博物馆及联合博物馆馆长，1943—1960 年担任苏黎世纺织学院院长，1952—1956 年，他与他人共同创立了苏黎世市瑞特伯格博物馆并担任馆长。

作品：床头柜（1926）

约翰尼斯·伊顿于1926年在柏林创立了柏林现代艺术学校。在此期间，他还为自己的房屋设计家具，床头柜是其中之一（图91）。该柜子由胶合木板制成，尺寸为56.7厘米×59.8厘米×61.5厘米。它的上半部分的不对称处理值得注意，左侧有两个抽屉，右侧有两个敞开的隔间。隔间染上深色阴影，与左侧部分的浅色木材形成对比。床头柜的下半部分则由两个翼门覆盖，横跨整个箱体的宽度。

图91 约翰尼斯·伊顿于1926年设计的床头柜

93. Jacobs,Carl（卡尔·雅各布斯）

卡尔·雅各布斯（1925—）生于丹麦，于1940年在丹麦学习家具设计。1951年，卡尔受雇于英国家具制造商Kandya，与室内设计师保罗·布里德森（Paul Bridson）合作设计由橡木和红木制成的现代卧室家具，随后于1952年2月在伦敦伯爵阁（Earl's Court）举办的

英国家具展上展出。1953年，他利用创新胶合板模压技术为制造商Kandya设计"Jason椅"（图92）。1954年（或1955年），他与Kandya结束合作。

作品："Jason椅"（1953）

1953年，制造商Kandya委托卡尔·雅各布斯制作了这把用模制胶合板制成的"Jason椅"。它采用了坚固的山毛榉框架，有四条呈八字形张开的锥形腿和一个由单板胶合板制成的座椅外壳。该外壳在一个特别设计的夹具中通过加热弯曲而成，外壳侧面的零件以两个折板结尾，相互锁紧后粘在坐面的下面。由于外壳形状复杂，开发过程耗时7个月，除了大量图纸和模型外，还需要25个原型。虽然这把椅子的底座很大程度上借鉴了汉斯·威格纳等斯堪的纳维亚设计师的作品，但其外壳的形状让人想起查尔斯·伊姆斯或艾洛·沙里宁的有机设计。1954年，Kandya的新设计顾问师弗兰克·吉尔（Frank Guille）开发了一种由钢条制成的"Jason椅"的变体。

图92 卡尔·雅各布斯于1953年设计的"Jason椅"

94. Jalk,Grete（格雷特·杰克）

格雷特·杰克（1920—2006）生于丹麦，曾担任ID奖（丹麦第一个设计奖）评审团成员、丹麦设计委员会主任、Mobilia杂志的编辑、作家和平面设计师。她于1939年在哥本哈根大学学习哲学，后前往哥本哈根的制图和工业艺术妇女学校学习绘画，1941—1943年师从木工大师卡伦·玛格丽特·康拉德森（Karen Margrethe Conradsen），1943—1946年在哥本哈根工艺美术学院学习，获得家具设计学位，并在凯尔·柯林特的指导下，在丹麦皇家美术学院的家具系继续深造。1946—1966年，她参加哥本哈根家具制造商协会的年度展览，并在家具制造商协会组织的家具设计比赛中获得一等奖。1950—1960年，她在母校哥本哈根工艺美术学院任教，1953年在丹麦品牌乔治杰生组织的银设计比赛中获得一等奖。1954年，格雷特创立了自己的工作室，为汉森、France & Son和 P. Jeppesens Møbelfabrik等公司设计家具，为Unika Vaev品牌设计面料和墙纸，为乔治杰生设计银器。1963年，她获得英国《每日邮报》组织的家具设计比赛一等奖，1990年获得丹麦艺术基金会终身资助资格。

作品："NO.9—1/GJ椅"（1960）

20世纪50年代，格雷特·杰克开始与工业生产商合作，并于1956年与实木家具制造商Poul Jeppesen展开了长期合作。他们共同创造了一系列成功的休闲椅、沙发、桌子和床，多年来均投入大量生产。同时，格雷特致力于探索层压木的潜力。她的第一个实验模型是"NO.9—1/GJ椅"（图93）和"5—2号套桌"。

人体和层压木材的结构极限决定了"NO.9—1/GJ椅"的雕塑形式。格雷特没有将基于实木结构的传统模型移植到另一种材料上，她摒弃了传统的腿和支承元素之间的区别，将椅子简化为一对铆接在一起的壳，而这对壳放在地板上可重叠，使外壳变硬，并解决表面之间起过渡作用的紧密曲线，这是基于15毫米的单个半径，旨在减少工艺成本并简化生产。坐面和靠背的褶皱边缘协调了座椅的舒适性和稳定性。当坐面加宽以适应臀部沿地板的相反方向倾斜时，材料被压缩并以曲线向外翻滚。靠背向肩部逐渐变细，同时将材料向外推，以此提供刚性。1963年，Poul Jeppesen首次制造了300把这种椅子。然而，由于在金属模具和相关设备上的投资巨大，零售价非常之高。这使得

椅子难以销售，Poul Jeppesen决定不再进一步生产。在20世纪60年代后期，格雷特与其他公司讨论了生产问题，但未成功。2008年，兰格公司获得了丹麦皇家美术学院对椅子和套桌的所有权，并使用新的制造技术生产。

---

95. Jansson,Folke（福克·詹森）

福克·詹森（1920—2016）生于瑞典，于1935—1937年在北欧通信学院学习艺术和设计，1937—2000年担任布景设计师、装潢设计师、制图老师和传播设计师。他为S. M. Wincrantz Möbelindustri公司设计"Arabesk椅"（1954）（图94）、"Tellus沙发"和"Tellus扶手椅"（1956）以及"Rondo转椅"（1957）。1958年，詹森设计了"Facett沙发"，这个沙发只有8个部件，并由S. M. Wincrantz Möbelindustri公司负责生产。2000—2016年，他专注于油画和泥塑。

作品："Arabesk椅"（1954）

"Arabesk椅"的形状优美，不间断的线条很难将设计转换为常规图形。因此，詹森在制作该框架的橱柜制造商的纸上创建了一个72厘米×96厘米×78厘米的全尺寸模型。"Arabesk椅"于1955年在瑞典家具展上推出，但椅子的雕塑感、趣

味性和个性与瑞典的"好设计"不符，因此直至1957年，只生产了约100把椅子和四张与之相配的沙发。

图94 福克·詹森于1954年设计的"Arabesk椅"

---

96. Jeanneret,Pierre（皮埃尔·让纳雷）

皮埃尔·让纳雷（1896—1967）生于瑞士，于1915年在日内瓦的美术学院获得建筑学位，1921—1923年在巴黎的佩雷特兄弟（Perret Brothers）的事务所工作，1922—1940年与他的堂兄勒·柯布西耶一起在巴黎经营建筑师事务所。1925年，他参与巴黎国际装饰艺术与现代艺术博览会的新精神馆的设计，1928年与多位建筑师共同创立了国际现代建筑协会。1928—1929年，他与勒·柯布西耶和夏洛特·帕瑞安德合作设计管状钢制家具，1932—1935年与帕瑞安德一起研究摄影艺术，1937—1940年与帕瑞安德和简·普鲁威合作项目，并与帕瑞安德合作设计木制家具。1946年，皮埃尔开始长期居

图93 格雷特·杰克于1960年设计的"NO.9—1/GJ椅"

J

住在纽约市，并为 Knoll 公司设计家具。1951—1965 年，他担任首席建筑师和城市规划师，负责印度昌迪加尔的建筑，同时创立了建筑学院，并利用当地材料设计建筑和家具。

作品："剪刀椅"（No.92，1946）

夏洛特·帕瑞安德和皮埃尔·让纳雷的设计吸引了美国家具制造商 Hans and Florence Knoll 的注意，随后皮埃尔被邀请前往纽约工作。在 1946 年 11 月至 1947 年 4 月，他创作了各种作品，其中"剪刀椅"（图 95）为 Knoll 公司收藏的系列作品之一。该名称取自侧面零件，每个侧面零件均由一对木制的"刀片"组成，旋转在一起并以 V 形打开。椅子的设计理念基于"圆形原则"（ossature compas），可以追溯到帕瑞安德、简·普鲁威和乔治·布兰森（Georges Blanchon）之间的合作。但 1939 年，让纳雷为其应用提供了关键的推动力。这

图 95 皮埃尔·让纳雷于 1946 年设计的"剪刀椅"

把椅子由乔治·布兰森的 BCB 公司于 1948 年在法国生产，后来又由瑞士的 Wohnbedarf 公司生产，该公司于 1947 年获得了 Knoll 公司家用家具生产线的许可证，于 1953 年推出了一款没有可见螺丝的版本。

97. Jones,Allen（艾伦·琼斯）

艾伦·琼斯（1937—）生于英国，于 1955—1959 年在伦敦霍恩西艺术学院学习绘画和石版画，1960 年在伦敦皇家艺术学院学习绘画，1961 年获霍恩西艺术学院的艺术学位。1961—1963 年，他任教于克罗伊登艺术学院。1966—1967 年，他创作三联画《完美的一对》（Perfect Match）。1969 年，他制作家具"桌（Table）、椅（Chair）和帽架（Hat Stand）"，1975 年创作画作《大、中、小》（Tall, Average, Petite）"。1977 年，艾伦·琼斯在加州逗留的一段时间里，为圣莫尼卡海岸（Santa Monica Shores）作画，同时任教于加州大学洛杉矶分校。1979 年，他在利物浦的沃克美术馆举办大型回顾展，2014—2015 年在伦敦皇家艺术学院举办"艾伦·琼斯 RA 回顾展"。自 1980 年起，他开始转向雕塑，于 1993 年创作大型彩绘钢雕塑"Acrobat"。

作品：椅子（1969）

艾伦·琼斯是 20 世纪 60 年代初期从伦敦皇家艺术学院脱颖而出的英国流行艺术家。他将一个半裸的、穿着性感衣服的女人改造成椅子（图 96）。早些时候，他已经用相似的视觉语言创造了两件物品：例如他的帽子架由一个双臂高举的性感女人组成；桌子由一个四肢着地的人组成，而这个人的背上支撑着一个玻璃桌面。这些雕塑类似于琼斯在 1966—1968 年的绘画，其主题强调女性情欲。这三件作品由专业雕塑家迪克·比奇（Dick Beech）制作完成。比奇首先根据琼斯的图纸制作黏土模型，随后与艺术家合作修改，最后将其浇铸在玻璃纤维增强聚酯中。在制作该作品的表面效果时，艺术家卢西娜·德拉·罗卡（Lucina Della Rocca）先涂了几层纤维素底漆，再用丙烯酸漆绘制人物，从而实现琼斯追求的完美表面，同时象征着波普艺术。椅子上的女性人物所穿的皮衣由一家英国公司 Atomage 定制而成。有机玻璃板和垫子放在女性大腿的后部作为坐面，小腿则作为靠背。

1970 年，这把椅子在伦敦的 Arthur Tooth & Sons 画廊展出时，震惊了很多人，尤其引起了女权主义者的严厉批评，因而在 1986 年的国际妇女节，椅子在伦敦泰特美术馆（Tate Gallery）展出时遭到黏稠的脱漆剂的袭击。尽管如此，1988 年，歌手艾尔顿·约翰（Elton John）拥有的一套琼斯雕塑家具在苏富比拍卖行以 21 000 英镑（约 1.8 万人民币）的价格售出，而在 2012 年的一次拍卖会上，另一套

以 2 587 750 英镑（约 2000 万人民币）的高价拍出。

图 96 艾伦·琼斯于 1969 年设计的椅子

98. Jongerius,Hella（海拉·琼格里乌斯）

海拉·琼格里乌斯（Hella Jongerius，1963—）生于荷兰，于 1988—1993 年在埃因霍芬工业设计学院学习产品设计，1993 年在鹿特丹成立设计工作室，1995 年参加纽约现代艺术博物馆举行的"变异材料"（Mutant Materials）展览，1996 年参加纽约现代艺术博物馆举行的"开端：来自荷兰的当代设计展"。1998—2004 年，她担任埃因霍芬工业设计学院讲师，自 2000 年以来担任埃因霍芬设计工业学院工作室主任。自 2002 年起，她为纽约 Maharam 纺织公司设计一系列内饰面料，其中"Repeat（Maharam）纺织系列"于 2013 年获得鹿特丹设计奖。2005 年，海拉在德国科隆国际家具展中推出"理想房屋"。2011—

2013 年，她与 OMA 建筑事务所合作，为纽约联合国总部的北方代表休息室设计室内空间。自 2012 年起，她担任维特拉色彩和表面艺术总监以及阿姆斯特丹地毯制造商 Danskina 的设计总监，自 2013 年起担任芬兰 Artek 公司的色彩与材料艺术总监，2013—2016 年为荷兰皇家航空公司设计波音 747、波音 777 以及波音 787 梦幻客机的商务舱和经济舱室内空间。

作品："Polder 沙发"（2005）

当海拉·琼格里乌斯告诉维特拉当时的首席执行官罗尔夫·费尔鲍姆（Rolf Fehlbaum）她不喜欢沙发时，罗尔夫回答说，这正是他希望她设计沙发的原因。于是，她改变以往沙发的面料、尺寸和颜色，于 2005 年设计出了"Polder 沙发"（图 97），其名称代指荷兰平坦的再生景观。海拉以将工厂制造的元素与手工制作的细节相结合的方式而闻名，这可从"Polder 沙发"深嵌在沙发表面的纽扣细节上看出：大纽扣由不同的材料制成，上面有随机的小孔图案，并用彩色线手工固定。

99. Jouin,Patrick（帕特里克·乔恩）

帕特里克·乔恩（1967—）生于法国，于 1992 年获得巴黎高等工业设计学院的工业设计学位，1993—1994 年在菲利浦·史达克的指导下，担任巴黎设计机构 Tim Thom 的设计师，1995—1999 年在菲利浦·史达克的事务所担任设计师，并完成了他的第一件家具设计。1997 年，帕特里克·乔恩获得了来自巴黎公司"家具创新的价值化"[Valorisation de l' innovation 'Ameublement（VIA）]的资助。1998 年，他在巴黎创立了帕特里克·乔恩设计工作室，1999 年开始与艾伦·杜卡斯（Alain Ducasse）合作，1999—2000 年，他与桑吉特·曼库（Sanjit Manku）合作设计巴黎雅典娜广场的杜卡斯酒店餐厅的内部空间，并于 2006 年起将工作室更名为"帕特里克·乔恩 ID/乔恩·曼库"（Patrick Jouin ID/Jouin Manku）。2004 年，帕特里克·乔恩设计了"Solid C2 椅"（图 98），这是有史以来首批 3D 打印家具设计之一。2007 年，他为巴黎及其周边城市的自行车租赁

图 97 海拉·琼格里乌斯于 2005 年设计的"Polder 沙发"

J

计划设计车站。2011 年，他与艾伦合作的意面锅获意大利金圆规设计奖。2014—2015 年，帕特里克受命为法国国防部设计家具。

作品："Solid C2 椅"（2004）

"Solid C2 椅"是帕特里克·乔恩与 MGX 公司于 2004 年合作制作的。MGX 是 Materialise 公司的设计部门，该公司位于比利时鲁汶，专门从事数字化制造方法。"Solid C2 椅"是第一件按比例打印的家具，为此选择了立体光刻（SLA）印刷法。SLA 是一种增材制造工艺，通过逐层构建获得最终产品，所采用的材料是一种人造液态树脂，如环氧树脂，它会在光照下变硬，这一过程称为光聚合。"Solid C2 椅"采用黄色环氧树脂材料制作而成，制作过程中用激光使表面下的液态树脂层凝固，然后将平台降低，以依次对下一层进行激光凝固。这种制造工艺使得复杂的结构成为可能，比如"Solid C2 椅"的网状交错带，这是用传统铣削、锯切或切割方法都无法制造的。

图 98 帕特里克·乔恩于 2004 年设计的"Solid C2 椅"

100. Judd,Donald（唐纳德·贾德）

唐纳德·贾德（1928—1994）生于美国，1948 年加入纽约艺术学生联盟，后转到弗吉尼亚州的威廉与玛丽学院学习，1949—1953 年转到纽约哥伦比亚大学，获哲学学位，同时参加纽约艺术学生联盟的课程。1957 年，唐纳德在纽约 Panora's 画廊举办首次个人画展，1958—1960 年在哥伦比亚学习艺术史。1959—1960 年，他为各种出版物撰稿，包括《艺术新闻》和《艺术》（后来的《艺术杂志》），开始从绘画向雕塑过渡。1962—1964 年，他在布鲁克林艺术与科学学院教授艺术，1963—1964 年在纽约开办第二次个人展览，1967 年担任耶鲁大学雕塑艺术的讲师。1968 年，唐纳德在惠特尼美国艺术博物馆举办首次回顾展，并购买一间服装工厂大楼，将其改造为工作室、画廊和私人住宅。1970 年，唐纳德设计首批个人使用的家具，1973 年开始在得克萨斯州的马尔法建立工作室和住所，并于 1977 年搬到那里。1982 年，他开始与纽约制造商 Jim Cooper 和 Ichiro Kato 合作进行限量商业生产的家具设计，1986 年成立奇纳蒂基金会，1988 年在纽约惠特尼美国艺术博物馆举办大型回顾展。

作品："84/85 号椅，造型 7"（1982）

唐纳德·贾德是极简艺术的领军人物。在 20 世纪 80 年代中期，他开始设计可以适应大批量生产和广泛分销的家具。"84/85 号椅"体现了唐纳德的信念，即家具应该保持功能性，由简单的形式和良好的比例组成，并设计了多种不同的材料和略有不同的风格，图 99 所示为"84/85 号椅"系列中造型 7 的款式。它由松木制作而成，尺寸为 76.2 厘米 ×38.1 厘米 ×38.1 厘米，由唐纳德·贾德家具公司投入生产。

图 99 唐纳德·贾德于 1982 年设计的"84/85 号椅，造型 7"

101. Kagan, Vladimir（弗拉基米尔·卡根）

弗拉基米尔·卡根（1927—2016）生于德国，于1941—1947年就读于纽约工艺美术高中，后在纽约哥伦比亚大学学习建筑，从1945年开始协助他的父亲，在父亲的橱柜制造公司"卡根木工公司"工作。1947年，他设计了第一把椅子——"Barrel椅"，1948年在纽约开设弗拉基米尔·卡根设计公司，结识纺织品设计师雨果·德雷福斯（Hugo Dreyfuss），并创立卡根-德雷福斯商店，开始销售德雷福斯设计的纺织品。1949年，他设计了第一个家具系列"Tri—Symmetric"，并将工厂迁至纽约市东区大道。自1960年起，他买下了德雷福斯的股份，并以弗拉基米尔·卡根设计公司的名义继续经营这家公司，开始为商业和私人客户提供室内设计。1980年，纽约时装技术学院举办回顾展——"弗拉基米尔·卡根：三个十年的设计"（Vladimir Kagan: Three Decades of Design）。1987年，他关闭工厂和陈列室，成立"弗拉基米尔·卡根设计集团"，2003年获得纽约布鲁克林艺术博物馆（现为布鲁克林博物馆）颁发的"现代主义终身成就奖"。

作品："蛇形沙发"（150 BC，1950）

弗拉基米尔·卡根在1950年设计了这款"蛇形沙发"（图100），它类似于野口勇（Isamu Noguchi）的"IN—70沙发"，是根据当代设计而设计的。它最初是由卡根和雨果·德雷福斯共同经营的纽约公司根据顾客需求制作的。在装饰方面，卡根使用了一种新开发的泡沫橡胶，可根据需求进行模制，并能保证家具较高的舒适度。除了左边有靠背的版本，还有靠背分别位于右边和中间的版本，以及靠背更高的版本。1990年，卡根授予其他制造商临时许可后，这款沙发连同材质都进行了一系列调整，以适应更廉价的系列化生产，但弗拉基米尔·卡根设计集团仍保留原始的蛇形沙发产品。

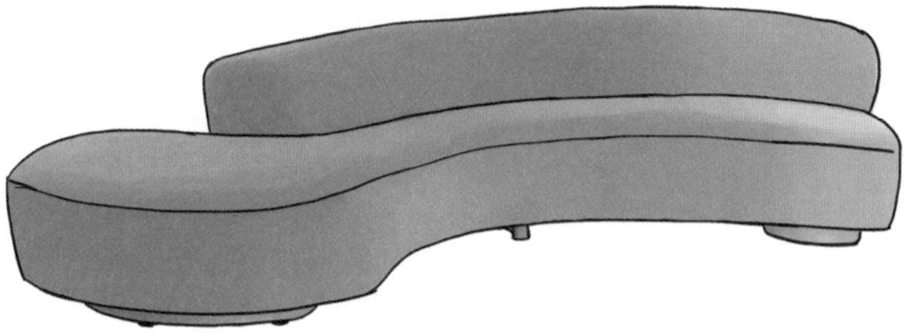

图100 弗拉基米尔·卡根于1950年设计的"蛇形沙发"

102. Katavolos, William（威廉·卡塔沃洛斯）

威廉·卡塔沃洛斯（1924—2020）生于美国，于1949年毕业于纽约普拉特学院的工业设计专业，1950—1956年与罗斯·利特尔（Ross Littell）、道格拉斯·凯利（Douglas Kelley）成立设计工作室，为Laverne Originals公司做设计，作品包括1952年的"T椅"（图101）。1955—1957年，威廉就职于乔治·尼尔森的工作室，自1956年起开始"房间分隔系统"（Room Divider Systems）的设计，作品包括1965年纽约的"时间与生活大厦"。自1960年起，威廉任教于普拉特学院，1960年参加在纽约现代艺术博物馆举办的"梦幻建筑"（Visionary Architecture）展览。自1975年起，他担任普拉特学院教授，在那里他建立了实验结构中心，并从事进一步的建筑和材料研究，于2012年获得普拉特学院的"罗文·里德·科斯特洛奖"（Rowena Reed Kostellow Award）。

作品："T椅"（3/LC，1952）

1949年，威廉·卡塔沃洛斯、罗斯·利特尔、道格拉斯·凯利毕业于纽约普拉特学院，并开始为Laverne Originals公司设计家具，其中包括"T椅"。它的名字来源于它的T形框架：三条椅腿和坐面。金属框架和坐面之间的连接简单而有效：皮革覆盖在钢条上，该钢条安装在每条腿的顶部，形成T形腿。三条椅腿间用钢板连接，形成第二

K

个 T 形支架，钢板与椅腿的连接处用螺丝拧紧，进一步提高座椅的稳定性。因而，坐在椅子上面产生的拉力将分布在钢条上，可防止皮革坐面撕裂。

"T 椅"曾参加 1953 年和 1955 年由纽约现代艺术博物馆和芝加哥商品市场组织的"好设计"展览。尽管三位设计师与 Laverne Originals 的合作于 1956 年结束，但该公司一直在生产"T 椅"至 1970 年。

图 101 威廉·卡塔沃洛斯、罗斯·利特尔、道格拉斯·凯利于 1952 年设计的"T 椅"

103. Kawakubo,Rei（川久保玲）

川久保玲（1942—）生于日本，是时尚品牌 Comme des Garçons 的创始人，东京时装设计师协会创始成员之一，曾被授予法国的艺术和文学骑士称号，曾获国际时尚奖、日本《每日新闻》的时尚大奖。她于 1964 年获东京庆应大学美术学学士学位，1964—1967 年就职于东京旭化成公司（Asahi Kasei）的广告部，1969 年开始设计和销售带有"Comme des Garçons"标签的服装。1975 年，她的首批女装系列在东京展出。自 1978 年起，她开始设计第一个男装系列"Comme des Garçons Homme"，继而在巴黎首次展出，得到了媒体和业界的一致好评。1981 年，川久保玲成为法国高级时装联合会成员、高级女装设计师和时装设计师。1982 年，她在巴黎举办第一次走秀，展出她的"Holes,1982—83 秋冬系列"，由此开始了在巴黎展示她的每一季时装系列的计划，并在巴黎正式创立"Comme des Garçons 精品店"。同年，美国《时尚》（Vogue）杂志首次刊登川久保玲和 Comme des Garçons。1983 年，川久保玲在纽约开设了"Comme des Garçons 精品店"，其内陈设了"No.1 椅"（图 102），同年参加由菲尼克斯艺术博物馆举办的"时尚潮流：三位日本设计师"（A New Wave in Fashion: Three Japanese Designers）展览，此外，她还参加了 1986 年蓬皮杜中心的"Mode et Photo 展"，1987 年由纽约时装技术学院举办的"三位女性"（Three Women）展览，2008 年由底特律当代艺术博物馆举办的"拒绝时尚：川久保玲"（ReFusing Fashion: Rei Kawakubo）展览，以及 2017 年由纽约大都会艺术博物馆举办的"川久保玲：中间艺术"（Rei Kawakubo/Comme des Garçons: Art of the In—Between）展览。

作品："No.1 椅"（1982）

"No.1 椅"是一把镀锌钢扶手椅，它的坐面和靠背是用评论家德扬·苏德杰（Deyan Sudjic）所说的"令人难受但优雅的金属丝网"制成的。川久保玲设计这款椅子时并不关心舒适度，她说："人们认为，喜欢某件东西是因为它容易使用或功能强大，而我之所以喜欢它，是因为我喜欢它。衣服也是一样。一件衣服可能不舒服，但如果你喜欢，你还是会穿它。""No.1 椅"最初是为 Comme des Garçons 的旗舰店制作的，然后于 1986 年授权给 Pallucco 公司。它的美学风格符合高雄川崎（Takao Kawasaki）设计的"未完成商店"的外观，也与 20 世纪 80 年代中期的一些椅子设计异曲同工，比如仓俣史郎的"月亮有多高椅"。

该椅子的材料和形式的选择呼应了许多 20 世纪 80 年代的设计师对炫酷的工业材料、极简主义和硬边美学的兴趣。在第二个家具系列中，川久保玲用菩提木饰面重新诠释了椅子，以使椅子在视觉上更温暖和舒适。

图 102 川久保玲于 1982 年设计的"No.1 椅"

104. Keler,Peter（彼得·凯勒）

彼得·凯勒（1898—1982）生于德国，先在基尔学习绘画，后于1921—1925年在魏玛包豪斯学习，参加约翰尼斯·伊顿的初级课程、瓦西里·康定斯基和奥斯卡·施莱默（Oskar Schlemmer）教授的壁画课程。1922年，彼得设计了"包豪斯摇篮"（Bauhaus Cradle），后以瓦西里·康定斯基命名。1924—1925年，他为法古斯工厂的办公室创建配色方案。1925年，包豪斯搬到德绍后，彼得在魏玛建立了自己的绘画、室内设计和平面设计工作室，开始设计标准化的座椅家具。1927年，他搬到德累斯顿，成为自由艺术家和平面设计师，1928—1936年担任位于萨克森州的纺织和机械制造公司的设计师。从1930年开始，他设计的家具由位于瓦尔德海姆（Waldheim）的Albert Walde公司制造。1937—1942年，凯勒在柏林从事自由建筑师的工作，1942—1943年担任柏林托比斯电影公司的布景建筑师，1946—1963年任教于魏玛的建筑与艺术学院，自1965年起在魏玛做自由美术画家。

作品：椅子（1925）

彼得·凯勒还是包豪斯学生的时候就开始设计家具。他于1922年设计的"包豪斯摇篮"的几何形状和原色受到了瓦西里·康定斯基的影响，成为包豪斯设计的标志。1925年，包豪斯搬到德绍后，凯勒开始创业，并发展出一种标志性的风格，这种风格也体现在他设计的椅子上（图103）。椅子由两个长方形的黑柚木框组成，木框中间有微弯曲的坐面和靠背。坐垫和背垫由藤编制而成，背垫的设计符合人体的形态，通过简单的形状部件构成几何框架。

图103 彼得·凯勒于1925年设计的椅子

105. Khanh,Quasar（卡萨尔·坎）

卡萨尔·坎(1934—2016)生于越南，于1955—1958年在法国国立桥路学院学习工程专业。1959年，他从事法国兴业银行的Serre Ponçon水坝项目；1960—1961年设计充气系统，用于测试连拱坝的比例尺模型。1964年，他设计了Quasar Unipower（一种透明的长方体城市交通工具）的原型，仅在1967—1968年有少量生产。1965—1967年，他在巴黎成立卡萨尔工程公司。1966年，卡萨尔·坎为Quasar Unipower设计了他的第一个充气座椅，1968年推出航空航天系列，这是一系列用于家庭的充气家具，

在多个展览中展示了充气房屋和航空家具，包括巴黎现代艺术博物馆的"充气结构展"（strctures gonflables）、巴黎现代装饰艺术博物馆的"现代椅子的基础展"（les aissises du siège contemporain），以及第十三届米兰三年展。1969年，卡萨尔·坎创立了卡萨尔法国公司，该公司生产泡沫家具，同时还进行创新型飞机和水上船的研究。1970—1971年，他停止生产充气家具，转向设计男女服装。1990年，他回到越南，并成立卡萨尔·坎国际公司，开始承接大型工程项目。

作品："Apollo椅"（1968）

20世纪60年代，卡萨尔·坎与妻子艾曼纽（Emmanuelle Khanh）探索透明的概念。他们的设计范围从透明的塑料连衣裙到透明的汽车，以及一系列被称为航空航天系列的家庭充气家具，其中包括"Apollp椅"（图104）。它可以通过金属环与其他"Apollp椅"组装在一起，

图104 卡萨尔·坎于1968年设计的"Apollp椅"

K

形成长凳。这种椅子有不透明（白色、棕色或黑色）和透明（水晶、橙色、蓝色、绿色或深紫色）两种颜色可供选择。该系列是在巴黎郊区的一家海滩玩具厂手工制作而成的，由卡萨尔·坎自己的公司出售。

106. Kienzle,Wilhelm（威廉·基恩兹）

威廉·基恩兹（1886—1958）生于瑞士，于1901—1903年在巴塞尔当木匠学徒，1903—1905年接受训练后成为一名家具设计师，1908年在巴塞尔的一个金属工作室当装饰金属工的学徒，于1909年成为德国弗赖堡（Freiburg im Breisgau）一家家具厂的设计师。1909—1911年，基恩兹在慕尼黑为平面艺术家路德维希·霍尔维恩（Ludwig Hohlwein）等人担任室内设计、商业艺术和家具设计师，1913年在伊诺·A. 坎贝尔（Ino A. Campbell）位于慕尼黑的建筑事务所工作。1914—1916年，他在彼得·贝伦斯的事务所工作了几个月，随后在慕尼黑的国王教堂做设计。1916年，他担任苏黎世艺术学院的室内设计班助理教师，于1918—1951年担任该课程的主任。1926年，他为苏黎世艺术学院的"新海姆"展览设计单间公寓。1931年，他参加苏黎世工业联盟的家居设计展，展出了为一对年轻夫妇做的室内设计，同年为瑞士的Embru—

Werke公司设计书架。1935年，基恩兹为瑞士P&W布拉特曼金属制品厂设计产品。1939年，他参加苏黎世的瑞士国家展览，展出为一个音乐家庭设计的起居室，1950年开发几何拼图"Trigon"。

作品："Safari椅"（1928）

"Safari椅"是一把可拆卸的扶手椅（图105），它改造自19世纪英国殖民地官员在工作旅行中使用的座椅，其重量轻且占用空间小。"Safari椅"的腿由圆杆连接，并穿过皮革制成的座面，进而插入至椅子的开口缝中。椅子的靠背通过枢轴销固定在后腿的上端，皮革状的扶手则通过黄铜纽扣固定在椅腿上。此外，伸展在椅子两腿间的皮革带将承受就座者的侧向重力。在两次世界大战期间，其他设计师如凯尔·柯林特于1933年改造了这把椅子。基恩兹的设计很可能直到1945年后才由Wohnbedarf公司批量生产。在二战后，它成了一种非传统生活方式的体现。

图105 威廉·基恩兹于1928年设计的"Safari椅"

107. Kiesler,Frederick（弗雷德里克·凯斯勒）

弗雷德里克·凯斯勒（1890—1965）生于奥匈帝国，于1908—1909年在维也纳的k. k.理工学院学习建筑，随后在维也纳美术学院学习绘画和蚀刻。1924年，凯斯勒在维也纳设计并建造了国际剧院。1925年，他在巴黎国际现代艺术与工业博览会上设计了浮式建筑Raumstadt（太空城市）。1926年，他移居纽约后，设计了纽约的"电影协会电影院"；1930年设计美国装饰艺术家和手工业者联盟位于纽约中央宫的展览，并展示他的办公室家具设计；1933年为纽约现代家具公司建造"太空屋"的比例模型。1933—1956年，凯斯勒在纽约茱莉亚音乐学院担任教师和布景设计师；1937—1941年成为纽约哥伦比亚大学建筑学院的设计关联实验室的创始人兼主任。1942年，他为纽约古根海姆博物馆和美术馆做室内设计。1950年，他在纽约Kootz画廊展示了第一个"无尽之屋"的模型，于1957—1965年与阿曼德·巴托斯（Armand Bartos）一起建造耶路撒冷圣殿，1960年在纽约现代艺术博物馆展出"无尽之屋"的平面图和大型模型。

作品：桌子（1930—1935）

弗雷德里克·凯斯勒于1935年搬到纽约市第七大道的顶层公寓后，为自己的住处设计家具，其中包括这张独特的木桌（图106）。凯斯

K

图 106 弗雷德里克·凯斯勒于 1930—1935 年设计的桌子

图 107 唐纳德·诺尔于 1948 年设计的椅子

勒的遗孀莉莉安·凯斯勒（Lillian Kiesler）认为这是 1930—1935 年的作品。它具有严格的对称结构，它的桌面安装在长铝管上，可沿两个方向倾斜，并通过更改四个短管的位置进行固定，这样就可将其用作桌面和绘图台。此外，凯斯勒还用它放置书籍、纸张、盒子和小工具。

108. Knorr,Donald(唐纳德·诺尔)

唐纳德·诺尔（1922—2003）生于美国，于 1941—1947 年在伊利诺伊大学香槟分校学习建筑，随后在密歇根州的克兰布鲁克艺术学院学习设计。毕业后，唐纳德先后就职于建筑师伊利尔·沙里宁和艾洛·沙里宁的工作室，并参与了密歇根州沃伦市通用汽车技术中心的设计工作，同时为 Knoll 公司研发了 71 和 72 型椅。1949 年，他参加纽约现代艺术博物馆举办的低成本家具设

计国际竞赛，并赢得了座椅类一等奖。随后，他搬到旧金山，为 SOM 建筑设计事务所工作。自 1951 年起，唐纳德·诺尔在旧金山经营自己的唐纳德·诺尔工作室，设计住宅和商业地产。1971 年，他成为 Lane—Knorr—Plunkett 建筑事务所的合伙人，同年当选美国建筑师协会荣誉会员。

作品：椅子（1948）

这把椅子（图 107）赢得了 1949 年纽约现代艺术博物馆举办的低成本家具设计竞赛中座椅类的一等奖。用于参赛的座椅是由宽塑料带制成的，通过加热将其弯曲成漏斗状，再将其末端连接起来，从而在座椅下方形成一种"龙骨"。一根钢管在前部形成腿，另一根在后部形成腿，并将它们绕"龙骨"弯曲后拧紧。1950 年，为了降低成本以适应批量生产，这把椅子被重新设计，并由金属制成。由于金属比塑料薄，"龙骨"变得更细，因此必须将两对腿纵向拧紧。1952 年，由于战争期间对金属材料的定量供应,椅子停产。

109. Kram/Weisshaar 工作室

Kram/Weisshaar 工作室由美国设计师瑞德·克拉姆（Reed Kram, 1971— ）和德国设计师克莱门斯·魏莎（Clemens Weisshaar, 1977— ）于 2002 年成立于慕尼黑和斯德哥尔摩。瑞德·克拉姆生于美国，于 1989—1993 年在杜克大学学习电气工程，1996—1998 年在前田约翰（John Maeda）的指导下，获麻省理工学院美学和计算硕士学位，于 1998 年获荷兰富布赖特艺术设计奖学金，1999 年成立瑞德·克拉姆设计工作室。克莱门斯·魏莎生于德国，1994—1995 年在慕尼黑的金属工作坊当学徒，1995—1997 年在伦敦中央圣马丁艺术与设计学院学习产品设计。毕业后，他担任设计师康斯坦丁·格里西克的助理，随后前往伦敦皇家艺术学院攻读产品专业，于 2001 年获得硕士学位，同年在慕尼黑开设克莱门斯·魏莎工业设计事务所。

2002 年，Kram/Weisshaar 工作室成立后，于 2003 年设计

K

"Breeding 桌"（图 108），2006 年为家具制造商 ClassiCon 设计 "Triton 吧台凳"，2007 年为慕尼黑 Nymphenburg 瓷器厂单独绘制板块套装 "我的私人天空"，2009 年为私人住宅设计数字天花板壁画 "Hypersky"，2010 年为伦敦特拉法加广场设计互动灯光装置 "Outrace"，该装置获 2011 年红点大奖和 IF 设计奖。此外，他们的作品还包括 "R18 Ultra 椅"、2012 年的一系列 3D 打印家具 "Multithread"，以及 2016 年在米兰国际家具展上展出的 "SmartSlab 桌"。

作品："Breeding 桌"（2003）

"Breeding 桌"是基于计算机生成式设计方法而制造的首批家具实例之一，其利用专门开发的软件及算法生成几何图形，并控制生成图形的数据，如参数、尺寸、腿的承载能力，并且可与此前生成的模型相交叉。但该软件仅生成稳定的几何体，并且与给定的结构参数相对应，再根据桌子类型来选定不同的源数据。此过程有助于输出无限数量的桌子结构。设计者可从中进行选择，再利用激光将桌子底座的零件从钢板上切下来，进行机械折叠，最后再进行连接和粉末喷涂。"Breeding 桌"的底座和桌面由专业制造商制造，再由 Kram/Weisshaar 工作室组装。自 2006 年起，Moroso 公司已小批量生产了其他两种该桌子的衍生产品。

110. Kramer,Ferdinand（费迪南德·克莱默）

费迪南德·克莱默（1898—1985）生于德国，曾在魏玛包豪斯学校学习一学期，然后前往慕尼黑工业大学学习建筑，于 1920 年成为德意志制造联盟的一员。1922 年毕业后，他开始设计小件家具和电器，如为莉莉·瑞希（Lilly Reich）设计的小烤箱。1924 年，克莱默协办并参与了由德意志制造联盟举办的 "形式"（Die Form）展览。1925—1930 年，他担任法兰克福建筑部门的市政建筑师，并参与了名为 "法兰克福新住房" 的社会住房项目。1926—1928 年，克莱默在法兰克福艺术学院教授建筑和模型制作，1927 年展出为公寓设计的家具。1929 年，他参与组织第二届国际现代建筑协会，其主题为 "最小居住"。1930 年，他开始在法兰克福做自由建筑师，1933 年离开德意志制造联盟，1937 年被排除在帝国美术协会之外，并被禁止从事建筑师工作。1938 年，他移民到美国，于 1939 年就职于纽约的设计和建筑事务所，最终于 1940 年获得美国建筑师的专业许可。1943 年，克莱默参与创立产品营销公司，并设计一系列可拆卸家具 "Knock Down Furniture"，1946 年成为美国建筑师协会成员。1952—1964 年，他担任法兰克福大学的建筑总监，与一群年轻建筑师一起规划和建造了 20 多座大学建筑。1964 年退休，但他仍继续以自由建筑师的身份工作，设计并建造了法兰克福大学的图书馆和一些住宅。

作品："B403 椅"（"Kramer 椅"，1927）

克莱默于 1927 年为美因河畔法兰克福的专业教学法研究所开发了这把 "B403 椅"（图 109）。它的靠

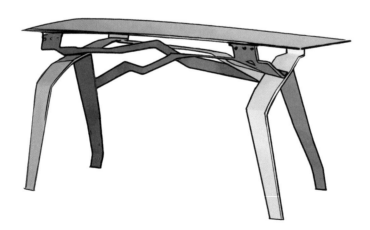

图 108 Kram/Weisshaar 工作室于 2003 年设计的 "Breeding 桌"

K

背和坐面均由无框弯曲胶合板制成，并直接安装在形成腿和靠背支撑的圆形曲木杆上。腿部由 U 形曲木元件组成，而靠背则通过两个 L 形元件连接到坐面，所有曲木杆的横截面均为圆形。在托奈特的产品目录中，此椅子的正式名称为"B403"，而扶手椅则为"B403F"。

图 109 费迪南德·克莱默于 1927 年设计的"B403 椅"

111. Kramer,Friso（弗里索·克莱默）

弗里索·克莱默（1922—2019）生于荷兰，曾获英国皇家艺术学会授予的皇家工业荣誉设计师称号、BNO Piet Zwart 奖，并连续六年（1968—1973）获得德国工业奖。他早在阿姆斯特丹应用艺术教育学院（现为格里特里特维尔德学院）学习期间，便深受马特·斯坦和包豪斯成员约翰·尼杰曼（Johan Niegemann）的影响。1945—1947 年，他在 J.P. 克洛斯

（J.P.Kloos）的建筑事务所担任结构制图员，随后于 1947—1963 年在钢制家具制造商 De Cirkel 公司担任结构制图员和设计师，并于 1953—1955 年为其设计"Revolt椅"（图 110）。1955—1963 年，弗里索·克莱默为 Davo 公司设计"油加热器"，为 Auping 公司设计"Euroika 家具"，于 1956 年参加阿姆斯特丹市立博物馆举办的"工业革命"展览。1958 年，弗里索·克莱默与里特维尔德一起为 De Cirkel 公司设计"Result 学校椅和桌"，该系列产品于 1961 年获得"BKI 奖"。1962—1966 年，他担任海牙皇家艺术学院工业设计讲师，1963 年参与创立了跨学科设计工作室 Total Design，1968 年参加阿姆斯特丹市立博物馆举办的展览"设计师"，1970 年为荷兰邮局设计绿色信箱，1971—1983 年担任 Ahrend 集团的艺术总监兼执行官。此外，他于 1977—1978 年在阿姆斯特丹市立博物馆举办个人展览"弗里索·克莱默"，1991 年在鹿特丹博伊曼斯·范·伯宁根博物馆举办个人展览"弗里索·克莱默"。1990 年，他设计的遮阳篷和多功能前门获得阿姆斯特丹艺术基金会颁发的 Kho Liang le 奖，1992 年获宜家奖。

作 品：Revolt 椅（No.4060，1953—1955）

克莱默的设计专注于用户和功能。他非常重视人体工程学，并将设计精简到精髓。"Revolt 椅"的靠背和坐面由弯曲的金属板构成，

并通过管状钢管连接，令椅子既坚固又轻盈。"Revolt 椅"首次亮相于 1954 年的米兰三年展，随后于 1955 年进行了商业展示，很快成为荷兰最著名的椅子之一。在 1956—1957 年，设计师使用了相同的原理绘制了一张绘图桌、一把休闲椅，以及一把可连接和可堆叠的折叠椅。1994 年，克莱默对"Revolt 椅"的设计进行了调整，以适应时代的更高需求和新的制造方法。

图 110 弗里索·克莱默于 1953—1955 年设计的"Revolt 椅"

112. Laarman,Joris（乔里斯·拉曼）

乔里斯·拉曼（1979—）生于荷兰，曾获 Elle Deco 青年设计人才奖、*Wallpaper* * 杂志的"年度最佳青年设计师"，以及《华尔街日报》的年度创新者。他于 1998—2003 年在埃因霍芬设计学院学习。毕业

后，他设计的 "Radiator Heatwave 散热器" 于 2004 年被纳入 Droog 设计系列，同年与电影制片人安妮塔·斯塔（Anita Star）建立阿姆斯特丹的乔里斯·拉曼实验室，并在伦敦设计博物馆举办个人展览 "乔里斯·拉曼"。2006 年，乔里斯·拉曼设计 "Bone 椅"，随后在 "设计迈阿密" 博览会中的 "智能装饰展" 中展出，并被纳入纽约现代艺术博物馆永久收藏系列以及阿姆斯特丹国立博物馆的永久展览系列。2011 年，他在巴黎蓬皮杜中心展出 100 件作品，同年被《华尔街日报》评为年度创新者。2013 年，拉曼为支持绿色和平组织的项目设计了以北极环保人士命名的时间胶囊 "极光"（Aurora）以及 "铝制渐变椅"（图 111）。自 2014 年起，他参加维特拉设计博物馆的巡回展览 "灯塔"，并在巴黎、根特等地举办展览。2015 年，拉曼在荷兰格罗宁根博物馆举办 "乔里斯·拉曼实验室"（Joris Laarman Lab）展览。

作品："铝制渐变椅"（2013）

乔里斯·拉曼在毕业后的一年里，在鹿特丹从事自由设计师的工作。与同时代的设计师不同，他利用新技术和新的生产方法来设计物品，想让工作室通过做一些大学不愿意做的实验，进而成长为实验室。在这个实验过程中，"铝制渐变椅" 诞生了。它是第一件 3D 打印的非塑料家具，首次亮相于 2014 年在纽约弗里德曼·本达画廊举办的拉曼个人展

览 "比特与工艺品"（Bits and Crafts）。

"铝制渐变椅" 从设计到生产都是数字化技术的产物，它由拉曼称之为 "微结构" 的梳状孔组成。这些元素的稳定性可以随着压力的增大而增加。小孔的设计则可减少材料的使用，并赋予物体一定的轻盈度和透明度。为了制作这把椅子，乔里斯·拉曼实验室特意开发了一款机器人打印机 MX3D。该打印机可使用 "直接金属激光烧结"（DMLS）的工业 3D 打印技术生产椅子。椅子首先由单个部件制作而成，随后在上面添加多层铝粉，最后用激光将其压实（烧结）。

图 111 乔里斯·拉曼于 2013 年设计的 "铝制渐变椅"

113. Laubersheimer,Wolfgang（沃尔夫冈·劳伯斯海默）

沃尔夫冈·劳伯斯海默（1955—）生于德国，于 1980—1984 年在科

隆应用科学大学学习金属雕塑，1982 年与拉尔夫·索默（Ralph Sommer）创立家具生产公司 Unikate，1983 年设计 "支撑架"（Gespanntes Regal）（图 112）。1985 年，他与盖德·阿伦斯（Gerd Arens）、拉尔夫·索默、莱因哈德·米勒（Reinhard Miller）和迈耶·沃根赖特（Meyer Voggenreiter）共同创立了 "Pentagon 小组和画廊"。1987 年，他与 Pentagon 小组为第八届 Documenta 五年展设计艺术家咖啡馆。1991 年起，沃尔夫冈·劳伯斯海默担任科隆应用科学大学设计学院的生产技术教授，同时任教于香港理工大学及加州大学洛杉矶分校。1995 年，他负责德国首家拥有互联网终端的多媒体咖啡馆的概念设计，并参加德国及全世界的众多项目和展览会，自 2013 年起担任科隆国际设计学院的院长。

作品："Gespanntes Regal 架"（1983）

沃尔夫冈·劳伯斯海默于 1983 年设计的 "Gespanntes Regal 架" 是 1980 年德国新设计中商业上最成功的产品之一，与德国设计师斯蒂尔托的 "Rest Lounge 躺椅" 齐名。"Gespanntes Regal 架" 由未经处理的钢板制作而成，它的设计异常简单，这是由材料的特性决定的。但薄钢板用作货架的价值有限，因为长度过长会弯曲，需要一定的稳定性，因此劳伯斯海默采用了一根钢索使它保持垂直状态。

图 112 沃尔夫冈·劳伯斯海默于 1983 年设计的 "Gespanntes Regal 架"

114. Law,David（大卫·劳）

大卫·劳（1937—2003）生于美国，于1960—1967年担任通用汽车公司设计师，后因服兵役而停职三年。1961年，他在加利福尼亚洛杉矶的艺术中心设计学院获得工业设计学位，1967—1972年担任地产公司 Unimark 国际分公司的执行设计师。1972年，大卫参与成立芝加哥设计规划小组，1975—1978年担任纽约 J. C. Penney 公司的包装设计经理，1978年加入纽约设计公司维格内利联合设计事务

所。1980—2000年，大卫·劳成为维格内利联合设计事务所的合伙人和产品设计高级副总裁，为 Acerbis、Knoll、山核桃木商务家具（Hickory Business furniture）等公司设计家具。

作品："手帕椅"（1982—1987）

这款"手帕椅"（图113）由维格内利夫妇（Vignelli Couple）和大卫·劳共同设计。他们三人经过五年的开发，最终设计出这款"手帕椅"，以满足 Knoll 公司对可堆叠椅的需求。它的座椅外壳由玻璃纤维增强的聚酯雕刻制成，并安置在钢制框架上。维格内利曾写道：经过多年的产品开发，最终生产的"手帕椅"实际比预期的要重。"手帕椅"最终因其优雅的比例和简洁的造型而成为经典之作，成为他们最好的产品之一，同时也是 Knoll 公司最成功的产品之一。

图 113 大卫·劳与维格内利夫妇于 1982—1987 年合作开发的 "手帕椅"

115. Lebovici,Yonel（约纳·勒博维奇）

约纳·勒博维奇（1937—1998）生于法国，于1953—1955年参加航空技术培训，随后在工业应用艺术学院学习。自1957年起，他就读于巴黎艺术学院，随后于1962—1969年在香水瓶设计师塞尔日·曼索（Serge Mansau）的指导下学习玻璃吹制。1969年，他成立自己的工作室，并在菲利浦·朗特利耶（Philippe Lhotellier）的资助下生产他的第一批雕塑作品。1972年，勒博维奇与他的兄弟多米尼克和妻子米琪在巴黎开设"形状和颜色画廊"，并于1973年在这个画廊举办个人展览。1974年，勒博维奇为香水品牌 Parfums Grès 创作了一系列香水瓶。1983—1987年，他在法国等地进行室内设计项目，于1990年在巴黎斯蒂芬·德·贝里画廊举办回顾展。1990—1995年，他设计了具有纪念意义的雕塑作品，如1990年的"Flotteurs 落地灯"和1991年的"Topniveau 桌"。

作品："Pince-sans-rire 椅"（"Deadpan 椅"，1986）

1969年，约纳·勒博维奇开始用有机玻璃、铝和镀铬钢进行雕塑实验，探索光和透明度的关系。他修改和调整了大量生产的日常物品，以赋予它们艺术气息。自1978年起，他开发了一系列放大到巨大比例的真实物体，如"Pince-sans-rire 椅"（图114），这是一把带有脚凳的躺椅，使用者可将他的

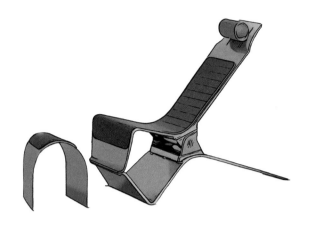

图 114 约纳·勒博维奇于 1986 年设计的 "Pince-sans-rire 椅"

身体和头部靠在铝制皮革上，脚踩在倒置的 U 形皮革上。在法语中，"pince" 是钳子的意思，而在日常生活中，钳子用来抓小物件，而 "Pince- sans-rire" 的意思则是"面无表情、假装正经的"。

116. Lee,Thomas（托马斯·李）

托马斯·李（1858—1936）生于美国，毕业于哈佛大学，随后进入哈佛法学院，并就职于李希金森银行数年。1891 年，他在纽约的韦斯特波特参与成立了韦斯特波特山泉公司，为小镇提供水源。1903 年，托马斯设计了 "Westport 椅"（图 115）。1904 年，托马斯的朋友亨利·C. 邦内尔（Henry C. Bunnell）改良了 "Westport 椅" 的设计并申请了专利，还在托马斯去世前生产了多种版本的 "Westport 椅"。

作品："Westport 椅"（1903）

根据李氏家族传下来的故事，这把 "Westport 椅" 最初是由托马斯·李在纽约韦斯特波特度假时设计的。托马斯的家人希望托马斯为他身形壮硕的母亲设计一把舒适的座椅，因此托马斯制作了这把 "Westport 椅"。托马斯选用简单的木板作为椅子的原材料，如用于板条箱或花园边框的木板。他使用这些木板制作了带有深度倾斜的坐面、高靠背、宽扶手的适合休闲放松的椅子，即 "Westport 椅" 的原型。在托马斯完成了他的椅子原型后，他建议他的朋友亨利·C. 邦内尔利用这个设计来赚钱。邦内尔抓住了这个机会，并于 1904 年申请了 "Westport 椅" 的专利，强调其坚固、耐用和适用于平房的特点。最终，他在自己的家中地下室商店里制作了各种不同的坐具模型，并申请相应的专利，如儿童版本的椅子、摇椅和沙发。他用铁杉或椴木制作绿色或棕色版本的椅子，基本型号售价 4 美元。

在 20 世纪 20 年代，"Westport 椅" 成了著名的 "Adirondack 椅" 的样板，在美国花园和露营地中一直流行。"Adirondack 椅" 的尺寸更小，其与众不同之处在于，它的后背由多根板条组成，而不是由一块木板组成。今天，"Adirondack 椅" 仍然在大量生产，除木制版本外还提供塑料版本。

长期以来，家具历史学家一直对 "Westport 椅" 与格里特·里特维尔德设计的 "红蓝椅" 的相似之处感兴趣，然而，两者之间是巧合而不是因果关系。没有任何证据表明里特维尔德知道 "Westport 椅" 的存在，"Westport 椅" 只是业余爱好者的作品，并没有在国际市场上销售。虽然 "红蓝椅" 被认为是现代设计的里程碑，但 "Westport 椅" 已实现了其一部分作为美国夏季乡土景观的持久的、受欢迎的意义。

图 115 托马斯·李于 1903 年设计的 "Westport 椅"

117. Lengyel,Kálmán（卡尔曼·伦盖尔）

卡尔曼·伦盖尔（生卒年不详）生于奥匈帝国，曾在德国学习建筑。1926—1927 年，他与马塞尔·布劳耶尔在柏林成立管状钢公司"标准家具"，1928 年设计该公司的产品目录，其中包含马塞尔·布劳耶尔和伦盖尔的家具设计。1929年，托奈特公司接管标准家具公司，随后在柏林成立伦盖尔标准家具公司，于 1930—1931 年推广宣传"Ka—Le 家具"。1931 年，该公司关闭，它的设计模型均由 Desta 公司接管，1932 年，Desta 公司被托奈特公司接管后，将"ST 3 椅"（图116）纳入托奈特系列中。1933—1937 年，卡尔曼·伦盖尔定居巴黎，为建筑师兼设计师米歇尔·杜菲特（Michel Dufet）工作。1937 年，他返回布达佩斯，为布达佩斯国际博览会设计样板房。1940 年，伦盖尔作为建筑师和规划师被列入布达佩斯电话簿，居住在 Gróf Tisza István 街 18 号。

作品："ST 3 椅"（1930）

20 世纪 20 年代，卡尔曼·伦盖尔从匈牙利移民至德国，与马塞尔·布劳耶尔共同创立了标准家具公司，这是第一家知名的现代管状钢家具制造商。布劳耶尔几乎设计了公司的所有产品，而伦盖尔只负责三种模型，甚至他最著名的设计"贵妃椅 L 15"，也有布劳耶尔的贡献。1929 年托奈特公司接管标准家具公司时，伦盖尔创立了自己的公司——伦盖尔标准家具公司。"ST 3 椅"的前身由伦盖尔设计，并在公司的销售传单中列为"Model 3"。托奈特公司收购后，将"Model 3"重新命名为"ST 3"，并为其增加了较长的扶手，其弯曲的腿由管状钢制成，而悬空的坐面以及螺旋靠背由胶合板制成。

图 116 卡尔曼·伦盖尔于 1930 年设计的"ST 3 椅"

118. Leonardi,Cesare（切萨雷·伦纳迪）、Stagi,Franca（佛朗哥·斯塔吉）

切萨雷·伦纳迪（1935—2021）和佛朗哥·斯塔吉（1937—2008）均生于意大利。切萨雷·伦纳迪从小就开始画画和摄影，后在佛罗伦萨大学学习建筑，并任教于佛罗伦萨大学建筑学院。佛朗哥·斯塔吉毕业于意大利米兰理工大学建筑系。他们二人于 1961 年合作设计了"Nastro 扶手椅"，于 1963 年成立伦纳迪—斯塔吉公司。1966 年，他们为贝尼尼公司（Bernini）设计"Dondolo 摇摆躺椅"和"Eco 躺椅"，1969 年为照明设备公司 Lumenform 设计"Jeep 灯"，1970 年参加由伦敦白教堂美术馆举办的国际展览"现代椅子1918—1970"。1970 年，他们为 Elco 公司设计"K 咖啡桌"。1972年，"Dondolo 摇摆躺椅"在纽约现代艺术博物馆的"意大利：新的国内景观"展览中展出，随后纳入纽约现代艺术博物馆的永久设计收藏中。1973—1975 年，他们设计位于摩德纳（Modena）的游泳中心，1973—1977 年修复摩德纳的圣卡洛大学。1983 年，伦纳迪—斯塔吉公司关闭。随后，伦纳迪于1983—1993 年设计"Solidi 家具系列"，1988—1996 年设计 Bosco Albergati 公园。自 2002 年起，伦纳迪专注于摄影、雕塑和绘画，并举办展览展示自己的作品。

作品："CL9 躺椅"[Nastro（Ribbon），1961]

切萨雷·伦纳迪和佛朗哥·斯塔吉非常痴迷于马克斯·比尔于 1936年设计的"无尽的丝带"（Endless Ribbon），于是他们将这种形状应用到他们的一件家具设计中，最后形成一个带状的座椅外壳（图117）。该外壳将坐面、靠背和扶手融为一体。他们用石膏制作了外壳的原型，并采用玻璃纤维增强聚酯材料来制作，以保持椅子的轻巧，将外壳通过橡胶减震器固定在镀铬的管状钢底座上。"CL9 躺椅"最初由摩德纳的阿方索·内格里公司

（Alfonso Negri）生产，随后由托斯卡纳的贝尼尼公司出售，后来由威尼托的贝拉托－法姆（Bellato-Farm）公司负责生产。

图 117 切萨雷·伦纳迪和佛朗哥·斯塔吉于 1961 年合作设计的"CL9 躺椅"

119. Liber,Henri（亨利·利伯）

亨利·利伯（1890—1970）的出生地不详，他于 1917—1956 年申请了各种精密电子仪器和可调办公椅的专利。1919 年，他在巴黎东部的丰特奈苏布瓦（Fontenay-sous-Bois）成立了自己的公司 Flambo，1926 年发明了一种滑轨办公椅，并在法国为该座椅申请了专利。1934 年，他与路易斯－尼古拉斯·梅斯特（Louis—Nicolas Mestre）一起申请了转椅专利，于 1937 年在巴黎世界博览会上展出他的"Flambo M 42/Flambo 椅"（图 118）。

作品："Flambo M 42/Flambo 椅"（1926—1927）

亨利·利伯的转椅配有高度可调节的坐面和靠背，靠背可通过放置在坐面下方的弹簧进行调节，这款转椅最初是为打字员设计的。1927 年，亨利·利伯通过引入一个可以使靠背前后摆动的螺旋弹簧，进一步改善了椅子的人体工程学方面的性能，他还通过添加泡沫橡胶垫使靠背更加舒适，更适合久坐的工作。"Flambo M 42/Flambo 椅"还配备脚轮，在基座的前端配有一根横杆，可使使用者侧向移动，方便办公。1934 年，利伯开始通过自己的公司 Flambo 生产该椅子，这种椅子也于 1937 年的巴黎世界博览会的法国馆中展出。

图 118 亨利·利伯于 1926—1927 年设计的"Flambo M 42/Flambo 椅"

120. Lissitzky,El（利西茨基）

利西茨基（1890—1941）生于俄罗斯，于 1909—1918 年在达姆施塔特技术学院以及里加工业学院学习建筑，1917 年设计了第一面苏联旗帜。1919 年，他受马克·夏加尔（Marc Chagall）的邀请到维捷布斯克艺术学校任教，结识了卡齐米尔·马列维奇并转向至上主义。1921 年，利西茨基搬到莫斯科，任教于高等艺术和技术工作室，随后迁往柏林，以赢得艺术家对苏联前卫艺术计划的支持。1922 年，他结识了马特·斯坦，并与其共同成立了构成主义建筑师和艺术家小组，并自 1924 年起出版杂志《ABC 建筑文集》（ABC—Beiträge zum Bauen）。1923 年，利西茨基在柏林"伟大的柏林艺术展"展出首个"Proun 空间"，并在德国汉诺威开办个人展览。自 1926 年起，他为各种国际展览设计苏联馆，其中一些还配有他设计的家具。

作品：为第二届国际卫生博览会设计的椅子（1930）

1930 年前后，苏联的大多数普通百姓住在公共公寓中，其房间必须同时满足多种功能。因此，所有苏联设计师都必须考虑空间因素去做设计。利西茨基努力采取了多功能家具的形式：这些家具既可内置，也可折叠起来存放。图 119 中的这种椅子仅由几个简单的部件制成：作为腿和靠背的弯曲胶合板以及与之相连的实木扶手和实木坐面。安装在坐面下方的两个垂直杆和一个水平杆为椅子提供额外的稳定性。靠背、坐面和扶手拧在一起，而开槽螺钉则保持可见，以增加部件的裸露，保证外观的简洁。利西茨基在 1930 年莱比锡的国际毛皮贸易展览上展出了至少 10 把这样的椅子。1978 年，Tecta 公司重新发布了这个模型。除了几年来由木头和涂黑的胶合板制成的版本外，Tecta 公司还提供了一款完全由树脂玻璃制成的版本。

图 119 利西茨基于 1930 年为第二届国际卫生博览会设计的椅子

121. Littell,Ross（罗斯·利特尔）

罗斯·利特尔（1924—2000）生于美国，1949 年毕业于纽约普拉特学院的工业设计专业。1950—1956 年，他与威廉·卡塔沃洛斯和道格拉斯·凯利一起经营设计工作室，为 Laverne Originals 公司设计纺织品、地毯和家具，其中包括 "T 椅"。1957—1958 年，利特尔作为富布赖特学者赴意大利学习，并参加米兰三年展，1958 年在布鲁塞尔世界博览会美国馆展出纺织品设计。1958—1959 年，他为 Knoll 公司设计纺织品。自 1961 年起，他与妻子英格·克林根贝格（Inger Klingenberg）一起为丹麦公司 Unika Vaev 设计纺织品和地毯，1980 年起与许多意大利家具制造商合作，并为丹麦纺织品制造商 Kvadrat 公司设计纺织品。

作品：参见 299 页 "T 椅"（3/LC，1952）。

122. Loewy,Raymond（雷蒙德·洛威）

雷蒙德·洛威（1893—1986）生于法国，是美国工业设计界的重要人物，他的作品包括巨大带宽汽车、蒸汽船、火车头、火车车厢和公共汽车，以及大量消费品、工业产品、包装和平面设计。他于 1910—1912 年就读于巴黎大学，1918 年在第一次世界大战中服兵役后，获得兰诺杜维瑙学校的工程学学位。1919 年，他移居纽约，在那里开始担任橱窗设计师和时尚插画师，1929 年在纽约成立了自己的工业设计公司，1929 年通过重新设计基士得耶（Gestetner）复印机获得巨大成功。1934 年，洛威推出 "Hupmobile 汽车"，1937—1938 年为宾夕法尼亚铁路设计流线型的 S1 机车。1940—1942 年，他为 Lucky Strike 香烟做包装设计，随后为可口可乐、纳贝斯克（Nabisco）和壳牌石油（Shell Oil）等许多国际公司做平面设计。1944 年，他与四个合伙人一起成立了雷蒙德·洛威联合公司，并在纽约、芝加哥、南本德、圣保罗和伦敦设立办事处。1949 年，雷蒙德·洛威成立雷蒙德·洛威公司，从事建筑工程；1952 年又在巴黎设立法国工业公司。1961 年，洛威和威廉·斯奈斯（William Snaith）接任雷蒙德·洛威联合公司，1962 年为约翰·肯尼迪（John Kennedy）总统设计空军一号飞机的制服和机舱内部。1975 年，洛威成立雷蒙德·洛威国际公司，并在伦敦和巴黎设立办事处，该公司一直运营到 1984 年。

作品："DF 2000 系列橱柜"（1967）

"DF 2000 系列橱柜" 由法国的 Doubinsky Frères 公司生产。它们由模块构成，有各种尺寸、颜色和配置的桌子和储物柜。四四方方的形状与洛威早期的流线型和曲线型作品形成鲜明对比。该橱柜（图 120）主要由木材制作而成，它的抽屉门采用了模压丙烯酸材料，使其看起来光滑透亮，这也是 20 世纪 60 年代家具设计的主要特点。

图 120 雷蒙德·洛威于 1967 年设计的 "DF 2000 系列橱柜"

123. Lorenz,Anton（安东·洛伦兹）

安东·洛伦兹（1891—1964）生于奥匈帝国，于1913年毕业于布达佩斯教育大学，1916—1919年在布达佩斯教授历史和地理。1922年，洛伦兹搬到柏林，靠卖锁和配件谋生，1927—1929年担任管状钢公司"标准家具"的董事总经理，该公司由马塞尔·布劳耶尔和卡尔曼·伦盖尔共同创立。1929年，他与马特·斯坦签订合约以获得斯坦的悬臂椅设计的使用权，并成立自己的家具公司——德意志钢铁公司。1932年，他将Desta系列产品的专利转让给托奈特公司，并在托奈特公司担任专利经理。1934年，他与汉斯·勒克哈特合作开发躺椅。1935—1939年，洛伦兹作为企业家加入在德国和其他国家开发椅子的全球许可系统。1939年，他来到美国，在二战爆发后留在美国继续从事家具和专利业务，并于1954年与彼得·弗莱彻（Peter Fletcher）合作开发躺椅。

作品："ST 12椅"（1929）

"ST 12椅"（图121）是洛伦兹与马特·斯坦共同设计的，是对斯坦设计的第一把椅子"W1椅"的改进。"ST 12椅"采用了直径为22毫米的镀铬钢管，其弯曲的部分是圆形的，坐面和靠背原本是由橡胶或织带制成，现取而代之的是用石蜡处理过的纱线制成的艾森加恩帆布，然后打磨出光泽。斯坦没有参与这些改进工作，而是把所有的修改工作交给了洛伦兹。1929年6月，斯坦把他的"ST 12椅"的所有权转让给了洛伦兹新成立的Desta公司。

图121 安东·洛伦兹和马特·斯坦于1929年合作设计的"ST 12椅"

124. Luckhardt,Hans（汉斯·勒克哈特）

汉斯·勒克哈特（1890—1954）生于德国，于1909—1911年在卡尔斯鲁厄理工学院学习建筑，但未获得学位。自1912年起，他在柏林做自由建筑师。1919—1920年，汉斯·勒克哈特和他的兄弟瓦西里·勒克哈特（Wassili Luckhardt）加入了艺术家组织"玻璃链"（Gläserne Kette）。1921—1954年，两人开办并经营建筑师事务所。1922—1923年，两人共同完成了第一个建筑作品——布克塔尔之家（Haus Buchthal）；1924年在柏林成立勒克哈特兄弟和阿尔方斯·安克尔建筑公司。1924—1930年，汉斯完成了位于柏林的殖民地公寓，1930—1932年为Desta公司设计钢管椅，1931年在柏林的德国建筑展上展出"德斯塔之家（Desta—Haus）"。1934年，勒克哈特与阿尔方斯·安克尔（Alfons Anker）的合伙关系终止，阿尔方斯移民瑞典。1934—1942年，勒克哈特与安东·洛伦兹合作开发可调节椅子，1950—1951年设计汉诺威建筑展的联排别墅和展馆，1952—1954年担任柏林艺术学院教授。

作品："ST 14椅"（1929—1930）

勒克哈特兄弟和阿尔方斯·安克尔建筑公司设计的家具均出自汉斯·勒克哈特之手。这些家具由管状钢制成，在材料和美学表现上均与公司的建筑设计相匹配。"ST 14椅"（图122）由曲线优美的钢管和胶合板组成，是一把可折叠的椅子，胶合板坐面并没有在视觉上与钢管相融，而是安置在钢管结构的两个控制台上，因此坐面可向后方倾斜。"ST 14椅"由Desta公司制造，直至1932年下半年停止生产。

图122 汉斯·勒克哈特于1929—1930年设计的"ST 14椅"

125. Lundgren,Gillis（吉利斯·伦德格伦）

吉利斯·伦德格伦（1929—2016）生于瑞典，于 1940 年就读于马尔默技术学院。自 1951 年起，他担任宜家创始人英瓦尔·坎普拉德（Ingvar Kamprad）的顾问，1954 年受雇于宜家，并很快成为广告经理。1956 年，他设计了"Lóvet 桌"，这是第一个以扁平包装形式交付给客户的宜家产品。此外，他于1966 年设计书桌抽屉单元"Tore"，1973 年设计可用作躺椅或床的多功能家具"Tajt"，1974 年设计"Kontiki 休闲椅"，1979 设计"Billy 货架"（图 123）。2012 年，他获得了丹增奖（Tenzing award），以表彰他在平板包装家具方面的成就，他的理念也促成了宜家的成功。

作品："Billy 货架"（1979）

1979 年，宜家推出"Billy 货架"。它由单板刨花板制成，以低廉的价格出售给顾客。它的高度为 202 厘米，宽度为 60 或 90 厘米，可以选择白色漆面或松木、橡木贴面。像所有宜家产品一样，"Billy 货架"是无组装、扁平包装交付的，包装中附带用于组装的工具，如 S 形内六角扳手。1991—1992 年，"Billy 货架"下架，但由于客户的需求，它于 1993 年重新推出。"Billy 货架"在市场上销售了四十多年，售出了4200 万件，是宜家公司最成功的产品之一。

图 123 吉利斯·伦德格伦于 1979 年设计的"Billy 货架"

126. Lynn,Greg（格雷格·林恩）

格雷格·林恩（1964—）生于美国，曾获美国艺术与文学学会颁发的建筑奖，曾在牛津的迈阿密大学学习建筑和哲学，于 1988 年获得普林斯顿大学的建筑学硕士学位。1987—1992 年，林恩就职于彼得·艾森曼（Peter Eisenman）的事务所，1992—1999 年担任纽约哥伦比亚大学建筑规划与保护研究生院的讲师。1994 年，他在新泽西州的霍博肯（Hoboken）开办建筑和设计事务所——格雷格·林恩FORM，1995—1999 年扩建纽约韩国长老会教堂［与道格·加罗法洛（Doug Garofalo）和迈克尔·麦克恩图夫（Michael Mcinturf）合作］，1997 年担任加州大学洛杉矶分校教授。1997—2001 年，他完成胚胎房屋（Embryological House）的

计算机辅助设计，并在 2000 年的威尼斯建筑双年展上展出，以推广"流体建筑（blob architecture）"的概念。2002 年起，林恩担任维也纳应用艺术学院教授，从 2003 年开始为阿莱西公司设计产品，包括"Supple 咖啡杯"，2005 为维特拉设计"Ravioli 椅"（图124），2009 年在威尼斯建筑双年展中的玩具家具展上赢得金狮奖。

作品："Ravioli 椅"（2005）

格雷格·林恩是参数化设计的先驱之一。他设计这件作品的目的是用尽可能少的元素创造一个躺椅：一个由玻璃纤维增强聚酯制成的坚硬的底座外壳和一个由聚氨酯泡沫制成的软座。雕塑的弯曲元素形成椅腿、靠背和扶手，椅子套由立体编织技术制作，这项技术在数年后用于制造运动鞋，将两种不同颜色的线与热固性胶水编织在一起，从而使套面在贴合软垫泡沫的形状的同时，也可以粘在上面。

图 124 格雷格·林恩于 2005 年设计的"Ravioli 椅"

127. Mabunda, Gonçalo（贡萨洛·马本达）

贡萨洛·马本达（1975— ）生于莫桑比克，于1992—1993年担任马普托艺术中心的助理，1993—2000年担任该中心的画廊经理，1994年开始从事金属加工工作。1995年，贡萨洛·马本达作为南非艺术家安德烈斯·博塔（Andries Botha）的助手加入了在马普托举办的Ujamaa 4工作坊，1996年加入南非德班的金属加工坊。自1997年起，贡萨洛·马本达利用莫桑比克在被殖民统治时期和内战时期遗留下来的废金属创作椅子、面具和拟人化雕塑。2004年，他参加了多个关于非洲当代艺术的群展，这些展览由世界各地的博物馆举办，如杜塞尔多夫艺术博物馆、巴黎蓬皮杜中心、纽约艺术与设计博物馆、纽约布鲁克林艺术博物馆、莱茵河畔魏尔的维特拉设计博物馆，以及莱茵河畔法兰克福艺术博物馆。

作品："www.crise.com椅"（2012）

自1995年起，莫桑比克的教会一直在收集莫桑比克内战时期（1975—1992）的武器，用它们交换建筑材料、农业机械和种子。于是，贡萨洛·马本达和其他莫桑比克艺术家在马普托艺术中心的车间里，将收集到的AK-47机关枪、地雷和手枪等武器制作成艺术品。马本达利用它们来制作座椅家具、面具和拟人化的雕塑。他自2000年以来就致力于王座系列作品的

研究，"www.crise.com椅"（图125）便是其中的一部分，它用管状钢作为座椅框架，再由焊接在一起的武器零件制成座椅：腿由迫击炮弹组成，扶手由弹夹和步枪零件组成，靠背则由五把AK-47步枪组成。对马本达来说，这些武器是内战期间人民遭受的难以言喻的痛苦的象征，现在从暴力循环中移除。马本达通过类似于非洲传统仪式座椅的宝座设计，旨在批评非洲宗族首领的权力，他也创造了过去十年中最广为人知的非洲设计作品。

图125 贡萨洛·马本达于2012年设计的"www.crise.com椅"

128. Machoň, Ladislav（拉迪斯拉夫·麦洪）

拉迪斯拉夫·麦洪（1888—1973）生于奥匈帝国，是一名职业建筑师，在捷克立体主义的早期阶段参加了各种新建筑竞赛，为自己赢得了声誉。他于1909年毕业于捷克技术大学的建筑专业，并开始与简·科特拉（Jan Kotěra）合作。1912—1914年，他设计了位于布拉格科鲁纳宫（Palais Koruna）的电影院内部空间，1913年设计了位于捷克布尔诺的"齐克蒙德之家"（Haus Zikmund）的客厅内部。1917年，麦洪在布拉格成立自己的工作室，1918年为布拉格斯旺达剧院设计入口，1923—1924年设计约瑟夫·卡佩克（Josef Čapek）和卡雷尔·卡佩克（Karel Čapek）兄弟的别墅，1924—1925年设计城市带顶拱廊Pardubitz（现为马乔诺娃通道）。1924—1936年，他参与布拉格国家图书馆现代化设计，1926—1929年完成布拉格查尔斯大学的法律系大楼项目。1928—1938年，他担任布拉格市的国家管理委员会城市规划师，1931年设计位于布拉格科鲁纳宫的自助餐厅，1932—1933年设计斯皮塞克别墅。他的作品还包括1936年的布拉格加油站以及1938年的位于伦敦摄政街的自主餐厅。1942年，他作为创办人之一创立了布拉格国家技术博物馆建筑档案馆，1945年担任规划官员，后来成为布拉格市中央建设办公室的成员。1948年，由于政变，拉迪斯拉夫·麦洪被迫放弃工作室，并于1960年入狱。

作品：休闲椅（1913）

麦洪的设计试图将巴黎画家开发的立体主义语言转化成三维的功能性物体。他的设计以三角形、六边形、棱柱形和金字塔等几何形式为基础，尤其是在捷克立体派的第一

阶段，以实心体量为基础。图126中的椅子是拉迪斯拉夫·麦洪为雅罗斯拉夫·齐克蒙德（Jaroslav Zikmund）的住宅设计的。椅子框架由木材制成，椅腿由坐面下方的十字木架连接，坐面为织物覆盖的八角形软垫，靠背则呈梯形。1998年，维特拉设计博物馆购入了这把椅子。

图126 拉迪斯拉夫·麦洪于1913年设计的休闲椅

M

图127 罗伯特·马莱－史蒂文斯于1927年设计的休闲椅

129.Mallet-Stevens,Robert（罗伯特·马莱－史蒂文斯）

罗伯特·马莱－史蒂文斯（1886—1945）生于法国，是现代艺术家联盟的创始成员之一。他于1903—1906年在巴黎建筑学院学习。1912年，他在巴黎沙龙的首个展览中展示了一套餐厅、花园家具和建筑的设计图纸，并为其首位客户——时装设计师帕康夫人

（Jeanne Paquin）装饰服装精品店。1920年，他为雷蒙德·伯纳德（Raymond Bernard）执导的《秘密玫瑰花》（The Secret of Rosette Lamber）设计电影场景。1922年，史蒂文斯出版著作《现代城市》，书中的32幅建筑图纸代表了现代城市的主要建筑类型。1923—1928年，他建造了位于法国耶尔的Noailles别墅，这是他第一栋建成的建筑作品。1925年，他设计了位于巴黎国际装饰艺术和工业博览会的旅游观光博物馆和法国大使馆大楼的大厅。1926—1927年，他设计巴黎的名为鲁·马莱－史蒂文斯（Rue Mallet—Stevens）的建筑，其中包括五栋联排别墅和一间警卫室，1928—1929年设计位于巴黎的出租公寓街区。1929—1932年，史蒂文斯为企业家保罗·卡夫罗伊（Paul Cavrois）设计卡夫罗伊别墅，1935—1939年设计巴黎艺术沙龙的餐厅空间，1937年为巴黎世界博览会设计了五个展馆，其中包括卢米埃宫和布雷斯咖啡馆。

作品：休闲椅（1927）

罗伯特·马莱－史蒂文斯于1927年为他的建筑事务所大堂设计了一把休闲椅（图127），最初具有白色钢制框架、绿色和白色格子布套。该休闲椅的座框结构采用钢管制成，管径较大，椅子的钢管设计与包豪斯设计师青睐的拉拔钢管不同，它的钢管由一块薄钢板纵向焊接而成，这种技术使椅子具备更加轻便的优势，但这把椅子从未进行批量生产。

130.Mangiarotti,Angelo（安吉洛·曼贾罗蒂）

安吉洛·曼贾罗蒂（1921—2012）生于意大利，曾获意大利金圆规设计奖的终身成就奖。他于1948年毕业于米兰理工大学建筑学专业，1953—1954年从事自由设计师和建筑师的工作，并结识了弗兰克·劳埃德·赖特、沃尔特·格罗皮乌斯和路德维希·密斯·凡·德·罗。1955年，他与布鲁诺·莫拉苏蒂（Bruno Morassutti）一起设计"Cavaletto可叠放家具系列"。1955年，曼贾罗蒂在米兰成立建筑事务所，与莫拉苏蒂一起设计"Secticon座钟"和"Multiuse模块化家具系统"，以及1957年的位于米兰的Mater Misericordiæ教堂。1959年，他设计了单腿青铜桌，1966年设计了由胶合板制成的"Junior家具系列"和"Senior家具系列"，同年为意大利制造

商 Artemide 设计由玻璃制成的"Lesbo 台灯"和"Saffo 台灯"。1971 年，他设计爱神桌系列（Eros Table Series），1986—1992 年，担任位于埃尔萨山谷的水晶和玻璃器皿制造商 Colle Cristalleria 的艺术总监，设计了许多玻璃制品系列。2010 年，他为意大利家具品牌 AgapeCasa 重新设计了包括爱神系列在内的几款家具。

作品："Senior 家具系列"的扶手椅（1966）

安吉洛·曼贾罗蒂本质上是功能主义者，但他从不满足于仅仅实现给定的目的，而是遵循其导师马克斯·比尔倡导的"功能的美和美的功能"的观念，这尤其体现在他的"Junior 家具系列"和"Senior 家具系列"中。他的目标是设计可以经济、有效生产的家具，因此，他只使用了一些标准化的胶合板部件，将它们用钉子或胶水固定在一起组成凳子、椅子、桌子、架子和餐具柜，因而制作较简单。然而，"Senior 家具系列"的扶手椅（图 128）却以其复杂的结构和独创性著称，尺寸为 70.2 厘米 ×61.5 厘米 ×45 厘米，由胶合板制成，四只椅脚套上橡胶以防止打滑。

131.Mari,Enzo（恩佐·马里）

恩佐·马里（1932—2020）生于意大利，曾因其在设计领域的开拓性研究而获得意大利金圆规设计奖。他于 1952—1956 年在米兰的布雷迪艺术学院学习艺术，同时也是自由艺术家和平面设计师。1955—1956 年，他结识了布鲁诺·穆纳里（Bruno Munari）和布鲁诺·丹内斯（Bruno Danese），并完成了他的第一个设计项目：一个插图艺术百科全书的展示和一个为出版商 Bompiani 设计的移动图书馆。20 世纪六七十年代，恩佐·马里设计家具用品和艺术品，包括 Danese 公司的花瓶和碗。在此期间，他还发表了很多艺术评论，并在大学中做讲师。1971 年，他为意大利家具制造商 Castelli 设计"箱椅"（图 129），此后热衷于为意大利著名制造商如

Gavina、Driade、Magis、Zanotta 和 Artemide 等设计家具和灯具。1973—1974 年，他推出"Proposta per un'proprogettazione 系列家具"，包括需要用户自行组装的木制家具，而该系列中的"Sedia l 椅"自 2010 年起由芬兰公司 Artek 生产。1980 年，马里设计"Tonietta 椅"，并于 1985 年由 Zanotta 公司生产，1987 年获得意大利金圆规设计奖。2002 年，他的著作《自主设计》（Autoprogettazione）唤起了 DIY 运动的复兴。

作品："箱椅"（1971）

"箱椅"是恩佐·马里在 1971 年为 Castelli 设计的第二把椅子。箱椅证明了马里对椅子设计相关的问题的密切关注，这些问题涉及功能、材料、制造方法、装配以及批量生产。马里的椅子既轻巧坚固，

图 128 安吉洛·曼贾罗蒂于 1966 年设计的"Senior 家具系列"的扶手椅

图 129 恩佐·马里于 1971—1976 年设计的箱椅

又易于拆卸和收起（既节省空间又便于运输），并且无需工具即可组装。箱椅仅由8个可旋拧或插在一起的元件组成，包括由压制的聚丙烯制成的坐面和靠背，以及4条由带聚氯乙烯涂层的钢管制成的椅腿和靠背支架。椅子以一个便利的扁平包装盒形式出售，里面包含上述的所有组件。"箱椅"凹槽的塑料方形网格模仿了蜂窝状结构，使其坚固到可以坐在上面。然而，对于坐面和靠背的外观而言，更为关键的是一排圆孔，它们可以实现多种功能，主要目的是通风，并防止在户外使用椅子时大腿和臀部的周围出汗，还可排走雨水。1976年，"箱椅"的靠背由塑料代替，制造商Castelli将其投入批量生产。从1995年到1999年，椅子由Driade公司重新推出。

设计Logo和海报图案，1980年与费尔南多·萨拉斯（Fernando Salas）一起设计Dúplex酒吧的室内空间，同年设计"Dúplex吧台凳"（图130），1981年为米兰的孟菲斯设计集团做设计。自1985年起，马里斯卡尔与建筑师阿尔弗雷多·阿里巴斯（Alfredo Arribas）合作设计酒吧和夜总会的室内空间。1987年，他为在德国卡塞尔举行的第八届Documenta五年展设计售票亭，次年为1992年巴塞罗那奥运会设计了吉祥物Cobi，并参与在巴伦西亚的丝绸交易所举行的首届回顾展"与元帅共度100年"，2009年则参与在伦敦设计博物馆举办的回顾展"马里斯卡尔：绘画生活"（Mariscal: Drawing Life）。

作品："Dúplex吧台凳"（1980）

1980年，贾维尔·马里斯卡尔为瓦伦西亚的Dúplex酒吧设计了一种非常规的"Dúplex吧台凳"（图130）。该凳子具有三条不同颜色、不同形状的管状钢腿，由两个管状钢环将它们连接起来，使凳子保持稳定，其中较低的钢环还可提供搁脚的作用，带有白色乙烯基边沿的圆形软垫坐面有黑色或蓝色可选。该凳子最初只生产了十把左右，是专门为Dúplex酒吧手工制作的。1981年，马里斯卡尔开始为BD Ediciones de Diseño公司批量生产而重新设计。尽管现在只提供黑色坐面，但他开发了另一个较低的版本，称为"Single"。

132.Mariscal,Javier （贾维尔·马里斯卡尔）

贾维尔·马里斯卡尔（1950—）生于西班牙，曾获西班牙经济、工业和竞技部授予的"国家最佳设计奖"。他于1967—1970年在巴伦西亚大学学习哲学，1971—1973年在巴塞罗那高等设计工程学院学习平面设计。自1977年起，他从事自由设计师的工作，并为巴塞罗那动物园、德国2000年世博会等客户设计纺织品、产品和平面。1979年，他为BARCELONA公司

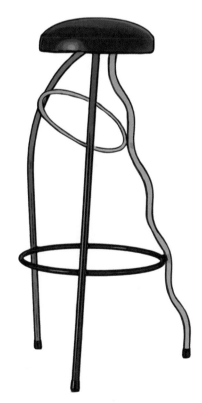

图130 贾维尔·马里斯卡尔于1980年设计的"Duplex吧台凳"

133.Massonnet,Henry（亨利·马森内特）

亨利·马森内特（1922—2005）生于法国，于1946—1948年在巴黎和里昂学习工程学，1948年在努里埃-沃洛尼亚特（Nurieux-Volognat）成立了法国塑料工业公司（STAMP），1968年设计具有双曲线形状的"Tam Tam凳"，从推出时至20世纪80年代，共售出了1400多万张。1972年，马森内特设计"Fauteuil 300椅"（图131），在1980—1988年与法国设计师皮埃尔·保林（Pierre Paulin）合作，进一步开发"Monobloc模型"，1988年出售STAMP，于1991年获得法国骑士荣誉勋章。

作品："Fauteuil 300椅"（Monobloc，1972）

亨利·马森内特设计的"Fauteuil 300椅"是一种特殊类型的椅子，它确立了一种定义性风格：即可逐步注塑成型的"Monobloc椅"。马森内特的目标是开发一种全塑料、易堆叠、防风雨、耐用、价格实惠的椅子。这种模型由马森内特自己的公司STAMP负责生产。在20世纪60年代，类似的塑料椅子已登上意大利的Kartell和Artemide等公司的产品目录，但是"Fauteuil 300椅"是第一款改变全球流行坐姿的产品。

从类型上看，这种设计可追溯到20世纪20年代初约瑟夫·马修（Joseph Mathieu）的具有倒置腿的钢板椅

子，而这种椅腿也成为"Monobloc椅"的典型特征。自1959年起，里查德·萨帕和马可·扎努索曾尝试类似的自承式塑料椅子结构，但由于缺少足够的材料而以失败告终。另一个前身是赫尔穆特·巴兹纳于1966年发布的"Bofinger椅"，由于使用的材料和技术，其形式比"Fauteuil 300椅"更整体，生产方法也更复杂，解决了先辈们遇到的大多数问题。尽管如此，在头两年，"Fauteuil 300椅"还是由ABS（丙烯腈—丁二烯—苯乙烯）制成，ABS是当时主要用于家具生产的塑料。考虑到该椅子的低销量和高售价，STAMP决定改用更便宜的聚丙烯，不到两分钟的生产时间极大地降低了成本。但"Fauteuil 300椅"最初仍然不受欢迎，因为第一个系列几乎与第一次石油危机同时出现。虽然塑料家具曾指向未来，但现在人们越来越反对它，这不仅是因为商品价格上涨，也是因为公众的环境意识在提高。在石油

图131 亨利·马森内特于1972年设计的"Fauteuil 300椅"

危机结束后，其他塑料制造商在20世纪80年代初掌握了注塑聚丙烯椅子的技术，Allibert、Grosfiex等公司以具有竞争力的价格席卷了迅速扩展的市场，而STAMP继续生产主要用于酒店业的高质量椅子。

134.Matégot,Mathieu（马修·玛格特）

马修·玛格特（1910—2001）生于奥匈帝国，1925—1929年在布达佩斯的匈牙利实用美术大学学习，并开始担任布达佩斯国家剧院的设计师。1931年，他移居巴黎，并就职于广告公司，后担任福利斯贝格酒店音乐厅的布景设计师，于1933年制作了第一款金属和藤制家具。1939年，他结识吉恩·卢萨特（Jean Lurçat），并在他的激励下开始设计挂毯，并为玛丽·卡托利（Marie Cuttoli）设计第一幅挂毯。1939—1944年，他作为战俘在德国的工作营地和齿轮工厂学习如何加工金属板。1945—1947年，他为弗朗索瓦·塔巴尔（François Tabard）设计非具象挂毯，并开始在巴黎的一个小工作室尝试穿孔金属板。1941年，安德烈·雷诺（André Renou）和让-皮埃尔·格尼塞特（Jean-Pierre Génisset）在他们开设的Crémaillère商店出售玛格特的金属和藤制作品。1948年，玛格特研究对金属板的创新使用，

他用传统的三叶草图案穿孔，生产限量版的家具、灯具和家居用品。1949 年，他加入装饰艺术家协会，并与 Adnet、Perriand、Guariche、Mouille 等公司展开合作。1952 年，他获得穿孔钢的技术专利，并在摩洛哥卡萨布兰卡附近的艾因塞巴（Ain Sebaa）建立一家小工厂，在伦敦设立办事处。1953—1959 年，他生产了家具系列，如"Nagasaki""Santiago"（1955），以及室内和花园系列"Copacabana"（1955）。自 1959 年起，玛格特拒绝大规模生产家具，全心致力于挂毯设计。他的挂毯在世界各地广受欢迎，为他带来了大笔订单和奖项，他也参加了众多展览。1961—1965 年，玛格特担任南希国家美术与建筑学院的教授。

作品："Nagasaki 椅"（1954）

马修·玛格特是最早使用穿孔钢板的家具设计师之一。"Nagasaki 椅"（图 132）是最著名的利用这种材料的产品之一。它首次出现在 1954 年的巴黎装饰艺术沙龙展上，其坐面和靠背由玛格特发明的穿孔钢板制成，并依附在弯曲的管状钢构件上，形成座椅。"Nagasaki 椅"是为数不多的三脚椅子之一。

"Nagasaki 系列"还包括圆桌、高脚凳和带扶手的椅子。1954 年，玛格特用"Nagasaki 系列"装饰了巴黎的第一家素食餐厅 La Saladière。自 20 世纪 50 年代由玛格特自己的公司发行后，该系列相继由 Sentou 画廊（2007—2010）

和 Gubi 设计公司（2011 年以来）重新发行。

135.Matta,Roberto（罗伯托·马塔）

罗伯托·马塔（1911—2002）生于智利，于 1926—1932 年在智利圣地亚哥的智利天主教大学学习建筑，1934—1936 年就职于勒·柯布西耶的工作室，1938 年参加巴黎国际博览会。1940 年，他在纽约朱利安·列维画廊（Julien Levy Gallery）举办首次个人展览，于 1957 年在纽约现代艺术博物馆举办首次回顾展。1968 年，罗伯托·马塔参加巴黎的政治抗议活动，并于 1971 年返回智利，活跃于圣地亚哥的艺术家团体 Las Brigadas Ramona

Parra（BRP），1973 年在意大利博洛尼亚展出他的政治作品，抗议智利政变。1973—1977 年，他在塔尔奎尼亚（Tarquinia）建造了一座完全由汽车零件制成的住宅 Auto-Apocalypse，1985 年在巴黎蓬皮杜中心举办大型作品回顾展。

作品："Malitte 座椅组"（1965—1966）

1966 年，罗伯托·马塔为意大利制造商 Gavina 设计了"Malitte 座椅组"（图 133）。它是 Gavina 的首批模型之一，其支承结构完全由聚氨酯泡沫制成。"Malitte 座椅组"包括 4 个形状各异的躺椅和 1 个凳子或边桌，它们都可以组装成一面自支撑的墙。尽管 Gavina 的销售目录未列出织物套的颜色，但其存在两种颜色的版本。Gavina 一直生产"Malitte 座椅组"直至该公司于 1968 年被 Knoll 公司接管。马塔的

图 132 马修·玛格特于 1954 年设计的"Nagasaki 椅"

图 133 罗伯托·马塔于 1965—1966 年设计的"Malitte 座椅组"

设计可被视为一种"生活景观"，为 20 世纪 60 年代中期以来的传统座椅提供了另一种发展方向。

136.McArthur,Warren （沃伦·麦克阿瑟）

沃伦·麦克阿瑟（1885—1961）生于美国，于 1908 年毕业于纽约康奈尔大学机械工程专业。1913 年，他搬至亚利桑那州的凤凰城，于 1927—1928 年为凤凰城的亚利桑那州巴尔的摩酒店（Arizona Baltimore）设计和制造金属家具，而该酒店是由他的兄弟、建筑师阿尔伯特·蔡斯·麦克阿瑟（Albert Chase McArthur）设计的。1930 年，他就职于洛杉矶的一家使用金属管进行设计的家具公司，1932 年，他申请了铝连接家具结构的专利。1933—1937 年，位于洛杉矶的公司破产后，麦克阿瑟在纽约和罗马开展了新业务。1936 年，他从美国专利局获得铝连接家具结构的专利，并在纽约市开办事务所。1941—1945 年，他为二战期间 85% 的美国军用飞机设计和制造铝制座椅，1945—1947 设计商用飞机座椅。1948 年，他关闭了早年成立的沃伦·麦克阿瑟公司，于 1948—1961 年设计和制造机构座椅。1951—1966 年，国家艺术金属公司制造了大量沃伦·麦克阿瑟设计的座椅。

作品："Southampton 躺椅"（1931—1932）

沃伦·麦克阿瑟于 1931—1948 年在洛杉矶和纽约设计和制造各种铝制家具，用于办公室、家居空间以及军事设备上。这些设计中最成功的就是"Southampton 躺椅"（图 134）。该椅子是为户外使用和现代休闲生活而设计的，由轻质管状铝制成，并且像织带一样编成网格，框架可按多种颜色订购，从而为办公室和家庭室内装饰创造了多样的风格。连续的弯曲靠背和坐面连接到三角形铝管架上，该管道既可用作扶手，同时也可用作椅子的支承，并且通过连接到该三角铝管架背后的横管进一步加强椅子的稳定性。此外，固定在三角形铝管架上方的橡胶圆盘安装架不仅用作手臂支撑，还可用作支撑地板的支脚。

"Southampton 躺椅"的矩形底座由铝制成，铝管间的连接采用了麦克阿瑟于 1936 年获得的专利技术：使用带圆柱盖的内部细钢条连接铝管部件，这种方法提供了无须焊接的平滑接头。轻量化的工业铝、标准化的部件和装配，以及整体结构的轻巧使"Southampton 躺椅"成为现代铝管椅子设计的经典案例之一。

137.Mendelsohn,Erich（埃里希·门德尔松）

埃里希·门德尔松（1887—1953）生于波兰，于 1908—1912 年在柏林和慕尼黑学习建筑，1918 年在

图 134 沃伦·麦克阿瑟于 1931—1932 年设计的"Southampton 躺椅"

柏林开设建筑事务所。他于1919—1924年设计了爱因斯坦塔以及位于德国卢肯瓦尔德的制帽厂斯坦伯格－赫尔曼公司（Steinberg-Herrmann & Co.）。1921—1924年，他在柏林翻修和扩建Mossehaus大楼，1924年访问美国，并结识弗兰克·劳埃德·赖特。1926年，门德尔松出版著作《美国：建筑设计图册》（Amerika: Bilderbuch eines Architekten），并成为建筑师团体"环社"（Der Ring）中的一员。1926—1928年，门德尔松设计了多个办公楼、公寓以及百货商店项目，1929年出版了著作《俄罗斯、欧洲、美国：建筑横断面》（Russland.Europa.Amerika.Ein Architektonischer Querschnitt）一书，同年在柏林为自己设计房子。1933年，门德尔松因犹太人身份离开德国，移民至英国。1933年，他与谢尔盖·切尔梅耶夫（Serge Chermayeff）合作，承接位于英格兰和巴勒斯坦的建筑项目，于1934年在巴勒斯坦成立建筑事务所，从此承接了很多在巴勒斯坦的建设项目，如萨尔曼·肖肯别墅和图书馆、希伯来大学和哈达萨大学医院。门德尔松于1941年移民美国，自1946年起在美国从事自由建筑师的工作，并设计犹太社区中心和犹太教堂。

作品："SS 34 椅"（1929—1930）

继汉斯·勒克哈特之后，埃里希·门德尔松是第二位为Desta公司设计管状钢家具的德国建筑师。他的"SS 34椅"（图135）由一根连续的闭合钢管组成，钢管同时也形成扶手。与金德里奇·哈拉巴拉的"H—80椅"不同，"SS 34椅"的钢管不能完全适应椅子的整体轮廓，因此无法将艾森加恩帆布用于坐面和靠背，以软垫木面板代之，从而还生产了带有扶手的配套三人座长凳"SS 36椅"。1933年，Desta公司出售给托奈特公司之后，"SS 34椅"成为其产品系列的一部分，但版权仍归于Desta公司的创始者安东·洛伦兹。

138.Mertens,Hermann Friedrich （赫尔曼·弗里德里克·梅滕斯）

赫尔曼·弗里德里克·梅滕斯（1885—1960）生于印度尼西亚，于1905—1910年在德尔夫技术大学学习建筑，毕业后在家具工厂工作了四年。自1916年起，他设计位于荷兰豪达（Gouda）的鹿特丹银行，1921年竣工。1922年，他在比尔多芬（Bilthoven）成立建筑公司，1922—1923年在阿姆斯特丹的Betondorp区设计公共住房，自1926年起在比尔多芬（1926）、索斯特（Soest）（1931）、斯塔茨卡纳尔（Stadskanaal）（1935）和老佩克拉（Oude Pekela）（1938）建造水塔。在此期间，他还设计了位于索斯特的Zonnegloren疗养院（1927）以及位于鹿特丹的联合利华总部、De Handelskamer办公室及工厂大楼（1930—1932），1932年为乌得勒支的UMS和Hopmi公司（荷兰专利工业联合会）设计管状钢制家具。1945年，二战结束后，梅滕斯积极参与鹿特丹的重建，并自1953年起在莱顿和比尔托芬成立研究实验室。

作品：参见282页剧院椅（1932）。

图135 埃里希·门德尔松于1929—1930年设计的"SS 34椅"

139. Nielsen,Jens (詹斯·尼尔森)

詹斯·尼尔森（1939—）生于丹麦，于1959—1962年接受木工培训，1962—1964 在哥本哈根工艺美术学院学习。1964 年，尼尔森在 Finérkompagniet 胶合板公司赞助的家具设计竞赛中因设计"Laminex 椅"（图 136）而获得一等奖，该椅自 1977 年起开始投入生产。1964—1966 年，他受聘于建筑师艾格·赫尔曼·奥尔森（Aage Herman Olsen）。1964 年后，丹麦各制造商开始生产和销售尼尔森设计的家具，包括"nesting 桌""Laminex 椅"，以及儿童家具设计。1966—1994 年，尼尔森受雇于建筑师延斯·马林·佩德森（Jens Malling Pedersen），并于1973 年在北欧家具设计大赛中获得三等奖，1974 年参加哥本哈根家具展。1994—2000 年，他受雇于 C.F.Møller 建筑事务所。2009 年他在丹麦的 Trapholt 现代艺术与设计博物馆的工艺与设计双年展上展示了自己的躺椅作品。

作品："Laminex 椅"（1964）

"Laminex 椅"的设计灵感来自汉斯·威格纳的"JH 512椅"。尼尔森将这些元素塑造成同心弧线，使椅子可以折叠起来，并用把手挂在挂钩上。这一机制的关键在于支承座椅将靠背与前腿连接起来的 S 形曲线，座椅后边缘的形状符合 S 形曲线，并且随着荷载的增加，产生的摩擦力确保了稳定性。在比赛结束后，尼尔森制作了"Laminex 椅"

原型，引起了9家制造商的兴趣。最终，他对"Laminex 椅"做了一些小的调整，省略了手柄，简化了一些细节，并于 1977 年开始投入生产。

140.Niemeyer,Oscar（奥斯卡·尼迈耶）

奥斯卡·尼迈耶（1907—2012）生于巴西，曾因其毕生贡献而获得普利兹克建筑奖。他于 1929—1934年在里约热内卢大学的国立美术学院学习建筑，1935 年受雇于里约热内卢的卢修斯·科斯塔（Lúcio Costa）和卡洛斯·莱昂（Carlos Leão）的建筑和城市规划公司，1936 年结识柯布西耶，协助其规划和建设里约热内卢教育和卫生部。1937—1966 年，他在里约热内卢成立建筑公司，1938—1939 年与科斯塔合作纽约世界博览会的巴西展馆。1940—1943 年，他打破理性主义风格，设计巴西贝洛哈里桑塔附近的潘普利亚（Pampulha）的各种建筑，走向更加有机的形式。1953—1954 年，尼迈耶在里约热内卢的巴拉达蒂茹卡（Barra da Tijuca）建造自己的家。1955年，他推出 *Módulo* 杂志，专门研究建筑和艺术。1956—1960 年，他作为首席建筑师，负责哥斯达黎加的总体规划，并为巴西新首都巴西利亚设计建筑。此外，他的建筑作品还包括巴西利亚的克里斯托雷大教堂（1959—1970）、以色列海法大学建筑（1964）、法国共产党总部大楼（1967—1970）、阿尔及利亚君士坦丁大学建筑（1969—1977）、里约热内卢桑巴体育场

图 136 詹斯·尼尔森于 1964 年设计的"Laminex 椅"

（1983），以及巴西的尼泰罗伊当代艺术博物馆（1991—1997）。自1970年起，他与女儿安娜·玛丽亚（Anna Maria）一起设计家具，1985年回到里约热内卢并重新开设建筑工作室。

作品：躺椅（1972）

巴西建筑师奥斯卡·尼迈耶在其职业生涯中经常与女儿安娜·玛丽亚合作设计家具。图137中这把带脚凳的躺椅于1972年前后制造，当时尼迈耶用它来装饰他在巴黎设计的法国共产党总部大楼。该躺椅的坐垫放置在由两条钢带组成的基座上，其中一条钢带沿地面平摊，另一条沿曲线延展来支撑可旋转的靠背。该躺椅的另一种型号的底座更高，钢带几乎以圆形段的形式弯曲。这两种型号最初均由巴黎的 Mobilier International 公司负责生产，直至20世纪70年代

后期，由位于巴西圣保罗的 Tendo Brasileira 公司接管生产，但椅子的基础结构改由胶合板制成。

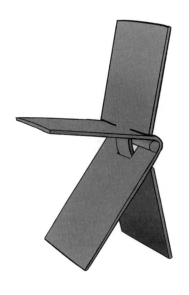

141. Ninaber,Bruno van Eyben(布鲁诺·尼纳伯·范·艾本)

布鲁诺·尼纳伯·范·艾本（1950—）生于荷兰，于1966—1971年在马斯特里赫特市应用艺术学院学习珠宝设计，并以优异的成绩毕业，同时获得 Hustinxi 奖。自1971年起，他从事自由设计师的工作，1977年参加阿姆斯特丹市立博物馆的"Atelier 14"展览。1980—1984年，布鲁诺组织并参加了巡回展览"荷兰设计"，其作品在德国、比利时、芬兰、瑞典和以色列等会场展出。1980—1982年，他设计

了荷兰盾硬币，1985年成立设计公司"ninaber|peters|krouwel"。1997年，他在代尔夫特成立尼纳伯工作室。1998—2000年，他设计了荷兰欧元硬币的正面，配以贝娅特丽克丝女王（Queen Beatrix）的肖像，该硬币于1999—2013年得以铸造。2002年，布鲁诺在阿姆斯特丹市立博物馆举办个人展览"铸铁"。自2003年以来，他担任代尔夫特理工大学工业设计教授，2007年获得"Oeuvreprijzen Fonds BKVB奖"，2008年获得"BNO Piet Zwart奖"。

作品："020/77椅"（1977）

布鲁诺设计"020/77椅"（图138）的目标是围绕层压木（胶合板）进行设计的，在保持稳定性的同时使这些元素尽可能地薄。"020/77椅"结构简单，由两片山毛榉木胶合板组成，这些胶合板经过弯曲后

图137 奥斯卡·尼迈耶于1972年设计的躺椅

图138 布鲁诺于1977年设计的"020/77椅"

再通过一根榉木杆连接，而无须使用螺钉。荷兰制造商 Artifort 计划生产这种椅子，但由于山毛榉胶合板部件发生翘曲的原因而放弃。

142. Noguchi,Isamu（野口勇）

野口勇（1904—1988）生于美国洛杉矶，母亲是美国作家莱昂妮·吉尔默（Léonie Gilmour），父亲是日本诗人野口米次郎 [Yonejiro（Yone）Noguchi]。他于 1923—1925 年在纽约哥伦比亚大学攻读医学预科，同时前往纽约达·芬奇艺术学校修习雕塑课，并成为雕塑家奥诺里奥·鲁奥托洛（Onorio Ruotolo）的助手。1927 年，他成为巴黎雕塑家康斯坦丁·布朗库西（Constantin Brâncuşi）的助手。1930 年，他前往北京学习传统毛笔画，1931 年前往京都学习日本传统陶器，于 1933—1934 年承接了第一个大型公共项目的设计，但并未实现。1935—1936 年，他在迭戈·里维拉（Diego Rivera）的指导下为墨西哥城的阿韦拉多罗德里格斯市场制作墙浮雕。1936—1967 年为编舞家玛莎·格雷厄姆（Martha Graham）布景和设计服装。1937 年，他为 Zenith Radio 公司设计的"Radio Nurse 婴儿监护仪"开始批量生产。1939—1950 年，他为赫曼米勒家具公司设计各种家具，如咖啡桌和"Freeform 沙发"。1944—1945 年，他在纽约朱利安·利维画廊的象棋幻象展（The Imagery of Chess exhibition）上展出象棋桌。1955—1958 年，他为巴黎的联合国教科文组织总部设计花园。1961 年，野口勇在纽约长岛成立工作室，1968 年出版自传《雕塑家的世界》，并在纽约惠特尼美国艺术博物馆开办首次作品回顾展。1969 年，他在日本四国水道町成立第二工作室。1985 年野口博物馆开幕。1999 年，野口勇在他的前工作室旧址开设野口花园博物馆。

作品："IN—61 象棋桌"（1944）

1944 年，纽约朱利安·利维画廊举办的象棋幻象展邀请了 32 位艺术家，其中包括日裔美国雕塑家野口勇，为此他设计了"IN—61 象棋桌"（图 139）。"IN—61 象棋桌"的棋盘不像西方文化中常见的那样是正方形的，它的特点是圆，由红色和白色塑料制成，并镶嵌在乌木桌面上。桌子的其余组件则只是简单地拼插在一起，少数部位借助小金属棒固定在某个位置上，使桌面安装在其铸铝底盘上后可以旋转。此外，旋转桌面可露出底盘角落的凹陷，棋子便可存放在这些凹陷处。

设计师乔治·尼尔森在展览开幕的当天晚上购买了该设计，后来以赫曼米勒家具公司的设计总监身份建议将其纳入公司生产计划。赫曼米勒家具公司于 1947 年开始生产"IN—61 象棋桌"，并试图通过将其作为咖啡桌、缝纫桌进行额外营销来扩大吸引力，但是实际上只售出了 12 件，几年后就停产了。2005 年，纽约野口博物馆重新发行了另外十张配有棋子的桌子，六年之后，其中一张以 55 000 美元的拍卖价格售出，是起拍价的两倍。

图 139 野口勇于 1944 年设计的"IN—61 象棋桌"

143.Nothhelfer,Karl（卡尔·诺瑟弗）

卡尔·诺瑟弗（1900—1980）生于德国，于1915—1918年在父亲的作坊里接受木工培训，1919—1922年作为弗里茨·斯潘纳格尔（Fritz Spannagel）的学生，在卡尔斯鲁厄应用艺术学院（1920年更名为巴登州立艺术学校）学习建筑。毕业后，他先任教于卡尔斯鲁厄艺术学院，后任教于柏林的木工学校（1936年更名为室内设计建筑学校），于1931年成为教授，同时从事建筑师、家具设计师和出版商的工作。1937年，他为Amt für Schönheit der Arbeit协会设计家具样品，并在巴黎世界博览会上赢得家具设计金奖。1942年，他出版了《座椅家具》（*Das Sitzmäbel*），

1945年迁至博登湖上的于伯林根-霍丁根（Überlingen-Hödingen），并在接下来的几年中继续从事自由建筑师和家具设计师的工作。1946—1948年，他为拜尔斯布龙的Holig Homogenholz-Werke工厂开发预制房屋系统。自1949年起，他联合出版《建筑与生活》（*Bauen und Wohnen*）杂志，并为其撰稿。1950年，他出版《家具》（*Möbel*），并为Vereinigte Schulmäbelfabriken（VS）公司设计防滑椅（图140），随后被西德的学校广泛采用。1965年，他为VS公司设计由钢管制成的防滑椅模型1281，并于1971年获得德国设计委员会授予的"联邦好设计奖"。1955年，他与汉斯·施温根（Hans Schwingen）在杜塞尔多夫成立建筑公司。

作品：防滑椅（1950）

自1950年起，防滑椅和其配套的防滑桌取代了德国一直很常见的校椅。这把由卡尔·诺瑟弗为VS公司设计的功能性椅子有五种标准尺寸可供选择。两条椅腿位于底座横杠的中心，以确保所有坐姿的重量分布均匀，从而将翻倒的风险降至最低，而该横杆和座椅的支撑支架则通过一种新型的销接头连接到椅腿上。自1957年起，该座椅的支架底部和椅腿均安装进一个带有橡胶的凹槽，从而减少推动椅子时因摩擦产生的损坏。1960年，椅子平行的双腿被重新设计为稍微向内弯曲的形式。自1950年开始，该椅已售出约600万件，目前仍在生产中。

图 140 卡尔·诺瑟弗于1950年设计的防滑椅

144．Pagano，Giuseppe Pogatschnig（朱塞佩·帕加诺·波加斯尼格）

朱塞佩·帕加诺·波加斯尼格（1896—1945）生于奥匈帝国（现克罗地亚的波雷奇），于1924年获得意大利都灵理工大学的建筑专业学位。1928—1929年，他与吉诺-列维·蒙塔尔奇尼（Gino Levi-Montalcini）设计了一系列展馆以及都灵的Guälino办公大楼和家具。1931—1943年，他就职于米兰的 La casa bella 杂志（后改为 Casabella）编辑部，并从1933年开始担任该杂志的董事。他于1932—1935年为罗马萨皮恩萨大学设计物理研究所。1934—1938年，他在意大利蒙扎的高级艺术学院教授艺术批评，1936年与爱德华多·佩西科共同策划第六届米兰三年展，并设计展馆。1937—1942年，他与吉安吉亚科莫·普雷达瓦尔（Giangiacomo Predaval）合作为米兰博科尼大学设计主楼和家具，1938年与弗兰科·阿尔比尼、伊格纳齐奥·加德拉（Ignazio Gardella）、朱利奥·米诺莱蒂和吉安卡洛·帕兰蒂合作城市项目 Milano Verde 的总体规划，但并未实现。1940年，他与马克西穆斯·邦坦佩利（Massimo Bontempelli）和梅尔希奥尔·贝加（Melchiorre Bega）共同编辑 Domus 杂志，并担任第七届米兰三年展的"大规模生产"展览的策展人。

作品：扶手椅（1939）

朱塞佩是意大利理性主义运动的重要人物，是最早为工业生产开发家具的意大利建筑师之一。这把扶手椅（图141）是米兰博科尼大学主楼家具的一部分。最初，朱塞佩打算用金属设计椅子，但因意大利政府限制钢材的使用，他不得不用胶合板制作椅子的框架。这些框架是采用冷胶合板弯曲的专利技术生产的。该椅子还包含可更换的标准化部件，有带扶手和不带扶手的两个版本，而这两种版本的座椅和靠背的倾斜度有所不同，且座椅覆盖物也不同。朱塞佩在第七届米兰三年展上的"大规模生产"展览上展示了这些椅子，但由于该椅子的制造商于1942年倒闭，这些椅子可能从未进入市场。

145．Pauchard，Xavier（泽维尔·帕查德）

泽维尔·帕查德（1880—1948）生于法国，是首位对热镀锌技术产生浓厚兴趣的法国设计师，于1905年成立 Établissement X 公司，1917年成为批量生产金属家具的先驱，1927年首次注册 Tolix 商标。1935年，他为法国温泉度假村设计并制作家具，同时他还设计了儿童休闲椅和"La Mouette 桌"。1937年，他放弃压制成型的钢板，转而使用弯曲金属管来满足巴黎世界博览会12 000把椅子的需求。

作品："C椅"（1934）

帕查德于1934年设计了"C椅"（图142），并由他自己的公司批量生

图141 朱塞佩于1939年设计的扶手椅

图142 泽维尔·帕查德于1934年设计的"C椅"

产。这把椅子有八种颜色可选，表面有斑点或裂纹图案。它的设计灵感来源于托奈特弯曲木家具，以及自 20 世纪 20 年代中期开始批量生产的法国薄钢板露台椅。"C 椅"由钢板制成，帕查德用"肋"装饰钢板椅子，"肋"可以连接四条椅腿以提供稳定性，还可以当作椅子的扶手。钢板经过压制后，再浸入熔融的锌中进行镀锌，如此制成不锈钢和防火材料，以满足运输途中所需的坚固、轻便和卫生的条件。"C 椅"至今仍在生产。

146. Paul,Bruno（布鲁诺·保罗）

布鲁诺·保罗（1874—1968）生于德国，是德意志制造联盟的创始成员之一。他于 1892—1894 年在德累斯顿的艺术学院学习，并在德累斯顿接受土木工程的培训，1894—1896 年在慕尼黑美术学院学习绘画，1897—1906 年担任 Simplicissimus 杂志的漫画师，自 1898 年起在慕尼黑工艺美术联合作坊从事设计工作。1900 年，他在巴黎世界博览会上以室内设计作品"猎人房"获得大奖，1904 年在密苏里州圣路易斯举行的世界博览会上凭借他的工作室设计获得大奖。1906—1933 年，保罗担任柏林装饰艺术博物馆的教育机构负责人。自 1924 年起，该博物馆更名为美国自由与应用艺术学院。1907—1908 年，他完成了他作为

建筑师的第一个独立作品——韦斯滕德之家，1908 年设计类型家具，即主要由标准化部件制成的模块化家具。自 1911 年起，他为德国赫勒劳事务所做设计，1924 年设计了他的第一栋约含 100 个住宅单元的预制公寓楼 Plattenhaus，1927 年参加在意大利蒙扎举行的第三届国际装饰艺术展览。1933 年，因政治原因，他辞去美国自由与应用艺术学院董事会的职务，其他职位也被纳粹分子解除。同年，他开始从事个体经营，担任建筑师、建筑规划师和家具设计师。1934 年他设计了模块化家具系统"成长中的公寓"，1949—1950 年完成德国杜塞尔多夫的 J.Gollnow & Sohn 钢铁厂，1954 年被授予德意志联邦共和国功勋勋章，以表彰他毕生的工作。

作品："No.1862 椅"（1900）

1900 年前后，布鲁诺·保罗为自己的公寓卧室和书房设计了这把椅子（图 143）。与早期的设计不同，保罗放弃了所有形式的装饰，制作了一款组合而成的"No.1862 椅"。该椅子由白蜡木和藤编制成，尺寸为 85 厘米×47 厘米×53.7 厘米，其梯形的藤制坐面与靠背上 3 根狭窄的水平杆形成了简朴的图形，而与此线性图形成对比的是其微微弯曲的前腿和拱形靠背。自诞生起，"No.1862 椅"就被列入了慕尼黑制造商 Vereinigte Werkstätten 的产品目录。它被列为卧室或书房的椅子，轻木版用于书房。优雅简洁的设计使其被视

为保罗的类型家具的前身，这种家具自 1908 年起授权由 Vereinigte Werkstätten 生产。

图 143 布鲁诺·保罗于 1900 年设计的"No.1862 椅"

147.Pensi,Jorge（豪尔赫·彭西）

豪尔赫·彭西（1946—）生于阿根廷，曾获西班牙国家设计奖。他于 1973 年毕业于布宜诺斯艾利斯大学，获得建筑和室内设计学位。1977 年，他搬到巴塞罗那，与阿尔贝托·利沃雷（Alberto Lievore）、奥里奥尔·皮伯纳特（Oriol Pibernat）和诺贝托·查韦斯（Norberto Chaves）共同创立了设计公司 Grupo Berenguer。1984 年成立豪尔赫·彭西设计工作室。1986 年开始为西班牙的 B.Lux 公司设计"Regina 铝灯"和"Olympia

铝灯",为巴塞罗那的 Amat 公司设计 "Toledo 椅"(图 144),并于 1997 在华盛顿特区 BID 文化中心举行的 20 世纪巴塞罗那设计展览中展示了 "Toledo 椅"。2005—2006 年,他为厨具制造商博德宝(Poggenpohl)设计的 "Plusmodo 厨房" 获得 IF 设计奖、红点奖和 "好设计奖"。自 2000 年起,他身兼数职,在做策展人、讲师以及工业和家具设计师的同时,还跨界作曲家、歌手,并发行专辑。

作品:"Toledo 椅"(1986—1988)

"Toledo 椅" 以西班牙托莱多市(Toledo)命名,是一把可叠放的铝制椅,在国际上大获成功。它由 8 个铝制构件组成,压铸铝靠背和坐面分别连接到一定长度的铝管上,这些铝管可用作支腿,而后腿和前腿分别通过一个单独的铸造扶手连接。虽然这种结构的生产成本

图 144 豪尔赫·彭西于 1986—1988 年设计的 "Toledo 椅"

较高,却产生了有机弯曲的扶手,形成坚固耐用的椅子。此外,椅子坐面和靠背的水平缝灵感来自日本武士的盔甲,便于空气流通和排水。

148.Piretti,Giancarlo(吉昂卡罗·皮艾尔雷蒂)

吉昂卡罗·皮艾尔雷蒂(1940—)生于意大利,于 1960 年毕业于博洛尼亚国立艺术学院,1960—1967 年担任该校的室内设计专业讲师。1960—1972 年他担任意大利家具制造商 Anonima Castelli 公司的设计师和开发主管,并设计椅子和家具系统,如 "Plia 折叠椅"(图 145)、"Plona 折叠躺椅" 和 "Platone 折叠桌"。其中 "Plia 折叠椅" 于 1973 年获得德国设计委员会颁发的 "好设计奖"。1975—1983 年,他与埃米利奥·安柏兹(Emilio Ambasz)合作设计了 "Vertebra 机构椅子系列"、Open Ark 公司的 "Dorsal 系列"(1981)以及 Erco 公司的 "Logotec 台灯" 和 "Oseris 台灯"(1980),其中 "Vertebra 机构椅子系列" 于 1979 年推出,并获得 1981 年的意大利金圆规设计奖。自 1967 年起,皮艾尔雷蒂从事自由家具设计师的工作,1984—1986 年为 Anonima Castelli 的子公司 Castilia 提供家居装饰设计。自 1988 年起,他开发并获取了多种座椅家具装置的专利,其中包括一种可以根据人的体重调节靠

背的装置,后在 "Piretti 系列" 中使用了这一功能,涵盖 50 多个模型。

作品:"Plia 折叠椅"(1967—1969)

"Plia 折叠椅" 是吉昂卡罗·皮艾尔雷蒂最重要、最著名的作品,于 1969 年在米兰家具展上展出,由 Castelli 负责生产。皮艾尔雷蒂在设计 "Plia 折叠椅" 时,特别注重它的折叠机制,他让折叠部分成为椅子的 "关节" 部分,并将整个机制集中在座椅两侧的两个 "关节" 上。这两个 "关节" 由压铸铝制成,整合了由扁平管状钢制成的整个支撑结构,其分为三层,第一层连接内部坐面,中间层连接 U 形管状钢的后腿,最外层则连接前腿和靠背框架。当椅子折叠时,坐面和后腿 U 形框架将完美契合。椅子折叠后的最大宽度约为 5 厘米,这由 "关

图 145 吉昂卡罗·皮艾尔雷蒂于 1967—1969 年设计的 "Plia 折叠椅"

节"直径决定；展开时，几把椅子可叠放在一起以节省空间。"Plia折叠椅"操作简便、安全、轻巧，且方便储存，1969—2003年共售出700万把。

授。在此期间，他于1921—1930年设计了捷克斯洛伐克前总统托马斯·马萨里克（Tomáš Masaryk）的皇家颐和园的室内，1928—1932年设计布拉格圣心教堂，1938—1941年设计卢布尔雅那扎尔中央公墓以及大学图书馆，1947年为斯洛文尼亚设计国会大厦，但未建成。

背由矩形框架组成，仅带有一些窄缝，与侧面部件相比，靠背看上去非常坚固，外观上更具动感。椅子纤细的侧面支架受到了法国新艺术风格的影响，而靠背则回到了维也纳风格的几何语言中。

149.Plečnik,Jože（乔兹·普莱尼克）

乔兹·普莱尼克（1872—1957）生于奥匈帝国（现为斯洛文尼亚卢布尔雅那），于1888—1892年在格拉茨的一所职业学校接受木工培训，1894—1898年在维也纳美术学院学习，自1895年起成为奥托·瓦格纳的学生。1898—1900年，他就职于瓦格纳的工作室，并从事维也纳新铁路项目的工作，1901—1911年在维也纳开设并经营自己的建筑事务所，1902年在维也纳举行的第十五届维也纳分离派的展览上展出各种工艺品，同年完成维也纳魏德曼公寓设计。1903—1905年，他设计了位于维也纳的Zacherl住宅建筑和室内空间，1904年在维也纳的奥地利艺术和工业博物馆的冬季展览中完成多个室内设计，1906—1909年设计维也纳卡尔·博罗瑙斯喷泉。1911—1921年，他担任布拉格应用艺术学院教授，1921—1935年担任布拉格城堡翻新工程（包括公寓、庭院、花园以及一些室内设计）的总建筑师，1921—1956年担任卢布尔雅那大学工程学院的建筑学教

作品：扶手椅（1902）

1902年是乔兹·普莱尼克家具设计师职业生涯中重要的一年。他设计的扶手椅（图146）由胡桃木、黄铜和皮革覆面制成。这把扶手椅与普莱尼克为魏德曼公寓设计的椅子有很多相似之处。两种椅子都具有从扶手背面一直延伸至前腿脚的对角线侧支架。不过这把扶手椅还增加了连接到后腿的弯曲横杆，进一步提高了椅子的稳定性。椅子靠

图146 乔兹·普莱尼克于1902年设计的扶手椅

150.Pollak,Bruno（布鲁诺·波拉克）

布鲁诺·波拉克（1902—1985）生于波兰，于1921—1927年在维也纳技术大学学习，1927年成为由弗朗兹·辛格（Franz Singer）和弗里德·迪克-布兰代斯（Friedl Dicker-Brandeis）领导的工作室的一员，同年设计管状钢制的可堆叠"RP 6椅"和"RP7椅"（图147）原型，并于1929年在维也纳艺术展上展出。1930—1931年，他在奥地利获得上述两把椅子的专利，后因与辛格在谁是原型设计者的问题上产生分歧而离开工作室。1932年，"RP7椅"由英格兰的Cox & Co.公司、Pel公司和Steelchrome公司生产，因最初没有专利权，布鲁诺·波拉克为外观设计权而向这几家公司提起了诉讼。1934年，Pel公司从波拉克手中购买了"RP7椅"的专利，并迫使Cox & Co.公司和Steelchrome公司支付许可费。1939年，波拉克移民到英国，自1945年起生产手电筒电池、灯和灯罩。

作品："RP 7 椅"（1927）

1927—1931 年，布鲁诺·波拉克就职于包豪斯设计师弗朗兹·辛格和弗里德·迪克－布兰代斯的工作室。他设计的家具包括"RP7椅"和不带扶手的"RP6椅"。两者均在奥地利获得专利，并由Quittner公司制造。虽然"RP6椅"的灵感来自马歇尔·布劳耶尔的"B5椅"，但波拉克的带扶手的"RP7椅"与布劳耶尔的"B5椅"明显不同。"RP 7椅"的坐面和靠背位于由钢管道、椅腿和扶手组成的框架内。靠背顶端的钢管道向外延伸形成后腿，再连接到前腿，使椅子的背面比正面要宽一些。这款椅子推出后在英国大受欢迎。

图 147 布鲁诺·波拉克于 1927 年设计的 "RP7 椅"

151.Pot,Bertjan（伯特詹·波特）

伯特詹·波特（1975—）生于荷兰，于 1992 年在昆斯本德的"如

何用巨型回形针制作椅子"的设计竞赛中获得一等奖，同年进入埃因霍芬设计学院学习。毕业后，他与丹尼尔·怀特（Daniel White）于 1999 年在埃因霍芬成立"Monkey Boys 工作室"，2000 年参加由日本名古屋国际设计中心举办的"荷兰新创新者展"（Dutch New Innovators），2002 年参加由伦敦维多利亚和阿尔伯特博物馆举办的"米兰展"。2003 年，他在鹿特丹成立"伯特詹·波特工作室"，并制作"Random 椅"（图148），2004 年因设计纺织品而获得 Stichting Profiel 奖，同年在鹿特丹举办个人展览"一团糟"（A Fine Mess）。2005 年，他参加阿姆斯特丹市立博物馆举办的"巢－室内设计展"（Nest-Design for the Interior）和纽约 FIT 博物馆举办的展览"创新荷兰纺织品"（Innovative Dutch Textiles），他的"Carbon 椅"获得了 Elle Deco 国际设计奖最佳座椅奖。2007 年，他的"Slim 桌"获荷兰设计奖（最佳室内产品）。2012 年，他的照明作品"天堂的阶梯"获 FRAME Moooi 奖，同年在澳大利亚举办个人展览"面具"（Masks），又于 2013 年在法国举办个人展览"戏法和电影"（Tricks and Flicks）。

作品："Random 椅"（2003）

伯特詹·波特的作品中经常出现的主题是物体的"皮肤"，即具有构造和装饰功能的薄表面。他在 2003—2004 年设计了一系列由碳纤维制成的椅子，"Random 椅"是

该系列的第一款。它由浸有环氧树脂的无涂层碳纤维制成，并随机缠绕在聚苯乙烯模具上，椅子的不规则排列的线条强调其制作过程的手工性质。"Random 椅"最终由荷兰制造商 Goods 生产，但数量较少。

图 148 伯特詹·波特于 2003 年设计的 "Random 椅"

152.Pratt,Davis J.（戴维斯·J. 普拉特）

戴维斯·J. 普拉特（1917—1987）生于美国，于 1939—1942 年在芝加哥大学的设计学院学习，师从莫霍利-纳吉。毕业后，他于 1943—1945 年就职于华盛顿特区战略服务办公室。1944 年，他在纽约现代艺术设计博物馆展出管状钢和胶合板椅子。1948 年，他的"充气内管椅"设计在纽约现代艺术博物馆举办的国际低成本家具设计大赛中与查尔斯·伊姆斯同获二等奖。1950—1957 年，他与哈罗德·科恩成为芝加哥生产设计公司的合伙人。1951—1954 年，普拉特和科恩合作设计的桌椅获得了纽约现代

艺术博物馆的"优秀设计奖",他们用钢和尼龙材料制成的休闲椅被选为纽约现代艺术博物馆的永久收藏系列。1957年,他受科恩邀请加入南伊利诺伊大学新成立的设计系,于1964—1968年担任设计部门联席主席。1969—1972年,他与妻子,也是南伊利诺伊大学的研究员艾尔莎·库拉·普拉特(Elsa Kula Pratt)一起负责该学校在泰国的设计开发项目。1982年,普拉特从南伊利诺伊大学退休,并移居佛罗里达。

作品:参见262页休闲椅(1951)。

153.Prestini,James(詹姆斯·普雷斯蒂尼)

詹姆斯·普雷斯蒂尼(1908—1993)生于美国,是享誉国际的美国建筑师、设计师、教师和工匠,以转木容器、实验家具和雕塑作品而闻名。他于1930年毕业于耶鲁大学谢菲尔德科学学院,获得机械工程学位,1932年获得耶鲁大学教育学院的研究生学位,1933—1942年在莱克森林学院任数学讲师,并在业余时间学习制作转木容器。1938年,他作为卡尔·马尔姆斯滕(Carl Malmsten)的学生在斯德哥尔摩大学实习,1939—1946年成为芝加哥设计学院(后来的伊利诺伊理工学院)的讲师,在那里与莫霍利-纳吉一起教授基础课

程。1940—1948年,他的转木作品在纽约现代艺术博物馆的"有用的物品"(Useful Objects)展览系列中展出。1950年,埃德加·考夫曼的专著《普雷斯蒂尼的木材艺术》(Prestini's Art in Wood)出版后,普雷斯蒂尼的转木作品引起了大众的注意。1953—1956年,他前往意大利,就职于Knoll公司,并以雕塑家的身份接受培训,从木工大师转为弯曲胶合板和钢材的实验者。1956—1975年,他担任加利福尼亚大学伯克利分校建筑系的设计教授。1982年,他与画家杰西·雷切克(Jesse Reichek)共同成立了"创作者权益基金会",以促进非正规和替代艺术的发展。

作品:三足胶合板桌(1942)

1939年,普雷斯蒂尼在莫霍利-纳吉的指导下,从事芝加哥设计学院的讲师工作。在那里,他设计了三足胶合板桌(图149)。这张桌子以其优雅、纤细的腿足和起伏的三叶形桌面而闻名,于1942年在学校展出,但从未生产出售。

图149 詹姆斯·普雷斯蒂尼于1942年设计的三足胶合板桌

154.Propst,Robert Lewis(罗伯特·刘易斯·普罗普斯特)

罗伯特·刘易斯·普罗普斯特(1921—2000)生于美国,于1943年获得丹佛大学美术学士学位,1950年获得科罗拉多大学的硕士学位。1946—1948年,他在约翰·塔勒顿农业学院成立并领导艺术系,于1950—1953年担任科罗拉多大学丹佛分校的艺术系主任,1953年与妻子普罗普斯特·莱昂内尔(Propst Leonore)共同创立普罗普斯特公司,创作建筑雕塑、教堂家具和游乐场设施,并同时担任飞机设计、制造和化妆品等领域公司的设计师和顾问。1960—1968年,他负责赫曼米勒家具公司研究部,1963—1964年与乔治·尼尔森合作构思了"Action Office系统",并于1968—1980年担任赫曼米勒家具公司总裁兼研究部总监,致力于研究卫生保健和教育部门、办公室以及木材行业中人与环境之间的关系。1971年,他与杰克·凯利(Jack Kelley)于20世纪60年代共同开发的医院物料管理系统Co/Struc上市。1980—1988年,他开发了酒店的物料管理系统Propst ProHost。1988年,他成立了Hostar International公司,生产Propst ProHost系统及其相关产品。

作品:"高脚桌No.64916"(Action Office系统,1964)

20世纪50年代后期,办公室工作和开放式办公室数量的激增使办公室家具成为市场领域越来越重要的

P

产品。赫曼米勒家具公司为发展现代办公家具系列，与普罗普斯特签订了正式合同。普罗普斯特开始在赫曼米勒家具公司专门为他成立的实验室工作。他开发了心理测验，查阅了有关人类如何与空间互动的科学文献，并评估其他公司的研究结果，最后起草并发布了自己的调查报告，以收集办公室工作人员的习惯和偏好数据。研究结果为针对大公司中层管理人员的"Action Office 系统"的设计提供了依据。"Action Office 系统"为每位经理人配备不同类型的家具，包括一张供站立时使用的高脚桌、一张放置电话的矮脚桌、一张绘图员的凳子和一个用来展示文件的架子。在 1962—1963 年，设计师乔治·尼尔森加入了该项目。"高脚桌 No.64916"（图 150）正是"Action Office 系统"的一部分，由他们二人共同设计。该桌由铝、钢管、橡木和塑料制成。但是，"Action Office 系统"并不成功，除了成本过于高昂，更主要的问题是容易暴露隐私，在"Action Office 2 系统"（1968）中添加了分区后才解决了此问题。"Action Office 系统"试图解决今天仍然重要的问题：如何创建一个对员工友好的、能提高生产力的工作环境。尽管"Action Office 系统"滞后于办公技术的发展，但它在许多方面都领先于时代。

155.Prou,Réne（雷内·普鲁）

雷内·普鲁（1889—1947）生于法国，于 1908 年完成巴黎伯纳德·帕拉西学院的装饰师培训，并开始他的职业生涯，担任家具和室内装饰公司 Maison Gouffé 的工作室主任。1921 年，他在巴黎完成了他的第一个远洋客轮内饰项目，1925 年在巴黎艺术装饰与现代工业国际博览会上展出了许多室内装饰，包括他与埃里克·巴格（Eric Bagge）合作的法国大使馆的"小姐卧室"。1928 年，他开始使用简洁的线条及金属材料进行设计。20 世纪 30 年代，他开始了国际范围的职业生涯，其项目包括纽约的华尔道夫·阿斯托里亚餐厅、瑞士日内瓦的国际联盟圆形剧场以及东京的三越百货公司商品陈设。1935 年，他担任巴黎国家装饰艺术学院工业设计系的教授。1939 年，他为国际睡眠汽车公司完成了 500 多节火车车厢的内饰设计，并于 1946 年担任巴黎装饰艺术中央学校的校长。

作品：扶手椅（1930）

这把扶手椅（图 151）是 1930 年为巴黎香榭丽舍大街茶室和 Compagnie Continentale Simmons 公司的董事会会议室设计的，并由 Pierre Laborie- Labor Métal 公司负责生产。其结合了传统扶手椅的所有部件：靠背、扶手、坐面和底座，这些部件通过一块压制和折叠的薄钢板连接在一起，并在椅子的侧面形成几何切口。尽管这把扶手椅的结构尺寸较大，但实体表面和空隙的相互作用赋予了椅子一定的轻盈感。

图 150 普罗普斯特和乔治·尼尔森于 1964 年合作设计的"高脚桌 No.64916"

图 151 雷内·普鲁于 1930 年设计的扶手椅

156.Rainer,Roland（罗兰·雷纳）

罗兰·雷纳（1910—2004）生于奥匈帝国，于1928—1933年在维也纳理工大学学习建筑。1937年，他就职于柏林普鲁士建筑和金融局，1939年担任德国城市建设研究助理，负责整个德国的城市发展和规划。1942—1944年，他担任柏林军队建设局的战争物资咨询委员会成员，自1945年起在奥地利做自由建筑师。1952年，他设计位于维也纳的弗朗兹·多姆斯学生宿舍，为此还设计了可堆叠的扶手椅。1953—1954年，他担任汉诺威工业大学的住房、城市规划和区域发展教授，1954—1958年设计维也纳市政厅大厦。1955—1956年，他担任奥地利格拉茨理工大学建筑与设计教授，1956—1980年领导维也纳美术学院大师建筑师学院，于1960—1962年成为该学院院长。1958—1963年，他担任维也纳城市规划总监，于1962—2000年分阶段在奥地利林茨附近建造普舍瑙花园城市，1973—1975年设计并建造维也纳市政游泳馆。1980—1999年，他担任奥地利艺术参议院主席，2001年设计位于维也纳的ORF-Zentrum电视总部的室内中庭，2003与奥地利的Plank公司合作，重新推出他以前设计的椅子，并开发新的椅子作品。

作品：市政厅扶手椅（1952）

罗兰·雷纳于1952年为维也纳第四区的弗朗兹·多姆兹学生宿舍设计了这款带有曲木框架和穿孔胶合板靠背的可堆叠椅子，现被称为市政厅扶手椅（图152），由维也纳制造商Emil & Alfred Pollak负责生产。这把椅子有两种版本，一种带扶手，一种不带扶手。市政厅扶手椅的灵感来自两次世界大战期间的一些设计，特别是阿尔瓦·阿尔托于1931年设计的带有桦木框架和胶合板坐面的"403堆叠椅"以及瑞士设计师汉斯·科瑞于1938年创作的带穿孔铝壳的"Landi椅"。1953年，雷纳和阿尔托在设计新活动场地维也纳市政厅的国际竞赛中共同获得了一等奖，但在实际建造维也纳市政厅时，参照的是雷纳的设计方案，因此雷纳选择了现有的椅子设计来装饰它，椅子由此得名。此外，维也纳的几个公共图书馆和演讲厅都配备了同样的椅子。

图152 罗兰·雷纳于1952年设计的市政厅扶手椅

157.Rams,Dieter（迪特·拉姆斯）

迪特·拉姆斯（1932—）生于德国，是"好设计十项原则"思想的创始人。他于1948—1951年在德国凯尔海姆（Kelkheim）接受木工培训，1951—1953年在威斯巴登工艺学校学习室内建筑，1953—1955年在法兰克福建筑师奥托·阿佩尔（Otto Apel）的事务所工作，与SOM建筑设计事务所等公司展开合作。1955—1997年，他任职于电器公司Braun，于1956年后成为产品设计师，1961年成为Braun公司产品设计部门主管，1968年成为产品设计总监，1988年成为首席代表，自1995年起担任企业形象事务执行总监。1956年，他与汉斯·古格洛特合作设计"Phonosuper SK 4收音机"，在接下来的几十年中为Braun公司设计了500多种产品。1957年，拉姆斯开始与家具制造商Otto Zapf合作，1959年与奥托·查普夫（Otto Zapf）和尼尔斯·维斯·维索（Niels Wiese Vitsoe）共同成立了维索和查普夫公司，现为维索公司，随后为公司设计了许多方案，如躺椅项目601/602（1960）、606通用货架系统（1960）（图153）和躺椅项目620（1962）。1975年，他提出"好设计十项原则"，随后在华盛顿特区的国际工业设计协会大会上首次公开发表。1981—1997年，他担任汉堡美术学院的工业设计教授，1987—1998年担任德国设计委员会主席。自2000年以来，拉姆斯多次举办个人展览，出版有关自己工作的出版物。2006年，

R

他为德国科隆国际家具博览会设计"理想房屋"。2007年因其毕生工作而获得德意志联邦共和国设计奖以及Lucky Strike设计师奖。2012年，他被慕尼黑工业大学任命为杰出副教授，并获得布达佩斯莫霍利-纳吉艺术与设计大学的莫霍利-纳吉奖，2014年因其毕生工作获得意大利金圆规设计奖。

作品：606通用货架系统（1960）

拉姆斯于1956年成为德国电器公司Braun的产品设计师后，于1957年开始开发家用和商业用途的模块化家具系统。他的606通用货架系统于1962年由维索和查普夫公司生产，两年后在卡塞尔的第三届Documenta五年展上展出，成为德国创新设计的典范。606通用货架系统的柜子和货架的端板由机械加工铝制成，并借助少量金属销钉与拧在墙上的E型轨道连接。这些年来，该货架系统增加了许多存储和桌子模块，以及用于集成高保真设备的特殊支架。1970年添加的X架和2012年添加的H架允许将此系统固定在地板和天花板之间。如今，维索公司仍在生产该系统，De Padova公司则生产一种完全由铝制成的变体。尽管该货架的某些细节已经进行了修改，但因为可以通过添加新模块的方式扩充，现在这种20世纪60年代的货架仍在以相同的方式生产，这使其成为拉姆斯所设想的永恒、持久的设计典范。

158.Rancillac,Bernard(伯纳德·兰西拉克)

伯纳德·兰西拉克（1931—）生于法国巴黎，于1959—1962年在史丹利·威廉·海特（Stanley William Hayter）的工作室学习雕刻，后因在1963年巴黎罗埃美术馆举办的展览而受到媒体和公众的欢迎。1964年，他与盖拉德·加西奥特·塔拉伯特（Gérald Gassiot-Talabot）以及一群巴黎画派画家共同组织了"神话作品展"（Mythologies Quotidiennes）。1965年，他在巴黎马蒂亚斯·费尔斯画廊展出的华特·迪士尼（Walt Disney）系列作品惊动了公众和评论家。1969年，他在巴黎的塞纳河畔维特里（Vitry-sur-Seine）、圣艾蒂安（Saint-Etienne）和布雷斯特（Brest）举办回顾展，随后多次举办个展和群展。1971—1981年，他迁至瓦兹河畔博兰（Boran-sur-Oise），任教于巴黎第一大学。1982—1987年，他在阿尔克伊（Arcueil）的新工作室开始创作作品"分解的图像"（Images éclatées），并设计剧院布景。1988年，他来到中国，并在中国的几所艺术学校演讲。自1988年起，他开始创作大型绘画作品，描绘妇女、政治事件和战争等内容。

作品："象椅"（1966）

自1955年起，美国的波普艺术开始转向具象性，以政治和历史人物、电影明星和漫画为主题来源，使用原色和拟人化的形式进行表达。伯纳德·兰西拉克的"象椅"（图154）便是对波普艺术的引用：他用玻璃纤维增强聚酯材料塑造了一个大象的头。"象椅"有白色、黑色、绿色、黄色和闪烁红色多个版本，象头形的外壳放置在坚固的锻钢底座上，Z形的底座提供了舒适的倾

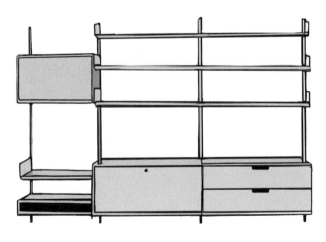

图153 迪特·拉姆斯于1960年设计的606通用货架系统

斜位置，并为座椅塑造了宽阔的扶手，而"象椅"的"鼻子"则可用作搁脚板。"象椅"于1968年5月在巴黎装饰艺术博物馆展出，是馆内当代艺术作品展览的一部分。

图 154 伯纳德·兰西拉克于1966年设计的"象椅"

159.Rasch,Heinz & Bodo（亨兹和博多·拉施事务所）

亨兹和博多·拉施事务所由德国兄弟设计师亨兹·拉施（Heinz Rasch，1902—1996）和博多·拉施（Bodo Rasch，1903—1995）创立，二人于1922—1930年展开合作，在此期间，他们的家具于1927年在密斯和彼得·贝伦斯设计的空间中展出。1927—1928年，他们设计了第一套"悬浮式房屋"，1927—1930年出版了一些有关建筑、家具设计和平面设计的图书：*Wiebaven*（1927）、*Der Stuhl*（1928）、*Zu—Offen. Tiren und Fenster*（1930）和 *Gefesselter Blick*（1930），1928—1929年参加斯图加特、法兰克福和柏林的巡回展览。

亨兹·拉施于1920—1923年就读于汉诺威工业大学和斯图加特工业大学的建筑专业，于1924年在保罗·博纳茨（Paul Bonatz）的指导下获得斯图加特工业大学的建筑学学位，1925年成为 *Die Bavgilde* 期刊的编辑。1930年，他加入德意志制造联盟，并在柏林从事自由建筑师的工作。1933年，他移居伍珀塔尔（Wuppertal），1933—1942年为伍珀塔尔的库尔特·赫伯茨的油漆厂设计新建筑。自1947年起，他在伍珀塔尔重建被毁的建筑物。1956—1996年，他继续为各种项目和竞赛设计"悬浮式房屋"，1963年设计位于伍珀塔尔的圣彼得新教教堂。1967年，他的建筑理论《现代建筑的某些根源》（*Some Roots of Modern Architecture*）出版。

博多·拉施于1922—1926年就读于斯图加特—霍恩海姆大学的农业专业。就读期间，他在木匠弗里德里希·乌尔默（Friedrich Ulmer）和弗里茨·哈勒（Fritz Haller）的工作室实习，学习木工。1933年，他与他的妻子汉娜·鲍尔（Hanne Bauer）共同出版 *Zirkel* 杂志。1939—1945年，他在法国西线服役，后被俘虏，并作为战俘被关押，1946年逃到斯图加特，并在那里成立建筑事务所。1948—1950年，他在奥伯莱兴（Oberaichen）建造自己的房屋和办公室，1960年参与开发5座火车站建筑，并设计集装箱房。

作品："Sitzgeistill椅"（1926）

拉施兄弟于1924年在斯图加特成立家具制造作坊。在这之后的四年内，他们创造了150多个椅子模型，并与一些德国家具公司合作制造。"Sitzgeistill椅"（图155）来自拉施兄弟的一系列实验，是他们根据最新的结构和人体工程学的标准来对现代椅子进行改造的实验。这把椅子的实验焦点是如何引导物理力作用在椅子上，拉施兄弟首先分离支撑架和靠背，并使用3毫米厚的胶合板代替木条或木杆。这些胶合板弯曲成靠背和支撑的形状，并支撑坐面，让椅子不需要前腿。正如拉施兄弟所说，一张纸在弯曲时，其在弯曲方向上的力非常坚固，而这把椅子则采用同样的原理。它使用弯曲的胶合板来传递压力，并向后倾斜让多余的重量转移到前面，这也是弯头在后面

R

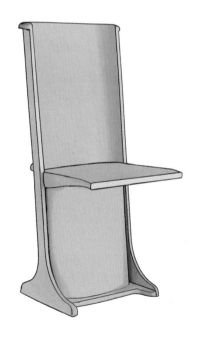

图 155 拉施兄弟于1926年设计的"Sitzgeistill椅"

保持敞开的原因。为了使该椅子能正常工作，拉施兄弟以多种方式弯曲几层胶合板，让椅子具有所需的强度。因此该椅子在以前被称为"Sitzgeiststuhl（点燃的座椅的精神）"。

木匠弗里德里希·乌尔默制作了第一把"Sitzgeistill椅"，并于1965年为亨兹·拉施制作了另一把，而维特拉设计博物馆将此模型用作1998年另一次设计的原型。与此同时，Tecta公司于1986年发布了一个一次性的模型，虽然鲜为人知，但它的创新性也丝毫不逊色。虽然拉施兄弟设计的家具并没有被广泛传播，但他们对全新解决方案的追求给前卫设计带来了重大影响。

160.Rashid,Karim（卡莱姆·拉希德）

卡莱姆·拉希德（1960—）生于埃及，于1978—1982年在加拿大的卡尔顿大学学习设计，1984年为设计师鲁道夫·博内托（Rodolfo Bonetto）工作，1985—1991年为加拿大多伦多的KAN工业设计师协会工作。自1993年起，他在纽约经营自己的设计事务所，为阿莱西、Artemide、卡佩里尼、H＆M、普拉达、三星和索尼等公司设计室内、家具、产品和包装并开发新品牌。自1995年起，他在费城艺术大学和多伦多安大略艺术

与设计学院等高校任教。他的家具和产品屡次获奖，包括芝加哥雅典娜优秀设计奖。1996年，他为Umbra公司设计"Garbo塑料垃圾桶"，1997年又为其设计"Oh椅"。2001年，他出版专著《想要改变世界》（*Want to Change the World*）。2002年，他为Edra公司设计"Superblob座椅系列"，2006年为Horm公司设计"Tide餐具柜"，并于2008年获得意大利金圆规设计奖，2010年设计内置木炭过滤器的"Bobble水壶"，2013年设计"Sleek椅"。自2014年起，他在圣彼得堡、特拉维夫和纽约等地开展项目。

作品："Poly椅"（2005）

20世纪90年代和21世纪初，拉希德凭借其丰富多彩、装饰华丽的产品和内饰轰动全球。拉希德花了两年，实验了3把椅子，直到椅子可进行批量生产为止，最终诞生了可用于室内和室外的轻巧、坚固的可堆叠"Poly椅"（图156），

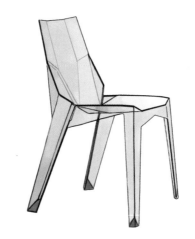

图156 卡莱姆·拉希德于2005年设计的"Poly椅"

由意大利家具制造商Bonaldo负责生产。它的名称既指多边形结构又指材料：单色模型由聚酰胺制成，透明模型则由聚碳酸酯制成。它的靠背和坐面均由8个独立的几何零件组成，这些零件以不同的倾斜角度组装在一起，以完美包裹就座者的身体，材料的厚度根据施加在每个构件上的应力而变化。2008年，这把椅子获得红点奖和芝加哥雅典娜优秀设计奖。

161.Raw—Edges 工作室

Raw—Edges工作室由两位以色列设计师组成，分别是耶尔·梅尔（Yael Mer，1976—）和谢伊·贝凯（Shay Alkalay，1976—）。两人曾被日本Elle装饰公司评为年度设计师（2015），被迈阿密/巴塞尔博览会（Miami/Basel fair）评为"未来设计师"（2009）。两人均于1998—2002年在耶路撒冷贝沙勒尔艺术设计学院学习工业设计，2004年移居伦敦后就读于伦敦皇家艺术学院。毕业后，梅尔花了三个月在日本学习传统手艺美浓和纸技术，同年两人在伦敦成立Raw—Edges工作室。2008年，他们为Arco公司设计"Pivot壁柜"，为Established＆Sons公司设计抽屉柜。2010年，他们开始与Stella McCartney合作，在全球40多家商店中铺设多彩的人字形花纹地板，同年设计木制长凳

"Tailored Wood Bench 系列" 以及折叠陶瓷锉刀。他们于2010—2012年设计了"Selvedge椅"，2012年设计"Deskbox桌"，并于2013年获得德国设计委员会的室内创新奖。2013年，Moroso公司将"Selvedge椅"重新命名为"Kenny椅"（图157）并投入生产，随后于2014年推出Raw-Edges工作室设计的"糖凳"（Sugar Stool）。2015年，他们为路易威登设计"Concertina系列"，该系列包括折叠椅、灯和桌子，同年设计彩色的"Endgrain系列"和"CNC研磨木材"。2015—2016年，他们完成维特拉设计博物馆举办的亚历山大·吉拉德的展览设计，于2016年在米兰的家具沙龙展出人字形染色木家具系列。

作品："Kenny椅"（2010—2012）

"Kenny椅"是受纺织品制造商Kvadrat的委托而设计的。该制造商为庆祝娜娜·蒂赛尔的一款且最具代表性的纺织面料Hallingdal，特别邀请32位新兴设计师使用这些面料进行设计。Raw-Edges工作室接到邀请后，开始探索如何通过有趣的成型技术和折叠一段织物来制造扶手椅的座椅外壳，于是他们设计了这款曲线优美的双层"纺织雕塑"，看起来很像管子被挤压的末端，然后装配薄玻璃纤维内壳，并安装有4个橡木椅腿的框架上。2012年，Kvadrat在米兰发布了"Kenny椅"的原型。椅子的名字来源于动画片《南方公园》

（South Park）中的一个人物。随后，Moroso公司开始系列生产。

图157 Raw-Edges工作室于2010—2012年设计的"Kenny椅"

162.Regt,Rutger de（罗格·德·雷格）

罗格·德·雷格（1979— ）生于荷兰，于2007—2011年在海牙皇家艺术学院学习家具设计，毕业时完成了"Happy Misfits椅"（图158）和"Make & Mold椅"。2010年，他参加荷兰皇家美术学院的展览，并在海牙的昆斯达根广场（Noordeinde Kunstdagen）上展示"Happy Misfits椅"的设计过程。2011年，"Make & Mold椅"获得了Thonet Mart Stam奖，罗格·德·雷格获得了由海牙市政府授予的最高创意人才奖。2011—2013年，他在海牙成立罗格·德·雷格工作室，随后与玛丽·范·普滕（Marlies van Putten）在海牙创立手工工业协会组织。

作品："Happy Misfits椅"（2010—2011）

罗格·德·雷格在毕业之际设计了"Happy Misfits椅"，其灵感来自健美亚文化。椅子的形式与2010年的一个电影片段中展示的运动员肌肉相呼应，构成了制作过程演示的背景。椅子凸起的球状结构是通过在气球中填充泡沫塑料珠和环氧树脂硬化剂，然后将其紧密黏合在适当的位置，再用蒸汽和压力对其充气使其硬化而制成的，最后除去固定物和气球后，在曲线外壳上涂一层柔软的橡胶涂层，制作完成后由罗格·德·雷格工作室负责生产。

图158 罗格·德·雷格于2010—2011年设计的"Happy Misfits椅"

罗格·德·雷格寻求能够使他"在行业之外工作"的材料和技术，以便他可以自己管理制造过程，这同时也是马丁·巴斯的目标。他们使用的生产过程会让每件产品具有独特性，因为它们都是手工制造的。罗格·德·雷格的其他设计，如"Make & Mold 系列"也表现出了相同的特点：独特性和低技术的生产方法。

163.Reich,Lilly（莉莉·瑞希）

莉莉·瑞希（1885—1947）生于德国，曾学习刺绣，于1908年起就职于维也纳工场，为约瑟夫·霍夫曼工作。1911 年，她前往柏林装饰艺术高等技术学校进修，并结识安娜和赫尔曼·穆特休斯（ Hermann Muthesius ）。1911 年起，她开始设计橱窗和室内空间，包括 1912 年在柏林举办的展览"家庭和职业中的女性"（ Die Frau in Haus und Beruf ）中展示为工人公寓设计的室内和橱窗。1912 年，她加入德意志制造联盟，他是 20 世纪 20 年代以来首位进入该联盟的女性。1924—1926 年，她在美因河畔法兰克福成立展览设计和时装工作室，于 1926 年开始与密斯合作，涉及以下几乎所有项目：1927 年的萨姆特和塞德咖啡馆，在斯图加特举行的德意志制造联盟展览中的白院聚落（位于德国斯图加特，现为德国的历史古迹，是由密斯于 1927 年领导的建筑规划项目，其目的是为

了展示新的建筑精神，还包括测试新的建筑材料而建造的实验建筑）的样板公寓，以及该展厅的艺术设计。1929 年，她担任巴塞罗那世界博览会德国馆的艺术总监，1931 年参加在德国柏林举行的"我们时代的住宅"（ The Dwelling of our Time ）展览，其中包括一个底层住宅楼、两个公寓的室内设计，以及密斯为建筑设计的家具。1932 年，她担任德绍和柏林包豪斯的精加工部和纺织作坊的负责人，1937 年与密斯一起设计巴黎世界博览会德国馆的纺织工业部分。1943 年，空袭摧毁了她位于柏林的工作室。1945 年，她担任柏林艺术学院的讲师，并在柏林成立建筑、设计、纺织品和时尚工作室，继续与德意志制造联盟合作。

作品："GT 79 桌"（1931）

"GT 79 桌"（图 159）的前身是瑞希设计的"LR 510 桌"，该桌

图 159 莉莉·瑞希于 1931 年设计的"GT 79 桌"

曾在"我们时代的住宅"展览中展出。桌面由胶合板制成，框架由两段在桌面下方的钢管相交组成，略微张开的椅腿大大增加了桌子轻盈和多功能的特点。"LR510 桌"最初由 Berliner Metallgewerbe Josef Müller 制造，但自 1933 年起，被公司改成带有玻璃桌面的"GT 79 桌"。带有镀铬框架的版本当时售价为 60 马克。

164.Reinstein,Hans Günther（ 汉斯·冈瑟·雷恩斯坦）

汉斯·冈瑟·雷恩斯坦（1880—1945）生于德国，自 1902 年起师从彼得·贝伦斯。1902 年，他与多位设计师共同成立了应用艺术家协会，在那里他设计陶器、珠宝、金属制品和刺绣，但该组织于 1908 年解散。自 1903 年开始，他为瓷器制造商卢臣泰和狮牌（ Hutschenreuther ）提供各种设计，其中包括与菲利普·罗森塔尔（ Philipp Rosenthal ）合作的"Botticelli 服务系统"和"Donatello 服务系统"。1905 年，他迁至汉诺威，1908 年设计扶手椅和用瓦楞纸板制成的家具。20 世纪二三十年代，他在汉诺威做平面设计师，为 Vosswerke、Sarstedt、Kiehl & Schmal 和 Herford 等公司做设计，1936 年参加在柏林举行的德国商业艺术品展览。自 1938 年起，他居住在柏林，并担任德国住房学会的建筑师。

作品：餐厅家具（1908）

自19世纪早期开始，具有圆柱形截面的椅子就已为人所知。1898年，工艺美术设计师麦基·休·贝利·斯科特（Mackay Hugh Baillie Scott）仿照画家爱德华·伯恩－琼斯（Edward Burne-Jones）在挂毯上制作的"中世纪椅"设计了一把桶形椅子。半圆柱形状也是维也纳设计师约瑟夫·霍夫曼的设计中反复出现的主题，如1901—1902年的"No.720/F椅"。因而，由汉斯·冈瑟·雷恩斯坦设计的餐厅家具（图160）最初也被认为是维也纳建筑师的作品，但基于制造商的商标、专利说明书和留存的当时的出版物，可以毫无疑问地确定这把椅子是雷恩斯坦的作品。

雷恩斯坦设计的新颖之处在于，它的外形既符合审美又符合结构。他是首个用纸板作为承重结构制作家具的设计师，也因此获得了世界上第一项硬纸板家具的专利。该家具系列包括椅子、沙发、桌子、床、床头柜、花凳和花架、梳妆台、凳子和儿童椅。其中椅子的制作方法是将瓦楞纸板跨过曲木框架，然后用铁钉将其钉在座椅上。这些钉子带有黑色椭圆形的头部，也为椅子的白色侧面提供了装饰元素。

165.Remy,Tejo（塔霍·雷米）

塔霍·雷米（1960—）生于荷兰，于1986—1991年在荷兰乌得勒支艺术大学学习设计，1991年参加展览"家具雕塑"（Meubelsculptuur），他的抽屉柜"你不能丢掉你的记忆"（You Can't Lay Down Your Memory）被收藏于鹿特丹博曼斯美术馆，并于1992年获得慕尼黑国际手工艺品展览会的Talente奖。

1993年，他的三个毕业设计项目"你不能丢掉你的记忆""奶瓶灯（Milkbottle Lamp）"以及"碎布椅"（Rag Chair）被纳入Droog设计系列。他自1993年起开始参加Droog设计展览，1994年在英国卡迪夫举办个人展览，1996年参加纽约现代艺术博物馆举办的"开端：来自荷兰的当代设计展"。2000年，他与雷内·文赫伊曾（René Veenhuizen）在乌得勒支成立雷米和文赫伊曾工作室，2006年参加洛杉矶ACME画廊举办的展览"NLA：荷兰到洛杉矶"（NLA: Netherlands to Los Angeles），2007年设计了"社会围栏"（Social Fence），为学生提供休息区。2010年，他在华盛顿特区的工业画廊举办个人展览"动手"（Hands On）。2011年，他设计由乌得勒支中央博物馆举办的展览"米菲之家"（House of Miffy），2012—2015年为弗吉尼亚州阿灵顿市的水污染控制工厂设计波纹栅栏。2015年，他在西班牙布尔戈斯艺术中心举办个人展览"作为工具箱的世界"（Our World as a Toolkit）。

作品："你不能丢掉你的记忆抽屉柜"（1991）

在20世纪90年代初期，荷兰设计圈流行对现有材料的再利用。塔霍·雷米在毕业之前开发了4种设计，其中3种现已成为荷兰设计的标志。例如，奶瓶灯是由9个普通的荷兰的奶瓶制成的吊灯，破布椅是用碎布制成的安乐椅，而"你

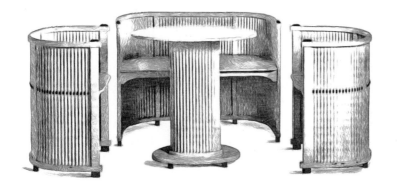

图160 雷恩斯坦于1908年设计的餐厅家具

不能丢掉你的记忆抽屉柜"（图 161）是由各种抽屉柜堆砌而成的。塔霍·雷米首先收集木制抽屉框架，然后再将它们松散地捆在一起，制成一件家具，命名为"你不能丢掉你的记忆"。该抽屉柜的名字来源于尼克·凯夫和坏种子乐队（Nick Cave & Bad Seeds）于1985年发布的专辑《长子已死》（The Firstborn Is Dead）中的一首歌曲《敲敲乔》（Knockin' On Joe）。对于雷米来说，橱柜是记忆的存储，如果抽屉全部不同，则比较容易记住每个抽屉柜储藏的物品。他从二手商店或朋友那里收集到这些抽屉，甚至买主还可以添加自己的抽屉，形成定制化抽屉。例如，亚特兰大高等艺术博物馆收藏的"你不能丢掉你的记忆"，其抽屉全部由游客捐赠。

166.Ris,Günter Ferdinand（甘特·费迪南德·里斯）

甘特·费迪南德·里斯（1928—2005）生于德国，于1947—1951年在卡尔斯鲁厄、杜塞尔多夫和弗赖堡的艺术学院学习绘画。自1952年起，他转向抽象绘画，于1958年在巴黎的丹尼斯·勒内画廊举办展览，结识了一些构成主义艺术家。1960—1961年，他放弃绘画转向雕塑，于1961年在柯尼希斯温特-奥贝普利斯（Königswinter-Oberpleis）成立工作室。1963年，他获得 Villa Romana 奖，并定居在意大利佛罗伦萨。1964年，他在第三届 Documenta 五年展中展出了大理石和混凝土雕塑。1965年，他为带有倾斜屋顶的马德里歌剧院设计模型。自1966年起，他与瓷器制造商卢臣泰合作，为"容器系列"设计咖啡具、茶具以及瓷器浮

雕，自1968年起设计建筑景观雕塑系列和浮雕，自1969年起设计具有纪念意义的墙壁和柱子（光墙、光柱、光场）。1984年，他获得由梅舍德镇（Meschede）授予的 Macke 奖，于1994年获得由波恩市（Bonn）授予的 Macke 勋章。

作品："太阳球椅"（Sunball, 1969—1971）

"太阳球椅"（图162）由甘特·费迪南德·里斯和建筑师赫伯特·塞尔多夫（Herbert Selldorf）合作设计而成，是为卢臣泰开发的"Rosenthal Einrichtung 新家具系列"产品之一，其设计构想是打造可在户外使用的座椅和日光浴床。它的主体是一个可沿自身轴线旋转的球体，顶端的遮阳帘可下拉，以形成完全封闭的球体状态。其最初的型号有一个固定的架子或可插入

图161 塔霍·雷米于1991年设计的"你不能丢掉你的记忆抽屉柜"

图162 里斯和赫伯特·塞尔多夫于1969—1971年合作设计的"太阳球椅"

外壳侧面的圆形托盘，并提供导轨、扬声器和内置收音机等可选配件。

里斯已在他的雕塑和 1965 年为马德里歌剧院设计的作品中尝试嵌入式贝壳元素和入射光的设计，而这款"太阳球椅"也反映了 20 世纪 60 年代人们对太空的迷恋，就像 1963 年艾洛·阿尼奥的"球椅"一样。"太阳球椅"形成一个自主的生活舱，而各种附加功能的整合也让人想起居奥·科伦坡设计的生活中心，该作品同样是"Rosenthal Einrichtung 新家具系列"的一部分。

计公司（JRD），专注于生产和销售自己设计的家具。20 世纪 50 年代，里森将重点从家用家具转到机构家具，着重于办公室、图书馆和医院的家具产品开发。1970 年，JRD 被 Dictaphone 公司收购。1973 年，他在康涅狄格州的新迦南（New Canaan）成立新设计咨询公司 Design Control。1994 年，Knoll 公司重新发布了他早期的部分家具设计。1996 年，里森获得丹讷布罗格骑士十字勋章，2004 年获罗素·莱特奖，2005 为 Ralph Pucci 国际公司设计新的家具系列。

作品："654 W 躺椅"（1941—1942）

图 163 詹斯·里森于 1941—1942 年设计的"654 W 躺椅"

"654 W 躺椅"（图 163）是里森为 Knoll 公司设计的家具产品之一。该设计旨在适应战后美国对简单的、精心设计的家用家具的日益增长的需求。二战期间，由于缺乏用于家具生产的资源，最初椅子的框架由标准化的雪松木制成，能够快速、廉价地进行组装。椅子的坐垫和靠背则由 Knoll 公司从多余的军用设备中拆除的尼龙材料制成。战后，当有更多的材料可用时，椅子的框架便改为山毛榉木。里森将该系列家具描述为"简单、便宜、易于制作"，而 Knoll 公司的广告则强调其"形式、结构和经济性"。1994 年，Knoll 公司重新发行了该躺椅和配套的凳子。

167.Risom,Jens（詹斯·里森）

詹斯·里森（1916—2016）生于丹麦，于 1935—1938 年在哥本哈根工艺美术学院学习家具设计，师从凯尔·柯林特，同学包括汉斯·威格纳和布吉·莫根森（Børge Mogensen）。1939 年，他移居美国，为纺织品和室内设计师丹·库珀（Dan Cooper）工作，1940 年为由建筑师爱德华·杜雷尔·斯通（Edward Durell Stone）设计的洛克菲勒中心的样板房设计家具。1941 年，他结识了汉斯·诺尔（Hans Knoll），并与他进行了一次美国越野之旅，一路拜访了许多现代建筑师。1942 年，Knoll 公司推出产品线，其中包括里森的 15 件作品。1943—1945 年，里森在美军服役，随后于 1946 年成立詹斯·里森设

168.Rohde,Gilbert（吉尔伯特·罗德）

吉尔伯特·罗德（1894—1944）生于美国，于 1913 年高中毕业后，从事漫画师和自由插画师的工作。1922—1924 年，他参加纽约艺术学生联盟和纽约中央艺术学院的艺术与设计培训班。1927 年，他前往欧洲研究当代家具设计，并结识了马塞尔·布劳耶尔。1928—1944 年，他在纽约开办事务所，从事家具、室内、钟表和灯具设计。1930 年，他的第一个设计由 Heywood-Wakefield 家具公司推出。1932 年，他为赫曼米勒家具公司提供第一批现代家具。1931 年，他参加在巴黎举行的国际殖民地博览会和第六届德国柏林建筑博览会。1935—1937 年，他担任纽约市工业设计学院设计实验室主任。1939 年，他为美国罗门与哈斯公司（Rohm & Haas）设计纽约世界博览会的展厅，并展示了他的"Plexiglas 椅"。1941 年，他为赫曼米勒公司设计

用于客厅和餐厅的"Paldao 家具系统"，包括生物形态的桌子，1942年又为该公司设计第一套办公家具系统"Executive Office Group"。1944年，他创立了纽约工业设计师协会（现为 IDSA）。

作品："C 2794 C 椅"（1930）

"C 2794 C 椅"（图 164）是罗德为他的首个制造商客户 Heywood-Wakefield 家具公司设计的，并实现了大规模生产。他认为，美国消费者更愿意接受木材而不是金属的现代设计，于是选择了由蒸汽弯曲的扁平木作为结构部件。椅腿和扶手则由实心弯曲的山毛榉木制成，靠背和坐面由弯曲模压胶合板制成。此外，"C 2794 C 椅"有琥珀色和漂白色，并配有十种不同的装饰椅套供客户选择。

图 164 吉尔伯特·罗德于 1930 年设计的"C 2794 C 椅"

169.Rosselli,Alberto（阿尔贝托·罗塞利）

阿尔贝托·罗塞利（1921—1976）生于意大利，1947 年毕业于米兰理工大学建筑专业，1949 年受 Domus 杂志创始人吉奥·庞蒂的委托，为该杂志的工业设计部分撰写"每月专栏"。1950 年，他加入吉奥·庞蒂和安东尼奥·福纳罗利（Antonio Fornaroli）在米兰的建筑事务所。1954 年，在庞蒂的支持下，他创立 Stile Industria 杂志，旨在加强意大利设计与工业之间的对话，杂志 1963 年停刊。此外，他作为联合创始人创立了由复兴百货发起的意大利金圆规设计奖，随后由他在 1956 年作为联合创始人创立的意大利工业设计协会管理。他于 1960 年设计了"Lips Vago 钣金文件柜"，1961 年为 Arflex 家具公司设计"Condor 椅"和"Heron 椅"，1962 年为意大利 Pavoni 公司设计"Auretta 电吹风"和"Brasilia 咖啡机"，为 Kartell 公司设计由 ABS 制成的模块化服务推车，1968 年为该公司设计"Jumbo 椅"，1969 年又为其设计"Moby Dick 椅"。1970 年，他与细江勋夫（Isao Hosoe）合作为 Carrozzeria Orlandi 公司设计"流星长途汽车"。

作品："P110 椅"（1971）

20 世纪 60 年代，许多意大利家具公司从手工生产转向使用新材料的工业生产，而塑料在这些发展中发挥了关键作用。"P110 椅"（图 165）是罗塞利实验家居环境设计的一部分，并在 1972 年由纽约现代艺术博物馆举办的展览"意大利：新的国内景观"中展出。椅子由 ABS 塑料和钢管材料制成，由意大利 Fratelli Saporiti 公司于 1971—1979 年生产。

图 165 阿尔贝托·罗塞利于 1971 年设计的"P110 椅"

170.Rossi,Aldo（阿尔多·罗西）

阿尔多·罗西（1931—1997）生于意大利，是第一位获得普利兹克建筑奖的意大利建筑师。他于 1959 年毕业于米兰理工大学建筑系。1956 年，他在伊格纳齐奥·加德拉和马可·扎努索的工作室担任助理。1963 年，他在阿雷佐的城市规划研讨会以及威尼斯建筑大学开始他的教学生涯，并担任卢多维科·夸罗尼（Ludovico Quaroni）的助理，于 1965 年任教于米兰理工大学。1965—1966 年，阿尔多·罗西出版著作《城市建筑》（The Architecture of the City）。1971—1984 年，他负责扩建位于摩德纳的圣卡塔尔多公墓，1972—1975 年任教于苏黎世联邦理工学院，1973年担任第十五届米兰三年展国际建筑部分的负责人，1976年担任威尼斯建筑大学的建筑设计教授。1979年，他在威尼斯设计并建造名为世界剧院（又名威尼斯剧院）的漂浮建筑，1983年设计"Teatro椅"和"Milano椅"（图166），并由意大利家具公司Molteni&C负责生产，1983—1984年策划威尼斯建筑双年展。1983—1989年，他与伊格纳齐奥·加德拉合作重建了位于热那亚的卡洛·费利斯剧院。1984年，他为阿莱西公司设计"La Conica浓缩咖啡机"，该设计是为了配合1983年的"Tea & Coffee Piazza套装"。1986年，他设计"Il Conico水壶"。1987—1994年，他设计并建造了日本福冈的IL Palazzo酒店，1988年为阿莱西公司设计"La Cupola浓缩咖啡机"，1989年为意大利UniFor公司设计"Parigi椅"和"Parigi沙发"，1990年获得普利兹克建筑奖。

作品："Milano椅"（1983）

阿尔多·罗西的许多作品都体现了设计与历史之间的关系。他的目的是找出源自当地传统的原型，将其作为创造的模型。罗西的大部分家具参照了建筑主题，但"Milano椅"的平行木条让人想起文艺复兴时期的"折叠边椅"。该椅子的坐面和靠背的连接处由互锁板条制成，确保了椅子轻巧和坚固，而稍微弯曲的靠背板条则符合人体工程学的要求，并保证弹性。椅子由木材制成，因为罗西认为

木材是一种记忆的载体，适合制作古典家具，并能让使用者和日常生活中的物品建立关系。

图166 阿尔多·罗西于1983年设计的"Milano椅"

171.Roth,Alfred（阿尔弗雷德·罗斯）

阿尔弗雷德·罗斯（1903—1998）生于瑞士，于1922—1926年在苏黎世联邦理工学院学习机械工程，随后转到由卡尔·莫泽（Karl Moser）教授的建筑学专业。毕业后，阿尔弗雷德在勒·柯布西耶和皮埃尔·让纳雷的巴黎工作室工作了四年。工作期间，他负责监管斯图加特的白院聚落的两所房屋的建设，并负责室内设计，设计带有管状钢制滑道的床。1928—1930年，他在瑞典哥德堡开设了自己的事务所，在那

里他实现了自己的第一个建筑项目西蒙森别墅和160个用于住房合作社的小公寓。1930年，他返回苏黎世，并于1932年在苏黎世开设事务所，为Wohnbedarf公司设计酒吧推车。1933年，他参加由巴黎铝业联合会举办的国际铝制品会议，推出铝制座椅。1936年，他与埃米尔·罗斯（Emil Roth）和马塞尔·布劳耶尔为西格弗里德·吉迪翁（Sigfried Giedion）共同设计并建造了两栋多户型住宅，1940年出版由马克斯·比尔设计的《新建筑》（Die Neue Architektur）一书。1943—1960年，他担任艺术与建筑杂志Werk的编辑，1949—1956年先后任教于美国的华盛顿大学及哈佛大学。1957—1971年，他担任苏黎世联邦理工学院的建筑设计专业教授，同时与国际委员会一起经营自己的建筑事务所。

作品：堆叠椅（1933）

1933年，阿尔弗雷德·罗斯在由巴黎铝业联合会举办的国际铝制品会议上展示了这把堆叠椅（图167）。椅子虽然没有获得任何奖项，但还是投入了小批量生产。该椅子完全由铝材制成，单根实心铝杆的位置让椅子可以堆叠，三条椅腿的防滑宽脚设计让其在户外使用时可防止下沉。它的坐面和靠背由铆接的弹簧铝条组成，另一个版本的堆叠椅则带有扶手。此外，罗斯还设计了一把脚凳和带有穿孔金属坐面和靠背的版本。

图 167 阿尔弗雷德·罗斯于 1933 年设计的堆叠椅

172.Rowland,David（大卫·罗兰）

大卫·罗兰（1924—2010）生于美国洛杉矶，于 1949 年获伊利诺伊州埃尔萨（Elsah）的普林西皮亚学院的物理学学士学位，1951 年取得克兰布鲁克艺术学院（Cranbook Academy of Art）的工业设计硕士学位。1951—1954 年，他在纽约为工业设计师诺曼·贝尔·格迪斯工作，自 1954 年起在纽约从事设计师工作。1955—1963 年，他设计了"40/4 椅"（图 168），并获得 1964 年米兰三年展的大奖，1969 年设计可完全折叠的"Take Home 沙发"，1979 年设计"Sof-Tech 椅"，1982 年为家具制造商 Martela 设计"Modulus 座椅系统"，1984 年为家具制造商 Nienkämper 设计"Billow 椅"。

作品："40/4 椅"（1955—1963）

大卫·罗兰的"40/4 椅"是在被 Knoll 公司等制造商多次拒绝的情况下，历时八年，通过测试多种模型开发而成的。其框架由直径仅为 0.4375 厘米的细钢丝构成，可实现紧凑地堆叠。水平的钢杆横穿椅子框架的前部，以提高稳定性和强度，而框架侧面的凸缘朝向后部，便于将多把椅子连接成排。1963 年，芝加哥的 SOM 建筑事务所要为伊利诺伊大学芝加哥校区提供 17 000 把椅子，在发现罗兰的设计后，SOM 选择了"40/4 椅"。随后，设计师授权位于扬斯敦的通用消防公司生产该椅，初始成本为每把 16 美元。该公司采用了模压钢板制作椅子坐面和靠背，此外，该钢板有 6 种基本颜色的乙烯基涂层可选。到 1970 年，这把椅子已有 20 种仿木纹贴面版本可供客户选择，并提供 4 种颜色以及软垫版本。

图 168 大卫·罗兰于 1955—1963 年设计的"40/4 椅"

"40/4 椅"为全球主要的艺术和现代设计博物馆所收藏，包括现代艺术博物馆（纽约）、装饰艺术博物馆（巴黎）、维多利亚和阿尔伯特博物馆（伦敦）以及芝加哥艺术学院。此外，"40/4 椅"还获得了美国室内设计学会颁发的奖项，并用于 1981 年查尔斯王子和戴安娜王妃在伦敦圣保罗大教堂举办的婚礼中。

173.Royere,Jean（让·罗耶尔）

让·罗耶尔（1902—1981）生于法国，于 1920 年在英国剑桥大学学习法律，1931 年开始从事室内设计工作，1931—1933 年在巴黎的一家家具厂实习。1933 年，他因改造香榭丽舍大街的卡尔顿咖啡馆而获得巴黎市政府一等奖，1934 年为位于圣安托尼郊区的家具制造商皮埃尔·高夫（Pierre Gouffé）工作。1934—1935 年，他在巴黎秋季艺术沙龙及装饰艺术沙龙展上展出带有金属管和镀铬金属条的现代沙龙家具，如椅子、沙发和桌子。1937 年，他在巴黎世界博览会展示为女士设计的客厅和房间。1943 年，他在巴黎开办设计公司，标志其国际职业生涯的开启。1946—1952 年，他在开罗开设画廊，并在黎巴嫩、秘鲁和伊朗开设了分支机构，1948 年受命装饰法国驻埃及亚历山大领事馆，1949 年在巴黎开设展厅，自

1950 年起继续设计室内装饰、家具和灯具，包括"Liane 壁灯"和"Liane 落地灯"，并在众多国际博览会上展示他的设计。1972年，让·罗耶尔退休，并开始从事设计师工作，于 1980 年移居美国。

作品：躺椅（1937）

1937 年，让·罗耶尔已被认为是那个时代最有影响力的法国室内设计师之一。在 1937 年巴黎世界博览会上，他为法国装饰艺术展设计了这把由钢材制成的躺椅（图169）。它的独特之处在于其低矮的长坐面、几何线条形成的底座及其由底座框架延伸形成的扶手。座椅的结构和弯曲的末端让人联想到以阿尔瓦·阿尔托的"Paimio椅"（1932/1933）为代表的斯堪的纳维亚风格。1938 年，这把躺椅在开罗的装饰艺术博览会展出 1939 年在纽约世界博览会上展出，不过只是少量生产。

174.Ruffi,Gianni（詹尼·鲁菲）

詹尼·鲁菲（1938—）生于意大利，自 1960 年开始自学设计，并在意大利的塞拉瓦莱皮斯托耶塞（Serravalle Pistoiese）做设计师。1962—1965 年，他举办了三次有关波普艺术的个人展览。1965 年，他与艺术家罗伯特·巴尼（Roberto Barni）和翁贝托·布西奥尼（Umberto Buscioni）一起在佛罗伦萨新维尼亚画廊展出作品，后来阿道夫·纳塔利尼（Adolfo Natalini）也加入了这个团体。评论家塞萨尔·维瓦尔迪（Cesare Vivaldi）将此团体称为皮斯托亚小组（Scuola di Pistoia）。该小组开始在意大利以及世界各地（如纽约和慕尼黑）进行展览。1969年，詹尼·鲁菲为 Poltronova 公司设计"La Cova 沙发"（图 170），1975 年又为该公司设计"Albagia系列"，该系列包括桌子、长凳和餐具柜。自 1980 年起，詹尼·鲁菲开始从事艺术工作，2005 年参加从丰塔纳到帕拉迪诺的当代雕塑设计展（Il disegno della scultura contemporanea da Fontana a Paladino），2007 年参加由巴黎大皇宫国家美术馆举办的"设计与设计"（Design contre design）展览，以及由新加坡设计节举办的"现代的意大利天才"（Italian Genius Now）展览。

作品："La Cova 沙发"（1969）

"La Cova 沙发"是一款形似鸟巢的沙发。詹尼·鲁菲的灵感源于自然，而非城市消费主义文化和大众媒体制造的问题。他在 1969 年构思的作品的基础上，建造了带有卵形结构的苔草巢，并将其重新设计为家具。这件作品包括一张沙发和三张由手工雕刻的聚氨酯泡沫制成的蛋形靠垫，靠垫上覆盖着白色的仿皮革，这些仿皮革来源于他从附近的普拉托纺织品市场采购的二手军服。"La Cova 沙发"最初由意大利 Poltronova 公司制造，并于 2015 年由 Gufram 公司重新发布。

图 169 让·罗耶尔于 1937 年设计的躺椅

图 170 詹尼·鲁菲于 1969 年设计的"La Cova沙发"

175.Santachiara,Denis（丹尼斯·桑塔奇亚拉）

丹尼斯·桑塔奇亚拉（1950—）生于意大利，自1966年开始自学，从事艺术家和设计师的工作。1980年，他参加威尼斯双年展，1981年为意大利家具品牌 Dilmos 设计"Maestrale 台灯"。1983年，他与阿尔伯托·梅达和弗朗哥·拉吉（Franco Raggi）合作为意大利灯具制造商 Luceplan 公司设计"On Off 台灯"，1984年在米兰三年展的艺术宫和蓬皮杜艺术中心策划"新产品：发明和人类狂喜的设计"（La Neomerce: Il design dell'invenzione e dell'estasi humane）展览。1986年，他设计了"Ciminiera 加湿器"，并为位于意大利雷焦艾米利亚（Reggio Emilia）的 Epsilon 迪斯科舞厅提供家具。1986—1987年,他为维特拉设计"姐妹椅"（Sister），1987年为灯具品牌 Yamagiwa 设计带有投影仪的"Notturno Italiano 床头灯"，并于1990年由 Domodinamica 公司生产。1990—1994年，他与切萨雷·卡斯特利（Cesare Castelli）一起设计具有互动属性的家具系列"Domodinamica"。1995年，他为意大利家具品牌 Baleri Italia 设计"妈妈休闲椅"。自1995年起，丹尼斯·桑塔奇亚拉任教于米兰多姆斯学院和伦敦皇家艺术学院，1997年为 Modular 公司设计"秋千扶手椅"，为意大利家具品牌 Campeggi 设计"Pisolò 凳"。2014年，他建立互联网平台 Cyrcus.it，以促进设计对象的数字化制作，2017年出版著作《下载设计：物质文化的特殊维护》（Download Design. Manutenzione Straordinaria della Cultura Materiale）。

作品：空气沙发（1985）

丹尼斯·桑塔奇亚拉是一名自学成才的家具设计师，他尝试使用不同的材料和技术元素让他设计的物体动画化，从而让这些物体能与用户互动。自20世纪80年代中期开始，他创作了可改变颜色的椅子、能发出吱吱声的门垫，还有当有人走近时就会膨胀并发光的空气沙发（图171）。该沙发由铸铁框架、聚氨酯泡沫垫、降落伞丝、通风扇、运动传感器和灯组成，它的铸铁框架覆盖着降落伞丝，可通过位于座椅下方的两个通风扇将空气充入，而运动传感器则可触发通风扇和照明灯的启动。空气沙发是20世纪80年代设计师中流行实验和探索精神的典范。1985年，由家具品牌 B & B Italia 公司为米兰三年展生产了14张空气沙发，但并未批量生产。

176.Sapper,Richard（里查德·萨帕）

里查德·萨帕（1932—2015）生于德国，自1951年起学习哲学、解剖学、平面设计和机械工程，于1956年毕业于德国慕尼黑大学的商学专业。毕业后，他于1956—1958年在戴姆勒－奔驰（Daimler-Benz）的设计部门工作。1958年，里查德·萨帕移居意大利，先为吉奥·庞蒂工作，后就职于复兴百货。1959年，他为洛伦兹公司（Lorenz）设计"Static 台钟"，并于1960年获得首个意大利金圆规设计奖。

图 171 丹尼斯·桑塔奇亚拉于 1985 年设计的空气沙发

1959—1975 年，他与马可·扎努索 合作为 Brionvega、Telefunken 和 Siemens 等公司带来了大量设计，如为 Brionvega 公司设计晶体管收音机"TS 502"（1963）和黑色电视机（1970），1964 年为意大利制造商 Gavina 设计"Lambda椅"（图 172），1965 年为西门子设计折叠式电话"Grillo"，并于1967 年获得意大利金圆规设计奖。此外，他还为 Artemide 公司设计"Tizio 台灯"，为阿莱西公司设计"浓缩咖啡机 9090"（1978）和"9091 水壶"（1983），前者于 1979 年获得意大利金圆规设计奖。1968 年，他与皮奥·曼兹（Pio Manzù）、威廉·兰辛（William Lansing）一起参加第 14 届米兰三年展，1971 年在纽约现代艺术博物馆的"意大利：新的国内风景展览"中展出用于救灾任务的便携式应急避难所。自 1980 年起，他担任 IBM 的顾问和设计师，1986—1997 年担任斯图加特国家美术学院工业设计系主任，1992 年获得 Lucky Strike Designer 奖，2009 年获得德国设计委员会颁发的终身成就奖。

作品："Lambda 椅"（1959—1964）

1959 年，马可·扎努索的工作室受委托设计具有塑料坐面和靠背的经济实惠的厨房椅，于是开启了马可·扎努索与里查德·萨帕长达五年的合作研究。在生产了由不同材料制成的原型后，最后诞生了由钢板制作而成的"Lambda 椅"，并

于 1960 年的米兰三年展上获得银牌。"Lambda 椅"由 10 个钢板制成的部件组成：两件式的座椅外壳，4 个 U 形横截面的腿，以及用于连接腿和坐面的 4 个连接件。与汽车车身的制造相似，该椅利用冲孔、点焊，然后喷漆的方式制作部件。Lambda 这个名字是对 1922 年意大利蓝旗亚（Lancia）汽车公司生产的第一款自支承车身的致敬。

177.Schell,Rainer（雷纳·谢尔）

雷纳·谢尔（1917—2000）生于德国，于 1947—1948 年师从于埃贡·艾尔曼，1949 年因在卡尔斯鲁厄理工学院的一个项目获得温布伦纳奖章。1951 年，他在德国的威斯巴登成立建筑事务所，主要设计公共建筑和宗教建筑，如威斯巴登的圣托马斯教堂和美因茨卡斯特尔的救世主教堂，同时为柏林的 Vorwerk 公司和卡尔斯鲁厄的 Ewald Króner 公司设计地毯，为 Luwasa 公司设计陶器和用塑料制成的水培花盆。他的建筑作品还包括 1962 年美因茨的古腾堡博物馆的附属建筑，1963—1967 年波恩莱茵博物馆的设计、建造和扩展，1964 年的哥廷根市政厅，以及 1965 年的巴黎歌德学院。此外，他的作品"Series 64"于 1973 年获得了由德国设计委员会颁发的"好设计奖"。

作品："100.30/3 椅"（1962—1964）

"100.30/3 椅"（图 173）是雷纳·谢尔自 1962 年起为学校、青年旅社、图书馆和教堂设计的家具系列。该

图 172 马克·扎努索和里查德·萨帕于 1959—1964 年合作设计的"Lambda椅"

图 173 雷纳·谢尔于 1962—1964 年设计的"100.30/3 椅"

系列的设计重点是功能和稳定性，且避免使用装饰元素。两年后，谢尔开始与 Schlapp Möbel 公司一起批量生产这种家具，并将该系列命名为"Series 64"，其中包括桌子、床、架子、橱柜和衣柜。它们均由具有矩形横截面的实木板条构成，这些板条通过角马鞍接头。椅子和桌子可堆叠、折叠或连接在一起形成一排座位。1973 年，"Series 64 系列"被德国设计委员会授予家具类的"好设计奖"。"100.30/3 椅"至今仍在生产（自 2000 年起改名为 Canto），已售出一百万把。

S

178.Schinkel,Karl Friedrich （卡尔·弗里德里克·申克尔）

卡尔·弗里德里克·申克尔（1781—1841）生于普鲁士，于 1798 年在柏林成为建筑师弗里德里希·吉利（Friedrich Gilly）及其父亲大卫·吉利（David Gilly）的学生，随后于 1799—1800 年前往柏林建筑学院进修。1800 年，他完成自己的首批建筑和家具设计，1808 年为柏林王储的宫殿设计室内和家具，1809—1810 年为波茨坦城市宫（Stadtschloss Potsdam）和夏洛滕堡宫（Schloss Charlottenburg）设计室内和家具。1810 年，他被任命为普鲁士的国家建筑委员会公共工程高级评估员，1811 年成为柏林皇家艺术学院的一员，1815 年被任命为国家建设委员会柏林办事处

的高级议员。1816—1818 年，他设计和建造柏林新岗哨，1817 年完成首个柏林城市规划。自 1820 年起，他开始担任柏林建筑学院的建筑教授，1823—1826 年对柏林宫的皇太子公寓进行翻新，做室内设计和装修，1824—1825 年设计夏洛滕堡宫附近的新宫，包括室内设计和家具，1824—1831 年设计柏林的弗里德里希斯韦德教堂。1830 年，他晋升为普鲁士建筑总监，1833 年在夏洛滕堡宫附近设计"Römische Báder 建筑群"，并设计花园铸铁家具。

作品：花园椅（1825）

该花园椅（图 174）是申克尔为当时位于柏林郊外的夏洛滕堡宫附近的新宫而设计的铸铁家具之一，而三张这样的花园椅可简单连接成花园长椅。申克尔从古老的 X 形椅中汲取灵感，设计了该铸铁花园椅的 X 形腿，并用三点连接的结构增加椅子的稳定性。两根圆形的铁棒最初连接在十字架的腿上，而花园椅中只需一根连接。坐面由椭圆形横截面的锻造杆平铺而成，并铆接侧面部件和靠背。此外，花园椅的椅背饰有新古典主义的镂空设计，中央是竖琴造型，两侧则是对称排列的棘豆枝叶造型；椅子侧面的 L 形横断面可确保较高的稳定性，重量也相对较轻；椅脚的小型模压底座可防止椅子陷入松软的地面，而清漆涂层可防止铸铁生锈。

申克尔对铸铁家具的贡献在于新古典主义形式与铸铁的完美共生。他

的花园椅在 19 世纪被德国多家铸造厂生产并出售。自 1981 年起，Tecta 公司根据申克尔的设计生产了类似的铸铁椅子和花园长椅。

图 174 卡尔·弗里德里克·申克尔于 1825 年设计的花园椅

179.Schlyter,Caroline（卡罗琳·施利特）

卡罗琳·施利特（1961— ）生于瑞典，于 1993 年毕业于瑞典艺术学院，获雕塑硕士学位，并从那时起从事艺术和雕塑工作。1988 年，她开始设计"h 家族系列"的第一件作品"Little h 椅"（图 175），并于 1989 年展出"Little h 椅"的第一款全尺寸钢材原型，随后在日本旭川国际家具设计博览会中展出了第一款全尺寸胶合板原型，并于 1991 年由瑞典家具制造商 Forsnäs Form 负责生产。此外，Forsnäs Form 还生产了配套桌 Tripp、Trapp（1995）

和 Trul（1993）,以及"Little m 儿童椅"（1995）、"The Aunt 镜桌"（1995）、"The Lover 扶手椅"（1995）、"Fido 手推车"（1995）。1992 年,她参加由伦敦设计博物馆举办的"斯堪的纳维亚设计新方向"展览,"Little h 椅"获得了优秀瑞典设计奖。1993 年,她参加"巴黎罗浮宫卡鲁塞尔世界之旅"展览,2000 年参加由伦敦弗纳·阿默尔美术馆举办的"混凝土艺术与当代设计"展览,2004 年参加由华盛顿特区国家艺术女性博物馆举办的"北欧酷:热门女性设计师"展览。

作品:"Little h 椅"（1988—1989）

卡罗琳·施利特在瑞典艺术学院学习时,受到字母"h"的启发,采用不同材料制作了几款小尺寸的椅子模型,随后于 1988 年制作了第一款全尺寸的钢材模型。她的目标是用一块 3 米长的胶合板制作这把椅子,但没有制造商相信这种可能性,她只能在学校的木工部门手工制作了第一个原型,最终于 1989 年得到了她想要的"h"形状,制作出了一款框架清晰、拥有弹性靠背的舒适的雕塑椅。1990 年,她的原型作为日本旭川国际家具设计大赛的获奖作品之一亮相,此后被多家国际设计杂志发表。Forsnäs Form 公司于 1991 年、1996 年和 2005 年生产了三款限量版的"Little h 椅"。

180.Schmidt,Wilhelm（威廉·施密特）

威廉·施密特（1880—1928）生于奥匈帝国,于 1897—1901 年在维也纳工艺美术学院学习,并在约瑟夫·霍夫曼的指导下修习建筑。毕业后,他与一群奥地利应用艺术学院的毕业生共同成立了名为"房子里的维也纳艺术"的组织。该组织于 1901—1902 年在维也纳艺术协会的圣诞展以及第 15 届维也纳分离派展中展出了室内设计作品。自 1902 年起,施密特为家具制造商 Prag-Rudniker Korbfabrikation 公司设计家具,自 1903 年起成为德意志制造联盟的一员,1914 年共同成立奥地利制造联盟,并成为位于奥匈帝国的博伊米亚（Bohemia,现为捷克共和国奥赫热河畔金什佩尔克（Kynšperk nad Ohří）的一所木工学校的校长。

作品:扶手椅（1902）

这把扶手椅（图 176）是现代木制藤条家具系列的一个范例。现代木制藤条家具系列由维也纳现代主义的支持者设计,并由 Prag-Rudniker Korbfabrikation 负责生产和销售。这个系列的设计师包括画家库尔曼·穆塞尔、建筑师汉斯·沃尔默（Hans Vollmer）、约瑟夫·佐蒂(Josef Zotti)和威廉·施密特。这款扶手椅由施密特独立设计完成,框架由榆树的原木制成,而其坐面、侧边和靠背均由藤条制成。椅腿笔直地向上延伸构成同等水平高度的扶手以及靠背顶部,中间空隙处可插入藤条板,由此形成椅子的坐面、侧边和靠背。此外,四个连接椅腿的木条可防止剪切并增强坚固性。

S

图 175 卡罗琳·施利特于 1988—1989 年设计的"Little h 椅"

图 176 威廉·施密特于 1902 年设计的扶手椅

181.Schröder,Truus（特鲁斯·施罗德）

特鲁斯·施罗德（1889—1985）生于荷兰，曾在德国汉诺威的技术学院学习建筑学。1911年，她与律师弗里茨·施罗德（Frits Schröder）结婚，并为他们位于乌得勒支的家设计卧室家具。1921年，她委托吉瑞特·里特维德改造住宅房间。1923年，特鲁斯的丈夫去世。她于1924年与里特维德共同为自己和三个孩子在乌得勒支设计了一座新房子，即著名的里特维德－施罗德住宅。自1925年开始，她与里特维德合作设计家具、室内和建筑项目，包括位于乌得勒支伊拉斯谟斯兰街区（Erasmuslaan, 1930—1935）的两个住宅区，以及将哈勒姆（Haarlem）的房屋改建为未婚工作妇女公寓的项目(1937—1938)。此外，她于1928年参加阿姆斯特丹城市博物馆举办的"建筑、绘画和雕塑"（Architectuur, Schilderkunst en Beeldhouwkunst）展览，1930年在《职业女性》（De Werkende Vrouw）杂志上发表两篇关于建筑（室内）的文章。1957—1967年她与里特维德一起住在里特维德－施罗德住宅，1970年成立里特维德－施罗德基金会，该基金会在她死后接管了里特维德－施罗德住宅的所有权。

作品："r6桌"（1931）

这张桌子（图177）由里特维德和施罗德共同设计，分为两部分：一部分为写字台，该写字台具有镀铬钢制底座、黑色喷漆，但辅以白色边缘的木制顶部以及两个白色抽屉；另一部分为储物柜，其木质主体被漆成黑色，边缘为白色。"r6桌"于1931年首次在由里特维德设计的乌得勒支伊拉斯谟斯兰街区的样板房中展出，该样板房还展示了同一类型的特制家具，它们均由木材、胶合板、金属、玻璃和橡胶制成，并且被漆成灰色、白色和黑色。"r6桌"的生产和零售均由Metz & Co.公司负责。自1941年开始，该公司生产了该模型的修改版本，即将桌子的高度从75厘米降到70厘米。

182.Scott, Denise Brown（丹尼斯·斯科特·布朗）

丹尼斯·斯科特·布朗（1931—）生于北罗得西亚（现为赞比亚的基特韦），于1948—1952年开始在南非约翰内斯堡的维特沃特斯兰德（University Of The Witwatersrand）大学学习艺术，后转向建筑学。1952—1954年，她在伦敦AA建筑学院学习，1955年与罗伯特·斯科特·布朗（Robert Scott Brown，1959年去世）结婚。1955—1958年，她先后就职于英国、意大利和南非的几家建筑事务所，1958—1960年在费城的宾夕法尼亚大学学习，并获得城市规划硕士学位，1960—1965年在母校教授城市规划课程，并同时获得建筑学硕士学位。1965—1968年，她担任加州大学洛杉矶分校建筑和城市规划学院的副教授。1967年，她与罗伯特·文丘里完婚，并与文丘里一起担任耶鲁大学的客座教授，1969年加入文丘里和约翰·劳奇（John Rauch）的建筑事务所，主要负责城市规划和设计项目。该事务所于1980年更名为文丘里、劳奇和斯科特·布朗事务所。1972年，她与文丘里、史蒂文·艾泽诺（Steven Izenour）合著《向拉斯维加斯学习》（Learning from Las

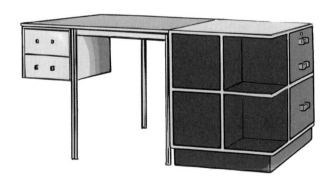

图177 里特维德和施罗德于1931年合作设计的"r6桌"

Vegas)。1978—1984 年，她为 Knoll 公司设计家具，自 1982 年起为 Swid Powell 公司设计产品。1982—1983 年，她担任宾夕法尼亚大学的客座教授。自 1983 年起，她在普林斯顿大学校园里设计并建造了一些建筑，随后由美国大学的校园规划委员会负责。1985—1991 年，她设计并建造英国国家美术馆的塞恩斯伯里翼楼，1987 年与文丘里一起担任耶鲁大学客座教授。1990 年，她为表面材料公司 Designtex 设计室内装饰面料，1992 年获得美国国家艺术奖章，2016 年与文丘里一起获得美国建筑师协会金奖。

作品：安妮女王椅（1979—1984）

"安妮女王椅"（图 178）由丹尼斯·斯科特·布朗和文丘里共同设计。它由两块弯曲的锯齿状多层板组成，其中一块形成靠背和后腿，另一块则形成坐面和前腿。从侧面看，不同的木材层清晰可辨，坐面和后腿之间的胶合接缝也不会掩盖椅子上的图案。这种图案让人想起孟菲斯设计集团的家具，它采用了 20 世纪 40 年代初流行的桌布上的色彩柔和的花朵图案，而这块桌布恰好是文丘里的朋友弗雷德里克·施瓦茨（Frederic Schwartz）的祖母西莉亚·多布林（Celia Doblin）最喜欢的一块布。"安妮女王椅"上的图案还覆盖着成对的黑色斜条纹，这也正是 20 世纪 70 年代画家贾斯珀·琼斯（Jasper Johns）作品的特征。

历史上的安妮女王家具通常是用带有明显纹理的木材制成的，如枫木、樱桃木、白杨木，尤其是胡桃木。"安妮女王椅"设有中央靠背，形状像花瓶或栏杆，以及弯曲的爪和球脚。18 世纪初，在资产阶级家庭中使用的家具上做装饰还很稀罕。摄政王去世十年后，美国和英国才采用"安妮女王"风格。从 18 世纪 50 年代开始，该椅子的靠背和腿上出现了更精细的雕刻。

图 178 丹尼斯·斯科特·布朗和文丘里于 1979—1984 年合作设计的"安妮女王椅"

183.Selldorf,Herbert（赫伯特·塞尔多夫）

赫伯特·塞尔多夫（1929—）生于德国科隆，于 1947—1949 年在科隆度过了家具制作的学徒生涯，1949—1951 年从事家具修复的工作。1951—1970 年，赫伯特作为科隆家族企业 Vica Inneneinrichtung

的共同所有者，主要从事橱柜制造、金属制品制造、室内装潢、编织篮制作以及室内设计，并与甘特·费迪南德·里斯合作为卢臣泰和家具制造商 Wilkhahn 公司制作餐具、玻璃器皿和家具。1956—2003 年，他为德国和法国的各大机构设计展览，并设计了 1964 年和 1966 年威尼斯双年展的德国馆。1971 年，他与兄弟格茨·塞尔多夫（Götz Selldorf）一起在科隆创立了塞尔多夫规划公司，并在行政、美食、零售、造船以及赌场等领域进行项目规划。自 1983 年起，赫伯特成为一名独立建筑师。

作品：参见 340 页"太阳球椅"（Sunball，1969—1971）。

184.Seymour,Jerszy（耶尔·西摩）

耶尔·西摩（1968—）生于德国，曾获欧洲的设计奖"Dedalus 奖"。他于 1987—1990 年在伦敦南岸理工学院学习工程专业，1990—1993 年在伦敦皇家艺术学院学习工业设计，1997 年在纽约从事智能设计工作。1999—2003 年，他在米兰开办工作室，并使用聚氨酯泡沫进行实验和雕塑设计项目"盒中屋"（House in a Box，Scum）。自 1999 年起，他担任 Magis、维特拉、阿莱西、Moulinex 和 SFR 等公司的设计师，并从 2003 年开始在伦敦皇家艺术学院、米兰多莫斯学院、

S

瑞士洛桑艺术学院和德国卡尔斯鲁厄艺术设计大学授课。2001年，他为Covo公司设计"Ken Kuts花瓶系列"，2004年在柏林成立耶尔·西摩设计工作室，并展示为Magis公司设计的"Monobloc椅"。2011年，他在里特维德艺术学院设立艺术系硕士课程，并为Magis公司设计"Flux椅"和"Bureaurama桌"（2018）。

作品："Workshop椅"（2009）

这把由耶尔·西摩设计的"Workshop椅"（图179）是过去十年中最不寻常但最常生产的椅子之一，它由未处理的方形木材组成，并用可生物降解的聚己内酯蜡黏合在一起，而蜡固化后可形成稳固的结构。该椅于2009年首次在让大公现代艺术博物馆中展出，随后于2010年在西摩位于巴黎的工作室展示，旨在激发参观者的灵感去利用方木和

图179 耶尔·西摩于2009年设计的"Workshop椅"

蜡做实验。自2010年起，"Workshop椅"由耶尔·西摩的柏林工作室生产和销售。

185.Shire,Peter（彼得·夏尔）

彼得·夏尔（1947—）生于美国洛杉矶，于1965—1970年在洛杉矶乔纳德艺术学院学习陶瓷。他于1974年设计"Auffen Gile茶壶"和"Gile茶壶"，1981—1987年为总部位于米兰的孟菲斯设计集团设计家具和银器，包括染色实木"巴西桌"（Brazil，1981）、"贝莱尔巨型俱乐部椅"（Bel—Air Giant Club，1982）和银质"安克雷奇茶壶"（Anchorage，1982）。1984年，他为洛杉矶夏季奥运会创作公共艺术品，1989年为米兰设计画廊（Design Gallery, Milan）设计了21套家具和陈设品，1991年为意大利威尼斯的Seguso Vetri d'Arte公司设计玻璃器皿，为意大利银器制造商Rossi & Arcandi公司设计银器，并为美国设计公司Acme Studio设计限量版珠宝以及可转换的钢笔和圆珠笔。1992年，他在日本北海道的札幌啤酒厂创作了一系列雕塑。此外，他于2006年在加利福尼亚州洛杉矶县立艺术博物馆举行"彼得·夏尔：洛杉矶与孟菲斯的联系"（Peter Shire: The Los Angeles Connection to Memphis）展览；2007年在加利福尼亚州的弗兰克·劳埃德画廊举行"彼得·夏

尔：椅子"（Peter Shire: Chairs）展览；2013年在加利福尼亚州的圣莫尼卡艺术博物馆举办"彼得·夏尔：两百茶"（Peter Shire: Tea for Two Hundred）展览；2017年在洛杉矶的MOCA太平洋设计中心举办"彼得·夏尔：裸体是最好的伪装"（Peter Shire: Naked Is the Best Disguise）展览；2018年在洛杉矶的凯恩·格里芬·柯可兰画廊举办"彼得·夏尔：素描、不可能的茶壶、家具和雕塑"（Peter Shire: Drawings, Impossible Teapots, Furniture & Sculpture）展览。

作品："贝莱尔巨型俱乐部椅"（1982）

1982年，彼得·夏尔为孟菲斯的第二个系列设计了"贝莱尔巨型俱乐部椅"（图180）。它的名字取自一家豪华酒店，而它的形式和颜色则包含了许多有趣的参考，涵盖了从俄罗斯的构成主义到加州的冲浪文化，而它的鳍状靠背则是基于建筑师约翰·劳特纳（John Lautner）位于马里布的史蒂文斯住宅（Stevens House）以及韦斯特曼（H. C. Westermann）的作品"鱼翅"。自1984年以来，这款椅子一直在持续生产，目前有5种颜色可供选择。尽管夏尔为孟菲斯创作了许多家具和镂空器皿，但"贝莱尔巨型俱乐部椅"是他最著名的作品。

图 180 彼得·夏尔于 1982 年设计的"贝莱尔巨型俱乐部椅"

186.Siegel, Gustav（古斯塔夫·西格尔）

古斯塔夫·西格尔（1880—1970）生于维也纳，于 1894—1897 年在维也纳木匠技术培训学校学习橱柜制作，1897—1901 年就读于维也纳工艺美术学校，1899 年学习约瑟夫·霍夫曼教授的建筑学课程，同年担任维也纳曲木家具制造商 J. & J. Kohn 的设计部门主管，并为其在维也纳世界博览会、1904 年的圣路易斯世界博览会以及 1906 年举行的米兰世界博览会设计展台。1900 年，古斯塔夫的"No.715/F 扶手椅"（图 181）在巴黎世界博览会上获得金奖。1914—1922 年，他就职于维也纳的科恩-蒙杜斯公司（Kohn-Mundus）的设计部门，1922—1928 年就职于维也纳托奈特-蒙杜斯公司（Thonet-Mundus）的设计部门，1929 年与建筑师如勒·柯布西耶、皮埃尔·让纳雷、布鲁诺·保罗等一起担任由托奈特-蒙杜斯公司组织的国际新曲木家具比赛的评审团成员。

作品："No.715/F 扶手椅"（1899）

在 20 世纪初，曲木家具制造商 J. & J. Kohn 开始与维也纳的一些建筑师合作，其中便有约瑟夫·霍夫曼的学生古斯塔夫·西格尔。他为 1900 年巴黎世博会设计的"No.715/F 扶手椅"大获成功。"No.715/F 扶手椅"是第一把曲木扶手椅，其前腿、扶手和部分靠背由单一的曲木元件制成，后腿和靠背框架则是连为一体的。两腿间额外的支撑可以防止椅子的晃动，而有棱角的边沿木的使用后来成为西格尔设计家具的标志，这种设计让椅子更加坚固。矩形截面的曲木已逐渐取代圆形横截面的曲木的材料，使其外观看起来更加像手工制作的。此外，黄铜的腿帽和皮革覆盖物使其设计看起来更加高贵。

图 181 古斯塔夫·西格尔于 1899 年设计的"No.715/F 扶手椅"

187.Sipek,Borek（博雷克·西派克）

博雷克·西派克（1949—2016）生于捷克斯洛伐克，自 1964 年起成为孤儿，并受到照顾，后来得到玻璃艺术家雷内·鲁比克（René Roubíček）和米卢谢·鲁比奇科娃（Miluśe Roubíčková）的资助。他于 1964—1968 年在布拉格应用艺术学院接受家具设计师的培训，1968 年移居德国，1969—1974 年在汉堡美术学院学习建筑，1973 年在斯图加特大学学习，1977—1979 年在汉诺威工业大学学习工业设计，1979 年获得荷兰代尔夫特理工大学的建筑学博士学位。1979—1983 年，他担任德国埃森大学设计理论讲师，自 1983 年起在阿姆斯特丹做建筑师和设计师，为阿莱西、Driade、Leitner、维特拉、Wittmann 和 Steltman Galleries 等公司服务。1986 年，他与大卫·帕阿德瑞尔（David Palterer）一起在阿姆斯特丹成立 Alterego 公司，专门生产小型玻璃制品，1987 年为 Driade 公司设计贵妃椅。1989 年，他成立 Ajeto 玻璃器皿制造公司，1990—1998 年担任布拉格艺术建筑与设计学院的建筑学教授。1992—2002 年，他被捷克前总统瓦茨拉夫·哈维尔（Václav Havel）任命为布拉格城堡（捷克政府官邸）的首席建筑师，他为此设计了几处室内装饰，还有家具和通往第二法院的两个入口。1993 年，他获得由荷兰伯恩哈德王子文化基金会授予的应用艺术和建筑奖。1998—2005 年，他担任维也纳应用艺术学院的教授，2005—

2012 年担任捷克利贝雷茨技术大学建筑学院院长。

作品："Bambi 椅"（1983）

20 世纪 80 年代，很少有设计师像博雷克·西派克那样让公众对设计的意见两极分化。在传统风格类别逐渐被个人创作所取代的十年里，西派克代表了一种富丽堂皇的美学，倾向于采用传统工艺和以前被认为是媚俗的形式元素。这一点可从他于 1983 年为荷兰 Steltman Galleries 公司开发的"Bambi 椅"（图 182）中看出。它由钢管、黄铜和中密度纤维板组成，其结构参考了人体解剖学，优雅的椅腿放在恰当的位置，好像踮着脚，面纱般的纱布覆盖在椅背和扶手上。西派克为了向他的舞蹈演员妻子班比（Bambi）致敬，将椅子拟人化的姿态与纯粹的后现代主义姿态融为一体，并由经常与其合作的工匠恩斯特·克雷默（Ernst Cremer）于 1983 年制作出"Bambi 椅"的原型。

图 182 博雷克·西派克于 1983 年设计的"Bambi 椅"

188.Sowden,George James（乔治·詹姆斯·索顿）

乔治·詹姆斯·索顿（1942— ）生于英国利兹，曾在英国格洛斯特艺术学院（Gloucestershire College of Art）学习建筑学专业，1970 年搬到米兰。1970 年，他成为 Olivetti 公司的设计师，并设计了 P6060 个人计算机。此外，他还与艾托瑞·索特萨斯合作设计 TC 800 银行终端（1974—1975），与西蒙·摩根（Simon Morgan）合作设计"Miram 电话"。1972 年，他设计了自己的座钟和台灯系列，1980—1981 年与索特萨斯等人合作创立孟菲斯设计集团，1981 年在米兰成立 SowdenDesign 公司，并从那时起为阿莱西、洛伦兹、Moulinex、Palmisano、Pyrex 和 Steelcase 等制造商设计家具、钟表、灯具、餐具、纺织品、家用电子产品以及用于计算机设备的用户界面等项目。1981—1991 年，他为孟菲斯设计集团设计"Oberoi 扶手椅"（1981）、"Palace 椅"（1982—1983）（图 183）、"D'Antibes 衣柜"（1981）以及"Gloucester 扶手椅"和"Gloucester 桌子"（1986），1985 年为 Perkal 公司设计"Saragoza 椅"。1986—1987 年，他使用数控铣削技术在不锈钢和陶瓷制成的家居用品上添加装饰，如为咖啡机制造商 Bodum 创作的水果盘和咖啡机。1991 年，他为意大利 Olivetti 公司设计的"OFX 420 传真机"获得意大利金圆规设计奖。1999 年，他在加利福尼亚的旧金山开办事务所，2003

年为家具制造商 Segis 设计"太平洋椅"（Pacific）。自 2011 年起，他通过 Sowden at Home 平台直接销售自己设计的餐具、咖啡机和茶壶，2017 年在米兰开办展览"事件的核心"（The Heart of the Matter）。

作品："Palace 椅"（1982—1983）

孟菲斯设计集团将家具设计与媒体理论相结合，专注于物体的融合潜力。该集团的设计以华丽的图案、层压表面以及多彩几何形式为特征。索顿的"Palace 椅"也正体现了该集团设计的特点，其由天然木材制成简约、棱角分明、颜色丰富的结构，靠背是唯一以倾斜角度与坐面相连的元件，由后背的拉杆加固。

图 183 乔治·詹姆斯·索顿于 1982—1983 年设计的"Palace 椅"

189.Steiger-Crawford,Flora（弗洛拉·斯蒂格－克劳福德）

弗洛拉·斯蒂格－克劳福德(1899—1991)生于印度孟买，于1919—1923年在苏黎世联邦理工学院学习建筑，并在卡尔·莫泽（Karl Moser）的指导下，成为第一位从该大学获得建筑学文凭的女性。1923年，她就职于苏黎世普莱格哈德和海菲利建筑事务所[由奥托·威廉·普莱格哈德（Otto Wilhelm Pfleghard）、马克斯·海菲利（Max Haefeli）创立]，1924年与鲁道夫·斯蒂格（Rudolf Steiger）结婚，随后于1938年与丈夫一起成立建筑事务所，并在巴塞尔设计了他们的第一座建筑，桑德罗伊特之家。1927—1928年，她为鲁道夫·斯蒂格的父母设计位于苏黎世附近的房屋——斯蒂格之家。1928—1930年，她在瓦莱州的克莱恩·蒙塔纳（Crans-Montana）建造贝拉·吕伊疗养院，还为此设计了木制的"Typenmöbel家具系列"。1930—1932年，她参与苏黎世泽特之家的设计，并为此设计了可堆叠的椅子。1931年，她在苏黎世的工业联盟住宅区举办首个住房展览，并展出她的家具和室内设计。自1938年起，她停止了建筑工作，转而做雕塑。1959年，她为位于苏黎世伯格大街（Bergstrasse）的住宅设计家具，1961年在苏黎世勒布利美术馆举办个人雕塑展，1982—1984年撰写回忆录，由尤塔·格兰兹曼（Jutta Glanzmann）编辑并于2003年出版。

作品："1233椅"（1931）

"1233椅"（图184）是克劳福德为泽特之家设计的可堆叠椅。该建筑由克劳福德、鲁道夫·斯蒂格和工程师卡尔·胡巴赫（Carl Hubacher）共同设计，是苏黎世首个现代多功能办公大楼。克劳福德在设计这把可堆叠椅时，采用了完全扁平的铁条，以替代金属家具中常见的管状钢。椅子的滑道呈圆锥形，扁钢条则直立放置，这不仅便于堆放，还提高了椅子的稳定性。

图184 弗洛拉·斯蒂格－克劳福德于1931年设计的"1233椅"

190.Stiletto（斯蒂尔托）

斯蒂尔托（1959—）生于德国吕塞尔斯海姆（Rüsselsheim），于1980—1981年在柏林工业大学学习机械工程，自1981年开始作为一个媒体和设计评论家活跃于装置设计和媒体艺术领域。1982—1986年，斯蒂尔托在柏林艺术学院学习视觉传达，1983年设计了"消费者的躺椅"（Consumer's Rest Lounge Chair）（图185），一种使用普通购物车进行操作的现成产品。1987—1988年，他在杜塞尔多夫国家艺术学院学习美术，1988年参加由巴黎蓬皮杜中心举办的展览"柏林：蓬皮杜艺术中心的艺术先锋"（Berlin: les avant gardes du mobilier at Centre Pompidou, Paris），1989年在纽约的威洛比夏普画廊举办"FUNC展览"。1989—1990年，他设计了"Glühwürmchen灯"，一款带有可弯曲金属臂，可直接插入插座的灯。1991年，斯蒂尔托开始运营STILETTO DESIGN VERTREIB公司，用于生产和分销照明产品。

S

图185 斯蒂尔托于1983年设计的"消费者的躺椅"

作品："消费者的躺椅"（1983）

1983 年，斯蒂尔托从摩托车商店里找到一个购物车，并以此制造了他的第一把"消费者的躺椅"。他所需要的只是一把初级钢锯、两把锤子和一把锉刀，将购物车的初始功能部件移除，如推杆。这件作品除了色彩外没有添加任何新元素，而色彩的运用也是用来掩盖原始物体的美学劣势和损坏痕迹的。1989 年，斯蒂尔托委托一家购物车制造商生产"消费者的躺椅"，这一策略使他的作品脱颖而出，因为这颠覆了当时用于对艺术品和产品设计进行分类的标准。

191.Strinning,Nisse（尼瑟·斯特林宁），Strinning,Kajsa（卡萨·斯特林宁）

尼瑟·斯特林宁（1917—2006）和卡萨·斯特林宁（1922—2017）夫妻二人均来自瑞典，曾于 1940—1947 年在斯德哥尔摩皇家理工学院学习建筑。1946—1947 年，尼瑟设计"Elfa 碗架"，1949 年尼瑟和卡萨的"String 书架"（图 186）赢得了由斯德哥尔摩邦尼尔出版公司组织的书架设计竞赛，并于 1954 年获得米兰三年展的金奖。1951 年，尼瑟·斯特林宁成立了尼瑟·斯特林宁建筑公司（Nisse Strinning Arkitektur），1952 年又与卡萨成立 String 设计公司。他们

于 1953 年推出"String Plex 书柜"，一个带有树脂玻璃侧面板的书柜，1972 年设计"Limbo 椅"，并由瑞典的 Grythyttan Stålmöbler 公司生产。

作品："String 书架"（1949）

"String 书架"最初的版本高 75 厘米，并带有 3 个木制架子。书架通过挂钩与梯子状的漆铁丝制成的侧板连接，因此可轻松地重新组合。"String 书架"获奖后，Bonnier 公司迅速将其投入生产，并获得巨大成功。随后，他们将侧面板的材料切换为 PVC 涂层的铁丝，"String"则发展成为一个模块化系统，其包括侧板、架子、桌子、抽屉和各种尺寸的橱柜，并于 1953 年引入了有机玻璃侧面板。由于其灵活的设计，吸引了年轻家庭和青少年等新的消费群体，从而在商业上获得了成功。

192.Studio 65（65 工作室）

Studio65 由佛朗哥·奥德里托（Franco Audrito, 1943—）、雅典娜·桑帕尼奥图（Athena Sampaniotou, 1943—）和费鲁乔·塔尔塔利亚（Ferruccio Tartaglia, 1942—）于 1965 年成立于都灵。随后，许多年轻的设计师和建筑师与他们并肩工作，包括保罗·莫雷洛（Paolo Morello）、恩佐·伯通（Enzo Bertone）、保罗·隆德利（Paolo Rondelli）、罗伯塔·加洛西（Roberta Garosci）、阿德里亚娜·加里齐奥（Adriana Garizio）、吉安卡洛·帕奇（Giancarlo Paci）、安娜·玛丽亚·波佐（Anna Maria Pozzo）、玛丽亚·斯基帕（Maria Schiappa）和吉安妮·阿瑙多（Gianni Arnaudo）。1970 年，Studio65 采用聚氨酯泡沫为 Gufram 公司设计"Bocca 沙发"，1971 年设计"Capitello 扶手椅"，

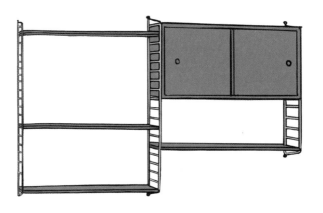

图 186 尼瑟·斯特林宁与卡萨·斯特林宁于 1949 年设计的"String 书架"

1972 年设计 "Ordinatissimo 模块化家具"，1973 年为 Gufram 公司设计 "Baby-Lonia 儿童游戏套装"，1974 年设计 "大苹果椅"（Big Apple），1985 年开始仿生婴儿旅行技术园项目，1987 年在中东建立了第一座建筑，1993 年设计椅子系列 "米罗"（Miró）和 "最后的晚餐"（The Last Supper），1994—1998 年设计并建造沙特阿拉伯延布水泥公司的办公楼和住宅楼。2000 年，Studio65 开始专注于建筑委员会的工作。

作品："莱昂纳多椅"（1969）

"莱昂纳多椅"（图 187）是一组模块化座椅，由 65 工作室的佛朗哥·奥德里托和雅典娜·桑帕尼奥图合作设计而成。这两位设计师用简单和廉价的方法设计了一个可以让他们在家中放松的 "座椅—床—游戏—雕塑系统"，并于 1969 年由 Gufram 公司成功制作出由 24 件物品组成的 "莱昂纳多椅"。其设计过程从一个工业大批量产品开始：将一块高 140 厘米的标准聚氨酯泡沫塑料立方体切割成若干段后重新组装。他们首先将立方体切割三次，得到 4 个 140 厘米 ×140 厘米 ×35 厘米的长方体，然后在每个长方体上切出一个直径 125 厘米的圆。受列昂纳多·达·芬奇的名画《维特鲁威人》的启发，他们又用第二个同心圆分割该结构，再沿着笛卡尔轴线和对角线切割。原来的立方体就这样变成了 24 块楔子。"莱昂纳多椅" 将激进与理性巧妙地结合在一起，可被分解成一

张或多张大床，又可分割成一张可供各种配置使用的多层沙发或睡椅，而当它靠墙放置时，又可节省空间。

最初的 24 件 "莱昂纳多椅" 作品只有 12 件保存在维特拉设计博物馆中。原因是 "莱昂纳多椅" 由聚氨酯软泡沫塑料组成，就像许多波普艺术设计的作品一样，它的制作并不是为了耐用，因此并不能长久保存。这种材料的耐用性对设计师和生产商来说意义不大，因此也很少有人对其进行研究。剩下的 "莱昂纳多椅" 由于受到气候条件和自然光线的影响，泡沫迅速老化、变黄、变脆。维特拉设计博物馆用了几个月的时间仔细地修复了这些作品，并将它保存在尽可能减缓物质衰变的环境中。

193.Studio Alchimia（阿基米亚工作室）

1976 年，阿德里安娜·圭列罗（Adriana Guerriero, 1949—1999）和亚历山德罗·圭列罗（Alessandro Guerriero, 1943—）在米兰成立了阿基米亚工作室，其成员还包括其他建筑师和设计师，如亚历山德罗·孟迪尼、布鲁诺·格雷戈里（Bruno Gregori）、多娜泰拉·比菲（Donatella Biffi）、安德烈亚·布兰兹、米歇尔·德·卢基和艾托瑞·索特萨斯。

1978 年，阿基米亚工作室举办了名为 "激进手提箱"（Valigie Radicali）的展览。不久之后，孟迪尼和其他几位建筑师和设计师加入了该工作室，并根据现代设计经典创作了一系列重新设计的作品。1979 年，阿

图 187 佛朗哥·奥德里托和雅典娜·桑帕尼奥图于 1969 年合作设计的 "莱昂纳多椅"

基米亚工作室在米兰三年展上推出家具系列"Bau.Haus"，1980 年发布"Bau.Haus Ⅱ 系列"，1981 年发布家具系列"Mobile Infinito"。1981 年，阿基米亚工作室因其对设计研究的贡献而荣获意大利金圆规设计奖。1992 年，阿基米亚工作室解散。

作品：衣柜（1981）/ 无限家具系列产品之一

在 1981 年米兰家具展上亮相的"无限家具"（Mobile Infinito）是阿基米亚工作室迄今为止规模最大、设计最复杂的项目，与孟菲斯设计集团一起将后现代主义引入意大利设计。无限家具是一个包含可互换结构元素和装饰性组件的衣柜（图188），可选择配置各种类型的家具，如橱柜、桌子和衣柜。它出自 30多位设计师之手，他们每人提供一种设计元素，包括丹尼斯·桑塔奇拉设计的腿，米莫·帕拉迪诺(Mimmo Paladino) 设计的磁性装饰物，以及布鲁诺·穆纳里和吉奥·庞蒂在20 世纪 50 年代设计的带有图案的塑料层压板。亚历山德罗·孟迪尼则负责设计，邀请设计师和艺术家参与，而家具的车间生产则由建筑师保拉·纳维内（Paola Navone）负责监督。

图 188 阿基米亚工作室于 1981 年设计的衣柜

194.Studio Makkink & Beys（麦金克和贝工作室）

麦金克和贝工作室是由荷兰设计师蕾安妮·麦金克（Rianne Makkink，1964—）和于尔根·贝（Jurgen Bey，1965—）于 2002年在鹿特丹成立的工作室，专注于家具设计、展览设计、建筑设计。麦金克和贝工作室成立后，于2002 年设计扶手椅和"房间隔板EarChair"，并由家具公司 Prooff于 2006 年开始生产，2009 年为荷兰的 Kunsthal KAdE 公司设计"KAdE椅子"，同年为 Prooff 公司设计"Worksofa 家具系列"。

蕾安妮·麦金克于 1964 年生于荷兰戈塞尔（Gorssel），1983—1990 年在荷兰代尔夫特理工大学学习建筑，1991—2001 年与里恩茨·迪杰斯特拉（Rients Dijkstra）共同创立 Max.1 建筑与城市主义工作室，1999—2005 年担任比利时根特大学建筑与城市规划教授。

于尔根·贝于 1965 年生于荷兰索斯特（Soest），1984—1989 年就读于荷兰埃因霍芬工业设计学院，1990—1998 年与简·科宁斯（Jan Konings）共同成立设计工作室Konings & Bey。自 1996 年起，他任教于埃因霍芬工业设计学院、乌得勒支大学艺术学院、德国卡尔斯鲁厄国立大学。1999—2001 年，他在鹿特丹经营于尔根·贝设计工作室，1999 年为荷兰灯具品牌Moooi 设计了"Light Shade Shade灯"、"树干长凳"（Tree-Trunk Bench)（图189)以及"Kokon 系列"（用合成纤维皮包裹的家具组合）。2010 年，于尔根·贝被任命为桑德伯格学院负责人，并在格里特里特维尔德学院开设硕士课程。

作品："树干长凳"（1998）

"树干长凳"来源于 1998 年德绍沃利茨文化基金会和荷兰普雷姆塞拉基金会的一个项目。荷兰设计集团 Droog Design 受邀来到德国东部的小镇奥拉宁鲍姆（Oranienbaum），开发其周围的乡村地区，于尔根·贝作为参与设计的 4 名设计师之一，提交了参照奥拉宁鲍姆宫及其公园的户外家具提案。于尔根·贝采用经干燥后压实的花园废料制成"Gorden 长椅"及"树干长凳"。他把砍倒的树木改装成坐面，再为该坐面提供青铜铸造的靠背。"树干长凳"后成为 Droog Design 集团的收藏系列之一，买家只能买到该长凳的三个靠背，而树干坐面需另行购买。

195.Studio Minale-Maeda（米纳莱－邦彦工作室）

米纳莱－邦彦工作室是由前田邦彦（Kuniko Maeda，1976—）和马里奥·米纳莱（Mario Minale，1973—）于 2006 年在荷兰鹿特丹成立的工作室。前田邦彦生于日本东京，于 1995—1999 年就读于东京武藏野美术大学的设计科学系，并获得学士学位。马里奥·米纳莱生于意大利那不勒斯，于 1996—2001 年就读于德国伍珀塔尔大学的工业设计专业。两人均于 2004 年获得荷兰埃因霍芬设计学院的环境设计硕士学位。

米纳莱－邦彦工作室成立后，2007年为 Droog Design 集团设计"红蓝椅子"（Red and Blue Chair），即乐高版的"里特维尔德椅"。2008 年，他们为 Droog Design 设计集团设计"Chroma Key 家具系列"，2011 年设计"Inside Out 家具系列"，2014 年为模块化家具产品设计"Keystones 桌"（图190），并以此获得比利时双年展的国际大奖。自 2017 起，米纳莱担任卡尔斯鲁厄艺术设计大学产品设计专业的教授。

作品："Keystones 桌"（2014）

"Keystones 桌"是米纳莱－邦彦工作室的一个项目：将 3D 打印技术应用于家具设计，如设计一些复杂、坚固的连接件。"Keystones 桌"的连接部件均由 3D 打印的聚酰胺制成，能够以不同的角度连接家具部件。"Keystones 桌"可直接卖给客户，或由工作室将电子文件发送到附近的 3D 打印服务机构。顾客可选择制作桌面和桌腿的材料，并自己组装桌子，装配说明以图表的形式刻在"Keystones 桌"的塑料上。自 2014 年以来，米纳莱－邦彦工作室已开发了 6 种版本的"Keystones 桌"，其目标是使它们更坚固，生产成本更低，同时计划推出其他产品。

S

图 189 麦金克和贝工作室于 1999 年设计的"树干长凳"

图 190 米纳莱－邦彦工作室于 2014 年设计的"Keystones 桌"

196.Summers，Gerald（杰拉尔德·萨默斯）

杰拉尔德·萨默斯（1899—1967）生于埃及亚历山大，于1915—1916年在英国林肯的 Ruston, Proctor and Co. 工程公司接受培训，20世纪20年代中期至1933年在伦敦马可尼无线电报公司担任经理。1920年，他为自己的住所设计了第一批家具，1931年与妻子玛乔丽·艾米·布彻（Marjorie Amy Butcher）在伦敦成立了简易家具制造公司，同时仍任职于马可尼无线电报公司。1933年，他担任家具设计师，并结识了 Isokon 家具公司的杰克·普里查德（Jack Pritchard）。1934年，他开始销售他的家具设计。他于1936年参加由英国皇家建筑师学会举办的"日常用品展"（Exhibition of Everyday Things），并展示了1933年设计的"弯曲胶合板扶手椅"（Bent Plywood Armchair）（图191）。1940年，由于二战期间胶合板的短缺，他关闭了简易家具制造公司。1943年，他在伦敦成立杰拉尔德·萨默斯有限公司，销售滚珠和滚珠轴承。

作品："弯曲胶合板扶手椅"（1933）

杰拉尔德·萨默斯设计的"弯曲胶合板扶手椅"结构简单，无需任何连接元件，它由一块13层薄木皮组成的桦木胶合板制成，所有的结构性元素都在这块胶合板中形成：首先，将板切割成型，随后将其后腿、扶手与椅子的主体切割分开，再用胶水刷板，将其放置在模具中8小时，以使后腿和扶手向不同方向弯曲，最后，再将前腿切开并成型。萨默斯于1934年在伦敦专利局注册了这一加工工艺。尽管他在后来的一些设计中使用了模制部件，但他在1938年设计的"折叠椅 SF/SC"是唯一由一张以模压胶合板制成的产品。

"弯曲胶合板扶手椅"适用于热带地区，即使没有垫子也舒适，而其光滑的表面和无需金属连接构件的特点使其符合卫生家具的理想要求。此外，在经过暴露在高温和潮湿环境数周后的测试后，椅子仍处于稳定状态。"弯曲胶合板扶手椅"在1936年由英国皇家建筑师学会在伦敦举办的"日常用品展"中展出后便为公众所熟知，不过萨默斯的简易家具制造公司仅生产了120把。这主要是因为，尽管其结构出色，但椅子的生产成本以及销售价格均高于受欢迎的北欧设计，其后腿也因不能承受较大的压力而容易发生折断现象。

图191 杰拉尔德·萨默斯于1933年设计的"弯曲胶合板扶手椅"

197.Superstudio（超级工作室）

超级工作室是由意大利建筑师阿道夫·纳塔利尼（1941—）和克里斯蒂亚诺·托拉尔多·迪弗兰恰（Cristiano Toraldo di Francia, 1941—2019）共同成立的工作室，随后亚历山德罗·马格里斯（Alessandro Magris, 1941—2010）、罗伯托·马格里斯（Roberto Magris, 1935—2003）、皮耶罗·弗拉斯内利（Piero Frassinelli, 1939—）、亚历山德罗·波利（Alessandro Poli, 1941—）加入。

Superstudio 于1966年设计了"Passifora 灯"，该灯于1968年由 Poltronova 公司生产；1968年设计 Poltronova 公司的聚氨酯家具系列"Sofo"；1969—1970年创建了基于统一网格结构的模块化设计"Lstogrammi di Architettura"；1969—1970年创建了基于网格结构的乌托邦城市"Monumento Continu"，并将其作为奥地利格拉茨三角双年展整体城市化的建筑模型；1969年设计"Quaderna 家具系列"，该系列于1970年由 Zanotta 公司生产；1972年参加由纽约现代艺术博物馆举办的展览"意大利：新的国内景观"，并放映了一部名为《基本行为：生命，超表面》（Fundamental Acts: Life, Supersurface）"的短片。1978年，超级工作室解散。

S

作品："Quaderna 桌"，No.2600
（1969）

1969 年，超级工作室根据正方形编制了一份基本建筑形式目录，其中将重复产生的正方形网格称为"超表面"（supersurface），该网格被认为可以替代旧结构，有助于创建新的现代环境，同时也成为事务所的设计特征。此外，超级工作室利用该特征设计家具系列，并由Zanotta 公司于 1970 年将该系列纳入其产品范围，用蜂窝板芯的刨花板生产了这些产品。Abet Print公司则提供了丝网印刷的塑料层压板作为外层，使桌面上有若干 3 平方厘米的黑色网格图案。基于此模式，Zanotta 公司以"算术练习本"（Quaderna）为名称出售了该系列。因此，"Quaderna 桌"可以看作是家具中的乌托邦概念，是意大利激进设计的标志，至今仍在生产，图192 所示为"Quaderna 桌"中的一种，对应编号 No.2600。

198.Svedberg, Elias(埃里亚斯·斯韦德贝里)

埃里亚斯·斯韦德贝里（1913—1987）生于瑞典乌普萨拉（Uppsala），父亲是 1928 年诺贝尔化学奖得主西奥多尔·斯韦德贝里（Theodor Svedberg）。他于1928—1932 年在卡尔·马尔姆斯滕和赫亚马尔·杰克逊（Hjalmar Jackson）的指导下学习家具设计，并在斯德哥尔摩大学学习艺术史。1933—1944 年，他在斯德哥尔摩担任独立设计师和展览建筑师，1939 年担任纽约世界博览会上的瑞典皇家委员会装饰艺术部秘书，并为周末度假屋设计室内空间，1940—1975 年担任瑞典工艺美术学会的一些职务。1943 年，他和他的设计师团队赢得了由瑞典家具厂举办的一场竞赛，该竞赛旨在征集可以批量生产的廉价现代家具，其中他们的"敲木头"（Knock on Wood）概念形成了 Triva 家具产品线的基础。1944 年，他受聘为北欧百货公司的咨询建筑师，随后与同事合作开发了胖包装（Triva Bygg）组合式家具。1952—1961 年，斯韦德贝里担任北欧百货公司的室内设计部门总监，并于 1962 年成为销售总监，1978 年从北欧百货公司退休。

作品：办公椅（1935）

这把办公椅（图 193）是埃里亚斯·斯韦德贝里为钢铁批发公司 Odelberg & Olsen 设计的，它由钢管和胶合板制成，其可调节靠背和坐面使它具有与当时流行的"手工"和"生物形态"完全不同的"机器外观"。凭借此外观，它为 20 世纪 20 年代以来许多国际设计师创造的可旋转、可调节办公椅这个品类做出了重大贡献。在 20 世纪 40年代末，这把椅子的模型被 Knoll公司重新发布，成为"T60 工作椅"，而第二个版本 T60U 则配有软垫坐面和脚轮。

S

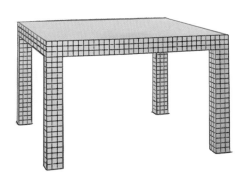

图 192 超级工作室于 1969 年设计的
"Quaderna 桌"，No.2600

图 193 埃里亚斯·斯韦德贝里于 1935年设计的办公椅

199.Takahama，Kazuhide（高浜和秀）

高浜和秀（1930—2010）生于日本延冈，曾获得日本室内设计师协会奖。他于1949—1953年就读于东京工业大学的建筑专业，毕业后成为意大利制造商 Gavina 的设计师，并为该公司设计"Naeko 沙发""Taka 长凳"、模块化存储系统"Dadà"，以及由聚氨酯泡沫块组成的躺椅系列："Suzanne""Marcel"和"Raymond"。此外，他于1969年推出"Kazuki 椅"（图194），1970年为家具品牌 B & B Italia 设计"Olinto 漆木储物家具系列"，1973年设计 Saori 照明设备，以此表达对卢西奥·丰塔纳（Lucio Fontana）的敬意。1974年，他参加由恩佐·马里杰（Enzo Marij）构思的"Metamobile 家具"项目，其中他的"Saghi 椅"被永久收藏于纽约现代艺术博物馆。1976年，他为西蒙国际公司建立工厂和办公室，1985年在德国卡尔斯鲁厄的汉堡室内商店的"高浜和秀展"中展出了他的家具和照明设备。

作品："Kazuki 椅"（1967—1969）

"Kazuki 椅"的名字取自高浜和秀的儿子的名字，它的结构简单，容易拆卸，由四块矩形胶合板组成，并涂有光滑的聚酯漆面。它的高靠背略微倾斜，仅由细金属杆固定，似乎在悬浮着。随后，高浜和秀用了两年对此设计进行修改，他将原来的毡垫换成了从坐面延伸到靠背的皮革或布艺软垫。1971年，Domus 杂志的一位匿名评论家指出，"Kazuki 椅"让人联想到荷兰风格派（De Stijl）、新艺术风格（Art Nouveau）以及中国古董家具，而这把椅子的红黑相间的光滑饰面让人想起日本漆器，这种漆器的简单形式体现了日本室内设计的极简主义传统。1972年，高浜和秀制造了一款与之类似的椅子，但采用了不同的凹形坐面，其外观与查尔斯·麦金托什的高背椅子相似，因此得名 Rennie（雷尼）。

图194 高浜和秀于1967—1969年设计的"Kazuki 椅"

200.Tallon，Roger（罗杰·塔隆）

罗杰·塔隆（1929—2011）生于法国巴黎，曾获法国艺术和文学勋章，曾任教于巴黎工业应用艺术学院，并在巴黎国立高等装饰艺术学院创立设计系。他于1944—1950年参加工程师培训，1951年在法国卡特彼勒（Caterpillar）负责通信，并担任 DuPont 化学公司的顾问。1953年，他开始就职于法国第一家工业设计公司 Technès，负责家用产品、相机和车床的设计，如1965年为巴黎夜总会 La Garage 设计的"Module 400 座椅系列"、1971年法国铁路运营商 SNCF 的 Corail 火车的总体设计，以及1972年《艺术媒体》（Art Press）杂志的平面标识设计。1973年，他从 Technès 公司辞职，并成立了自己的代理公司——Design Programmes。1984—1993年，他加入由马克·勒拜伊（Marc Lebailly）、玛雅·沃兹斯瓦斯卡（Maia Wodzislawska）和皮埃尔·保林创立的设计公司 ADSA。1986年，他承接 TGV Atlantique 高速火车项目的设计工作，1991年在巴黎设计蒙马特缆车。1994年塔隆的公司和 ADSA 合并为 Euro-RSCG Design 公司。2008年，他将他的档案捐赠给巴黎装饰艺术博物馆。

作品："Module 400 椅"No.3（1965）

1965年，制片人兼导演拉乌尔·莱维（Raoul Lévy）委托罗杰·塔隆为他位于巴黎的夜总会做室内设计。该夜总会的场地是间车库，于是塔隆选择以一个400毫米×400毫米的金属板为基础模块来制作坚固耐用的家具，以匹配覆盖夜总会地板的金属砖的尺寸。他们将地砖掀开，换成椅子、凳子、桌子、灯、烟灰缸、衣架和其他家具。他们的标准化基础模块则称为 Module 400。图 195 中的转椅是该系列的第三个产品，其由抛光的铸铝结构和固定在坐面和靠背上的方形金字塔形聚酯泡沫组成。然而，该夜总会却未被人熟知，因此，Galerie Lacloche 公司只生产了少量的这些家具。

图 195 罗杰·塔隆于 1965 年设计的"Module 400 椅" No.3

201.Terragni，Giuseppe（朱塞佩·特拉尼）

朱塞佩·特拉尼（1904—1943）生于意大利，是二战前意大利最重要的现代建筑师之一。他于 1926 年获得米兰理工大学建筑学文凭，并联合创立了 Gruppo 7（由一群希望采用理性主义来改革建筑的意大利建筑师组成的团体）。1926—1929年，他在科莫设计 Novocomum 公寓，1928—1932 年设计并建造位于科莫因西诺（Incino）的战争纪念馆，1932—1936 年设计并建造法西奥大楼。1933—1936年，他与彼得罗·林格里（Pietro Lingeri）合作设计位于米兰的鲁斯蒂奇公寓，1934—1935 年设计罗伯托·萨法蒂（Roberto Sarfatti）纪念碑，1936—1937 年设计并建造 Sant'Elia 托儿所，1938—1940 年与他人合作设计但丁的建筑纪念碑，但并未实现，1939—1940 年设计位于科莫的 Giuliani Frigerio 之家。

作品："Lariana 椅"（1935—1936）

朱塞佩·特拉尼在去世之前的 13 年中，创造了许多重要建筑物，其中法西奥大楼是他最著名的建筑之一，"Lariana 椅"（图 196）正是为该建筑而设计的。"Lariana 椅"由钢管制成，其坐面和靠背分离，形成双重悬架，由哥伦布公司制造生产，Zanotta 公司后来生产了三个系列的"Lariana 椅"，分别对原始版本进行了多处修改。例如，在 1980 年的版本中，坐面不再直接固定在管状钢上，而是稍微向上固定，且由皮革制成。在 1982 年的版本中，坐面和靠背改回胶合板，但尺寸略小于原始设计。

图 196 朱塞佩·特拉尼于 1935—1936年设计的"Lariana 椅"

202.Thaden，Herbert von（赫伯特·冯·塔登）

赫伯特·冯·塔登（1898—1969）生于美国芝加哥，于 1910—1920年担任美国陆军飞行员及工程师，20 世纪 20 年代后期为旧金山的塔登金属飞机公司设计和制造全金属飞机。1928 年，他与航空先驱路易斯·麦克菲特里奇（Louise McPhetridge）结婚。1931 年，通用汽车公司收购了他的匹兹堡金属飞机公司，并将其与福克飞机公司合并。1942 年，他在罗阿诺克（Roanoke）成立塔登工程公司，这是一家在塑料研究和胶合板成型方面处于领先地位的公司，专注于设计和制造由模压胶合板制成的军用产品，如飞机机翼部分和鼻锥。

1946—1952 年，他与商人唐纳德·刘易斯·乔丹（Donald Lewis Jordan）合作成立塔登·乔丹家具公司，并担任总经理和独家设计师，其产品包括椅子、桌子、箱包、电视控制台、教堂长椅和棺材。1952 年，塔登·乔丹家具公司因遇到财务困难而解散。1956—1969 年，塔登搬到北卡罗来纳州的海波因特（High Point），并再次成立了塔登工程公司，从事塑料产品开发，包括由增强塑料制成的家具。

作品：胶合板椅（1946—1947）

20 世纪 40 年代，航空业是建筑和家具设计领域许多技术和美学创新的源泉。这把可调节的胶合板椅（图 197）由赫伯特·冯·塔登于 1946—1947 年设计，由塔登·乔丹家具公司生产。这把椅子由三块胶合板组成：第一块弯曲胶合板形成了它的靠背和坐面，胶合板的立地边缘还加设了一根圆形截面的保护杆，以防止胶合板在受到重压时折断；第二块胶合板用作靠背支撑，可通过锁扣调节座椅高度；第三块胶合板放置在坐面下方，用以加强座椅的稳定性。由于椅子材料的强度不是特别高，所以人们很难确定塔登的椅子是否能正常使用。然而，这种设计肯定不仅仅出于美学上的考虑，据推测，这种设计与其他塔登的胶合板设计一样，旨在试验如何将战时的材料和技术用于家居用品的制造。

图 197 赫伯特·冯·塔登于 1946—1947 年设计的胶合板椅

203.Tusquets Blanca，Oscar（奥斯卡·杜斯奎斯·布兰卡）

奥斯卡·杜斯奎斯·布兰卡（1941—）生于西班牙巴塞罗那，是 Studio PER 建筑事务所的创始人之一。他于 1965 年获得巴塞罗那建筑学院建筑学学位，于 1970—1972 年与路易斯·克洛特（Lluís Clotet）合作设计 Casa Regàs 大楼，随后于 1972 年共同成立 "BD Ediciones de Diseño 家具制造公司"，并于 1982—1990 年再次合作翻新和改造加泰罗尼亚音乐宫。布兰卡为公司设计了大量家具在内的多样化的产品，同时也为其他制造商如 Driade 和 Moroso 公司设计产品。1987—2010 年，他与卡尔斯·迪

亚兹（Carles Diaz）共同经营建筑、室内设计和城市规划事务所，于 2012 年设计位于意大利那不勒斯的托莱多（Toledo）地铁站。

作品：参见 261 页 "Hypóstila 搁架"（1979）。

204.Ushida，Yuya（内田悠也）

内田悠也（1975—）生于日本名古屋，于 1998 年获日本中部大学的机械工程学士学位，2010 年获荷兰埃因霍芬设计学院人与生活系的学士学位。1998—2003 年，他在大阪一家办公家具制造公司做产品开发工作，2003—2006 年受聘为大阪的一家电梯制造公司的建筑师，2008—2009 年在德国慕尼黑的康斯坦丁·格里西克工业设计公司实习，2010—2011 年与阿姆斯特丹办公家具公司 Ahrend 合作，随后在埃因霍芬成立 yuya vs 设计工作室。自 2010 年以来，他的作品在伦敦设计博物馆、纽约现代艺术博物馆、伦敦维多利亚和阿尔伯特博物馆以及米兰家具展的展览中展出。此外，他的 "SOFA_XXXX 沙发" 收藏于纽约现代艺术博物馆以及维多利亚和阿尔伯特博物馆，"XXXX_Sofa 沙发"（图 198）收藏于纽约现代艺术博物馆和维特拉设计博物馆，"XXXX_Stool 沙发" 收藏于维特拉设计博物馆。

T

U

作品："XXXX_Sofa 沙发"（2010）

"XXXX_Sofa 沙发"是内田悠也在埃因霍芬设计学院的毕业作品之一。他通过研究人们使用各种座椅家具的习惯的比例，以探索设计上可能的变化机制，最后研发出一件由竹棒和金属环组成的复杂网格"XXXX_Sofa 沙发"。它由 8 种不同形状的 13 000 多个零件组成，可根据空间及需求的不同转变成沙发或椅子。后来，内田悠也与荷兰家具制造商 Ahrend 合作，将这一设计进一步转变为可投入工业生产的注塑零件套件。这些塑料零件可简单地卡在一起，形成六角琴型的"XXXX_Stool 沙发"。随后，"XXXX_Sofa 沙发"以其"抽象的透明之美"获得纽约现代艺术博物馆的高级建筑和设计策展人保拉·安东内利（Paola Antonelli）的提名，由此获得伦敦设计博物馆的"2012 年度设计奖"。

205.Vander Kooij, Dirk（德克·范德·库伊）

德克·范德·库伊（1983—）生于荷兰，于 2001—2005 年就读于阿姆斯特丹 HMC 木工、家具和室内设计职业学院，2005—2010 年就读于埃因霍芬设计学院人与生活系。他于 2010 年创作的无尽系列家具（Endless）获得了威利·沃尔特奖，以及 2011 年的柏林 DMY 奖和荷兰设计奖，并被阿姆斯特丹市立博物馆、纽约现代艺术博物馆、维特拉设计博物馆纳入收藏系列。2011 年，他在埃因霍芬成立"德克·范德·库伊工作室"，2012 年设计"胖椅"（Chubby Chair），并为马斯特里赫特（Maastricht）的安赫特弗里克剧院大堂设计桌子。2016 年，他在埃因霍芬举办个人展览"德克·范德·库伊：新工艺大师"（Dirk Vander Kooj: Master of the New Craft）。

作品："无尽椅"（2010—2011）

"无尽椅"（图 199）是无尽系列家具产品之一，该系列的灵感来自旧 3D 打印机的技术，即利用了 3D 打印机相对粗糙的形状。德克·范德·库伊采用了这些打印机的加色印刷技术，用一层又一层的塑料线来制作家具，为了生产这些塑料线，库伊将一台废弃机器改造成一款挤出机，可以像挤牙膏一样挤出塑料。最终，德克·范德·库伊借助此设备成功地生产出由单根连续线塑料组成的家具，其系列名称为"无尽"。由于不需要模具，只需在控制程序中更改参数设置即可轻松进行设计修改，因此，范德·库伊制作了 54 种"无尽流动摇椅"（Endless Flow Rocking Chair）和"安乐椅"（Easy Chair）的模型，直到他完全满意为止。

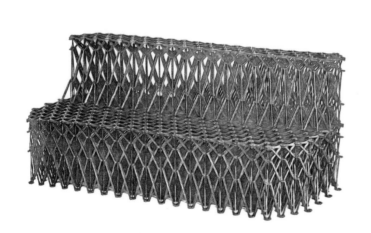

图 198 内田悠也于 2010 年设计的
"XXXX_Sofa 沙发"

图 199 德克·范德·库伊于 2010—
2011 年设计的"无尽椅"

V

206.Vignelli Associates（维格内利联合设计事务所）

维格内利联合设计事务所是由意大利设计师夫妇莱拉·维格内利（Lella Vignelli，1934—2016）和马西莫·维格内利（Massimo Vignelli，1931—2014）于1971年成立于纽约的事务所，涉足诸多的合作项目，如平面设计、室内设计、展览设计、家具设计、产品设计、珠宝和服装设计。莱拉和马西莫曾就读于威尼斯建筑大学的建筑专业，其中马西莫·维格内利曾获第一届总统设计奖。1957年，莱拉和马西莫结婚，后于1958年搬到芝加哥。在那里，马西莫任教于伊利诺伊理工学院，莱拉则在SOM建筑设计事务所担任室内设计师。1960年，他们在米兰成立维格内利设计与建筑事务所。1964年，夫妇二人移居美国后，马西莫与拉尔夫·埃克斯特罗姆（Ralph Eckerstrom）、鲍勃·诺尔达（Bob Noorda）、杰伊·多布林（Jay Doblin）、詹姆斯·福格尔曼（James Fogelman）、沃利·古茨（Wally Gutches）和拉里·克莱恩（Larry Klein）共同创立 Unimark International 公司，并担任该公司的设计总监，于1966年设计纽约地铁的导视系统，1967年为美国航空公司设计标志。1971年，维格内利夫妇在纽约成立维格内利联合设计事务所，于1972年为 Knoll 公司设计标识，同年设计纽约地铁的原始地图，尽管该地图只是短暂使用，但仍然是该事务所最著名的设计之一，并被纳入纽约现代艺术博物馆的设计收藏。1978

年，维格内利夫妇成立"维格内利设计"——一家致力于产品和家具设计的公司，并与 Poltronova、Venini、Poltrono Frau、Acerbis 和 Knoll 等公司长久合作，并于1982—1987年与大卫·劳一起为 Knoll 公司设计的"手帕椅"（Handkerchief chair）。2010年，莱拉和马西莫捐赠了他们的档案，以此作为基础形成位于纽约罗彻斯特理工学院的维格内利设计研究中心。

作品：参见307页"手帕椅"（1982—1987）。

207.Visser,Martin（马丁·维瑟）

马丁·维瑟（1922—2009）生于荷兰，于1940年就读于海牙中等技术学院的建筑专业。1954年，他委托里特维尔德设计他位于贝尔盖克（Bergeijk）的住宅。1955—1974年，他就职于贝尔盖克的 't Spectrum 家具公司，担任藏品设计和生产协调人，1957年在第11届米兰三年展上展出 Spectrum 沙发床、休闲椅和餐椅。1985—2009年，他与他的第二任妻子，纺织品设计师约克·范德·海登（Joke van der Heijden）合作设计家具。

作品："SE 05 椅"（1960—1961）

自20世纪50年代中期起，马丁·维

瑟为荷兰家具制造商 't Spectrum 设计家具。他的许多设计作品的功能性外观均受到以艾琳·格瑞、勒内·赫布斯特和吉奥·庞蒂为代表的地中海式功能主义设计理念的影响。"SE 05 椅"（图200）使用了焊接的方式，随后，马丁设计了一款带有皮革坐面和靠背的版本——"SE 06 椅"，但因皮革容易失去弹性而下垂，他对该设计并不满意，直至2011年天然藤条重新进入市场，才恢复了马丁"SE 05 椅"的设计。

图200 马丁·维瑟于1960—1961年设计的"SE 05 椅"

208.Vogt + Weizenegger 设计事务所（V+W）

Vogt + Weizenegger 设计事务所（V+W）由德国设计师奥利弗·沃格特（Oliver Vogt，1966—）和赫尔曼·奥古斯特·魏辛格（Hermann

August Weizenegger, 1963—) 于 1993 年成立于柏林。奥利弗·沃格特于 1986—1989 年就读于德国帕德伯恩大学的艺术和德语专业，曾任教于瑞典隆德大学、瑞士苏黎世设计艺术大学，自 2006 年以来担任德国卡塞尔艺术学院的工业设计专业教授。赫尔曼·奥古斯特·魏辛格则自 2004 年起担任德国波茨坦应用科学大学的工业设计专业教授，并于 2009 年在柏林开设"HAW 设计事务所"，两人均在汉斯·罗瑞奇特（Hans Roericht）的指导下学习工业设计。

V+W 于 1992—2008 年为阿莱西、Authentes、Möve 和 Thomasnthal 等公司设计产品，并创造了对生产结构和社会问题怀有浓厚兴趣的设计。他们于 1993 年设计了第一件共享 DIY 家具作品"Blaupause"，1998 年与柏林一家为视障人士制造硬毛刷的制造商合作，开发了"想象中的制造"（DIM—Die Imaginäre Manufaktur）系列产品，并得到了众多设计师的支持。2002 年，他们提出 Plan-A 宣言和概念，即通过激光烧结（SLS）工艺，根据客户的需求生产出独特的椅子，并由此产生了"Sinterchair 椅"。2006 年，事务所在德国玛塔·黑尔福德（Marta Herford）举办展览"V+W 设计_矩阵"（V+W Design_Matrix）。2008 年，V+W 解散。

作品："Sinterchair 椅"（2002）

"Sinterchair 椅"（图 201）是 V+W 最重要的家具设计，并于 2002 年在德国法兰克福国际消费博览会上展出，它将创新的 SLS 技术与用户的个性需求结合。在展会上的"Plan A 展台"中，用户根据自身的喜好（音乐、作家、电影等）修改基于计算机设计的椅子，并在几小时后将其从机器中取出，最后用 SLS 技术进行现场制造。基于数字数据的 SLS 制造技术通过激光将粉末状的原材料（在本例中为聚酰胺）固化，形成复杂的三维形状。

此前，SLS 技术仅用于汽车和航空设备制造业中高度复杂的生产过程。"Sinterchair 椅"的蜂窝

结构受恩斯特·海克尔（Ernst Haeckel）对自然形式的研究的启发，将材料的低成本与高稳定性结合在一起。这些结构实际上无法用传统技术来制造，因此代表了在接下来的几年中迅速发展的新技术的潜力。2013 年的"Sinterchair 椅"版本中引入了一个由单件制成的改进型座椅壳，从而减轻了椅子的重量。迄今为止，该椅的椅腿与坐面仍然是分开生产的，组装起来之后再插入座椅外壳。

"Sinterchair 椅"可能是第一款采用 3D 打印工艺的家具。随后，出现了其他设计师研发的数字家具，其中包括帕特里克·乔恩的"Solid C2 椅"和 Front 设计工作室的素描家具系列。

图 201 V+W 于 2002 年设计的
"Sinterchair 椅"

209.Waldheim,John B.（约翰·B. 瓦尔德海姆）

约翰·B. 瓦尔德海姆（1915—2002）生于美国，曾在威斯康星大学麦迪逊分校学习新闻学，随后在莫霍利-纳吉领导的芝加哥设计学院学习。1944—1950 年，他与埃德加·巴托鲁奇一起经营设计事务所，并于 1947 年合作设计"Barwa椅"，并成立巴瓦公司以进行生产和销售。自 1951 年起，设计事务所以"约翰·B. 瓦尔德海姆公司"之名继续经营。除此之外，约翰·B. 瓦尔德海姆还担任密尔沃基莱顿艺术学院的讲师，自 1969 年起担任威斯康星大学密尔沃基分校的设计专业教授。

作品：参见 243 页"Barwa 椅"（1947）。

210.Warren,Thomas E.（托马斯·E. 沃伦）

托马斯·E. 沃伦（1808—?）生于美国，于 1849 年设计"向心弹簧椅"（Centripetal Spring Chair）（图 202）；1850 年获得扶手椅弹簧装置的专利；于 1851 年的伦敦世界博览会上展出多把弹簧扶手椅。1851 年，他获得由铁板制成的火车车厢专利，1853 年获得铁轨支承结构专利。1959 年，他的"向心弹簧椅"在乔治·尼尔森、查尔斯·伊姆斯和雷·伊姆斯设计的莫斯科美国国家展览会展馆上展出。

作品："向心弹簧椅"（1849）

托马斯·E. 沃伦曾试验过用弹性扁钢来悬挂火车车厢和座位，不久之后，他将这种方法应用于不同类型的家具上，其中包括这把"向心弹簧椅"。该椅的特点在于其创新的悬挂模式，其通过 8 个呈 C 形弯曲的钢带固定于坐面下方的钢环上，并在钢环中央放置旋转支柱，让座椅在能够自由转动的同时将坐面上的重量分散在 8 个有弹性的 C 形弯曲钢带上，从而进一步提高座椅的稳定性和承重力。

图 202 托马斯·E. 沃伦于 1849 年设计的"向心弹簧椅"

211.Weber,Kem（凯姆·韦伯）

凯姆·韦伯（1889—1963）生于德国，曾是美国装饰艺术家和手工业者联盟的一员。他于 1904—1907 年与爱德华·舒尔茨（Eduard Schulz）一起学习制作家具，1908—1912 年在布鲁诺·保罗的指导下进修。1910 年，他协助设计和建造布鲁塞尔世博会德国馆。1927 年，凯姆·韦伯在洛杉矶成立设计事务所，为 Widdicomb 家具公司设计家具等产品，并于 1931 年设计"Bentlock 家具系列"以及数字座钟，1934—1935 年设计"航空椅"（Airline Chair）（图 203）。自 1945 年起，他将事务所迁至圣巴巴拉，主要从事加油站、私人住宅和酒店的设计。

作品："航空椅"（1934—1935）

"航空椅"由凯姆·韦伯于 1935 年在洛杉矶设计完成，它的悬臂胶合板结构与芬兰设计师阿尔瓦·阿尔托的椅子设计相似，其独特的锥形底座、侧轨和开放式靠背与 20 世纪 30 年代的流线型风格有关，如同其名，它传达了运动、速度和现代生活方式的理念。金属铰链连接模压胶合板坐面和靠背，并提供皮革坐垫，椅子靠背后面及坐面下方放置横架，并用销钉固定在侧梁上，以稳定悬臂设计。由于这个设计遭到制造商的拒绝，于是韦伯自己成立公司来生产"航空椅"，并以由用户自己组装的方式出售。

W

图 203 凯姆·韦伯于 1934—1935 年设计的"航空椅"

212.Weill,Bruno（布鲁诺·威尔）

布鲁诺·威尔（1892—1962）生于奥地利，其父亲是家具制造商罗伯特·威尔（Robert Weill）。1928—1929 年，他作为巴黎 ThonetFrères 公司的负责人，推出了管状钢管家具，这些家具由勒·柯布西耶、夏洛特·帕瑞安德，以及安德烈·卢萨特（André Lurçat）等人设计。20 世纪 30 年代，布鲁诺·威尔以笔名 Béwé 设计了"B 282 桌"（图 204）"B 286 桌"及"B 287 桌"。1940 年，他移民到美国，就职于托奈特兄弟公司，并在工作期间获得了多项弯曲胶合板家具的专利。1956 年，他的合伙人利奥波德·皮尔泽（Leopold Pilzer）逝世后，布鲁诺·威尔和他的兄弟约翰·L.威尔（Johann L. Weill）成立纽约托奈特工业公司，并于 1961—1962 年担任托奈特工业公司的董事兼总裁。

作品："B 282 桌"（1930—1931）

现无法确认"B 282 桌"的设计师是不是布鲁诺·威尔，因为在 1930—1931 年的托奈特产品目录中，"B 282 桌"的设计师署名为 Béwé，但在 1932—1933 年以及 1935 年的产品目录中，其署名为库里（Coqueri）。

"B 282 桌"是 20 世纪 30 年代单元家具的典型代表。它由一个简单的管状钢框架构成，并通过该框架配置部件，如桌面和抽屉。在 1935 年的托奈特产品目录中，"B 282 桌"可借助此框架和配型拥有 14 种不同的形态。这些形态在底座结构和抽屉的数量和位置上有所不同，进而满足个人的需求。

213.Wewerka,Stefan（斯蒂芬·韦沃卡）

斯蒂芬·韦沃卡（1928—2013）生于德国，曾担任科隆应用艺术大学的艺术与设计教授。他于 1946—1950 年在柏林艺术大学学习建筑学，师从马克斯·陶特（Max Taut）、爱德华·路德维希（Eduard Ludwig）和乔治·利奥瓦尔德（Georg Leowald）。1947—1948 年，他与沃纳·劳什（Werner Rausch）一起将柏林的一所学校改建为国际学生宿舍。1950 年，他就职于柏林的汉斯·勒克哈特瓦西里·勒克哈特的事务所，1951—1954 年设计波恩青年旅舍，并监管其建设。1954 年，斯蒂芬·韦沃卡搬到科隆，就职于汉斯·席林（Hans Schilling）

W

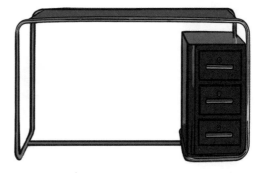

图 204 布鲁诺·威尔或库里于 1930—1931 年设计的"B 282 桌"

的事务所，进行对教堂建筑的研究。1959 年，他加入了建筑师团体 Team 10，并从 1961 年开始通过拆除和变形日常物品来创作雕塑。1963—1966 年，他在柏林汉斯·夏隆（Hans Scharoun）的建筑事务所工作，于 1969 年为毛里西奥·凯格尔（Mauricio Kagel）的纪录片《路德维希·范》（Ludwig van）设计了一个带有偏斜家具的儿童托儿所。他自 1977 年起设计家具，如 1978—1979 年设计的三足"B1 椅"（图 205）以及"M1 桌"，1982 年设计了一款由单根钢管制成的"悬臂椅 B5"。

作品："B1 椅"（1978—1979）

斯蒂芬·韦沃卡于 1978 年开始与 Tecta 公司合作，他的三足"B1 椅"属于他们合作开发的第一个家具系列。一张照片曾描绘了韦沃卡的侧面坐姿：他坐在"B1 椅"上，脸朝向观众，右臂靠在扶手上，尽管坐姿有点扭曲，但他看起来很舒服，这得益于"B1 椅"的设计。在"B1 椅"的设计中，韦沃卡削减了它的前腿处的部分座位空间，从而使腿部空间最大化。其靠背呈半圆形，将右端拓宽成一个倾斜的平面支架，用作扶手。

214.Wilson,George（乔治·威尔逊）

乔治·威尔逊（生卒年不详）的出生地不详。在 19 世纪 70 年代，他为伊利诺伊州芝加哥的威尔逊、皮尔斯公司刊登了可调门槛广告，1870 年开始设计"可调节椅"（Adjustable Chair）（图 206），并申请了美国专利。同年，他在芝加哥成立"威尔逊可调节椅子制造公司"，改进了他的"可调节椅"，并于 1873 年的芝加哥洲际工业博览会上展示了这把椅子。自 1873 年起，威尔逊可调节椅子制造公司通过美国主要城市的零售分支机构销售这款产品。1875 年，乔治·威尔逊将公司总部迁至纽约后，他的"可调节椅"均由芝加哥的威尔逊和贝勒斯公司制造并销售。

作品："可调节椅"（1870—1871）

1595 年，耶汉·莱尔米特（Jehan L'hermite）为身患痛风的西班牙国王菲利普二世发明了一把带有可调节靠背和腿垫的椅子，随后可调节椅就为人所知。在往后的几个世纪里，可调节的椅子和躺椅只供老年人和残疾人使用。1870 年，乔治·威尔逊获得"可调节椅"的专利，可以满足用户 30 种不同的坐

图 205 斯蒂芬·韦沃卡于 1978—1979 年设计的"B1 椅"

图 206 乔治·威尔逊于 1870—1871 年设计的"可调节椅"

W

姿需求。椅子侧面的两个半圆形弯曲金属边连接了坐面和可调节装置。解开锁扣后，椅子可用作摇椅，其靠背和腿托均可单独调节，可用作理发椅和躺椅。1876年，来自纽约的弗兰克·A. 马克斯（Frank A. Marks）推出了类似的椅子模型，并成功地在美国和英国销售。

215.Windels,Lothar（洛萨·温德尔斯）

洛萨·温德尔斯（1967—）生于德国，于1990—1992年在德国达姆施塔特工业大学学习建筑，但并未获得学位，后于1993—1996年在罗德岛设计学院攻读工业设计学士学位，1998—2000年在伦敦皇家艺术学院攻读产品设计硕士学位。2000年，他成立了自己的工作室，于同年设计了毡制休闲椅——"Joseph椅"（图207），2001年为Umbra公司设计"Cala落地灯"，2006年为家具制造商Nienkämper设计"Brackett扶手椅"，2008年为施华洛世奇设计"实心水晶椅"（Solid Crystal Chair）。自2012年起，他担任罗德岛设计学院的家具设计专业副教授。

作品："Joseph椅"（2000）

洛萨·温德尔斯在伦敦皇家艺术学院攻读产品设计硕士时设计了两种毡制的休闲椅模型，并将其命名为

"Joseph椅"，以表达对艺术家约瑟夫·博伊斯（Joseph Beuys）的毡制作品的敬意。此外，他将一把椅子送给了维特拉设计博物馆，以换取当时的维特拉公司首席执行官罗尔夫·费尔鲍姆对这把椅子的赞助。温德尔斯的设计依赖于材料的刚度：两条厚毛毡构成一件家具，尽管支撑架和内饰之间没有传统的划分，但其轮廓勾勒出一把古典的躺椅，其中一条毛毡水平折叠形成扶手和座位，第二条毛毡则被折叠成扇面，垂直安插在坐面和扶手之间形成靠背。从2003年到2016年，意大利制造商Parentesi Quadra以"Joseph椅"为原型生产了一种由针刺毡和聚乙烯泡沫制成的轻便版本。

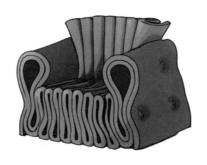

图207 洛萨·温德尔斯于2000年设计的"Joseph椅"

216.Wirth,Armin（阿明·沃思）

阿明·沃思（1903—1992）生于瑞士苏黎世，于1920年在汉斯·佐林格（Hans Zollinger）的金属加工车间当学徒，后成为苏黎世联邦理

工学院的实验室技术员。1925年，他迁至德国埃宾根（Ebingen），从那时起获得多项技术专利，其中包括精密天平的专利。1934年他返回瑞士，并于1939年在苏黎世成立了工程师办公室（1945年后改名为Wirth, Gallo & Co.），设计体重秤等产品。1950—1951年，他为苏黎世的鲁道夫·斯坦纳学校开发了可堆叠的"Aluflex椅"（图208），并由汉斯·佐林格·索恩公司负责生产。1953年，"Aluflex椅"获得瑞士的"好设计奖"。直到晚年，阿明·沃思仍是一名成功的发明家和体重秤设计专家。

作品："Aluflex椅"（1950—1951）

阿明·沃思是一名有人类学专业背景的工程师和发明家。当苏黎世鲁道夫·斯坦纳学校委托他为大厅设计一款节省空间的座椅时，他便发

图208 阿明·沃思于1950—1951年设计的"Aluflex椅"

明了 "Aluflex 椅"。这把椅子重量较轻，带有可折叠的坐面和一个朝向前方呈锥形的框架，从而使椅子可嵌套在一起，且每把椅子的深度不超过 4.5 厘米。"Aluflex 椅" 于 1951 年获得专利，其拥有符合人体工程学的坐面：前部向下拱起，后部向上弯曲，具有较强的抗弯性能。由于采用了扭转弹簧机制，当坐着的人站起来后，它可以慢慢地自动折叠起来。

217.Wright,Russel（罗素·赖特）

罗素·赖特（1904—1976）生于美国，于 1920 年在纽约艺术学生联盟学习；1921—1924 年在普林斯顿大学学习法律，先后担任位于纽约的诺曼·贝尔·格迪斯和乔治·库克（George Cukor）的公司的场景和道具设计师；1927 年与玛丽·斯莫尔·爱因斯坦（Mary Small Einstein）结婚，玛丽因此成为他的商业伙伴，主要负责其产品的市场营销，同时也自己设计餐具。1929 年，他在纽约成立工作室，从事小物件的设计，如铝制餐桌摆件和 "Oceana 系列" 木碗；1934 年参加在纽约现代艺术博物馆举办的机械艺术展览；1935 年为梅西百货公司设计了 "现代生活家具系列"（后为 "美国现代"），并由 Conant Ball 公司负责生产。自 1937 年开始，他为斯图本维尔陶器公司设计 "美国现代餐具系列"，

并成功售出 100 万套，于 1941 年获得美国设计师协会奖。1945—1965 年，他为北方化工公司设计陶瓷、玻璃和塑料餐具；1949—1950 年为 Statton 家具制造公司设计由 50 件家具组成的 "生活更轻松系列"（Easier Living）产品。1951 年，他与妻子玛丽合著的《轻松生活指南》（Guide to Easier Living）出版。自 1952 年妻子去世后，他更多地待在纽约加里森的龙岩乡间别墅，并受到日本传统文化的影响，开始重建龙岩和周围的马尼托加公园，同时为日本制造商设计产品，自 1967 年起担任纽约和华盛顿特区公园的顾问。

作品："Samsonite 全金属折叠椅"（1949）

罗素·赖特与妻子玛丽合著的《轻松生活指南》一书宣传了一种新的、更加随意的家庭娱乐方式，其包括花园聚会和野餐，而 "Samsonite 全金属折叠椅"（图 209）便是为

图 209 罗素·赖特于 1949 年设计的 "Samsonite 全金属折叠椅"

此类场合设计的。它是花园家具系列的产品之一，由施韦德兄弟公司负责生产。它的框架由管状钢制成，坐面和靠背均使用了防风雨汽车漆的钣金，使椅子易于清洁，重量轻而结构坚固。此外它节省空间，折叠起来时便于携带，其宽大的扶手还可用于放置食物。

218.Zieta,Oskar（奥斯卡·齐耶塔）

奥斯卡·齐耶塔（1975—）生于波兰，曾获 AW Architektur & Wohnen 杂志授予的奥迪导师奖。他于 1995—2000 在什切青科技大学学习建筑，2000—2001 年在瑞士苏黎世联邦理工学院继续进修建筑专业，并攻读该学院计算机辅助建筑设计的硕士学位。2003—2008 年，他担任苏黎世联邦理工学院 CAAD 部门的研究助理。2006 年，他与菲利浦·多曼（Philipp Dohmen）合作开发 FiDU（Freie Innendruck Umformung，自由内部压力成型）技术，一种利用内部压力将扁平金属变形为稳定三维形体的技术，并在 2009 年德国慕尼黑文具展（MATERIALICA）上获得 "设计 + 技术奖"。2007 年，他在苏黎世成立 Zieta 设计工作室，并在波兰绿山城（Zielona Góra）建立波兰钢铁厂生产车间。2008 年，他设计 "Plopp 凳"（图 210），并因此获得 2008 年的红点奖、2009 年的德意志联邦共和国设计奖。自

2008 年起，他使用 FiDU 技术制作家具和家居物品，并研究将其应用在建筑中的可能性，2010 年创建 Zieta 工艺设计公司，并分别在瑞士苏黎世、波兰的弗罗茨瓦夫（Wrocław）成立办事处，2013 年开发"3+ 钣金家具及配件系列"，2014 年开发"模块化胶合板家具系列"。

作品："Ploop 凳"（2008）

"Plopp 凳"采用 FiDU 技术制作而成，该技术利用激光机器人将钢板切割成一定尺寸，叠放起来后将边缘焊接起来，然后从内部"炸开"，使其形成三维形态，最后椅腿、靠背像关节一样向后弯曲，从而形成完整的形状。由于 FiDU 技术生成的薄板结构比折叠的薄板更稳定，而对于较大的表面，如 Zieta 设计工作室的"Chippensteel 椅"的坐面和靠背，由激光制成的连接处提供了较强的稳定性。虽然从初稿到制作，再到生产的过程均由数字程序控制，但每次生成的椅子的形态都是不同的。

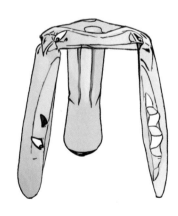

图 210 奥斯卡·齐耶塔于 2008 年设计的"Plopp 凳"

Z

373

参考书目

[1] Adam Peter. Eileen Gray: Architect/Designer, A Biography [M]. London: Thames & Hudson, 1987.

[2] Aila Svenskberg. Eero Aarnio [M]. WSOY, Design Museum and Contributors, 2016.

[3] Anna Yudina. Furnitecture: Furniture That Transforms Space [M]. United Kingdom: Thames & Hudson, 2015.

[4] Anne Charlish. The History of Furniture [M]. London: Orbis Publishing Limited, 1976.

[5] Arne Karlsen. Danish Furniture Design in the 20th Century—volume 1 [M]. Christian Eljers' Forlag, 2007.

[6] Arne Karlsen. Danish Furniture Design in the 20th Century—volume 2 [M]. Christian Eljers' Forlag, 2007.

[7] Arthur Rüegg. Le Corbusier. Furniture and Interiors 1905—1965 [M]. Scheidegger and Spiess Ltd, 2012.

[8] Arthur Rüegg. Swiss Furniture and Interiors in the 20th Century [M]. Birkhäuser Ltd, 2002.

[9] Asenbaum Paul and others. Otto Wagner: Möbel und Innenräume [M]. Residenz Verlag, 1984.

[10] Baroni Daniele. Gerrit Thomas Rietveld [M]. London: Academy Editions, 1978.

[11] Baroni Daniele, Antonio D' Auria. Josef Hoffmann und die Wiener Werkstätte [M], Stuttgart: Deutsche Verlags Anstalt, 1984.

[12] Bayley Stephen, Philippe Garner. Twentieth Century Style & Design [M]. London: T&H, 1986.

[13] Bernd Polster, Claudia Neumann, Markus Schuler, Frederick Leven. The A—Z of Modern Design [M]. Merrell Publishers Limited, 2009.

[14] Billcliffe Roger. Charles Rennie Mackintosh: The Complete Furniture, Furniture Drawings and Interior Designs [M]. Guildford and London: Lutterworth Press, 1979.

[15] Boger Louise Ade. The Complete Guild to Furniture Styles [M]. London: George Allen and Unwin Ltd, 1961.

[16] Brian Brace Taylor. Pierre Chareau [M]. Berlin: Benedikt Taschen Verlag GmbH, 1998.

[17] Burchell Sam. A History of Furniture [M]. New York: Harry N.Abrams Inc, 1991.

[18] Byars Mel. 50 Chairs Innovations in Design and Materials [M]. New York, 1996.

[19] Catherine Ince, Lotte Johnson. The World of Charles And Ray

Eames [M], United Kingdom: Thames & Hudson Ltd. 2019.

[20] Candy, Charles D. Contemporary Classics: Furniture of the Masters [M], Mcgraw—Hill Book. 1981.

[21] Charles Boyce. The Wordsworth Dictionary of Furniture [M]. Wordsworth Editions Ltd, 1996.

[22] Charles R. Muller, Timothy D. Rieman. The Shaker Chair [M]. The Canal Press, 1984.

[23] Charlotte Fiell, Peter Fiell. 1000 Chairs [M]. Berlin: Benedikt Taschen Verlag GmbH, 1997.

[24] Charlotte Fiell, Peter Fiell. Design of the 20th Century [M]. Taschen, 1999.

[25] Charlotte Fiell, Peter Fiell. Masterpieces of British Design [M]. Goodman Fiell, 2012.

[26] Charlotte Fiell, Peter Fiell. The Story of Design: From the Paleolithic to the Present [M]. United Kingdom: Carlton Publishing Group, 2018.

[27] Collins Michael. Post Modern Design [M]. London: Academy Editions, 1990.

[28] Colombo Sarah. The Chair: An Appreciation [M]. London: Aurum Press, 1997.

[29] Conran, Sir Terence. Terence Conran on Design [M]. London: Conran Octopus, 1996.

[30] Cranz Galen. The Chair: Rethinking Culture, Body, and Design [M]. New York and London: W.W. Norton & Company, 1998.

[31] Christian Holmsted Olesen. The Danish Chair: An International Affair [M]. Christian Holmsted Olesen and Strandberg, 2018.

[32] Dalisi Riccardo. Gaudi: Furniture & Objects [M]. New York: Barron's Woodbury, 1980.

[33] David McFadden. Scandinavian modern design: 1880—1980 [M]. New York: Harry N. Abrams, Inc, 1982.

[34] David Raizman. History of Modern Design [M]. London: Laurence King Publishing, 2010.

[35] David Sokol. Nordic Designers [M]. Sweden: Arvinius Föörlag Ltd, 2011.

[36] Danto, Arthur C.. 397 Chair [M]. New York: Harry N.Abrams Inc, 1988.

[37] Denise Hagströmer. Swedish Design [M]. Swedish Institute, 2000.

[38] Domergue Denise. Artists Design Furniture [M]. New York: Harry

N.Abrams Inc, 1984.

[39] Donald Albrecht, Beatriz Colomina, Joseph Giovannini, Alan Lightman, Héléne Lipstadt, Philip Morrison, Phylis Morrison. The Work Of Charles And Ray Eames: A Legacy of Invention [M]. New York: Harry N. Abrams, Inc, 1997.

[40] Dormer Peter. The New Furniture: Trends + Traditions [M]. London: Thames&Hudson Ltd, 1987.

[41] Downey Claire. New Furniture [M]. London: Thames&Hudson, 1992.

[42] Dorothea Gundtoft. New Nordic Design [M]. United Kingdom: Thames & Hudson Ltd, 2015.

[43] Edward Deming Andrews, Faith Andrews. Religion in Wood: A Book of Shaker Furniture [M]. Bloomington And London: Indiana University Press, 1966.

[44] Ella Moody. Modern furniture [M]. London: Studio Vista Limited, 1966.

[45] Ellen Denker, Bert Denker. The Rocking Chair Book [M]. New York: Mayflower Books Inc, 1979.

[46] Emma Fexeus, Sven Ehmann, Robert Klanten. Northern Delights: Scandinavian Homes, Interiors and Design [M]. Gestalten Ltd, 2013.

[47] Enrico Morteo. Mario Bellini: Furniture,Machines & Objects [M]. New York: Phaidon Press Inc, 2017

[48] Esbjørn Hiort. Finn Juhl. Furniture — Architecture — Applied Art [M]. The Danish Architectural Press, 1990.

[49] Faber Tobias. Arne Jacobsen [M]. Stuttgart: Verlag Gerd Hatje, 1964.

[50] Fang Hai, Yrjö Kukkapuro—Furniture Designer [M]. Southeast University Press, 2001.

[51] Fang Hai. Eero Aarnio [M]. Southeast University Press, 2003.

[52] Feduchi Luis. A History of World Furniture [M]. Barcelona: Editional Blume Milanesado, 1975.

[53] Frey Gilbert. The Modern Chair: 1850 to Today [M]. Tenfen Swiss: Verlag Arthur Niggli Ltd, 1970.

[54] Futagawa Yukio. Frank Lloyd Wright: Selectec Houses [M]. Japan, 1990.

[55] Garner Philippe. Twentieth—Century Furniture [M]. London: Phaidon, 1980.

[56] Gerrit Thomas Rietveld: The Complete Works 1888—1964 [M]. Central Museum Utrecht, 1992.

[57] H.D. Molesworth, John Kenworthy—Browne. Three Centuries of Furniture in Color [M]. United States: Viking Press, Inc, 1972.

[58] Harold Donaldson Eberlein, Abbot McClure. The Practical Book of Period Furniture [M]. Philadelphia & London: J. B. Lippincott Company, 1914.

[59] Harri Kalha. Oleta pyöreä tuoli/eero aarnion 60—luku/Assume a round chair/Eero aarnio and the 60's [M]. Kunsthalle Helsinki University of Art and Design, 2003.

[60] Hausen Marika, Kirmo Mikkola, Anna—Lisa Amberg and Tytti Valto. Eliel Saarinen Projects 1896—1923 [M]. Helsinki: Otava Publishing Company Ltd, 1990.

[61] Herbert Cescinsky. The Gentle Art of Faking Furniture [M]. United States: Dover Publications, Incorporated, 1967.

[62] Hiort Esbjorn. Modern Danish Furniture [M]. Copenhagen: Jul. Gijellerups Forlag, 1956.

[63] Humphries Lund. Modern Chairs 1918—1970 [M]. London, 1970.

[64] Jackson Lesley. The New Look: Design in the Fifties [M]. London: Thames&Hudson, 1991.

[65] Jackson Lesley. The Sixties: Decade of Desigr Revolution [M]. London: Phaidon, 1998.

[66] Jalk Grete. 40 Years of Danish Furniture Design: The Copenhagen Cabinet—Maker's Guild Exhibitions 1927—1966 [M]. Teknologisk Institute Forlag, 1987.

[67] James France. France & Søn British Pioneer of Danish Furniture [M]. Forlaget VITA, 2016.

[68] Jane Li. Furniture Design Now [M]. Hong Kong: Artpower International Publishing Co., Ltd, 2016.

[69] Jean Prouvé, Charles Eames, Ray Eames. Constructive Furniture. Möbel als Konstruktion. Le mobilier construit [M]. Vitra Prouvé Collection, 2002.

[70] Jonathan M. Woodham. Twentieth—Century Design [M]. Oxford University Press, 1997.

[71] Jonathan Olivares. A Taxonomy of Office Chairs [M]. London: Phaidon Press Limited, 2011.

[72] Jorma Heinonen. Suomalaisia Kansanhuonekaluja Old Finnish furniture [M]. Helsinki: Suomalaisen Kirjallisuuden Kirjapaino, 1969.

[73] Judith Gura. Scandinavian Furniture: A Sourcebook of Classic Designs for the 21st Century [M]. London: Thames & Hudson, 2007.

[74] Judith Miller. Judith Miller's 20th Century Design [M]. Great

Britain: Octopus Publishing Group Ltd, 2009.

[75] Juhani Pallasmaa. Alvar Aalto Furniture [M]. Museum of Finnish Architecture Ltd, 1984.

[76] Jukka Savolainen, Aila Svenskberg. Builders of the Future—Finnish Design 1945—67 [M]. Design Museum, 2012.

[77] Julia Raynsford. The Story of Furniture [M]. United Kingdom: The Hamlyn Publishing Group Limited, 1975.

[78] Julier Guy. The Thames and Hudson Dictionary of 20th—Century Design and Designers [M]. London: Thames&Hudson, 1997.

[79] Kaarle Holmberg. LEPO: 60 Years in Furniture [M]. Aldus Oy, Lahti, 2013.

[80] Katherine E. Nelson, Raul Cabra. New Scandinavian Design [M]. San Francisco: Chronicle Books LLC, 2004.

[81] King Constance. An Encyclopedia of Sofas [M]. The Wellfleet Press, 1989.

[82] Kirkham Pat. Charles and Ray Eames: Designers of the Twentieth Century [M]. The MIT Press, 1998.

[83] Klaus—Jurgen Winkler. Bauhaus—Alben 1 [M]. Germany: Verlag der Bauhaus—Universität, 2007.

[84] Klaus—Jurgen Winkler. Bauhaus—Alben 2 [M]. Germany: Verlag der Bauhaus—Universität, 2008.

[85] Klaus—Jurgen Winkler. Bauhaus—Alben 3 [M]. Germany: Verlag der Bauhaus—Universität, 2009.

[86] Klaus—Jurgen Winkler. Bauhaus—Alben 4 [M]. Germany: Verlag der Bauhaus—Universität, 2010.

[87] Korvenmaa Pekka. Ilmari Tapiovaara [M]. Barcelona: Santa & Cole, 1997.

[88] Kristiina ja, Yrjö Wiherheimo. K—YW Design Oy [M]. KYW Design Ltd, 2003.

[89] Lucie—Smith Edward. Furniture: A Concise History [M]. London: Thames&Hudson, 1995.

[90] Lda Engholm, Anders Michelsen. Verner Panton [M]. London: Phaidon Press Ltd, 2018.

[91] Lory Frankel. Design 1935—1965: What Modern Was [M]. New York: Harry N. Abrams, Inc, 1991.

[92] Mac Carthy Fiona. All Things Bright & Beautiful: Design in Britain 1830 to Today [M]. London George Allen & Unwin Ltd, 1972.

[93] Magnus Englund, Chrystina Schmidt. Scandinavian Modern [M].

Ryland, Peters & Small Ltd, 2003.

[94] Makinson Randell L.. Greene & Greene: Furniture and Related Designs [M]. Santa Barbara and Salt Lake City: Peregrine Smith Inc, 1979.

[95] Mang Karl. History of Modern Furniture [M]. London: Academu Editions, 1979.

[96] Marcel Breuer Design [M]. Berlin: Benedikt Taschen, 1994.

[97] Marcus, George H. Functionalist Design: An Ongoing History [M]. Trestel, Munuch, New York, 1995.

[98] Marianne Aav, Isa Kukkapuro—Enbom, Eeva Viljanen. Yrjö Kukkapuro—Designer [M]. Designmuseo, 2008.

[99] Martina Fineder, Thomas Geisler, Sebastian Hackenschmidt. Nomadic Furniture 3.0: Neues befreites Wohnen? / New Liberated Living? [M]. Zürich, niggli, 2017.

[100] Martin Relander. Simo Heikkila & Yrjö Wiherheimo [M]. Askon Säätiö palkinto, 2006.

[101] Mateo Kries, Jolanthe Kugler. Eames Furniture Source Book [M]. Germany: Vitra Design Museum, 2017.

[102] Mateo Kries, Jochen Eisenbrand. Atlas of Furniture Design [M]. Germany: Vitra Design Museum, 2019.

[103] Mateo Kries,Rolf Fehlbaum, Heinz Bütler. Chair Times: A History of Seating [M]. Germany: Vitra Design Museum, 2019.

[104] Mcdermott Catherine. Design Museum 20th Century Design [M]. Carlton London, 1997.

[105] Meadmore Clement. The Modern Chair Classics in Production [M]. Van Nostrand Reinbhold, 1979.

[106] Mel Byars. The Design Encyclopedia [M]. Laurence King Publishing Ltd, 2004.

[107] Mienke Simon Thomas, Yvonne Brentjens. Netherlands — Bauhaus — Pioneers of A New World [M]. Museum Boijmans Van Beuningen, Rotterdam Ltd, 2019.

[108] Mirjam Gelfer—Jørgensen. Furniture with Meaning. Danish Furniture 1840—1920 —volume Ⅰ [M]. The Danish Architectural Press, 2009.

[109] Mirjam Gelfer—Jørgensen. Furniture with Meaning. Danish Furniture 1840—1920 —volume Ⅱ [M]. The Danish Architectural Press, 2009.

[110] Monica Boman. Design in Sweden [M]. The Swedish Institute, Kungsträdgården, 1985.

[111] Nernsen Jens. Hans J. Wegner [M]. Copenhagen: Danish Design Centre, 1995.

[112] Oak Publishing. The Red Thread: Nordic Design [M]. London: Phaidon Press Ltd, 2017.

[113] Oscar Asensio. Office Furniture Design [M]. America: Quayside Publishing Group, 2017.

[114] 0stergard Derek E.Bent Wood and Metal Furniture 1850—1946 [M]. The American Federation of Arts and The University of Washington Press, 1987.

[115] Page Marian. Furniture Designed by Architects [M]. London: The Architectural Press, 1980.

[116] Pallasmaa. Alvar Aalto Furniture [M]. Helsinki, 1984.

[117] Paola Antonelli. Workspheres: Design and Contemporary Work Styles [M]. New York: The Museum of Modern Art, 2001.

[118] Percy Macquoid. A History of English Furniture [M]. the United States of America: Dover Publications, Inc, 1972.

[119] Peter Adam. Eileen Gray: Her Life and Work [M]. London: Thames & Hudson Ltd, 2005.

[120] Peter Blundell Jones. Gunnar Asplund: Monograph [M]. London: Phaidon Press Ltd, 2006.

[121] Phaidon Press. Ettore Sottsass [M]. New York: Phaidon Press Inc, 2017.

[122] Pile John. Furniture: Modern + Postomodern/Design + Technology [M]. A Wiley Interscience Publication and John Wiley & Sons Inc, 1990.

[123] Pilar CÓs. Ilmari Tapiovaara [M]. Santa & Cole Ltd, 1997.

[124] Pirkko Tuukkanen. Alvar Aalto: Deisgner [M]. Alvar Aalto Museum Ltd, 2002.

[125] Polster Bernd. Design Directory Scandinvia [M]. Pavilion, 1999.

[126] R. Craig Miller, Penny Sparke, Catherine McDermott. European Design Since 1985: Shaping the New Century [M]. London: Merrell Publishers Limited, 2009.

[127] Rauno Lahtinen. The Birth of The Finnish Modern: Aalto, Korhonen And Modern Turku [M]. Huonekalutehdas Korhonen Ltd, 2011.

[128] Reeves David. Furniture: An Explanatory History [M]. London: Faber and Faber Limited, 1947.

[129] Rhodos, Henrik Sten Møller. Motion and Beauty, The Book of Nanna Ditzel [M]. International Science and Art Publishing,

Copenhagen, 1998.

[130] Riitta Miestamo, Asko Karttunen ja Askon. The Form and Substance of Finnish Furniture [M]. Askon Saatio, Lahti, 1981.

[131] Rita Taskinen. Design Ahti Taskinen 25 vuotta huonekalusuunnittelua 25 Years of Furniture Design [M]. Proforma Ltd, 1985.

[132] Robert Klanten, Sven Ehmann, Andrej Kupetz, Shonquis Moreno. Once Upon a Chair: Furniture Beyond the Icon [M]. Berlin: Gestalten, 2009.

[133] Rudolf Leopold, Gerd Pichler. Koloman Moser, 1868—1918 [M]. Prestel—Verlag, 2007.

[134] Rusell Frank. A Century of Chair Design [M]. London: Academu Editions, 1980.

[135] Sarah Columbo. The Chair [M]. Great Britain: Aurum Press, Limited, 1997.

[136] Sembach Klaus jurgen. Henry Van De Velde [M]. London: Thames & Hudson, 1989.

[137] Sointu Fritze. Alvar Aalto: Art and The Modern Form [M]. Helsinki: Finnish National Gallery/ Ateneum Art Museum, 2017.

[138] Stanford Anderson, Gail Fenske, David Fixler. Aalto and America [M]. Yale University Press Ltd, 2012.

[139] Stimpson Michael. Modern Furniture Classics [M]. London: The Architectural Press, 1987.

[140] Teija Isohauta. Simo Heikkilä Works [M]. Periferiadesign, 2016.

[141] The Bauhaus: Masters and Students [M]. New York: Barry Friedman Ltd, 1988.

[142] Tojner Poul Erik and Kjeld Vindum. Arne Jacobsen: Architect & Designer [M]. Copenhagen: Danish Design Centre, 1996.

[143] UIf Hard af Segerstad. Scandinavian Design [M]. Otava Publishing, 1961.

[144] Whitford Frank. Bauhaus [M]. London: Chatto & Windus, 1987.

[145] Woodham Johathan M.. Twentieth—Century Design [M]. Oxford University Press, 1997.

[146] Yates Simon. An Encyclopedia of Chairs [M]. London: The Wellfleet Press, 1988.

[147] 内田繁 . 家具の本 [M]. 晶文社 , 2001.

[148] （瑞士）阿瑟·鲁格 . 瑞士室内与家具设计百年 [M]. 方海，等，译 . 北京：中国建筑工业出版社 , 2010.

[149] 方海 .20 世纪西方家具设计流变 [M]. 北京：中国建筑工业出版社，2001.

[150] 方海 . 芬兰现代家具 [M]. 北京：中国建筑工业出版社，2002.

[151] 方海 . 跨界设计，建筑与家具 [M]. 北京：中国电力出版社，2012.

[152] 方海 . 现代家具设计中的"中国主义"[M]. 北京：中国建筑工业出版社，2007.

[153] 方海，景楠 . 艺术与家具 [M]. 北京：中国电力出版社，2018.

[154] 方海，罗萍嘉 . 昂蒂·诺米斯耐米，北欧现代设计的旗帜 [M]. 北京：中国建筑工业出版社，2002.

[155] 胡景初，方海，彭亮 . 世界现代家具发展史 [M]. 北京：中央编译出版社，2005.

[156] 许柏鸣，方海 . 家具设计资料集 [M]. 北京：中国建筑工业出版社，2014.

[157] 曾坚，朱立珊 . 北欧现代家具 [M]. 北京：中国轻工业出版社，2002.

后记

薛忆思 ▶

2001 年，方海教授撰写的《20 世纪西方家具设计流变》出版，介绍了在家具设计史中占有重要地位的设计大师和他们的作品，为中国家具界搭建了系统认识西方家具史的桥梁。遗憾的是，书中并未涉及有关中国家具设计师的篇幅，这点也在本书开篇中有所提及。2021 年，时隔二十年，又有一批思想前卫的新锐设计师崭露头角，中国家具设计也逐渐亮相于国际舞台。适逢其时，我有幸参加由方海教授主持的，广西师范大学出版社出版的涵盖全球最新设计成果的《现代家具设计流变》。在写作过程中，我走进了一个充满创意的家具设计王国：我首先绘制了书中所介绍的案例的全部插图，这个过程让我对每件家具的结构和细节设计都有了更进一步的理解，从而加深了对每位设计师的设计理念的认知，领悟了其中的奥妙。与此同时，我前往上海阿旺特家具制造有限公司和无锡的印氏家具厂调研学习，亲手触摸、亲身试坐不同设计师的设计作品，其中包括以库卡波罗为代表的一批具有人文关怀的家具设计，以及印洪强老师配合方海教授和库卡波罗一起研发的立足于中华民族传统文化的家具设计。其中，令我印象最深刻的是被誉为全世界最舒服的座椅"卡路赛利椅"，其宽大的坐面和贴合人体曲线的设计让我至今难忘。更重要的是，我在方海教授的指导下系统学习家具设计，他的"新中国主义"设计品牌让我开始关注本土地域文化，从人体工程学和材料科学的角度看待中国当代的家具设计，并将其运用到家具设计中。上述对家具图的绘制、在家具厂的调研及家具设计的过程让我在写作过程中加深了对家具设计的理解，尤其引发了我对当代中国家具设计的更多思考。

我对中国传统家具的认识最早源于日夜相伴的广式家具。我自幼生长在南方，父亲对中国传统家具的热爱，让我从小便与这些"用料粗大、体质厚重、雕刻繁缛"的家具生活在一起。然而，在日常生活的使用过程中，这些椅子却给我留下了"搬移不方便，坐久不舒适"的印象。幸运的是，这些椅子的宽大坐面让我找到了一种较为舒服的坐姿，即在椅子坐面和靠背放个软垫，便可舒适地盘腿坐，并将整个身子蜷缩在椅子里。而在写作《现代家具设计流变》的过程中，我深刻地体会到了中国文化的博大精深，以及其对西方家具设计的影响，也让我对中国传统家具有了新的认识。自16世纪后期以来，以英国为首的西方国家便以不同方式不断吸收着中国家具设计的内容，而安妮女王式椅便是西方应用中国家具装饰和技巧以建立自己风格的初步尝试，中国风和中国主义从此盛行于17世纪中叶的欧洲家具体系中。与此同时，著名设计师齐本德尔于18世纪在家具设计中融入中国元素，把明式回纹格子木雕图案融入英国的家具风格中。由此可见，中国传统家具曾深受西方家具设计师的喜爱。而更重要的是，其为西方的一些设计大师，如丹麦的雅各布森、芬兰的库卡波罗和美国的格林兄弟等人提供了灵感，使他们创造出一批影响深远的家具作品。然而，令我感到遗憾的是，在如今东西方文化交流愈加频繁的背景下，当代中国家具设计界对西方文化的采纳和运用往往以装饰手法的中西合璧较为常见，而从人体、生态材料和构造原理等科学角度去设计中国家具的成果却不多。

于我而言，与导师方海教授共同写作《现代家具设计流变》的过程是一门对我大有裨益的课程，它不仅让我了解了经典设计大师的作品和这些作品背后的设计奥秘，而且介绍了当代年轻设计师的新兴设计，让我知晓了不同的家具设计理念和新时尚。例如，瑞典设计师团体Front设计工作室设计的"素描家具系列"强调"第一个创意永远是最好的"，而非制作一个完美比例和符合人体工程学的产品，并利用3D打印技术捕捉设计师在创作家具时绘制的第一个草图，从另一个角度体现技艺的融合；巴西设计师坎帕纳兄弟从"艺术优化生态"的角度出发，使用低成本的材料、半成品、日常用品和垃圾来设计家具，强调环保和材料的循环利用理念；日本设计师深泽直人以人的感官体验为重点，利用不同的材料，如透明的有机玻璃、冰冷的混凝土或波纹铝来设计家具，以创造不同的感官效果；美国设计师保罗·西奥多·弗兰克尔设计的"摩天大楼"家具象征着19世纪末纽约和芝加哥拔地而起的摩天大楼，试图解放被欧洲风格家具形式所主导的美国家具市场，打造具有美国特色的家具形象。此外，我也非常兴奋地看到一大批具有创意思维的中国设计师，他们不仅接受了时尚和先进的设计思想，同时还保留了本民族和本地区的文化传统并实现创新，如书中列举的四位老师：朱小杰、方海、石大宇和彭文晖，他们均不同程度地融入了现代家具设计的潮流，并以各自的角度从中华民族的传统设计中获取创意的智慧，创造出符合社会发展的当代中国家具。

总而言之，《现代家具设计流变》虽是一本介绍家具设计史的专业书籍，但我认为其不仅适用于家具界、设计界、艺术界和建筑界，而且可以作为轻松的大众科普读物。一方面，它通过介绍家具让大众关注日常生活中与之相伴的物品，帮助大众提高日常生活中的审美水平；另一方面，它又通过介绍家具来阐述设计师的设计理念，其设计中蕴含的人文关怀、科技手段，以及生态环保、材料的再开发和循环利用等理念都值得我们深思。